# 微积分习题与典型题解析

张玉莲　林小围　王夕予　编
　　　　王　培　陈　仲

东南大学出版社
·南京·

# 内 容 提 要

本书根据普通高校微积分课程教学大纲,并参照教育部考试中心颁发的《全国硕士研究生入学统一考试数学考试大纲》编写,内容分为函数与极限、连续性与导数概念、微分中值定理与导数的应用、不定积分、定积分、定积分的应用与反常积分、空间解析几何、多元函数微分学、二重积分与三重积分、曲线积分与曲面积分、数项级数与幂级数、微分方程等12个专题.每个专题含"重要概念与基本方法""习题选解""典型题选解"三个部分,其中"习题"选自张玉莲、陈仲等编著的《微积分》(Ⅰ,Ⅱ)一书的习题,"典型题"选自全国历年硕士研究生入学试题、南京大学历年硕士研究生入学(单考)试题以及编者收集和原创的"好题".

本书可供各类高等学校的大学生作为学习微积分或高等数学课程和考研复习的参考书,也可供相关老师参考.

### 图书在版编目(CIP)数据

微积分习题与典型题解析 / 张玉莲等编. —南京:东南大学出版社,2018.8

ISBN 978-7-5641-7879-6

Ⅰ.①微… Ⅱ.①张… Ⅲ.①微积分－高等学校－题解 Ⅳ.①O172-44

中国版本图书馆 CIP 数据核字(2018)第 170948 号

---

**微积分习题与典型题解析**

| | |
|---|---|
| 出版发行 | 东南大学出版社 |
| 社　　址 | 南京市四牌楼2号(邮编:210096) |
| 出 版 人 | 江建中 |
| 责任编辑 | 吉雄飞(联系电话:025—83793169) |
| 经　　销 | 全国各地新华书店 |
| 印　　刷 | 南京京新印刷厂 |
| 开　　本 | 700mm×1000mm　1/16 |
| 印　　张 | 18.25 |
| 字　　数 | 358 千字 |
| 版　　次 | 2018 年 8 月第 1 版 |
| 印　　次 | 2018 年 8 月第 1 次印刷 |
| 书　　号 | ISBN 978-7-5641-7879-6 |
| 定　　价 | 40.00 元 |

本社图书若有印装质量问题,请直接与营销部联系,电话:025-83791830.

# 前　言

  微积分是一门系统性强、结构严谨的课程,也是几乎所有高等学校大学生的必修课.由于内容多,进度快,有难度,致使相当多的刚进入校门的大学生感到学习困难.常常上课时听得懂,课后作业不会做,遇到难题更是不知如何下手;每学期期中与期末考试前,不知如何复习迎考;对于部分学习成绩优秀的学生,又感到课本上习题的难度不够.本书的编写宗旨就是为了帮助同学们解决这些学习上的问题.

  本书根据普通高校微积分或高等数学课程教学大纲,并参照教育部考试中心颁发的《全国硕士研究生入学统一考试数学考试大纲》编写,内容分为函数与极限、连续性与导数概念、微分中值定理与导数的应用、不定积分、定积分、定积分的应用与反常积分、空间解析几何、多元函数微分学、二重积分与三重积分、曲线积分与曲面积分、数项级数与幂级数、微分方程等12个专题.每个专题含"重要概念与基本方法""习题选解""典型题选解"三个部分,其中"习题"选自张玉莲、陈仲等编著的《微积分》(Ⅰ,Ⅱ)一书的习题,"典型题"选自全国历年硕士研究生入学试题(如"全国2018"表示2018年全国硕士研究生入学试题)、南京大学历年硕士研究生入学试题(如"南大2012"表示2012年南京大学硕士研究生入学(单考)试题)以及编者收集和原创的"好题"(标为"精选题").

  本书由南京大学金陵学院张玉莲、林小围、王夕予、王培、陈仲编写,其中王培编写专题1,2,4,张玉莲编写专题3,8,12,王夕予编写专题5,6,11,林小围编写专题7,9,10,陈仲编写12个专题的"重要概念与基本方法"和部分"典型题选解".全书由张玉莲和陈仲统稿.

  本书可供各类高等学校的大学生作为学习微积分或高等数学课程和考研复习的参考书,也可供相关老师参考.

  在本书编写过程中,编者得到南京大学金陵学院教务处、基础教学部和东南大学出版社的支持和帮助,谨此一并表示衷心的感谢.

  书中缺点和疏漏难免,敬请智者不吝赐教.

编　者<br>
2018年5月于南京大学浦苑

# 目 录

**专题 1 函数与极限** ································································ 1
  1.1 重要概念与基本方法 ······················································ 1
  1.2 习题选解 ······································································ 5
  1.3 典型题选解 ·································································· 12

**专题 2 连续性与导数概念** ···················································· 18
  2.1 重要概念与基本方法 ······················································ 18
  2.2 习题选解 ······································································ 23
  2.3 典型题选解 ·································································· 34

**专题 3 微分中值定理与导数的应用** ······································ 45
  3.1 重要概念与基本方法 ······················································ 45
  3.2 习题选解 ······································································ 48
  3.3 典型题选解 ·································································· 56

**专题 4 不定积分** ···································································· 72
  4.1 重要概念与基本方法 ······················································ 72
  4.2 习题选解 ······································································ 74
  4.3 典型题选解 ·································································· 81

**专题 5 定积分** ······································································· 87
  5.1 重要概念与基本方法 ······················································ 87
  5.2 习题选解 ······································································ 89
  5.3 典型题选解 ·································································· 96

**专题 6 定积分的应用与反常积分** ·········································· 113
  6.1 重要概念与基本方法 ······················································ 113
  6.2 习题选解 ······································································ 116
  6.3 典型题选解 ·································································· 120

**专题 7　空间解析几何** ································· 132
　　7.1　重要概念与基本方法 ··························· 132
　　7.2　习题选解 ······································· 135
　　7.3　典型题选解 ····································· 142

**专题 8　多元函数微分学** ····························· 147
　　8.1　重要概念与基本方法 ··························· 147
　　8.2　习题选解 ······································· 153
　　8.3　典型题选解 ····································· 163

**专题 9　二重积分与三重积分** ························ 179
　　9.1　重要概念与基本方法 ··························· 179
　　9.2　习题选解 ······································· 184
　　9.3　典型题选解 ····································· 193

**专题 10　曲线积分与曲面积分** ······················· 205
　　10.1　重要概念与基本方法 ·························· 205
　　10.2　习题选解 ······································ 212
　　10.3　典型题选解 ···································· 222

**专题 11　数项级数与幂级数** ························· 233
　　11.1　重要概念与基本方法 ·························· 233
　　11.2　习题选解 ······································ 237
　　11.3　典型题选解 ···································· 247

**专题 12　微分方程** ·································· 265
　　12.1　重要概念与基本方法 ·························· 265
　　12.2　习题选解 ······································ 269
　　12.3　典型题选解 ···································· 276

# 专题 1　函数与极限

## 1.1　重要概念与基本方法

### 1　一元函数基本概念

(1) 函数的奇偶性、周期性、单调性、有界性.

常用的奇函数：
$$y = \sin x, \quad y = \tan x, \quad y = \arctan x$$
$$y = \ln(x + \sqrt{1+x^2}), \quad y = f(x) - f(-x), \quad \cdots$$

常用的偶函数：
$$y = x^2, \quad y = \cos x, \quad y = f(x) + f(-x), \quad \cdots$$

常用的有界函数：
$$y = \sin x, \quad y = \cos x, \quad y = \arctan x, \quad y = \text{arccot} x, \quad \cdots$$

(2) 五类基本初等函数：幂函数 $y = x^\lambda$；指数函数 $y = a^x (a > 0, a \neq 1)$；对数函数 $y = \log_a x (a > 0, a \neq 1)$；6 个三角函数 $y = \sin x, y = \cos x, y = \tan x, y = \cot x, y = \sec x, y = \csc x$；反三角函数 $y = \arcsin x, y = \arccos x, y = \arctan x, \cdots$.

指数函数的基本公式：
$$a^x \cdot a^y = a^{x+y}, \quad u(x) = \exp(\ln u(x)), \quad u(x) = \ln(e^{u(x)})$$

对数函数的基本公式：
$$\log_a(xy) = \log_a x + \log_a y, \quad \log_a\left(\frac{x}{y}\right) = \log_a x - \log_a y, \quad \log_a b = \frac{\ln b}{\ln a}$$

三角函数的基本公式（平方和公式、和角公式、倍角公式、半角公式）：
$$\sin^2 x + \cos^2 x = 1, \quad 1 + \tan^2 x = \sec^2 x, \quad 1 + \cot^2 x = \csc^2 x$$
$$\sin(x \pm y) = \sin x \cos y \pm \cos x \sin y, \quad \cos(x \pm y) = \cos x \cos y \mp \sin x \sin y$$
$$\sin 2x = 2\sin x \cos x, \quad \cos 2x = \cos^2 x - \sin^2 x$$
$$\sin^2 \frac{x}{2} = \frac{1 - \cos x}{2}, \quad \cos^2 \frac{x}{2} = \frac{1 + \cos x}{2}$$

(3) 初等函数与初等函数的分解.

例如，初等函数 $y = e^{\sin^2 \frac{1}{x}}$ 可以分解为 $f_1 = e^u, f_2 = u^2, f_3 = \sin u, f_4 = \frac{1}{x}$，则

$$y = f_1(f_2(f_3(f_4(x))))$$

(4) 分段函数.

(5) 常用的数学方法:极坐标变换法($x = \rho\cos\theta, y = \rho\sin\theta$)、数学归纳法、反证法等.

**2 极限概念**

(1) 数列的极限.

① $\lim\limits_{n\to\infty} x_n = A$ 的"$\varepsilon$-$N$"定义:$\forall \varepsilon > 0, \exists N \in \mathbf{N}$,当 $n > N$ 时,有 $|x_n - A| < \varepsilon$.

在应用"$\varepsilon$-$N$"定义证明极限时,常用的方法是放缩法:先求正常数 $M$,使得 $|x_n - A| < \dfrac{M}{n} < \varepsilon \left(\text{或} \dfrac{M}{\sqrt{n}} < \varepsilon, \cdots\right)$,则有 $n > \dfrac{M}{\varepsilon}\left(\text{或} n > \dfrac{M^2}{\varepsilon^2}, \cdots\right)$,于是 $\forall \varepsilon > 0$, $\exists N = \left[\dfrac{M}{\varepsilon}\right]\left(\text{或} N = \left[\dfrac{M^2}{\varepsilon^2}\right], \cdots\right)$,当 $n > N$ 时,有 $|x_n - A| < \varepsilon$.

② 收敛数列的三条性质(极限的唯一性、数列的有界性、极限的保号性).

(2) 函数的极限.

① $\lim\limits_{x \to a} f(x) = A$ 的"$\varepsilon$-$\delta$"定义:$\forall \varepsilon > 0, \exists \delta > 0$,当 $0 < |x - a| < \delta$ 时,有
$$|f(x) - A| < \varepsilon$$

应用"$\varepsilon$-$\delta$"定义证明极限时,常用以下两种方法:

a) 放缩法:预取 $\delta = 1$,在 $0 < |x - a| < 1$ 的条件下,先求正常数 $K$,使得 $|f(x) - A| < K|x - a| < \varepsilon$,则有 $|x - a| < \delta = \dfrac{\varepsilon}{K}$,于是 $\forall \varepsilon > 0, \exists \delta = \min\left\{1, \dfrac{\varepsilon}{K}\right\}$,当 $0 < |x - a| < \delta$ 时,有 $|f(x) - A| < \varepsilon$.

b) 几何方法:若函数 $f(x)$ 在 $x = a$ 的某去心邻域中单调增加(见图 1.1),取 $x = x_1, x_2$,使得 $f(x_1) = A - \varepsilon, f(x_2) = A + \varepsilon$,则 $\forall \varepsilon > 0, \exists \delta = \min\{x_2 - a, a - x_1\}$,当 $0 < |x - a| < \delta$ 时,$|f(x) - A| < \varepsilon$.

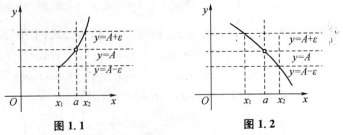

图 1.1    图 1.2

若函数 $f(x)$ 在 $x = a$ 的某去心邻域中单调减少(见图 1.2),取 $x = x_1, x_2$,使得 $f(x_1) = A + \varepsilon, f(x_2) = A - \varepsilon$,则 $\forall \varepsilon > 0, \exists \delta = \min\{x_2 - a, a - x_1\}$,当 $0 < |x - a| < \delta$ 时,$|f(x) - A| < \varepsilon$.

② 函数的左极限与右极限：
$$f(a^-) = \lim_{x \to a^-} f(x), \quad f(a^+) = \lim_{x \to a^+} f(x)$$

**定理1** $\lim\limits_{x \to a} f(x) = A \Leftrightarrow f(a^-) = f(a^+) = A.$

③ $\lim\limits_{x \to +\infty} f(x) = A$ 的"$\varepsilon - K$"定义：$\forall \varepsilon > 0, \exists K > 0,$ 当 $x > K$ 时，有
$$|f(x) - A| < \varepsilon$$

在应用"$\varepsilon - K$"定义证明极限时，常用的方法是放缩法：先求正常数 $M$，使得 $|f(x) - A| < \dfrac{M}{x} < \varepsilon \left(\text{或} \dfrac{M}{\sqrt{x}} < \varepsilon, \cdots\right)$，则有 $x > \dfrac{M}{\varepsilon} \left(\text{或} x > \dfrac{M^2}{\varepsilon^2}, \cdots\right)$，故 $\forall \varepsilon > 0,$ $\exists K = \dfrac{M}{\varepsilon} \left(\text{或} K = \dfrac{M^2}{\varepsilon^2}, \cdots\right)$，当 $x > K$ 时，有 $|f(x) - A| < \varepsilon.$

④ 函数的极限的六种极限过程：
$$\lim_{x \to a} f(x) = A, \quad \lim_{x \to a^+} f(x) = A, \quad \lim_{x \to a^-} f(x) = A$$
$$\lim_{x \to +\infty} f(x) = A, \quad \lim_{x \to -\infty} f(x) = A, \quad \lim_{x \to \infty} f(x) = A$$

**定理2** $\lim\limits_{x \to \infty} f(x) = A \Leftrightarrow \lim\limits_{x \to -\infty} f(x) = A, \lim\limits_{x \to +\infty} f(x) = A.$

⑤ 函数极限存在时的三条性质（极限的唯一性、函数的局部有界性、极限的保号性）.

(3) 无穷小量、无穷小的运算性质、无穷小的比较（高阶、低阶、同阶、等价）.

### 3 极限存在的两个准则

**定理1**（夹逼准则Ⅰ） 已知数列 $\{x_n\}, \{y_n\}, \{z_n\}, \forall n \in \mathbf{N}^*$，若 $y_n \leqslant x_n \leqslant z_n$，且 $\lim\limits_{n \to \infty} y_n = A, \lim\limits_{n \to \infty} z_n = A$，则 $\lim\limits_{n \to \infty} x_n = A.$

**定理1'**（夹逼准则Ⅱ） 已知函数 $g(x), f(x), h(x)$，若 $g(x) \leqslant f(x) \leqslant h(x)$，且 $\lim\limits_{x \to a} g(x) = A, \lim\limits_{x \to a} h(x) = A$，则 $\lim\limits_{x \to a} f(x) = A.$

**定理2**（单调有界准则） 设数列 $\{x_n\}$ 单调递增，有上界（或单调递减，有下界），则该数列 $\{x_n\}$ 收敛.

### 4 复合函数的极限（求极限的变量代换法则）

**定理** 设 $\lim\limits_{x \to a} \varphi(x) = b, \lim\limits_{u \to b} f(u) = A$，且在 $x = a$ 的某去心邻域内 $\varphi(x) \neq b$，则有
$$\lim_{x \to a} f(\varphi(x)) = \lim_{u \to b} f(u) = A$$

### 5 求极限的方法

(1) 应用四则运算法则求函数的极限.

(2) 应用变量代换法则求函数的极限.

(3) 应用夹逼准则求数列与函数的极限.

(4) 应用单调有界准则证明数列的极限存在,再求该数列的极限.

(5) 应用关于 e 的重要极限求 $1^\infty$ 型的极限:设 $\square = u(x)$,则

$$\lim_{\square \to \infty}\left(1+\frac{1}{\square}\right)^{\square} = e, \quad \lim_{\square \to 0}(1+\square)^{\frac{1}{\square}} = e$$

(6) 应用无穷小量与有界变量的乘积仍是无穷小量来求极限.

(7) 利用等价无穷小替换法则求 $\frac{0}{0}$ 型的极限.

**定理 1**(等价无穷小替换法则)  若在某极限过程下,例如 $x \to a$ 时,有 $\alpha(x) \to 0$, $\beta(x) \to 0, \alpha(x) \sim \alpha_1(x), \beta(x) \sim \beta_1(x)$,且存在 $\overset{\circ}{U}_\delta(a)$ 使得 $x \in \overset{\circ}{U}_\delta(a)$ 时 $\beta(x) \neq 0, \alpha_1(x) \neq 0, \beta_1(x) \neq 0$,则

$$\lim_{x \to a}\frac{\alpha(x) \cdot u(x)}{\beta(x) \cdot v(x)} = \lim_{x \to a}\frac{\alpha_1(x) \cdot u(x)}{\beta_1(x) \cdot v(x)}$$

注意:① $\alpha(x)$ 或 $\beta(x)$ 必须是整个分子(或分母)的无穷小因子.譬如分子为 $\alpha(x) \cdot u(x) + h(x)(h(x) \not\equiv 0)$ 时,分子不能用 $\alpha_1(x) \cdot u(x) + h(x)$ 代换.

② $u(x)$ 或 $v(x)$ 中有因子的极限不为 0 时,最好先求出来.

**定理 2**(等价无穷小基本公式)  若在 $x$ 的某极限过程下,$\square = u(x) \to 0$,则

$$\square \sim \sin\square \sim \arcsin\square \sim \tan\square \sim \arctan\square \sim e^{\square}-1 \sim \ln(1+\square)$$

$$1-\cos\square \sim \frac{1}{2}\square^2, \quad (1+\square)^{\lambda}-1 \sim \lambda\square$$

(8) 利用 $\lim_{n\to\infty} x_{2n} = \lim_{n\to\infty} x_{2n+1} = A \Leftrightarrow \lim_{n\to\infty} x_n = A$ 求数列 $\{x_n\}$ 的极限.

**例**  用此法可求极限 $\lim_{n\to\infty}\left|\frac{1}{n} - \frac{2}{n} + \frac{3}{n} - \cdots + (-1)^{n-1}\frac{n}{n}\right|$. (答案:$\frac{1}{2}$)

(9) 利用导数的定义求极限(详见专题 2).

(10) 利用洛必达法则求 $\frac{0}{0}$ 型与 $\frac{\infty}{\infty}$ 型的极限(详见专题 3).

(11) 利用马克劳林展式求极限(详见专题 3).

(12) 利用定积分的定义求极限(详见专题 5).

(13) 利用级数的性质求极限(详见专题 11).

(14) 利用幂级数的和函数求极限(详见专题 11).

(15) 补充一个求极限的方法:利用施笃兹定理求极限.

**定理 3**(施笃兹)  设数列 $\{y_n\}$ 单调递增,且 $y_n \to +\infty(n \to \infty)$,若

$$\lim_{n\to\infty}\frac{x_n - x_{n-1}}{y_n - y_{n-1}} = A \quad (\text{有限数或} \pm\infty)$$

则 $\lim_{n\to\infty}\frac{x_n}{y_n} = A$(或 $\pm\infty$).

**例** 已知 $\lim\limits_{n\to\infty} a_n = A$,利用施笃兹定理可求 $\lim\limits_{n\to\infty}\dfrac{a_1 + 2a_2 + 3a_3 + \cdots + na_n}{n^2}$.

## 1.2 习题选解

**例 2.1**(习题 1.1 B 21)  求 $f(x) = \begin{cases}\dfrac{4}{\pi}\arctan x & (|x|>1); \\ \sin\dfrac{\pi x}{2} & (|x|\leqslant 1)\end{cases}$ 的反函数.

**解析** (1) 当 $|x|>1$ 时,$x = \tan\dfrac{\pi y}{4} \Rightarrow y = \tan\dfrac{\pi x}{4}$. 由于

$$-\dfrac{\pi}{2} < \arctan x < -\dfrac{\pi}{4} \quad \text{或} \quad \dfrac{\pi}{4} < \arctan x < \dfrac{\pi}{2}$$

故 $1 < |f(x)| = \left|\dfrac{4}{\pi}\arctan x\right| < 2$.

(2) 当 $|x| \leqslant 1$ 时,$x = \dfrac{2}{\pi}\arcsin y \Rightarrow y = \dfrac{2}{\pi}\arcsin x$,且

$$|f(x)| = \left|\sin\dfrac{\pi x}{2}\right| \leqslant 1$$

综上,原函数的反函数为

$$f(x) = \begin{cases}\tan\dfrac{\pi x}{4} & (1 < |x| < 2); \\ \dfrac{2}{\pi}\arcsin x & (|x| \leqslant 1)\end{cases}$$

**例 2.2**(习题 1.2 A 2.2)  用数列极限的定义证明:$\lim\limits_{n\to\infty}\dfrac{n+1}{2n-3} = \dfrac{1}{2}$.

**解析** 用放缩法. 当 $n > 3$ 时,$2n-3 > n$,则

$$\left|\dfrac{n+1}{2n-3} - \dfrac{1}{2}\right| = \left|\dfrac{5}{2(2n-3)}\right| < \dfrac{6}{2n} = \dfrac{3}{n} < \varepsilon \Rightarrow n > \dfrac{3}{\varepsilon}$$

于是 $\forall \varepsilon > 0$,取 $N = \max\left\{3, \left[\dfrac{3}{\varepsilon}\right]\right\}$,当 $n > N$ 时,$\left|\dfrac{n+1}{2n-3} - \dfrac{1}{2}\right| < \varepsilon$.

**例 2.3**(习题 1.2 A 3.3)  用函数极限的定义证明:$\lim\limits_{x\to 3}\sqrt{1+x} = 2$.

**解析 方法 I**  由于

$$|\sqrt{1+x} - 2| = \dfrac{|x-3|}{\sqrt{1+x}+2} < \dfrac{|x-3|}{2} < \varepsilon \Leftrightarrow |x-3| < 2\varepsilon$$

于是 $\forall \varepsilon > 0$,取 $\delta = 2\varepsilon$,当 $0 < |x-3| < \delta$ 时,有 $|\sqrt{1+x} - 2| < \varepsilon$.

**方法 II**  由

$$|\sqrt{1+x} - 2| < \varepsilon \Leftrightarrow 2-\varepsilon < \sqrt{1+x} < 2+\varepsilon \Leftrightarrow \varepsilon^2 - 4\varepsilon < x - 3 < 4\varepsilon + \varepsilon^2$$

于是 $\forall \varepsilon > 0$(不妨设 $\varepsilon < 4$),取 $\delta = \min\{4\varepsilon - \varepsilon^2, 4\varepsilon + \varepsilon^2\}$,当 $0 < |x-3| < \delta$ 时,有 $|\sqrt{1+x} - 2| < \varepsilon$.

**例 2.4**(习题 1.2 A 5.4)  求 $\lim\limits_{n \to \infty} \left(1 - \dfrac{1}{2^2}\right)\left(1 - \dfrac{1}{3^2}\right) \cdots \left(1 - \dfrac{1}{n^2}\right)$.

**解析**  原式 $= \lim\limits_{n \to \infty} \dfrac{2^2 - 1}{2^2} \cdot \dfrac{3^2 - 1}{3^2} \cdot \cdots \cdot \dfrac{n^2 - 1}{n^2}$

$= \lim\limits_{n \to \infty} \dfrac{1 \cdot 3}{2^2} \cdot \dfrac{2 \cdot 4}{3^2} \cdot \cdots \cdot \dfrac{(n-1)(n+1)}{n^2}$

$= \lim\limits_{n \to \infty} \dfrac{1 \cdot (n+1)}{2n} = \dfrac{1}{2}$

**例 2.5**(习题 1.2 B 9)  证明:数列 $\{x_n\}$ 收敛于 $A$ 的充要条件是数列 $\{x_{2n}\}$ 与数列 $\{x_{2n+1}\}$ 皆收敛于 $A$.

**解析**  **必要性**  设 $\lim\limits_{n \to \infty} x_n = A$,由定义,$\forall \varepsilon > 0, \exists N \in \mathbf{N}$,当 $n > N$ 时有 $|x_n - A| < \varepsilon$. 由于 $2n > n > N, 2n + 1 > n > N$,所以

$|x_{2n} - A| < \varepsilon, \quad |x_{2n+1} - A| < \varepsilon$

故

$\lim\limits_{n \to \infty} x_{2n} = A, \quad \lim\limits_{n \to \infty} x_{2n+1} = A$

**充分性**  设 $\lim\limits_{n \to \infty} x_{2n} = \lim\limits_{n \to \infty} x_{2n+1} = A$,由定义,$\forall \varepsilon > 0, \exists N_1 \in \mathbf{N}, \exists N_2 \in \mathbf{N}$,当 $n > N_1$ 时,有 $|x_{2n} - A| < \varepsilon$;当 $n > N_2$ 时,有 $|x_{2n+1} - A| < \varepsilon$. 取

$N = \max\{2N_1, 2N_2 + 1\}$

则当 $n > N$ 时,有 $|x_n - A| < \varepsilon$. 于是 $\lim\limits_{n \to \infty} x_n = A$.

**例 2.6**(习题 1.3 A 5.9)  求 $\lim\limits_{x \to \infty} \left(\dfrac{x+2}{x-2}\right)^x$.

**解析**  原式 $= \lim\limits_{x \to \infty} \left(1 + \dfrac{4}{x-2}\right)^{\frac{x-2}{4} \cdot \frac{4x}{x-2}} = \exp\left(\lim\limits_{x \to \infty} \dfrac{4x}{x-2}\right) = e^4$

**例 2.7**(习题 1.3 B 8)  设 $x_1 = 1, x_{n+1} = \dfrac{1}{1+x_n} (n = 1, 2, \cdots)$,证明数列 $\{x_n\}$ 收敛,并求 $\lim\limits_{n \to \infty} x_n$.

**解析**  显然 $x_n > 0$. 假设 $\{x_n\}$ 收敛,令 $x_n \to A$,则有 $A = \dfrac{1}{1+A}$,由此可解得 $A = \dfrac{1}{2}(\sqrt{5} - 1)$. 下面证明 $x_n \to \dfrac{1}{2}(\sqrt{5} - 1)$. 由于

$|x_{n+1} - A| = \left|\dfrac{1 - A - Ax_n}{1 + x_n}\right| < A |x_n - A| \quad (\text{因 } 1 - A = A^2)$

以此类推下去得

$\left|x_{n+1} - \dfrac{1}{2}(\sqrt{5} - 1)\right| < \left(\dfrac{\sqrt{5} - 1}{2}\right)^2 \left|x_{n-1} - \dfrac{1}{2}(\sqrt{5} - 1)\right| < \cdots$

$$< \left(\frac{\sqrt{5}-1}{2}\right)^n \left| x_1 - \frac{1}{2}(\sqrt{5}-1) \right|$$

$$= \left(\frac{\sqrt{5}-1}{2}\right)^n \cdot \frac{3-\sqrt{5}}{2}$$

由于 $\left|\frac{\sqrt{5}-1}{2}\right| < 1$，所以 $\lim\limits_{n\to\infty}\left(\frac{\sqrt{5}-1}{2}\right)^n = 0$，于是 $n \to \infty$ 时上式右端极限为 0，应用夹逼准则得 $\lim\limits_{n\to\infty} x_n = \frac{\sqrt{5}-1}{2}$。

**例 2.8**（习题 1.3 B 9） 应用夹逼准则证明：$\lim\limits_{x\to+\infty} x^{\frac{1}{x}} = 1$.

**解析** 令 $n = [x]$，即 $n \leqslant x < n+1 (n \in \mathbf{N})$，且 $x \to +\infty \Leftrightarrow n \to \infty$. 当 $n \geqslant 1$ 时，有

$$n^{\frac{1}{n+1}} < x^{\frac{1}{x}} < (n+1)^{\frac{1}{n}} \tag{1}$$

由于 $\lim\limits_{n\to\infty} \sqrt[n]{n} = 1$，所以

$$\lim_{n\to\infty} \sqrt[n]{n+1} = \lim_{n\to\infty} \sqrt[n]{n} \cdot \sqrt[n]{1+\frac{1}{n}} = 1, \quad \lim_{n\to\infty} \sqrt[n+1]{n} = \lim_{n\to\infty} \frac{\sqrt[n+1]{n+1}}{\sqrt[n+1]{1+\frac{1}{n}}} = \frac{1}{1} = 1$$

在 (1) 式中令 $x \to +\infty$，应用夹逼准则得 $\lim\limits_{x\to+\infty} x^{\frac{1}{x}} = 1$.

**例 2.9**（习题 1.4 A 1.6） 求 $\lim\limits_{x\to 1}\frac{1+\cos\pi x}{(1-x)^2}$.

**解析** 应用变量代换法则，令 $1 - x = t$，当 $x \to 1$ 时 $t \to 0$，于是

$$\text{原式} = \lim_{t\to 0}\frac{1+\cos(\pi-\pi t)}{t^2} = \lim_{t\to 0}\frac{1-\cos\pi t}{t^2} = \lim_{t\to 0}\frac{\frac{1}{2}\pi^2 t^2}{t^2} = \frac{1}{2}\pi^2$$

**例 2.10**（习题 1.4 A 1.7） 求 $\lim\limits_{x\to 1}\frac{(\sqrt{x}-1)(\sqrt[3]{x}-1)(\sqrt[4]{x}-1)}{(x-1)^3}$.

**解析** 令 $x - 1 = t$，并应用公式 $(1+\square)^\lambda - 1 \sim \lambda\square (\square \to 0)$ 作等价无穷小替换，则

$$\text{原式} = \lim_{t\to 0}\frac{(\sqrt{1+t}-1)(\sqrt[3]{1+t}-1)(\sqrt[4]{1+t}-1)}{t^3}$$

$$= \lim_{t\to 0}\frac{\frac{1}{2}t \cdot \frac{1}{3}t \cdot \frac{1}{4}t}{t^3} = \frac{1}{24}$$

**例 2.11**（习题 1.4 A 1.9） 求 $\lim\limits_{x\to 0}(\sin x + \cos x)^{\frac{1}{x}}$.

**解析** 原式 $= \lim\limits_{x\to 0}(1+\sin x+\cos x-1)^{\frac{1}{\sin x+\cos x-1}\cdot\frac{\sin x+\cos x-1}{x}}$

$$= \exp\left(\lim_{x\to 0}\frac{\sin x + \cos x - 1}{x}\right) = \exp\left[\lim_{x\to 0}\frac{\sin x}{x} + \lim_{x\to 0}\frac{-\frac{1}{2}x^2}{x}\right]$$

$$= \exp(1+0) = e$$

**例 2.12**(习题 1.4 A 2.5) 当 $x \to 0$ 时,求函数 $\sin^2 x - \tan^2 x$ 关于 $x$ 的无穷小的阶数.

**解析** 设 $k > 0$,由于

$$\lim_{x\to 0}\frac{\sin^2 x - \tan^2 x}{x^k} = \lim_{x\to 0}\frac{\sin^2 x\left(1-\frac{1}{\cos^2 x}\right)}{x^k} = \lim_{x\to 0}\frac{-\sin^4 x}{x^k \cdot \cos^2 x} = \lim_{x\to 0}\frac{-x^4}{x^k}$$

上式右端有非零极限的充要条件是 $k=4$,且此时极限为 $-1$,因此所求无穷小的阶数为 4.

**例 2.13**(习题 1.4 B 4.2) 求 $\lim\limits_{x\to\frac{\pi}{2}}(\sin x)^{\tan x}$.

**解析** 原式 $= \lim\limits_{x\to\frac{\pi}{2}}(1-\cos^2 x)^{\frac{1}{-\cos^2 x} \cdot \frac{-\tan x \cdot \cos^2 x}{2}} = \exp\left(\lim\limits_{x\to\frac{\pi}{2}}\frac{-\tan x \cdot \cos^2 x}{2}\right)$

$$= \exp\left(\lim_{x\to\frac{\pi}{2}}\frac{-\sin x \cdot \cos x}{2}\right) = e^0 = 1$$

**例 2.14**(习题 1.4 B 4.5) 求 $\lim\limits_{x\to 0}\dfrac{e^x - e^{\sin x}}{x - \sin x}$.

**解析** 采用等价无穷小替换法则,有

$$\text{原式} = \lim_{x\to 0}\frac{e^{\sin x}(e^{x-\sin x}-1)}{x-\sin x} = \lim_{x\to 0}\frac{e^{\sin x}(x-\sin x)}{x-\sin x} = 1$$

**例 2.15**(习题 1.4 B 4.6) 求 $\lim\limits_{x\to+\infty}(\sin\sqrt{1+x^2} - \sin x)$.

**解析** 采用三角函数的和差化积公式得

$$\text{原式} = \lim_{x\to+\infty} 2\cos\frac{\sqrt{1+x^2}+x}{2}\sin\frac{\sqrt{1+x^2}-x}{2}$$

$$= \lim_{x\to+\infty} 2\cos\frac{\sqrt{1+x^2}+x}{2}\sin\frac{1}{2(\sqrt{1+x^2}+x)}$$

当 $x \to +\infty$ 时,$\cos\dfrac{\sqrt{1+x^2}+x}{2}$ 为有界量,$\sin\dfrac{1}{2(\sqrt{1+x^2}+x)}$ 为无穷小量,因为有界量与无穷小量的乘积为无穷小量,故原式等于 0.

**例 2.16**(习题 1.4 B 6.1) 求 $\lim\limits_{x\to+\infty}(\sqrt{x^2+x} - \sqrt[3]{x^3+x^2})$.

**解析** 原式 $= \lim\limits_{x\to+\infty}\left[\dfrac{\sqrt{1+\dfrac{1}{x}} - \sqrt[3]{1+\dfrac{1}{x}}}{\dfrac{1}{x}}\right]$

$$= \lim_{x \to +\infty} \left[ \frac{\sqrt{1+\frac{1}{x}}-1+1-\sqrt[3]{1+\frac{1}{x}}}{\frac{1}{x}} \right]$$

$$= \lim_{x \to +\infty} \left[ \frac{\frac{1}{2} \cdot \frac{1}{x}}{\frac{1}{x}} \right] + \lim_{x \to +\infty} \left[ \frac{\frac{-1}{3} \cdot \frac{1}{x}}{\frac{1}{x}} \right] = \frac{1}{2} - \frac{1}{3} = \frac{1}{6}$$

**例 2.17**(习题 1.4 B 6.2)　求 $\lim_{x \to 0} \left( \frac{\cos x}{\cos 2x} \right)^{\frac{1}{x^2}}$.

**解析**　原式 $= \lim_{x \to 0} \left( 1 + \frac{\cos x - \cos 2x}{\cos 2x} \right)^{\frac{\cos 2x}{\cos x - \cos 2x} \cdot \frac{\cos x - \cos 2x}{x^2 \cos 2x}}$

$$= \exp\left( \lim_{x \to 0} \frac{\cos x - \cos 2x}{x^2 \cdot \cos 2x} \right) = \exp\left( \lim_{x \to 0} \frac{\cos x - 1 + 1 - \cos 2x}{x^2} \right)$$

$$= \exp\left[ \lim_{x \to 0} \frac{-\frac{1}{2}x^2}{x^2} + \lim_{x \to 0} \frac{\frac{1}{2}(2x)^2}{x^2} \right] = \exp\left( -\frac{1}{2} + 2 \right) = e^{\frac{3}{2}}$$

**例 2.18**(复习题 1 题 2)　求证:无穷小量 $\alpha(n)$ 的 $n(n \in \mathbf{N}^*)$ 次幂仍是无穷小量.

**证**　因为 $\lim_{n \to \infty} \alpha(n) = 0$,应用极限的定义可知:$\forall \varepsilon > 0, \exists N \in \mathbf{N}^*$,当 $n > N$ 时,有 $|\alpha(n)| < \varepsilon$. 不妨设 $0 < \varepsilon < 1$,则 $|\alpha^n(n)| < \varepsilon^n < \varepsilon$. 所以 $\lim_{n \to \infty} (\alpha(n))^n = 0$,即 $\alpha^n(n)$ 仍是无穷小量.

**例 2.19**(复习题 1 题 3)　证明数列 $\{x_n\}$:$x_n = \left(1 + \frac{1}{n}\right)^{n+1}$ 单调递减有下界,并求 $\lim_{n \to \infty} x_n$.

**解析**　因 $\{x_n\}$ 是正数数列,所以有下界. 对 $n+2$ 个正数 $1, \frac{n}{n+1}, \cdots, \frac{n}{n+1}$,应用 AG 不等式得

$$x_n = \left(1 + \frac{1}{n}\right)^{n+1} = \frac{1}{\left(\frac{n}{n+1}\right)^{n+1}} = \frac{1}{1 \cdot \frac{n}{n+1} \cdot \cdots \cdot \frac{n}{n+1}}$$

$$\geq \frac{1}{\left[\frac{1 + \frac{n}{n+1} + \cdots + \frac{n}{n+1}}{n+2}\right]^{n+2}} = \frac{1}{\left(\frac{1+n}{n+2}\right)^{n+2}}$$

$$= \left(1 + \frac{1}{n+1}\right)^{n+2} = x_{n+1}$$

所以数列 $\{x_n\}$ 单调递减. 由单调有界准则得数列 $\{x_n\}$ 收敛,且

$$\lim_{n\to\infty} x_n = \lim_{n\to\infty}\left(1+\frac{1}{n}\right)^n \cdot \left(1+\frac{1}{n}\right) = \mathrm{e} \cdot 1 = \mathrm{e}$$

**例 2.20**(复习题 1 题 4)   求下列极限：

(1) $\lim\limits_{n\to\infty} \dfrac{1}{n}\left[\left(x+\dfrac{1}{n}\right)^2 + \left(x+\dfrac{2}{n}\right)^2 + \cdots + \left(x+\dfrac{n-1}{n}\right)^2 + \left(x+\dfrac{n}{n}\right)^2\right]$；

(2) $\lim\limits_{x\to 0} \dfrac{\tan(a+x)\tan(a-x) - \tan^2 a}{x^2}$；

(3) $\lim\limits_{x\to 1} \dfrac{x^{n+1} - (n+1)x + n}{(x-1)^2}$；

(4) $\lim\limits_{x\to 0} \dfrac{(1+\alpha x)^{\frac{1}{m}} - (1+\beta x)^{\frac{1}{n}}}{x}$  ($\alpha, \beta, m, n \in \mathbf{R}$)；

(5) $\lim\limits_{n\to\infty}(1^{3n} + 2^{2n} + 3^n)^{\frac{1}{n}}$；

(6) $\lim\limits_{x\to +\infty} \ln(1+\mathrm{e}^{ax})\ln\left(1+\dfrac{a}{x}\right)$  ($a > 0$)；

(7) $\lim\limits_{n\to\infty}(-1)^n n\cos(\pi\sqrt{n^2+n})$.

**解析**   (1) 记 $S_n = (nx+1)^2 + (nx+2)^2 + \cdots + (nx+n)^2$，则

$$S_n = \sum_{k=1}^{n}(nx+k)^2 = \sum_{k=1}^{n}(n^2 x^2 + 2nxk + k^2)$$

$$= n^3 x^2 + 2nx\sum_{k=1}^{n} k + \sum_{k=1}^{n} k^2$$

$$= n^3 x^2 + n^2(n+1)x + \frac{n(n+1)(2n+1)}{6}.$$

$$\text{原式} = \lim_{n\to\infty}\frac{S_n}{n^3} = \lim_{n\to\infty}\left[x^2 + \frac{n^2(n+1)x}{n^3} + \frac{n(n+1)(2n+1)}{6n^3}\right]$$

$$= x^2 + x + \frac{1}{3}.$$

(2) 原式 $= \lim\limits_{x\to 0} \dfrac{\dfrac{\tan a + \tan x}{1 - \tan a \cdot \tan x} \cdot \dfrac{\tan a - \tan x}{1 + \tan a \cdot \tan x} - \tan^2 a}{x^2}$

$$= \lim_{x\to 0} \frac{\dfrac{\tan^2 a - \tan^2 x}{1 - \tan^2 a \cdot \tan^2 x} - \tan^2 a}{x^2} = \lim_{x\to 0} \frac{\tan^4 a \tan^2 x - \tan^2 x}{(1 - \tan^2 a \cdot \tan^2 x)x^2}$$

$$= \lim_{x\to 0} \frac{(\tan^4 a - 1)\tan^2 x}{(1 - \tan^2 a \cdot \tan^2 x)\cdot x^2} = \tan^4 a - 1.$$

(3) 原式 $= \lim\limits_{x\to 1} \dfrac{x(x^n - 1) - n(x-1)}{(x-1)^2}$

$$= \lim_{x\to 1} \frac{(x-1)[(x + x^2 + x^3 + \cdots + x^n) - n]}{(x-1)^2}$$

$$= \lim_{x \to 1} \frac{(x + x^2 + x^3 + \cdots + x^n) - n}{x - 1}$$

$$= \lim_{x \to 1} \frac{(x-1) + (x^2-1) + \cdots + (x^n-1)}{x-1}$$

$$= \lim_{x \to 1} [1 + (x+1) + (x^2+x+1) + \cdots + (x^{n-1} + x^{n-2} + \cdots + 1)]$$

$$= \frac{n(n+1)}{2}$$

(4) 原式 $= \lim_{x \to 0} \frac{(1+\alpha x)^{\frac{1}{m}} - 1 + 1 - (1+\beta x)^{\frac{1}{n}}}{x}$

$$= \lim_{x \to 0} \frac{(1+\alpha x)^{\frac{1}{m}} - 1}{x} - \lim_{x \to 0} \frac{(1+\beta x)^{\frac{1}{n}} - 1}{x}$$

$$= \lim_{x \to 0} \frac{\frac{1}{m}\alpha x}{x} - \lim_{x \to 0} \frac{\frac{1}{n}\beta x}{x} = \frac{\alpha}{m} - \frac{\beta}{n}$$

(5) 因为 $4^n < 1^{3n} + 2^{2n} + 3^n < 3 \cdot 4^n$，所以 $4 < (1^{3n} + 2^{2n} + 3^n)^{\frac{1}{n}} < 4 \cdot \sqrt[n]{3}$，应用夹逼准则得

$$\lim_{n \to \infty} (1^{3n} + 2^{2n} + 3^n)^{\frac{1}{n}} = 4$$

(6) 应用等价无穷小替换法则，可得

$$原式 = \lim_{x \to +\infty} \frac{a}{x} \ln(1 + e^{ax}) = \lim_{x \to +\infty} \frac{a}{x} (\ln(1 + e^{-ax}) + \ln e^{ax})$$

$$= \lim_{x \to +\infty} \left( \frac{a}{x} \ln(1 + e^{-ax}) + \frac{a}{x} \cdot ax \right) = \lim_{x \to +\infty} \frac{a}{x \cdot e^{ax}} + a^2 = a^2$$

(7) 应用恒等变形与等价无穷小替换法则，由于

$$\lim_{n \to \infty} \left( \sqrt{n^2 + n} - n - \frac{1}{2} \right) = \lim_{n \to \infty} \frac{n^2 + n - \left(n + \frac{1}{2}\right)^2}{\sqrt{n^2 + n} + \left(n + \frac{1}{2}\right)}$$

$$= \lim_{n \to \infty} \frac{1}{4} \cdot \frac{-1}{\sqrt{n^2 + n} + \left(n + \frac{1}{2}\right)} = 0$$

所以

$$原式 = \lim_{n \to \infty} (-1)^n n \cos(\pi \sqrt{n^2 + n} - n\pi + n\pi)$$

$$= \lim_{n \to \infty} (-1)^n n [\cos(\pi \sqrt{n^2 + n} - n\pi) \cos n\pi - \sin(\pi \sqrt{n^2 + n} - n\pi) \sin n\pi]$$

$$= \lim_{n \to \infty} n \cos[\pi(\sqrt{n^2 + n} - n)] = \lim_{n \to \infty} n \cos\left\{ \left[ \pi(\sqrt{n^2 + n} - n) - \frac{\pi}{2} \right] + \frac{\pi}{2} \right\}$$

$$= -\lim_{n \to \infty} n \sin\left( \sqrt{n^2 + n} - n - \frac{1}{2} \right)\pi = -\lim_{n \to \infty} n \left( \sqrt{n^2 + n} - n - \frac{1}{2} \right)\pi$$

$$=-\lim_{n\to\infty} n\frac{n^2+n-\left(n^2+n+\frac{1}{4}\right)}{\sqrt{n^2+n}+n+\frac{1}{2}}\pi = \frac{1}{4}\lim_{n\to\infty}\frac{n}{\sqrt{n^2+n}+n+\frac{1}{2}}\pi = \frac{\pi}{8}$$

## 1.3 典型题选解

**例 3.1**(全国 2014)  设 $\lim\limits_{n\to\infty}a_n = a$,且 $a\neq 0$,则当 $n$ 充分大时有  (　　)

(A) $|a_n| > \dfrac{|a|}{2}$  　　　　(B) $|a_n| < \dfrac{|a|}{2}$

(C) $a_n > a - \dfrac{1}{n}$ 　　　　(D) $a_n < a + \dfrac{1}{n}$

**解析**  首先由 $\lim\limits_{n\to\infty}a_n = a$,可得 $\lim\limits_{n\to\infty}|a_n| = |a|$,应用极限的"$\varepsilon$-$N$"定义,对 $\varepsilon = \dfrac{|a|}{2} > 0$,$\exists N \in \mathbf{N}^*$,当 $n > N$ 时有 $||a_n| - |a|| < \dfrac{|a|}{2}$,由此可得 $\dfrac{|a|}{2} < |a_n| < \dfrac{3}{2}|a|$. 所以(A)正确,(B)错误. 又应用极限的"$\varepsilon$-$N$"定义,对 $\varepsilon = \dfrac{1}{n} > 0$,$\exists N \in \mathbf{N}^*$,当 $k > N$(不能写 $n > N$)时有 $|a_k - a| < \dfrac{1}{n}$,由此可得 $a - \dfrac{1}{n} < a_k < a + \dfrac{1}{n}$. 所以(C),(D)皆错.

**例 3.2**(南大 2006)  证明:$\lim\limits_{n\to\infty}\dfrac{4n^2+n+1}{5n(n+1)} = \dfrac{4}{5}$.

**解析**  应用放缩法,由
$$\left|\frac{4n^2+n+1}{5n(n+1)} - \frac{4}{5}\right| = \frac{3n-1}{5n(n+1)} < \frac{5(n+1)}{5n(n+1)} = \frac{1}{n} < \varepsilon \Rightarrow n > \frac{1}{\varepsilon}$$
于是 $\forall \varepsilon > 0$,$\exists N = \left[\dfrac{1}{\varepsilon}\right]$,当 $n > N$ 时,$\left|\dfrac{4n^2+n+1}{5n(n+1)} - \dfrac{4}{5}\right| < \varepsilon$.

**例 3.3**(南大 2011)  用"$\varepsilon$-$\delta$"定义证明:$\lim\limits_{x\to 2}\dfrac{1}{x^2} = \dfrac{1}{4}$.

**解析**  **方法 I**  应用放缩法,先让 $0 < |x-2| < 1$,由
$$\left|\frac{1}{x^2} - \frac{1}{4}\right| = \frac{|2+x||x-2|}{4x^2} \leqslant \frac{5}{4}|x-2| < \varepsilon \Rightarrow |x-2| < \frac{4\varepsilon}{5}$$
于是 $\forall \varepsilon > 0$,$\exists \delta = \min\left\{1, \dfrac{4\varepsilon}{5}\right\}$,当 $0 < |x-2| < \delta$ 时,$\left|\dfrac{1}{x^2} - \dfrac{1}{4}\right| < \varepsilon$.

**方法 II**  应用几何方法,由 $\dfrac{1}{x_1^2} = \dfrac{1}{4} + \varepsilon$,$\dfrac{1}{x_2^2} = \dfrac{1}{4} - \varepsilon$,得 $x_1 = \dfrac{2}{\sqrt{1+4\varepsilon}}$,$x_2 = \dfrac{2}{\sqrt{1-4\varepsilon}}$,于是 $\forall \varepsilon > 0$,$\exists \delta = \min\left\{\dfrac{2}{\sqrt{1-4\varepsilon}} - 2, 2 - \dfrac{2}{\sqrt{1+4\varepsilon}}\right\}$,当 $0 < |x-2| < \delta$

时，$\left|\dfrac{1}{x^2}-\dfrac{1}{4}\right|<\varepsilon$.

**例 3.4**（南大 2009） 用"$\varepsilon-\delta$"定义证明：$\lim\limits_{x\to -1}(x^3+x^2+x+1)=0$.

**解析** 应用放缩法，先让 $0<|x-(-1)|=|x+1|<1$，由
$$|x|=|x+1-1|\leqslant |x+1|+1<2$$
$$|x^3+x^2+x+1|=|x^2+1||x+1|<5|x+1|<\varepsilon$$

于是 $\forall \varepsilon>0, \exists \delta=\min\left\{1,\dfrac{\varepsilon}{5}\right\}$，当 $0<|x-(-1)|<\delta$ 时，有 $|x^3+x^2+x+1|<\varepsilon$.

**例 3.5**（全国 2008） 设函数 $f(x)$ 在 $(-\infty,+\infty)$ 内单调有界，$\{x_n\}$ 为数列，下列命题正确的是 （ ）

(A) 若 $\{x_n\}$ 收敛，则 $\{f(x_n)\}$ 收敛

(B) 若 $\{x_n\}$ 单调，则 $\{f(x_n)\}$ 收敛

(C) 若 $\{f(x_n)\}$ 收敛，则 $\{x_n\}$ 收敛

(D) 若 $\{f(x_n)\}$ 单调，则 $\{x_n\}$ 收敛

**解析** (A) 错误. 反例：$f(x)=\mathrm{sgn}x, x_n=(-1)^{n+1}\dfrac{1}{n}\to 0, \{f(x_n)\}:1,-1,1,-1,\cdots$.

(B) 正确. 因为 $\{x_n\}$ 单调，$f(x)$ 单调，所以 $f(x_n)$ 单调，且 $f(x_n)$ 有界，应用单调有界准则，于是 $\{f(x_n)\}$ 收敛.

(C) 错误. 反例：$f(x)=\arctan x, x_n=n, f(x_n)=\arctan n\to \dfrac{\pi}{2}, x_n=n\to +\infty$.

(D) 错误. 反例：$f(x)=\arctan x, x_n=n, f(x_n)=\arctan n$ 单调，$x_n=n\to +\infty$.

**例 3.6**（全国 2000） 设对任意的 $x$，总有 $\varphi(x)\leqslant f(x)\leqslant g(x)$，且 $\lim\limits_{x\to\infty}(g(x)-\varphi(x))=0$，则 $\lim\limits_{x\to\infty}f(x)$ （ ）

(A) 存在且等于零　　　　　　(B) 存在但不一定为零

(C) 一定不存在　　　　　　　(D) 不一定存在

**解析** 反例 1：$\varphi(x)=\dfrac{1}{|x|}+1, f(x)=\dfrac{2}{|x|}+1, g(x)=\dfrac{3}{|x|}+1, \lim\limits_{x\to\infty}f(x)=1$，可以否定 (A) 和 (C)；反例 2：$\varphi(x)=\mathrm{e}^{|x|}-\mathrm{e}^{-|x|}, f(x)=\mathrm{e}^{|x|}, g(x)=\mathrm{e}^{|x|}+\mathrm{e}^{-|x|}, \lim\limits_{x\to\infty}f(x)=+\infty$，可以否定 (B). 故选 (D).

**例 3.7**（南大 2005） $\lim\limits_{n\to\infty}\dfrac{1!+2!+3!+\cdots+n!}{n!}=$ _____.

**解析** 应用夹逼准则，由于
$$1\leqslant \dfrac{1!+2!+3!+\cdots+n!}{n!}\leqslant \dfrac{(n-2)\cdot (n-2)!}{n!}+\dfrac{1}{n}+1=\dfrac{n-2}{n(n-1)}+\dfrac{1}{n}+1$$

因为 $\dfrac{n-2}{n(n-1)}+\dfrac{1}{n}+1\to 1(n\to\infty)$，所以原式 $=1$.

**例 3.8**(南大 2009)　设 $b > 0, b_1 > 0, b_{n+1} = \dfrac{1}{2}\left(b_n + \dfrac{b}{b_n}\right), n = 1, 2, \cdots$.

(1) 证明：$\lim\limits_{n \to \infty} b_n$ 存在；

(2) 求出 $\lim\limits_{n \to \infty} b_n$.

**解析**　(1) 因为
$$b_n = \dfrac{1}{2}\left(b_{n-1} + \dfrac{b}{b_{n-1}}\right) \geqslant \sqrt{b_{n-1} \cdot \dfrac{b}{b_{n-1}}} = \sqrt{b}$$

$$\dfrac{b_{n+1}}{b_n} = \dfrac{1}{2}\left(1 + \dfrac{b}{b_n^2}\right) \leqslant \dfrac{1}{2}\left(1 + \dfrac{b}{b}\right) = 1$$

所以数列 $\{b_n\}$ 单调递减，且有下界，于是 $\{b_n\}$ 收敛.

(2) 设 $\lim\limits_{n \to \infty} b_n = A$，则有 $A = \dfrac{1}{2}\left(A + \dfrac{b}{A}\right)$，解得 $A = \sqrt{b}$，所以 $\lim\limits_{n \to \infty} b_n = \sqrt{b}$.

**例 3.9**(南大 2006)　求 $\lim\limits_{n \to \infty} \cos\dfrac{a}{2}\cos\dfrac{a}{2^2}\cos\dfrac{a}{2^3}\cdots\cos\dfrac{a}{2^n}$.

**解析**　令 $x_n = \cos\dfrac{a}{2}\cos\dfrac{a}{2^2}\cos\dfrac{a}{2^3}\cdots\cos\dfrac{a}{2^n}$，则

$$x_n \cdot \sin\dfrac{a}{2^n} = \cos\dfrac{a}{2}\cos\dfrac{a}{2^2}\cdots\cos\dfrac{a}{2^{n-1}}\cos\dfrac{a}{2^n}\sin\dfrac{a}{2^n}$$

$$= \dfrac{1}{2}\cos\dfrac{a}{2}\cos\dfrac{a}{2^2}\cdots\cos\dfrac{a}{2^{n-1}}\sin\dfrac{a}{2^{n-1}}$$

$$= \cdots = \dfrac{1}{2^{n-1}}\cos\dfrac{a}{2}\sin\dfrac{a}{2} = \dfrac{1}{2^n}\sin a$$

所以

$$\lim_{n \to \infty} x_n = \lim_{n \to \infty} \dfrac{\dfrac{\sin a}{2^n}}{\sin\dfrac{a}{2^n}} = \lim_{n \to \infty} \dfrac{\dfrac{\sin a}{2^n}}{\dfrac{a}{2^n}} = \dfrac{\sin a}{a}$$

**例 3.10**(全国 2000)　求 $\lim\limits_{x \to 0}\left(\dfrac{2 + e^{\frac{1}{x}}}{1 + e^{\frac{4}{x}}} + \dfrac{\sin x}{|x|}\right)$.

**解析**　考虑 $x = 0$ 处的左、右极限，因为

$$\lim_{x \to 0^+}\left(\dfrac{2 + e^{\frac{1}{x}}}{1 + e^{\frac{4}{x}}} + \dfrac{\sin x}{|x|}\right) = \lim_{x \to 0^+}\left(e^{-\frac{3}{x}} \cdot \dfrac{2e^{-\frac{1}{x}} + 1}{e^{-\frac{4}{x}} + 1} + \dfrac{\sin x}{x}\right) = 0 + 1 = 1$$

$$\lim_{x \to 0^-}\left(\dfrac{2 + e^{\frac{1}{x}}}{1 + e^{\frac{4}{x}}} + \dfrac{\sin x}{-x}\right) = 2 - 1 = 1$$

所以 $\lim\limits_{x \to 0}\left(\dfrac{2 + e^{\frac{1}{x}}}{1 + e^{\frac{4}{x}}} + \dfrac{\sin x}{|x|}\right) = 1$.

**例 3.11**(精选题)　求 $\lim\limits_{x \to \infty}\left(\sqrt{x^2 + x} - \sqrt{x^2 - x}\right)$.

**解析** 原式 $= \lim\limits_{x \to -\infty} \dfrac{(\sqrt{x^2+x}-\sqrt{x^2-x})(\sqrt{x^2+x}+\sqrt{x^2-x})}{\sqrt{x^2+x}+\sqrt{x^2-x}}$

$= \lim\limits_{x \to -\infty} \dfrac{2x}{\sqrt{x^2+x}+\sqrt{x^2-x}}$

$= \lim\limits_{x \to -\infty} \dfrac{2}{-\sqrt{1+\dfrac{1}{x}}-\sqrt{1-\dfrac{1}{x}}} = -1$

**例 3.12**(精选题) 求 $\lim\limits_{n\to\infty} n^3 \left[ \dfrac{k}{n^2} - \sum\limits_{i=1}^{k} \dfrac{1}{(n+i)^2} \right]$,其中 $k$ 为一确定的正整数.

**解析** 原式 $= \lim\limits_{n\to\infty} n^3 \sum\limits_{i=1}^{k} \left( \dfrac{1}{n^2} - \dfrac{1}{(n+i)^2} \right) = \lim\limits_{n\to\infty} \sum\limits_{i=1}^{k} \dfrac{n^3(2in+i^2)}{n^2(n+i)^2}$

$= \sum\limits_{i=1}^{k} \lim\limits_{n\to\infty} \dfrac{2in^2+i^2 n}{n^2+2in+i^2} = \sum\limits_{i=1}^{k} 2i = k(k+1)$

**例 3.13**(全国 1997) 求极限 $\lim\limits_{x \to -\infty} \dfrac{\sqrt{4x^2+x-1}+x+1}{\sqrt{x^2+\sin x}}$.

**解析** 注意到 $x \to -\infty$ 时 $x = -\sqrt{x^2}$,所以

$\lim\limits_{x\to-\infty} \dfrac{\sqrt{4x^2+x-1}+x+1}{\sqrt{x^2+\sin x}} = \lim\limits_{x\to-\infty} \dfrac{-\sqrt{4+\dfrac{1}{x}-\dfrac{1}{x^2}}+1+\dfrac{1}{x}}{-\sqrt{1+\dfrac{\sin x}{x^2}}} = \dfrac{-1}{-1} = 1$

**例 3.14**(精选题) 求 $\lim\limits_{n\to\infty} \sum\limits_{i=1}^{n} \sin \dfrac{\pi}{\sqrt{n^2+i}}$.

**解析** 应用夹逼准则与等价无穷小替换法则,由于

$n\sin \dfrac{\pi}{\sqrt{n^2+n}} \leqslant \sum\limits_{i=1}^{n} \sin \dfrac{\pi}{\sqrt{n^2+i}} \leqslant n\sin \dfrac{\pi}{\sqrt{n^2+1}}$

$\lim\limits_{n\to\infty} n\sin \dfrac{\pi}{\sqrt{n^2+n}} = \lim\limits_{n\to\infty} \dfrac{\pi n}{\sqrt{n^2+n}} = \pi$

$\lim\limits_{n\to\infty} n\sin \dfrac{\pi}{\sqrt{n^2+1}} = \lim\limits_{n\to\infty} \dfrac{\pi n}{\sqrt{n^2+1}} = \pi$

于是

$$\lim\limits_{n\to\infty} \sum\limits_{i=1}^{n} \sin \dfrac{\pi}{\sqrt{n^2+i}} = \pi$$

**例 3.15**(南大 2005) 求 $I = \lim\limits_{x\to 0} \dfrac{(a+b\tan x)^x - a^x}{\sin^2(bx)}$, $a>0$ 且 $a\neq 1$, $b\neq 0$.

**解析** $I = \lim\limits_{x\to 0} \dfrac{a^x\left(\left(1+\dfrac{b}{a}\tan x\right)^x - 1\right)}{(bx)^2} = \lim\limits_{x\to 0} \dfrac{\mathrm{e}^{x\ln\left(1+\dfrac{b}{a}\tan x\right)} - 1}{(bx)^2}$

$$= \lim_{x \to 0} \frac{x\ln\left(1+\frac{b}{a}\tan x\right)}{(bx)^2} = \lim_{x \to 0} \frac{x \cdot \frac{b}{a}\tan x}{(bx)^2} = \frac{1}{ab}$$

**例 3.16**（精选题） 求 $\lim\limits_{n \to \infty} n^2(\sqrt[n]{a} - \sqrt[n+1]{a})$ $(a > 0)$.

**解析** 应用等价无穷小替换法则，有

$$原式 = \lim_{n \to \infty} n^2\left(a^{\frac{1}{n}} - a^{\frac{1}{n+1}}\right) = \lim_{n \to \infty} n^2 a^{\frac{1}{n+1}}\left(a^{\frac{1}{n} - \frac{1}{n+1}} - 1\right) = \lim_{n \to \infty} n^2\left(a^{\frac{1}{n(n+1)}} - 1\right)$$

$$= \lim_{n \to \infty} n^2\left[\exp\left(\frac{\ln a}{n(n+1)}\right) - 1\right] = \lim_{n \to \infty} n^2 \cdot \frac{\ln a}{n(n+1)} = \ln a$$

**例 3.17**（全国 2004） 求极限 $\lim\limits_{x \to 0} \frac{1}{x^3}\left[\left(\frac{2+\cos x}{3}\right)^x - 1\right]$.

**解析** 应用等价无穷小因子替换法则，有

$$原式 = \lim_{x \to 0} \frac{1}{x^3}\left(\exp\left(x\ln\left(1 + \frac{\cos x - 1}{3}\right)\right) - 1\right)$$

$$= \lim_{x \to 0} \frac{x\ln\left(1 + \frac{\cos x - 1}{3}\right)}{x^3} = \lim_{x \to 0} \frac{\cos x - 1}{3x^2}$$

$$= \lim_{x \to 0} \frac{-\frac{1}{2}x^2}{3x^2} = -\frac{1}{6}$$

**例 3.18**（南大 2005） $\lim\limits_{x \to 0} \dfrac{(e+ex)^x - e^x \cos\frac{x}{2}}{\left(\sin x - \sin\frac{x}{2}\right)\ln(1+x)} = $ _____.

**解析** $x \to 0$ 时 $e^x \to 1, \cos\frac{3x}{4} \to 1, \sin\frac{x}{4} \sim \frac{x}{4}$，应用等价无穷小替换法则，有

$$原式 = \lim_{x \to 0} \frac{e^x\left[(1+x)^x - \cos\frac{x}{2}\right]}{2x\cos\frac{3x}{4} \cdot \sin\frac{x}{4}} = 2\lim_{x \to 0} \frac{(1+x)^x - 1}{x^2} + 2\lim_{x \to 0} \frac{1 - \cos\frac{x}{2}}{x^2}$$

$$= 2\lim_{x \to 0} \frac{e^{x\ln(1+x)} - 1}{x^2} + 2\lim_{x \to 0} \frac{\frac{1}{2}\left(\frac{x}{2}\right)^2}{x^2}$$

$$= 2\lim_{x \to 0} \frac{x\ln(1+x)}{x^2} + \frac{1}{4} = 2 + \frac{1}{4} = \frac{9}{4}$$

**例 3.19**（精选题） 设曲线 $y = \tan^n x$ 在点 $\left(\frac{\pi}{4}, 1\right)$ 处的切线交 $x$ 轴于点 $(\xi_n, 0)$，求极限 $\lim\limits_{n \to \infty} y(\xi_n)$.

**解析** 由于 $y' = n\tan^{n-1} x \sec^2 x$，得 $y'\big|_{x=\frac{\pi}{4}} = 2n$，故曲线在点 $\left(\frac{\pi}{4}, 1\right)$ 处的切线方程为

$$y - 1 = 2n\left(x - \frac{\pi}{4}\right)$$

令 $y = 0$,得 $\xi_n = \frac{\pi}{4} - \frac{1}{2n}$,$y(\xi_n) = \tan^n\left(\frac{\pi}{4} - \frac{1}{2n}\right)$,则

$$\lim_{n\to\infty} y(\xi_n) = \lim_{n\to\infty}\left[\frac{1-\tan\frac{1}{2n}}{1+\tan\frac{1}{2n}}\right]^n = \lim_{n\to\infty}\left(1 - \frac{2\tan\frac{1}{2n}}{1+\tan\frac{1}{2n}}\right)^{-\frac{1+\tan\frac{1}{2n}}{2\tan\frac{1}{2n}} \cdot \frac{-2\tan\frac{1}{2n}}{1+\tan\frac{1}{2n}} \cdot n}$$

$$= \exp\left[\lim_{n\to\infty} \frac{-2 \cdot \frac{1}{2n} \cdot n}{1+\tan\frac{1}{2n}}\right] = e^{-1}$$

**例 3.20**(精选题) 已知 $\lim\limits_{x\to+\infty}(e^{\frac{1}{x}}\sqrt{1+x^2} - ax - b) = 0$,求 $a,b$.

**解析** 因 $\lim\limits_{x\to+\infty}(e^{\frac{1}{x}}\sqrt{1+x^2} - ax - b) = 0$, $\lim\limits_{x\to+\infty}\frac{1}{x} = 0$,所以

$$\lim_{x\to+\infty}\frac{e^{\frac{1}{x}}\sqrt{1+x^2} - ax - b}{x} = \lim_{x\to+\infty}\left(\frac{e^{\frac{1}{x}}\sqrt{1+x^2}}{x} - a - \frac{b}{x}\right) = 1 - a = 0$$

故 $a = 1$,代入原式可得 $b = \lim\limits_{x\to+\infty}(e^{\frac{1}{x}}\sqrt{1+x^2} - x)$.令 $t = \frac{1}{x}$,则

$$b = \lim_{t\to 0^+}\left(e^t\sqrt{1+\frac{1}{t^2}} - \frac{1}{t}\right) = \lim_{t\to 0^+}\frac{e^t\sqrt{t^2+1} - 1}{t}$$

$$= \lim_{t\to 0^+}\frac{e^t(\sqrt{t^2+1} - 1)}{t} + \lim_{t\to 0^+}\frac{e^t - 1}{t}$$

$$= \lim_{t\to 0^+}\frac{\frac{1}{2}t^2}{t} + 1 = 0 + 1 = 1$$

**例 3.21**(南大 2001) 当 $x \to 0$ 时,$\sqrt{x + \sqrt{x + \sqrt{x + \sqrt{x}}}}$ 关于 $x$ 的无穷小的阶数是_____.

**解析** 因 $x + \sqrt{x} = \sqrt{x}(1 + \sqrt{x}) \sim \sqrt{x}$ 是 $\frac{1}{2}$ 阶,所以

$$\sqrt{x + \sqrt{x + \sqrt{x + \sqrt{x}}}} \sim \sqrt{x + \sqrt{x + \sqrt{\sqrt{x}}}} \sim \sqrt{x + \sqrt{\sqrt{\sqrt{x}}}}$$

$$\sim \sqrt{\sqrt{\sqrt{\sqrt{x}}}} = x^{\frac{1}{16}}$$

即所求阶数为 $\frac{1}{16}$.

# 专题 2  连续性与导数概念

## 2.1  重要概念与基本方法

**1  函数的连续性概念**

(1) 函数连续的定义:若 $\lim\limits_{x \to a} f(x) = f(a)$,则称 $f(x)$ 在 $x = a$ 处连续.

此定义含有下列三个要素,三者缺一不可:

① 等式左边是考察 $x \neq a$ 时,要求函数 $f(x)$ 在 $x \to a$ 时有极限,记为 $A$;

② 等式右边是考察 $x = a$ 时,要求函数 $f(x)$ 有定义,函数值为 $f(a)$;

③ 要求函数值 $f(a)$ 与极限值 $A$ 相等,即 $f(a) = A$.

(2) 初等函数的连续性定理.

**定理**(初等函数的连续性定理)   初等函数在其有定义的区间上连续.

(3) 间断点:连续性的定义中,三要素至少有一条不成立时,称 $x = a$ 为间断点.

(4) 讨论分段函数的连续性以及间断点的分类.

设
$$f(x) = \begin{cases} F(x) & (x < a); \\ A(\text{或不存在}) & (x = a); \\ G(x) & (x > a) \end{cases}$$

这里 $F(x)$ 与 $G(x)$ 为已知的初等函数. 讨论 $f(x)$ 在 $x = a$ 处的连续性,并将间断点分类的方法是先求左极限与右极限:

$$f(a^-) = \lim_{x \to a^-} F(x), \quad f(a^+) = \lim_{x \to a^+} G(x)$$

① 若 $f(a^-)$ 与 $f(a^+)$ 中至少有一个不存在,称 $x = a$ 为第 Ⅱ 类间断点;

② 若 $f(a^-)$ 与 $f(a^+)$ 都存在但不相等,即 $f(a^-) \neq f(a^+)$,称 $x = a$ 为第 Ⅰ 类跳跃型间断点;

③ 若 $f(a^-)$ 与 $f(a^+)$ 都存在并且相等,即 $f(a^-) = f(a^+)$,但 $f(x)$ 在 $x = a$ 处无定义,或者虽有定义,但 $f(a^-) = f(a^+) \neq A = f(a)$,称 $x = a$ 为第 Ⅰ 类可去型间断点;

④ 仅当 $f(a^-) = f(a^+) = A = f(a)$ 时，$f(x)$ 在 $x = a$ 处连续.

## 2 复合函数的极限与连续性

**定理 1**  设 $\lim\limits_{x \to a} \varphi(x) = b$，$f(u)$ 在 $u = b$ 处连续，则 $f(\varphi(x))$ 在 $x = a$ 处极限存在，且有
$$\lim_{x \to a} f(\varphi(x)) = f(\lim_{x \to a} \varphi(x)) = f(b)$$

**定理 2**  设 $\varphi(x)$ 在 $x = a$ 处连续，$f(u)$ 在 $u = b = \varphi(a)$ 处连续，则 $f(\varphi(x))$ 在 $x = a$ 处连续，且有
$$\lim_{x \to a} f(\varphi(x)) = f(\lim_{x \to a} \varphi(x)) = f(b) = f(\varphi(a))$$

## 3 定义在闭区间上的连续函数的重要性质

**定理 1**（有界定理）  设 $f(x) \in \mathscr{C}[a,b]$，则 $f(x) \in \mathscr{B}[a,b]$.

**定理 2**（最值定理）  设 $f(x) \in \mathscr{C}[a,b]$，则 $f(x)$ 在 $[a,b]$ 上有最大值与最小值.

**定理 3**（介值定理）  设 $f(x) \in \mathscr{C}[a,b]$，$f(x)$ 在 $[a,b]$ 上的最大值与最小值分别为 $M, m$，$\forall \mu \in (m, M)$，则 $\exists \xi \in (a,b)$，使得 $f(\xi) = \mu$.

**定理 4**（零点定理）  设 $f(x) \in \mathscr{C}[a,b]$，且 $f(a) \cdot f(b) < 0$，则 $\exists \xi \in (a,b)$，使得 $f(\xi) = 0$.

## 4 导数的定义

(1) 函数 $f(x)$ 在 $x = 0$ 处的导数定义为
$$f'(0) \stackrel{\text{def}}{=} \lim_{x \to 0} \frac{f(x) - f(0)}{x} = \lim_{\square \to 0} \frac{f(\square) - f(0)}{\square}$$

(2) 函数 $f(x)$ 在 $x = a$ 处的导数定义为
$$f'(a) \stackrel{\text{def}}{=} \lim_{x \to a} \frac{f(x) - f(a)}{x - a} = \lim_{\square \to 0} \frac{f(a + \square) - f(a)}{\square}$$

(3) 函数 $f(x)$ 在 $x = a$ 处的左、右导数定义为
$$f'_-(a) \stackrel{\text{def}}{=} \lim_{x \to a^-} \frac{f(x) - f(a)}{x - a} = \lim_{\square \to 0^-} \frac{f(a + \square) - f(a)}{\square}$$
$$f'_+(a) \stackrel{\text{def}}{=} \lim_{x \to a^+} \frac{f(x) - f(a)}{x - a} = \lim_{\square \to 0^+} \frac{f(a + \square) - f(a)}{\square}$$

**定理 1**  函数 $f(x)$ 在 $x = a$ 处可导的必要条件是 $f(x)$ 在 $x = a$ 处连续.

**定理 2**  函数 $f(x)$ 在 $x = a$ 处可导的充要条件是 $f(x)$ 在 $x = a$ 处的左、右导数皆存在且相等，即 $f'_-(a) = f'_+(a)$.

(4) 导数的几何意义：$f'(a)$ 表示曲线 $y = f(x)$ 在 $x = a$ 处的切线的斜率，其

切线方程为 $y - f(a) = f'(a)(x-a)$.

(5) 讨论分段函数的可导性.

设
$$f(x) = \begin{cases} F(x) & (x<a); \\ A & (x=a); \\ G(x) & (x>a) \end{cases}$$

这里 $F(x)$ 与 $G(x)$ 为已知的可导函数. 讨论 $f(x)$ 在 $x=a$ 处的可导性的方法如下：

① 先考察连续性，当 $f(x)$ 在 $x=a$ 处不连续时，$f(x)$ 在 $x=a$ 处不可导；当 $f(x)$ 在 $x=a$ 处连续时，继续讨论可导性.

② 求左导数与右导数，即有
$$f'_-(a) = \lim_{x \to a^-} \frac{f(x)-f(a)}{x-a}, \quad f'_+(a) = \lim_{x \to a^+} \frac{f(x)-f(a)}{x-a}$$

若 $f'_-(a), f'_+(a)$ 中至少有一个不存在，则 $f(x)$ 在 $x=a$ 处不可导；若 $f'_-(a)$, $f'_+(a)$ 都存在，但不相等，则 $f(x)$ 在 $x=a$ 处不可导；若 $f'_-(a), f'_+(a)$ 都存在，且相等，则 $f(x)$ 在 $x=a$ 处可导，记为 $f \in \mathscr{D}(a)$，且 $f'(a) = f'_-(a) = f'_+(a)$.

(6) 讨论分段函数的连续可导性.

设
$$f(x) = \begin{cases} F(x) & (x<a); \\ A & (x=a); \\ G(x) & (x>a) \end{cases}$$

其中 $F(x), G(x)$ 为已知的可导函数，且 $f(x)$ 在 $x=a$ 处可导. 讨论 $f(x)$ 在 $x=a$ 处的连续可导性的方法如下：

① 应用上述(5)求得
$$f'(x) = \begin{cases} F'(x) & (x<a); \\ f'(a) & (x=a); \\ G'(x) & (x>a) \end{cases}$$

② 考察 $f'(x)$ 在 $x=a$ 处的左、右极限
$$f'(a^-) = \lim_{x \to a^-} F'(x), \quad f'(a^+) = \lim_{x \to a^+} G'(x)$$

仅当 $f'(a^-) = f'(a^+) = f'(a)$ 时，$f(x)$ 在 $x=a$ 处连续可导，记为 $f \in \mathscr{C}^{(1)}(a)$；否则 $f(x)$ 在 $x=a$ 处不连续可导.

## 5 导数基本公式

$(x^\lambda)' = \lambda x^{\lambda-1}, \quad (a^x)' = a^x \ln a, \quad (e^x)' = e^x, \quad (\log_a x)' = \dfrac{1}{x \ln a}, \quad (\ln|x|)' = \dfrac{1}{x}$

$(\sin x)' = \cos x$, $(\cos x)' = -\sin x$, $(\tan x)' = \sec^2 x$, $(\cot x)' = -\csc^2 x$

$(\sec x)' = \sec x \tan x$, $(\csc x)' = -\csc x \cot x$, $(\arcsin x)' = \dfrac{1}{\sqrt{1-x^2}}$

$(\arccos x)' = -\dfrac{1}{\sqrt{1-x^2}}$, $(\arctan x)' = \dfrac{1}{1+x^2}$, $(\text{arccot}\, x)' = -\dfrac{1}{1+x^2}$

除上述基本公式外,熟记下面的公式,对于提高计算速度很有好处:

$(\sqrt{x})' = \dfrac{1}{2\sqrt{x}}$, $\left(\dfrac{1}{x}\right)' = -\dfrac{1}{x^2}$, $(\ln(x+\sqrt{1+x^2}))' = \dfrac{1}{\sqrt{1+x^2}}$

## 6　求导法则

(1) 四则运算法则:
$$(f(x) \pm g(x))' = f'(x) \pm g'(x)$$
$$(f(x) \cdot g(x))' = f'(x) \cdot g(x) + f(x) \cdot g'(x)$$
$$\left(\dfrac{f(x)}{g(x)}\right)' = \dfrac{f'(x)g(x) - f(x)g'(x)}{(g(x))^2}$$

(2) 复合函数求导法则:
$$(f(g(x)))' = f'(g(x))g'(x)$$

(3) 反函数求导法则:设 $y = f^{-1}(x)$ 的反函数为 $x = f(y)$,则
$$(f^{-1}(x))' = \dfrac{1}{(f(y))'}\bigg|_{y=f^{-1}(x)}$$

(4) 隐函数求导法则:设 $F(x,y) = 0$,由 $F'_x(x,y(x)) + F'_y(x,y(x))y'(x) = 0$,解得
$$y'(x) = -\dfrac{F'_x(x,y(x))}{F'_y(x,y(x))}$$

(5) 参数式函数的求导法则:设 $\begin{cases} x = \varphi(t), \\ y = \psi(t), \end{cases}$ 则 $\dfrac{\mathrm{d}y}{\mathrm{d}x} = \dfrac{\psi'(t)}{\varphi'(t)}$.

(6) 取对数求导法则: $f'(x) = f(x)(\ln|f(x)|)'$.

## 7　高阶导数

(1) 函数 $f(x)$ 在 $x = a$ 处的二阶导数定义为
$$f''(a) \stackrel{\text{def}}{=} \lim_{x \to a} \dfrac{f'(x) - f'(a)}{x - a} = \lim_{\square \to 0} \dfrac{f'(a+\square) - f'(a)}{\square}$$

(2) 常用的几个高阶导数公式:
$$(x^n)^{(n)} = n!, \quad \left(\dfrac{1}{x}\right)^{(n)} = (-1)^n \dfrac{n!}{x^{n+1}}$$

$$(a^x)^{(n)} = a^x (\ln a)^n, \quad (\ln|x|)^{(n+1)} = (-1)^n \dfrac{n!}{x^{n+1}}$$

$$(\sin x)^{(n)} = \sin\left(x + \frac{n\pi}{2}\right), \quad (\cos x)^{(n)} = \cos\left(x + \frac{n\pi}{2}\right)$$

(3) 参数式函数的高阶导数:设 $\begin{cases} x = \varphi(t), \\ y = \psi(t), \end{cases}$ 由于 $\dfrac{dy}{dx} = \dfrac{\psi'(t)}{\varphi'(t)} = g(t)$,则

$$\frac{d^2 y}{dx^2} = \frac{g'(t)}{\varphi'(t)} = h(t), \quad \frac{d^3 y}{dx^3} = \frac{h'(t)}{\varphi'(t)}, \quad \cdots$$

(4) 求分段函数在分段点处的二阶导数.

设
$$f(x) = \begin{cases} F(x) & (x < a); \\ A & (x = a); \\ G(x) & (x > a) \end{cases}$$

这里 $F(x)$ 与 $G(x)$ 为已知的可导函数,且 $f(x)$ 在 $x = a$ 处可导. 假设已求得

$$f'(x) = \begin{cases} F'(x) & (x < a); \\ f'(a) & (x = a); \\ G'(x) & (x > a) \end{cases}$$

现在考察 $f(x)$ 在 $x = a$ 处的二阶导数. 为此,须求 $f(x)$ 在 $x = a$ 处的二阶左、右导数:

$$f''_-(a) = \lim_{x \to a^-} \frac{f'(x) - f'(a)}{x - a}, \quad f''_+(a) = \lim_{x \to a^+} \frac{f'(x) - f'(a)}{x - a}$$

① 若 $f''_-(a), f''_+(a)$ 中至少有一个不存在,则 $f(x)$ 在 $x = a$ 处二阶不可导;

② 若 $f''_-(a), f''_+(a)$ 都存在但不相等,则 $f(x)$ 在 $x = a$ 处二阶不可导;

③ 若 $f''_-(a), f''_+(a)$ 都存在且相等,则 $f(x)$ 在 $x = a$ 处二阶可导,且
$$f''(a) = f''_-(a) = f''_+(a)$$

(5) 求两个函数乘积的高阶导数公式.

**定理**(莱布尼茨公式) 设函数 $u(x), v(x)$ 皆 $n$ 阶可导,则
$$(u(x)v(x))^{(n)} = C_n^0 u^{(n)}(x)v(x) + C_n^1 u^{(n-1)}(x)v'(x) + C_n^2 u^{(n-2)}(x)v''(x)$$
$$+ \cdots + C_n^{n-1} u'(x)v^{(n-1)}(x) + C_n^n u(x)v^{(n)}(x)$$

## 8 微分概念

(1) 可微的定义.

① 若
$$f(a + \Delta x) - f(a) = A(a)\Delta x + o(\Delta x) \quad (\Delta x = x - a)$$
则称 $f(x)$ 在 $x = a$ 处可微.

② $f(x)$ 在 $x = a$ 处可微的充要条件是 $f(x)$ 在 $x = a$ 处可导,且
$$A(a) = f'(a)$$

(2) 微分的定义.

① 当 $f(x)$ 在 $x=a$ 处可微时,称
$$\mathrm{d}f(x)\Big|_{x=a} \stackrel{\text{def}}{=} f'(a)\mathrm{d}x$$
为 $f(x)$ 在 $x=a$ 处的微分.

② 一般的,$f(x)$ 的微分为 $\mathrm{d}f(x) = f'(x)\mathrm{d}x$.

(3) 一阶微分形式的不变性:
$$\mathrm{d}f(\varphi(x)) = f'(\varphi(x))\varphi'(x)\mathrm{d}x = f'(u)\mathrm{d}u \quad (u=\varphi(x))$$

## 2.2 习题选解

**例 2.1**(习题 1.5 A 4.1) 设函数 $f(x) = \lim\limits_{n\to\infty} \sqrt[n]{1+x^{2n}}$,研究该函数的连续性;若有间断点,判断其类型.

**解析** 根据题意,得
$$f(x) = \begin{cases} (1+0)^0 = 1 & (|x|<1); \\ x^2 \lim\limits_{n\to\infty}\left(1+\dfrac{1}{x^{2n}}\right)^{\frac{1}{n}} = x^2(1+0)^0 = x^2 & (|x|>1); \\ (1+1)^0 = 2^0 = 1 & (x=\pm 1) \end{cases}$$

即 $f(x) = \begin{cases} 1 & (|x|\leqslant 1), \\ x^2 & (|x|>1), \end{cases}$ 所以 $f(x)$ 在 $(-\infty, +\infty)$ 上连续,无间断点.

**例 2.2**(习题 1.5 A 7) 设 $\alpha>0, \beta>0, f\in\mathscr{C}[a,b]$,求证:$\exists \xi \in [a,b]$,使得
$$\alpha f(a) + \beta f(b) = (\alpha+\beta)f(\xi)$$

**解析** 令 $F(x) = \alpha f(a) + \beta f(b) - (\alpha+\beta)f(x)$,显见 $F(x)$ 在 $[a,b]$ 上连续,且
$$F(a) = \beta(f(b) - f(a)), \quad F(b) = \alpha(f(a) - f(b))$$
$$F(a) \cdot F(b) = -\alpha\beta(f(a) - f(b))^2 \leqslant 0$$

若 $f(a) = f(b)$,则 $F(a) = F(b) = 0, \xi = a$ 或 $b$;若 $f(a) \neq f(b)$,应用零点定理,$\exists \xi \in (a,b)$,使得 $F(\xi) = 0$. 故 $\exists \xi \in [a,b]$,使得 $\alpha f(a) + \beta f(b) = (\alpha+\beta)f(\xi)$.

**例 2.3**(习题 1.5 B 10) 设 $f(x) \in \mathscr{C}[0,1], f(0)=0, f(1)=1$,求证:$\exists \xi \in (0,1)$,使得
$$f\left(\xi - \frac{1}{3}\right) = f(\xi) - \frac{1}{3}$$

**解析** 令 $g(x) = f(x) - f\left(x-\dfrac{1}{3}\right) - \dfrac{1}{3}$,其中 $x \in \left[\dfrac{1}{3}, 1\right]$. 若 $g\left(\dfrac{2}{3}\right) = 0$,即得 $\xi = \dfrac{2}{3} \in (0,1)$,使得 $f\left(\xi - \dfrac{1}{3}\right) = f(\xi) - \dfrac{1}{3}$,原命题成立. 若 $g\left(\dfrac{2}{3}\right) \neq 0$,则由

$$\sum_{k=1}^{3} g\left(\frac{k}{3}\right) = \sum_{k=1}^{3} \left(f\left(\frac{k}{3}\right) - f\left(\frac{k-1}{3}\right) - \frac{1}{3}\right) = f(1) - f(0) - 1 = 0$$

可得 $g\left(\frac{1}{3}\right)g\left(\frac{2}{3}\right) < 0 \left(\text{或 } g\left(\frac{2}{3}\right)g(1) < 0\right)$。在区间 $\left[\frac{1}{3}, \frac{2}{3}\right]\left(\text{或}\left[\frac{2}{3}, 1\right]\right)$上，$g(x)$ 连续，应用零点定理，必存在 $\xi \in \left(\frac{1}{3}, \frac{2}{3}\right)\left(\text{或}\left(\frac{2}{3}, 1\right)\right) \subset (0,1)$，使得 $g(\xi) = 0$，即

$$f\left(\xi - \frac{1}{3}\right) = f(\xi) - \frac{1}{3}$$

**例 2.4**(习题 1.5 B 11) 设 $f(x)$ 在 $[a,b]$ 上满足 $a \leqslant f(x) \leqslant b$，且 $\exists k \in \mathbf{R}^+$，使得 $\forall x, y \in [a,b]$，有 $|f(x) - f(y)| \leqslant k|x - y|$。

(1) 求证：① $f \in \mathscr{C}[a,b]$；② $\exists \xi \in [a,b]$，使得 $f(\xi) = \xi$。

(2) 若 $0 \leqslant k < 1$，定义数列 $\{x_n\}$：$x_1 \in [a,b]$，$x_{n+1} = f(x_n)(n = 1, 2, \cdots)$，求证 $\{x_n\}$ 收敛，并求 $\lim\limits_{n \to \infty} x_n$。

**解析** (1) ① 任取 $x_0 \in [a,b]$，由 $|f(x) - f(x_0)| \leqslant k|x - x_0|$，令 $x \to x_0$，可得 $\lim\limits_{x \to x_0} f(x) = f(x_0)$，所以 $f(x) \in \mathscr{C}(x_0)$。又由 $x_0$ 在区间 $[a,b]$ 上的任意性，可得 $f(x) \in \mathscr{C}[a,b]$。

② 令 $F(x) = f(x) - x$，显见 $F(x)$ 在 $[a,b]$ 上连续，且 $F(a) = f(a) - a \geqslant 0$，$F(b) = f(b) - b \leqslant 0$。应用零点定理，$\exists \xi \in [a,b]$，使得 $F(\xi) = 0$，即 $f(\xi) = \xi$。

(2) 根据(1)中的 $\xi$，有

$$|x_{n+1} - \xi| = |f(x_n) - f(\xi)| \leqslant k|x_n - \xi| = k|f(x_{n-1}) - f(\xi)|$$
$$\leqslant k^2|x_{n-1} - \xi| \leqslant \cdots \leqslant k^n|x_1 - \xi|$$

令 $n \to \infty$，由 $0 \leqslant k < 1$ 得 $k^n \to 0$，所以 $\lim\limits_{n \to \infty}|x_{n+1} - \xi| = 0$，即 $\lim\limits_{n \to \infty} x_n = \xi$。

**例 2.5**(习题 2.1 A 1.3) 设

$$f(x) = \begin{cases} 2x - x^2 & (x \leqslant 0); \\ 2\sin x & (x > 0) \end{cases}$$

讨论 $f(x)$ 在 $x = 0$ 处的连续性与可导性。

**解析** 先求 $f(x)$ 在 $x = 0$ 的左、右极限，因

$$f(0^-) = \lim_{x \to 0^-} f(x) = \lim_{x \to 0^-}(2x - x^2) = 0$$
$$f(0^+) = \lim_{x \to 0^+} f(x) = \lim_{x \to 0^+} 2\sin x = 0$$

所以 $\lim\limits_{x \to 0} f(x) = 0$，而 $f(0) = 0$，所以 $f(x)$ 在 $x = 0$ 处连续。

应用左导数、右导数的定义，有

$$f'_-(0) = \lim_{x \to 0^-} \frac{f(x) - f(0)}{x} = \lim_{x \to 0^-} \frac{2x - x^2 - 0}{x} = \lim_{x \to 0^-}(2 - x) = 2$$
$$f'_+(0) = \lim_{x \to 0^+} \frac{f(x) - f(0)}{x} = \lim_{x \to 0^+} \frac{2\sin x - 0}{x} = 2$$

所以 $f'_-(0) = f'_+(0)$,于是 $f(x)$ 在 $x = 0$ 处可导,且 $f'(0) = 2$.

**例 2.6**(习题 2.1 A 4)  设 $f \in \mathscr{D}(0)$,在 $x = 0$ 的某邻域内 $f(x)$ 满足关系式
$$f(x^2) - 3f(1 - \cos x) = x^2 + o(x^2) \tag{1}$$
试求曲线 $y = f(x)$ 在点 $x = 0$ 处的切线方程.

**解析**  因为 $f(x)$ 在 $x = 0$ 处可导,$f(x)$ 必在 $x = 0$ 处连续. 在(1)式中令 $x \to 0$,得 $f(0) - 3f(0) = 0$,故 $f(0) = 0$. 将(1)式两边同除以 $x^2$ 后令 $x \to 0$,得
$$\lim_{x \to 0} \frac{f(x^2) - f(0)}{x^2} - 3 \lim_{x \to 0} \frac{f(1 - \cos x) - f(0)}{x^2} = 1 + \lim_{x \to 0} \frac{o(x^2)}{x^2} = 1 \tag{2}$$
由于 $f(x)$ 在 $x = 0$ 处可导,所以
$$\lim_{x \to 0} \frac{f(x^2) - f(0)}{x^2} = f'(0)$$
$$\lim_{x \to 0} \frac{f(1 - \cos x) - f(0)}{x^2} = \lim_{x \to 0} \frac{f(1 - \cos x) - f(0)}{1 - \cos x} \cdot \frac{1}{2} = \frac{1}{2} f'(0)$$
代入(2)式得 $f'(0) - \frac{3}{2} f'(0) = 1$,故 $f'(0) = -2$. 因此所求曲线在点 $(0,0)$ 处的切线方程为 $y = -2x$.

**例 2.7**(习题 2.2 A 3)  设
$$f(x) = \begin{cases} ax^2 + bx + c & (x > 0); \\ e^x & (x \leqslant 0) \end{cases}$$
的导函数连续,求 $a, b, c$,并求 $f'(x)$.

**解析**  因为 $f(x)$ 的导函数连续,所以 $f(x)$ 在 $x = 0$ 连续. 由于
$$f(0^-) = \lim_{x \to 0^-} (e^x) = 1, \quad f(0^+) = \lim_{x \to 0^+} (ax^2 + bx + c) = c$$
且 $f(0) = 1$,故 $c = 1$. 由 $f(x)$ 在 $x = 0$ 可导,得 $f'_+(0) = f'_-(0)$,由于
$$f'_+(0) = \lim_{x \to 0^+} \frac{f(x) - f(0)}{x} = \lim_{x \to 0^+} \frac{ax^2 + bx + 1 - 1}{x} = \lim_{x \to 0^+} (ax + b) = b$$
$$f'_-(0) = \lim_{x \to 0^-} \frac{f(x) - f(0)}{x} = \lim_{x \to 0^-} \frac{e^x - 1}{x} = \lim_{x \to 0^-} \frac{x}{x} = 1$$
故 $f'(0) = b = 1$. 当 $x > 0$ 时,$f'(x) = 2ax + b$;当 $x < 0$ 时,$f'(x) = e^x$. 因为 $f'(x)$ 在 $x = 0$ 连续,得 $f'(0^+) = f'(0^-) = f'(0) = 1$,而 $f'(0^+) = \lim_{x \to 0^+} (2ax + b) = b = 1$,$f'(0^-) = \lim_{x \to 0^-} e^x = 1$,故 $a \in \mathbf{R}, b = 1, c = 1$,且
$$f'(x) = \begin{cases} 2ax + 1 & (x > 0); \\ 1 & (x = 0); \\ e^x & (x < 0) \end{cases}$$

**例 2.8**(习题 2.2 A 4)  求曲线 $y = x^2 + 3$ 的切线,使其通过点 $(1, 0)$.

**解析**  首先判断出 $(1, 0)$ 不在曲线 $y = x^2 + 3$ 上,下面设切线过点 $A(x_0, y_0)$,

即$(x_0, x_0^2+3)$，切线在 $A$ 点斜率为 $2x_0$，则切线方程为
$$y-(x_0^2+3)=2x_0(x-x_0) \tag{1}$$
因为曲线过$(1,0)$点，将$x=1, y=0$代入(1)式中，得$x_0^2-2x_0-3=0$，解得$x_0=3$或$x_0=-1$，所以切点为$(3,12)$和$(-1,4)$，于是所求切线方程分别为
$$y-12=6(x-3) \quad \text{或} \quad y-4=-2(x+1)$$
即
$$y=6(x-1) \quad \text{或} \quad y=2(1-x)$$

**例 2.9**（习题 2.2 A 9.4） 设 $y=\sqrt[3]{\dfrac{1-x}{1+x}}$，求 $y'$.

**解析** 应用取对数求导法则，有
$$y' = y \cdot (\ln y)' = y \cdot \frac{1}{3}(\ln(1-x)-\ln(1+x))'$$
$$= y \cdot \frac{1}{3}\left(\frac{-1}{1-x}-\frac{1}{1+x}\right) = \frac{1}{3}y \cdot \frac{2}{x^2-1}$$
$$= \frac{2}{3}\sqrt[3]{\frac{1-x}{1+x}} \cdot \frac{1}{x^2-1}$$

**例 2.10**（习题 2.2 B 13.2） 设 $y=\arctan\sqrt{1+\tan^2 x}$，求 $y'$.

**解析** **方法 I** 应用复合函数求导法则，有
$$y' = \frac{1}{1+1+\tan^2 x}(\sqrt{1+\tan^2 x})' = \frac{1}{2+\tan^2 x} \cdot \frac{(1+\tan^2 x)'}{2\sqrt{1+\tan^2 x}}$$
$$= \frac{1}{2+\tan^2 x} \cdot \frac{2\tan x \cdot \sec^2 x}{2\sqrt{1+\tan^2 x}} = \frac{1}{2+\tan^2 x} \cdot \frac{\tan x \cdot \sec^2 x}{\sqrt{1+\tan^2 x}}$$

**方法 II** 原式化为$(\tan y)^2 = 1+(\tan x)^2$，两边对 $x$ 求导得
$$2\tan y \cdot \sec^2 y \cdot y' = 2\tan x \cdot \sec^2 x$$
于是
$$y' = \frac{\tan x \cdot \sec^2 x}{\tan y \cdot \sec^2 y} = \frac{\tan x \cdot \sec^2 x}{\sqrt{1+\tan^2 x}(1+\tan^2 y)} = \frac{\tan x \cdot \sec^2 x}{\sqrt{1+\tan^2 x}(2+\tan^2 x)}$$

**例 2.11**（习题 2.3 A 1.3） 设 $y=\sin(x+y)$，求 $y''$.

**解析** 方程两边对 $x$ 求导两次得
$$y' = \cos(x+y)(1+y'), \quad y'' = -\sin(x+y)(1+y')^2 + \cos(x+y)y''$$
解得
$$y' = \frac{\cos(x+y)}{1-\cos(x+y)}, \quad 1+y' = \frac{1}{1-\cos(x+y)}, \quad y'' = \frac{\sin(x+y)(1+y')^2}{\cos(x+y)-1}$$
于是
$$y'' = \frac{y}{(\cos(x+y)-1)^3}$$

**例 2.12**(习题 2.3 A 1.6)  设 $y = x^x$,求 $y''$.

**解析**  应用取对数求导法则,有
$$y' = x^x(x\ln x)' = x^x\left(\ln x + x \cdot \frac{1}{x}\right) = x^x(\ln x + 1)$$
$$y'' = (x^x)'(\ln x + 1) + x^x(\ln x + 1)' = x^x(\ln x + 1)^2 + x^x\frac{1}{x}$$
$$= x^x\left((\ln x + 1)^2 + \frac{1}{x}\right)$$

**例 2.13**(习题 2.3 A 2.4)  设 $y = \ln\frac{1-x}{1+x}$,求 $y^{(n)}$.

**解析**  因为
$$y' = (\ln|x-1| - \ln|x+1|)' = \frac{1}{x-1} - \frac{1}{x+1}$$
$$y^{(n)} = \left(\frac{1}{x-1} - \frac{1}{x+1}\right)^{(n-1)}$$

又
$$\left(\frac{1}{x-1}\right)^{(n-1)} = \frac{(-1)^{n-1}(n-1)!}{(x-1)^n}, \quad \left(\frac{1}{x+1}\right)^{(n-1)} = \frac{(-1)^{n-1}(n-1)!}{(x+1)^n}$$

故
$$y^{(n)} = (-1)^{n-1}(n-1)!\left(\frac{1}{(x-1)^n} - \frac{1}{(x+1)^n}\right)$$

**例 2.14**(习题 2.3 A 3.2)  设 $y = x\sin 3x$,求 $y^{(50)}$.

**解析**  令 $u = \sin 3x, v = x$,则 $u^{(n)} = 3^n\sin\left(3x + \frac{\pi}{2}n\right), v' = 1$,于是
$$y^{(50)} = u^{(50)}v + C_{50}^1 u^{(49)}v' = x \cdot 3^{50}\sin\left(3x + \frac{50}{2}\pi\right) + 50 \cdot 3^{49}\sin\left(3x + \frac{49}{2}\pi\right) \cdot 1$$
$$= 3^{49}(50\cos 3x - 3x\sin 3x)$$

**例 2.15**(习题 2.3 A 3.3)  设
$$f(x) = \begin{cases} 2x^3 + x^2 & (x \geqslant 0); \\ 2(1 - \cos x) & (x < 0) \end{cases}$$
求 $f''(0)$.

**解析**  因为 $f(0) = 0$,且
$$f'_+(0) = \lim_{x \to 0^+}\frac{f(x) - f(0)}{x} = \lim_{x \to 0^+}\frac{2x^3 + x^2}{x} = 0$$
$$f'_-(0) = \lim_{x \to 0^-}\frac{f(x) - f(0)}{x} = \lim_{x \to 0^-}\frac{2(1 - \cos x)}{x} = 0$$

故
$$f'_+(0) = f'_-(0) = f'(0) = 0$$

$$f''_+(0) = \lim_{x \to 0^+} \frac{f'(x) - f'(0)}{x} = \lim_{x \to 0^+} \frac{(2x^3 + x^2)'}{x} = \lim_{x \to 0^+} \frac{6x^2 + 2x}{x} = 2$$

$$f''_-(0) = \lim_{x \to 0^-} \frac{f'(x) - f'(0)}{x} = \lim_{x \to 0^-} \frac{2(1 - \cos x)'}{x} = \lim_{x \to 0^-} \frac{2\sin x}{x} = 2$$

故 $f''(0) = 2$.

**例 2.16**(习题 2.3 B 4.2)  设 $y = e^x \sin x$,求 $y^{(n)}$.

**解析**  因为 $y' = e^x(\sin x + \cos x) = \sqrt{2} e^x \sin\left(x + \frac{\pi}{4}\right)$,归纳假设

$$y^{(n-1)} = 2^{\frac{n-1}{2}} e^x \sin\left(x + \frac{n-1}{4}\pi\right)$$

两边求导得

$$y^{(n)} = 2^{\frac{n-1}{2}} e^x \left[\sin\left(x + \frac{n-1}{4}\pi\right) + \cos\left(x + \frac{n-1}{4}\pi\right)\right] = 2^{\frac{n}{2}} e^x \sin\left(x + \frac{n\pi}{4}\right)$$

即此式对 $\forall n \in \mathbf{N}$ 成立.

**例 2.17**(习题 2.3 B 5)  设

$$f(x) = \begin{cases} \dfrac{\tan x - \sin x}{x} & (x \neq 0); \\ 0 & (x = 0) \end{cases}$$

求 $f''(0)$.

**解析**  应用一阶导数与二阶导数的定义,因为 $f(0) = 0$,则

$$f'(0) = \lim_{x \to 0} \frac{f(x) - f(0)}{x} = \lim_{x \to 0} \frac{\sin x(1 - \cos x)}{x^2 \cdot \cos x} = \lim_{x \to 0} \frac{x \cdot \frac{1}{2} x^2}{x^2} = 0$$

$$f''(0) = \lim_{x \to 0} \frac{f'(x) - f'(0)}{x} = \lim_{x \to 0} \frac{\left(\dfrac{\tan x - \sin x}{x}\right)'}{x}$$

$$= \lim_{x \to 0} \frac{(\sec^2 x - \cos x)x - \tan x + \sin x}{x^3}$$

$$= \lim_{x \to 0} \frac{x \sec^2 x - x \cos x}{x^3} + \lim_{x \to 0} \frac{\sin x - \tan x}{x^3}$$

$$= \lim_{x \to 0} \frac{1 - \cos^3 x}{x^2 \cdot \cos^2 x} + \lim_{x \to 0} \frac{\sin x(\cos x - 1)}{x^3 \cdot \cos x}$$

$$= \lim_{x \to 0} \frac{(1 - \cos x)(1 + \cos x + \cos^2 x)}{x^2} + \lim_{x \to 0} \frac{-\frac{1}{2}x^2}{x^2}$$

$$= \frac{3}{2} - \frac{1}{2} = 1$$

**例 2.18**(复习题 1 题 5)  判断下列命题是否成立(判断成立时给出证明,判断不成立时举一反例):

(1) 若 $y = f(u), u = \varphi(x)$ 满足复合条件,且
$$\lim_{x \to a}\varphi(x) = b, \quad \lim_{u \to b}f(u) = A \quad (a, b, A \in \mathbf{R})$$
则 $\lim_{x \to a}f(\varphi(x)) = A$;

(2) 若 $f(x), g(x)$ 在 $x = a$ 处皆不连续,则 $f(x)g(x)$ 在 $x = a$ 处也不连续;

(3) $\forall [a,b] \subset (-\infty, +\infty)$,有 $f \in \mathscr{C}[a,b]$,则 $f \in \mathscr{C}(-\infty, +\infty)$;

(4) $\forall a \in \mathbf{R}$,有 $f \in \mathscr{C}(-\infty, a]$,且 $f \in \mathscr{C}(a, +\infty)$,则 $f \in \mathscr{C}(-\infty, +\infty)$;

(5) $\exists a \in \mathbf{R}$,有 $f \in \mathscr{C}(-\infty, a]$,且 $f \in \mathscr{C}(a, +\infty)$,则 $f \in \mathscr{C}(-\infty, +\infty)$.

**解析** (1) 命题不成立. 反例:令
$$f(u) = \begin{cases} 1 & (u = 0), \\ 0 & (u \neq 0); \end{cases} \quad \varphi(x) = 0 \quad (\forall x \in \mathbf{R})$$
显然有 $\lim_{x \to 0}\varphi(x) = 0, \lim_{u \to 0}f(u) = 0$,但是 $\lim_{x \to 0}f(\varphi(x)) = \lim_{x \to 0}f(0) = 1 \neq 0$.

(2) 命题不成立. 反例:令
$$f(x) = \begin{cases} 0 & (x \leqslant 0), \\ 1 & (x > 0); \end{cases} \quad g(x) = \begin{cases} 1 & (x \leqslant 0), \\ 0 & (x > 0) \end{cases}$$
则在 $x = 0$ 处,$f(x)$ 与 $g(x)$ 皆不连续,但是 $f(x)g(x) = 0 (\forall x \in \mathbf{R})$ 在 $x = 0$ 处连续.

(3) 命题成立. 证明如下:

$\forall x \subset (-\infty, +\infty), \exists$ 闭区间 $[a,b]$,使得 $x \in [a,b]$. 因为 $f \in \mathscr{C}[a,b]$,所以 $f \in \mathscr{C}(x)$,由 $x$ 在 $(-\infty, +\infty)$ 上的任意性,即得 $f \in \mathscr{C}(-\infty, +\infty)$.

(4) 命题成立. 证明如下:

$\forall x \subset (-\infty, +\infty)$,由题意有 $f \in \mathscr{C}(-\infty, x+1], f \in \mathscr{C}(x+1, +\infty)$,所以 $f \in \mathscr{C}(x)$,由 $x$ 在 $(-\infty, +\infty)$ 上的任意性,即得 $f \in \mathscr{C}(-\infty, +\infty)$.

(5) 命题不成立. 反例:令
$$f(x) = \begin{cases} x & (x \leqslant 0); \\ \dfrac{1}{x} & (x > 0) \end{cases}$$
$\exists 0 \in \mathbf{R}$,有 $f \in \mathscr{C}(-\infty, 0]$,且 $f \in \mathscr{C}(0, +\infty)$,但是 $f \notin \mathscr{C}(-\infty, +\infty)$.

**例 2.19**(复习题 1 题 6) 设
$$f(x) = \begin{cases} \dfrac{(a+b)x + a}{\sqrt{2x+1} - \sqrt{x+2}} & (x \neq 1); \\ 6 & (x = 1) \end{cases}$$
且 $f \in \mathscr{C}$,求常数 $a, b$ 的值.

**解析** 由于 $f(x)$ 在 $x = 1$ 处连续,所以
$$\lim_{x \to 1}f(x) = \lim_{x \to 1}\frac{(a+b)x + a}{\sqrt{2x+1} - \sqrt{x+2}}$$

$$= \lim_{x \to 1} \frac{[(a+b)x+a](\sqrt{2x+1}+\sqrt{x+2})}{2x+1-(x+2)}$$

$$= \lim_{x \to 1} \frac{2\sqrt{3}[(a+b)x+a]}{x-1} = 6$$

因此有

$$2\sqrt{3}[(a+b)x+a] = 6(x-1) + o(x-1) \quad (x \to 1)$$

由此可得 $2\sqrt{3}(a+b)=6, 2\sqrt{3}a=-6$,解得 $a=-\sqrt{3}, b=2\sqrt{3}$.

**例 2.20**(复习题 1 题 7) 设函数 $f(x)$ 在区间 $(0,+\infty)$ 上有定义,$\forall x_1, x_2 \in (0,+\infty)$,有 $f(x_1 x_2) = f(x_1) + f(x_2)$,且 $f \in \mathscr{C}(1)$,求证:$f \in \mathscr{C}(0,+\infty)$.

**证** $\forall a \subset (0,+\infty)$,令 $\frac{x}{a} = t(x>0)$,则

$$\lim_{x \to a} f(x) = \lim_{x \to a} f\left(\frac{x}{a} \cdot a\right) = \lim_{x \to a}\left(f\left(\frac{x}{a}\right) + f(a)\right) = \lim_{t \to 1} f(t) + f(a)$$

$$= f(1) + f(a) = f(1 \cdot a) = f(a)$$

所以 $f \in \mathscr{C}(a)$. 由 $a$ 在 $(0,+\infty)$ 上的任意性,即得 $f \in \mathscr{C}(0,+\infty)$.

**例 2.21**(复习题 1 题 9.2) 讨论函数 $f(x) = \lim\limits_{n \to \infty} \dfrac{1+xe^{nx}}{x-e^{nx}}$ 的连续性,并指出间断点的类型.

**解析** 由于

$$f(x) = \begin{cases} \lim\limits_{n \to \infty} \dfrac{1+xe^{nx}}{x-e^{nx}} = \dfrac{1}{x} & (x<0), \\ \lim\limits_{n \to \infty} \dfrac{e^{-nx}+x}{xe^{-nx}-1} = -x & (x>0), \\ \lim\limits_{n \to \infty} \dfrac{1+xe^{nx}}{x-e^{nx}} = -1 & (x=0) \end{cases}$$

又 $\lim\limits_{x \to 0^-} f(x) = \lim\limits_{x \to 0^-} \dfrac{1}{x} = -\infty$,所以 $x=0$ 为第 Ⅱ 类无穷型间断点,其他点处连续.

**例 2.22**(复习题 2 题 1) 判断下列说法是否正确(正确的给出证明,错误的举一反例):

(1) 若 $\lim\limits_{x \to 0} \dfrac{1}{x}(f(x_0+\alpha x) - f(x_0+\beta x))$ 存在 $(\exists \alpha,\beta \in \mathbf{R})$,则 $f(x) \in \mathscr{D}(x_0)$;

(2) 若 $\lim\limits_{x \to 0} \dfrac{1}{x}(f(x_0+\alpha x) - f(x_0+\beta x))$ 存在 $(\forall \alpha,\beta \in \mathbf{R})$,则 $f(x) \in \mathscr{D}(x_0)$;

(3) 若 $\lim\limits_{n \to \infty} n\left(f\left(x_0+\dfrac{1}{n}\right) - f(x_0)\right)$ 存在,则 $f(x) \in \mathscr{D}(x_0)$.

**解析** (1) 错误. 反例:令 $f(x) = \begin{cases} 1 & (x \neq 0); \\ 0 & (x = 0). \end{cases}$ 取 $x_0 = 0, \alpha = 1, \beta = -1$,则

$$\lim_{x\to 0}\frac{1}{x}(f(x_0+\alpha x)-f(x_0+\beta x))=\lim_{x\to 0}\frac{f(x)-f(-x)}{x}=\lim_{x\to 0}\frac{1-1}{x}=0$$

但 $f(x)$ 在 $x=0$ 处不连续,故不可导.

(2) 正确. 取 $\alpha=1,\beta=0$,则

$$\lim_{x\to 0}\frac{f(x_0+\alpha x)-f(x_0+\beta x)}{x}=\lim_{x\to 0}\frac{f(x_0+x)-f(x_0)}{x}=f'(x_0)$$

即 $f(x)\in \mathscr{D}(x_0)$.

(3) 错误. 因为 $\dfrac{1}{n}\to 0^+\ (n\to\infty)$,所以 $\lim\limits_{n\to\infty}n\left(f\left(x_0+\dfrac{1}{n}\right)-f(x_0)\right)=f'_+(x_0)$,

即 $f(x)$ 在 $x_0$ 处只有右导数存在.

**例 2.23**(复习题 2 题 2)  求下列极限:

(1) 若 $f'(a)=b(a,b\in\mathbf{R})$,求 $\lim\limits_{x\to a}\dfrac{af(x)-xf(a)}{x-a}$;

(2) 若 $f'(a)=b(a,b\in\mathbf{R}),f(a)>0$,求 $\lim\limits_{x\to\infty}\left(\dfrac{1}{f(a)}f\left(a+\dfrac{1}{x}\right)\right)^x$;

(3) 若 $f(1)=2,f'(1)=3,f''(1)=4,f'''(1)=5$,求

$$\lim_{x\to 1}\frac{f(x)+f'(x)+f''(x)-9}{x-1}$$

(4) 设 $f(x)$ 在 $(-1,1)$ 上定义,$f(x)\in\mathscr{D}(0)$,数列 $\{a_n\},\{b_n\}$ 满足:
$$-1<a_n<0<b_n<1,\quad \lim_{n\to\infty}a_n=0,\quad \lim_{n\to\infty}b_n=0$$
求 $\lim\limits_{n\to\infty}\dfrac{f(b_n)-f(a_n)}{b_n-a_n}$.

**解析**  (1) 应用导数的定义得

$$\lim_{x\to a}\frac{af(x)-xf(a)}{x-a}=\lim_{x\to a}\frac{xf(x)-xf(a)-xf(x)+af(x)}{x-a}$$
$$=\lim_{x\to a}x\frac{f(x)-f(a)}{x-a}-\lim_{x\to a}\frac{(x-a)f(x)}{x-a}$$
$$=a\cdot f'(a)-f(a)=ab-f(a)$$

(2) 应用关于 e 的重要极限与导数的定义得

$$\lim_{x\to\infty}\left(\frac{1}{f(a)}f\left(a+\frac{1}{x}\right)\right)^x=\lim_{x\to\infty}\left[\frac{f\left(a+\frac{1}{x}\right)-f(a)+f(a)}{f(a)}\right]^x$$

$$=\lim_{x\to\infty}\left[1+\frac{f\left(a+\frac{1}{x}\right)-f(a)}{f(a)}\right]^{\frac{f(a)}{f\left(a+\frac{1}{x}\right)-f(a)}\cdot x\cdot\frac{f\left(a+\frac{1}{x}\right)-f(a)}{f(a)}}$$

$$=\exp\left[\lim_{x\to\infty}\left(\frac{f\left(a+\frac{1}{x}\right)-f(a)}{\frac{1}{x}}\cdot\frac{1}{f(a)}\right)\right]$$

$$= \exp\left(\frac{f'(a)}{f(a)}\right) = \exp\left(\frac{b}{f(a)}\right)$$

(3) 分别应用一阶导数、二阶导数、三阶导数的定义得

$$\lim_{x \to 1} \frac{f(x) + f'(x) + f''(x) - 9}{x - 1}$$

$$= \lim_{x \to 1} \frac{f(x) - 2 + f'(x) - 3 + f''(x) - 4}{x - 1}$$

$$= \lim_{x \to 1} \frac{f(x) - f(1)}{x - 1} + \lim_{x \to 1} \frac{f'(x) - f'(1)}{x - 1} + \lim_{x \to 1} \frac{f''(x) - f''(1)}{x - 1}$$

$$= f'(1) + f''(1) + f'''(1) = 12$$

(4) 因为

$$f'(0) = \lim_{n \to \infty} \frac{f(a_n) - f(0)}{a_n - 0}, \qquad f'(0) = \lim_{n \to \infty} \frac{f(b_n) - f(0)}{b_n - 0}$$

所以存在无穷小量 $\alpha_n, \beta_n (n \to \infty)$ 使得

$$\frac{f(a_n) - f(0)}{a_n} = f'(0) + \alpha_n, \qquad \frac{f(b_n) - f(0)}{b_n} = f'(0) + \beta_n$$

即 $f(a_n) = f(0) + f'(0)a_n + \alpha_n a_n, f(b_n) = f(0) + f'(0)b_n + \beta_n b_n (n \to \infty)$, 故

$$\lim_{n \to \infty} \frac{f(b_n) - f(a_n)}{b_n - a_n} = \lim_{n \to \infty} \frac{f'(0)(b_n - a_n) + \beta_n b_n - \alpha_n a_n}{b_n - a_n}$$

$$= f'(0) + \lim_{n \to \infty} \beta_n \frac{b_n}{b_n - a_n} + \lim_{n \to \infty} \alpha_n \frac{-a_n}{b_n - a_n}$$

因 $n \to \infty$ 时 $0 < \frac{b_n}{b_n - a_n} < 1, 0 < \frac{-a_n}{b_n - a_n} < 1$, 所以 $\beta_n \frac{b_n}{b_n - a_n} \to 0, \alpha_n \frac{-a_n}{b_n - a_n} \to 0$, 于是

$$\lim_{n \to \infty} \frac{f(b_n) - f(a_n)}{b_n - a_n} = f'(0)$$

**例 2.24**(复习题 2 题 3)  设函数

$$f(x) = \begin{cases} x^2 + 2x & (x < 0); \\ ax^3 + bx^2 + cx + d & (0 \leqslant x \leqslant 1); \\ x^2 - 2x & (x \geqslant 1) \end{cases}$$

且 $f \in \mathscr{D}(-\infty, +\infty)$, 求常数 $a, b, c, d$.

**解析**  由 $f \in \mathscr{C}(0), f(0^+) = f(0^-)$, 得到 $d = 0$. 因为 $f \in \mathscr{C}(1), f(1^+) = f(1^-)$, 即 $\lim\limits_{x \to 1^+}(x^2 - 2x) = \lim\limits_{x \to 1^-}(ax^3 + bx^2 + cx + d)$, 所以 $a + b + c = -1$. 又 $f \in \mathscr{D}(0), f'_+(0) = f'_-(0)$, 即 $\lim\limits_{x \to 0^+} \frac{ax^3 + bx^2 + cx - 0}{x - 0} = \lim\limits_{x \to 0^-}(x + 2) = 2$, 易得 $c = 2$, 则 $a + b = -3$. 由 $f \in \mathscr{D}(1), f'_+(1) = f'_-(1)$, 即

$$\lim_{x \to 1^-} \frac{ax^3 + bx^2 + 2x + 1}{x - 1} = \lim_{x \to 1^+} \frac{x^2 - 2x + 1}{x - 1} = 0$$

利用洛必达法则有 $\lim\limits_{x\to 1^-}\dfrac{3ax^2+2bx+2}{1}=0$,得到 $3a+2b=-2$. 故 $a=4,b=-7$.

**例 2.25**(复习题 2 题 4)　判断下列说法是否正确(正确的给出证明,错误的举一反例):

(1) 设 $f(x)\in \mathscr{D}[1,+\infty), \lim\limits_{x\to+\infty}f(x)=a(a\in \mathbf{R})$,则 $\lim\limits_{x\to+\infty}f'(x)=0$;

(2) 设 $f(x)\in \mathscr{D}[1,+\infty), \lim\limits_{x\to+\infty}f(x)=a(a\in \mathbf{R})$,如果 $\lim\limits_{x\to+\infty}f'(x)$ 存在,则 $\lim\limits_{x\to+\infty}f'(x)=0$;

(3) 设 $f(x)\in \mathscr{D}[1,+\infty), \lim\limits_{x\to+\infty}f'(x)=0$,则 $\lim\limits_{x\to+\infty}f(x)$ 存在;

(4) 设 $f(x)\in \mathscr{D}[1,+\infty), \lim\limits_{x\to+\infty}f'(x)=0$,则 $\lim\limits_{x\to+\infty}\dfrac{f(x)}{x}=0$.

**解析**　(1) 错误. 反例:令 $f(x)=\dfrac{\sin x^2}{x}$,则

$$\lim\limits_{x\to+\infty}f(x)=0,\quad f'(x)=-\dfrac{1}{x^2}\sin x^2+2\cos x^2$$

显然 $\lim\limits_{x\to+\infty}f'(x)$ 不存在.

(2) 正确. 证明如下:

设 $\lim\limits_{x\to+\infty}f'(x)=b$. 由于

$$\lim\limits_{x\to+\infty}\dfrac{f(x)+x}{x}=\lim\limits_{x\to+\infty}\dfrac{f(x)}{x}+1=0+1=1$$

又应用洛必达法则,有

$$\lim\limits_{x\to+\infty}\dfrac{f(x)+x}{x}\stackrel{\infty}{=}\lim\limits_{x\to+\infty}\dfrac{f'(x)+1}{1}=b+1$$

所以 $b=0$. 即 $\lim\limits_{x\to+\infty}f'(x)=0$.

(3) 错误. 反例:令 $f(x)=\ln x$,则

$$\lim\limits_{x\to+\infty}f'(x)=\lim\limits_{x\to+\infty}\dfrac{1}{x}=0,\quad \lim\limits_{x\to+\infty}f(x)=\lim\limits_{x\to+\infty}\ln x=+\infty$$

(4) 正确. 证明如下:

令 $F(x)=f(x)+x$,则 $\lim\limits_{x\to+\infty}F'(x)=\lim\limits_{x\to+\infty}f'(x)+1=1$. 利用极限性质,存在充分大的 $N>0$,当 $x\geqslant N$ 时,$F'(x)>\dfrac{1}{2}$. $\forall x\in(N,+\infty)$,在区间 $[N,x]$ 上对 $F(x)$ 使用拉格朗日中值定理,则 $\exists \xi\in(N,x)$,使得

$$F(x)=F(N)+F'(\xi)(x-N)$$

所以

$$\lim\limits_{x\to+\infty}F(x)=F(N)+\lim\limits_{x\to+\infty}F'(\xi)(x-N)=+\infty$$

$$\lim\limits_{x\to+\infty}\dfrac{F(x)}{x}\stackrel{\infty}{=}\lim\limits_{x\to+\infty}\dfrac{F'(x)}{1}=1$$

又
$$\lim_{x\to+\infty}\frac{F(x)}{x}=\lim_{x\to+\infty}\frac{f(x)+x}{x}=1+\lim_{x\to+\infty}\frac{f(x)}{x}$$
所以 $\lim_{x\to+\infty}\frac{f(x)}{x}=0$.

**例 2.26**(复习题 2 题 5)  判断下列说法是否正确(正确的给出证明,错误的举一反例):

(1) 设 $f(x)\in\mathscr{D}(a,b)$,$x_0\in(a,b)$ 是 $f'(x)$ 的间断点,则 $x_0$ 一定是 $f'(x)$ 的第 Ⅱ 类间断点;

(2) 设 $f(x)\in\mathscr{D}(a,b)$,$f'(x)$ 在 $(a,b)$ 上单调,则 $f(x)\in\mathscr{C}^{(1)}(a,b)$.

**解析**  (1) 正确.证明如下(用反证法):

若 $x_0$ 是 $f'(x)$ 的第 Ⅰ 类间断点,则 $f'(x_0^-)$ 与 $f'(x_0^+)$ 都存在,于是
$$f'_-(x_0)=\lim_{x\to x_0^-}\frac{f(x)-f(x_0)}{x-x_0}\stackrel{\frac{0}{0}}{=}\lim_{x\to x_0^-}\frac{f'(x)}{1}=f'(x_0^-)$$
同理可证 $f'_+(x_0)=f'(x_0^+)$.由于 $f(x)$ 在 $x=x_0$ 可导,所以 $f'_-(x_0)=f'_+(x_0)=f'(x_0)$,因此 $f'(x_0^-)=f'(x_0^+)=f'(x_0)$.这表示 $f'(x)$ 在 $x=x_0$ 连续,而此与 $x_0$ 是 $f'(x)$ 的间断点矛盾.

(2) 正确.证明如下(用反证法):

若 $f'(x)$ 在 $(a,b)$ 上不连续,设 $x_0\in(a,b)$ 为间断点.应用单调有界准则,$x_0$ 只能是第 Ⅰ 类间断点,但由上面(1) 的结论,$f'(x)$ 不可能有第 Ⅰ 类间断点,从而导出矛盾.所以 $f'(x)\in\mathscr{C}(a,b)$,即 $f\in\mathscr{C}^{(1)}(a,b)$.

## 2.3  典型题选解

**例 3.1**(南大 2004)  设函数
$$f(x)=\begin{cases}\dfrac{\ln(1+2x)}{\sqrt{1+x}-\sqrt{1-x}} & \left(-\dfrac{1}{2}<x<0\right);\\ a & (x=0);\\ x^2+b & (0<x\leqslant 1)\end{cases}$$

在 $x=0$ 处连续,则 $a=$ _____,$b=$ _____.

**解析**  先求左、右极限,有
$$f(0^-)=\lim_{x\to 0^-}\frac{\ln(1+2x)}{\sqrt{1+x}-\sqrt{1-x}}=\lim_{x\to 0^-}\frac{2x(\sqrt{1+x}+\sqrt{1-x})}{2x}=2$$
$$f(0^+)=\lim_{x\to 0^+}(x^2+b)=b$$

又 $f(0)=a$,故 $a=b=2$.

**例 3.2**(南大 2001)  函数 $f(x) = \dfrac{1}{1+\dfrac{1}{x}}$ 的间断点是_____,它们分别是第_____类间断点.

**解析**  因 $f(x) = \dfrac{1}{1+\dfrac{1}{x}} = \dfrac{x}{1+x}$,故间断点是 $x=0, x=-1$. 由于 $\lim\limits_{x\to 0}f(x)=0$,所以 $x=0$ 是第 I 类可去型间断点;由于 $\lim\limits_{x\to -1}f(x)=\infty$,所以 $x=-1$ 是第 II 类无穷型间断点.

**例 3.3**(全国 2008)  求函数 $f(x) = \dfrac{\ln|x|}{|x-1|}\sin x$ 的间断点,并判别其类型.

**解析**  间断点为 $x=0, x=1$. 因为
$$\lim_{x\to 0}f(x) = \lim_{x\to 0}\frac{\ln|x|}{|x-1|}\sin x = \lim_{x\to 0}\frac{\ln|x|}{\dfrac{1}{x}} = \lim_{x\to 0}(-x) = 0$$

而 $f(x)$ 在 $x=0$ 处无定义,所以 $x=0$ 为第 I 类可去型间断点. 因为
$$\lim_{x\to 1^+}f(x) = \lim_{x\to 1^+}\frac{\ln(1+x-1)}{|x-1|}\cdot \sin 1 = \lim_{x\to 1^+}\frac{x-1}{x-1}\cdot \sin 1 = \sin 1$$
$$\lim_{x\to 1^-}f(x) = \lim_{x\to 1^-}\frac{\ln(1+x-1)}{|x-1|}\cdot \sin 1 = \lim_{x\to 1^-}\frac{x-1}{1-x}\cdot \sin 1 = -\sin 1$$

所以 $x=1$ 为第 I 类跳跃型间断点.

**例 3.4**(南大 2005)  设 $f(x) = \lim\limits_{n\to\infty}\left(\sqrt[n]{1+\dfrac{1}{x^n}+(\ln x)^n} + \dfrac{x^n}{1+x^n}\right)$,求 $f(x)$ 的表达式以及 $f(x)$ 的间断点与连续区间,并对其间断点判别类型.

**解析**  当 $0<x<1$ 时,$\dfrac{1}{x}>1$. 令 $g(x) = x\ln x$,由于 $g'(x) = \ln x + 1 = 0 \Rightarrow x = e^{-1}, g''(x) = x^{-1} > 0$,故 $-e^{-1} \leqslant x\ln x < 0 \Rightarrow |x\ln x| < 1$,所以
$$f(x) = \lim_{n\to\infty}\left(\frac{1}{x}\sqrt[n]{x^n+1+(x\ln x)^n} + \frac{x^n}{1+x^n}\right) = \frac{1}{x} + 0 = \frac{1}{x}$$

当 $1<x<e$ 时,$0<\dfrac{1}{x}<1, 0<\ln x<1$,所以
$$f(x) = \lim_{n\to\infty}\left(\sqrt[n]{1+\left(\frac{1}{x}\right)^n+(\ln x)^n} + \frac{x^n}{1+x^n}\right) = 1+1 = 2$$

当 $x>e$ 时,$0<\dfrac{1}{\ln x}<1, 0<\dfrac{1}{x\ln x}<1$,所以
$$f(x) = \lim_{n\to\infty}\left(\ln x\cdot\sqrt[n]{\left(\frac{1}{\ln x}\right)^n+\left(\frac{1}{x\ln x}\right)^n+1} + \frac{x^n}{1+x^n}\right) = \ln x + 1$$

由于 $f(1^-) = 1, f(1^+) = 2, f(e^-) = f(e^+) = 2$,且

$$f(1) = \lim_{n \to \infty}\left(\sqrt[n]{2} + \frac{1}{2}\right) = \frac{3}{2}, \quad f(\mathrm{e}) = \lim_{n \to \infty}\left(\sqrt[n]{2 + \left(\frac{1}{\mathrm{e}}\right)^n} + \frac{\mathrm{e}^n}{1 + \mathrm{e}^n}\right) = 2$$

所以 $x = 1$ 是第 Ⅰ 类跳跃型间断点. 连续区间为 $(0, 1), (1, +\infty)$.

**例 3.5**(全国 2007)  设函数 $f(x)$ 在 $x = 0$ 处连续，则下列命题错误的是
( )

(A) 若 $\lim\limits_{x \to 0} \dfrac{f(x)}{x}$ 存在，则 $f(0) = 0$

(B) 若 $\lim\limits_{x \to 0} \dfrac{f(x) + f(-x)}{x}$ 存在，则 $f(0) = 0$

(C) 若 $\lim\limits_{x \to 0} \dfrac{f(x)}{x}$ 存在，则 $f'(0)$ 存在

(D) 若 $\lim\limits_{x \to 0} \dfrac{f(x) - f(-x)}{x}$ 存在，则 $f'(0)$ 存在

**解析**  (A) 正确. 因 $f(0) = \lim\limits_{x \to 0} f(x) = \lim\limits_{x \to 0} \dfrac{f(x)}{x} \cdot x = 0$.

(B) 正确. 因 $f(0) = \lim\limits_{x \to 0} \dfrac{f(x) + f(-x)}{2} = \lim\limits_{x \to 0} \dfrac{f(x) + f(-x)}{x} \cdot \dfrac{x}{2} = 0$.

(C) 正确. 因 $f(0) = \lim\limits_{x \to 0} f(x) = \lim\limits_{x \to 0} \dfrac{f(x)}{x} \cdot x = 0$, 所以

$$f'(0) = \lim_{x \to 0} \frac{f(x) - f(0)}{x} = \lim_{x \to 0} \frac{f(x)}{x}$$

存在.

(D) 错误. 反例：$y = |x|$ 在 $x = 0$ 处连续，且

$$\lim_{x \to 0} \frac{f(x) - f(-x)}{x} = \lim_{x \to 0} \frac{|x| - |-x|}{x} = 0$$

但是 $y = |x|$ 在 $x = 0$ 处不可导.

**例 3.6**(全国 2016)  已知函数

$$f(x) = \begin{cases} x & (x \leqslant 0); \\ \dfrac{1}{n} & \left(\dfrac{1}{n+1} < x \leqslant \dfrac{1}{n}, n = 1, 2, \cdots\right) \end{cases}$$

讨论 $f(x)$ 在 $x = 0$ 处的连续性与可导性.

**解析**  由于

$$f(0^-) = \lim_{x \to 0^-} f(x) = \lim_{x \to 0^-} x = 0$$

$$f(0^+) = \lim_{x \to 0^+} f(x) = \lim_{n \to \infty} \frac{1}{n} = 0, \quad f(0) = 0$$

所以 $f(x)$ 在 $x = 0$ 处连续. 由于

$$f'_-(0) = \lim_{x \to 0^-} \frac{f(x) - f(0)}{x} = \lim_{x \to 0^-} \frac{x - 0}{x} = 1$$

当 $\frac{1}{n+1} < x \leqslant \frac{1}{n}(n=1,2,\cdots)$ 时,有

$$1 = \frac{1/n}{1/n} \leqslant \frac{f(x)-f(0)}{x} < \frac{1/n}{1/(n+1)} = \frac{n+1}{n}$$

应用夹逼准则得

$$f'_+(0) = \lim_{x\to 0^+} \frac{f(x)-f(0)}{x} = 1$$

所以 $f(x)$ 在 $x=0$ 处可导,且 $f'(0)=1$.

**例 3.7**(精选题)  设 $f(x)$ 在 $[0,2a]$ 上连续,$f(0)=f(2a)$,求证:存在 $\xi \in [0,a]$,使得 $f(\xi)=f(\xi+a)$.

**解析**  令 $F(x)=f(x)-f(x+a)$,则 $F(x)\in \mathscr{C}[0,a]$. 因为
$$F(0)=f(0)-f(a)=f(2a)-f(a),\quad F(a)=f(a)-f(2a)$$
$$F(0)F(a)=-(f(a)-f(2a))^2$$

当 $f(a)=f(2a)$ 时,$F(0)F(a)=0$,故 $\xi=0$ 或者 $\xi=a$;当 $f(a)\neq f(2a)$ 时,$F(0)F(a)<0$,由零点定理,$\exists \xi\in(0,a)$,使得 $F(\xi)=0$.所以,存在 $\xi\in[0,a]$,使得 $f(\xi)=f(\xi+a)$.

**例 3.8**(全国 2001)  设 $f(0)=0$,则 $f(x)$ 在 $x=0$ 可导的充要条件为下列 _____ 极限存在. ( )

(A) $\lim\limits_{h\to 0} \frac{1}{h^2}f(1-\cos h)$  (B) $\lim\limits_{h\to 0} \frac{1}{h}f(1-e^h)$

(C) $\lim\limits_{h\to 0} \frac{1}{h^2}f(h-\sin h)$  (D) $\lim\limits_{h\to 0} \frac{1}{h}(f(2h)-f(h))$

**解析**  $f(x)$ 在 $x=0$ 可导的充要条件为

$$\lim_{x\to 0^-}\frac{f(x)}{x} \overset{\exists}{=} \lim_{x\to 0^+}\frac{f(x)}{x} \overset{\exists}{=} \lim_{x\to 0}\frac{f(x)}{x}\,\exists$$

(A) 错误. 因为 $1-\cos h \sim \frac{1}{2}h^2 \geqslant 0$,所以

$$\lim_{h\to 0}\frac{1}{h^2}f(1-\cos h)\,\exists \Leftrightarrow \lim_{h\to 0}\frac{f(1-\cos h)}{1-\cos h}\,\exists \Leftrightarrow \lim_{x\to 0^+}\frac{f(x)}{x}\,\exists \Leftrightarrow f'_+(0)\,\exists$$

(B) 正确. 因为 $1-e^h \sim -h$,所以

$$\lim_{h\to 0}\frac{1}{h}f(1-e^h)\,\exists \Leftrightarrow \lim_{h\to 0}\frac{f(1-e^h)}{1-e^h}\,\exists \Leftrightarrow \lim_{x\to 0}\frac{f(x)}{x}\,\exists \Leftrightarrow f'(0)\,\exists$$

(C) 错误. 因为 $h-\sin h \sim \frac{1}{6}h^3$,所以

$$f'(0)\,\exists \Rightarrow \frac{f(x)}{x}\text{ 有界} \Rightarrow \lim_{h\to 0}\frac{f(h-\sin h)}{h-\sin h}\cdot h\,\exists \Leftrightarrow \lim_{h\to 0}\frac{f(h-\sin h)}{h^2}\,\exists$$

(D) 错误. 由 $\lim\limits_{h\to 0}\frac{f(h)}{h}\,\exists \Rightarrow \lim\limits_{h\to 0}\frac{1}{h}(f(2h)-f(h))\,\exists$ 是对的,反之则不对. 反例

如下:设

$$f(x) = \text{sgn}x = \begin{cases} 1 & (x>0); \\ 0 & (x=0); \\ -1 & (x<0) \end{cases}$$

则

$$\lim_{h \to 0^+} \frac{1}{h}(f(2h) - f(h)) = \lim_{h \to 0^+} \frac{1-1}{h} = 0$$

$$\lim_{h \to 0^-} \frac{1}{h}(f(2h) - f(h)) = \lim_{h \to 0^-} \frac{(-1)-(-1)}{h} = 0$$

于是 $\lim\limits_{h \to 0} \frac{1}{h}(f(2h) - f(h)) = 0$,但 $f(x) = \text{sgn}x$ 在 $x = 0$ 处显然不可导.

**例 3.9**(精选题) 设 $g(x)$ 一阶可导,$g'(0) = a$,$g(x)$ 仅在 $x = 0$ 处二阶可导,$g''(0) = b$. 又设 $f(x) = \frac{1}{x}(g(x) - \cos x)$.

(1) 欲使 $f(x)$ 在 $x = 0$ 处连续,求 $g(0)$ 和 $f(0)$.

(2) 在(1) 的条件下,$f(x)$ 在原点是否可导?若可导,求 $f'(0)$.

**解析** (1) 欲使 $\lim\limits_{x \to 0} f(x) = f(0)$,则 $g(0) = \cos 0 = 1$. 由于 $g'(x)$ 在 $x = 0$ 处连续,应用洛必达法则,有

$$\lim_{x \to 0} f(x) = \lim_{x \to 0} \frac{g(x) - \cos x}{x} \overset{\frac{0}{0}}{=} \lim_{x \to 0}(g'(x) + \sin x) = g'(0) = a = f(0)$$

即 $g(0) = 1, f(0) = a$.

(2) 因为

$$f'(0) = \lim_{x \to 0} \frac{f(x) - f(0)}{x} = \lim_{x \to 0} \frac{\frac{1}{x}(g(x) - \cos x) - a}{x}$$

$$= \lim_{x \to 0} \frac{g(x) - \cos x - ax}{x^2} \overset{\frac{0}{0}}{=} \lim_{x \to 0} \frac{g'(x) + \sin x - a}{2x}$$

$$= \lim_{x \to 0} \frac{g'(x) - g'(0)}{2x} + \lim_{x \to 0} \frac{\sin x}{2x} = \frac{b+1}{2}$$

所以 $f(x)$ 在原点可导,且 $f'(0) = \frac{b+1}{2}$.

**例 3.10**(精选题) 设 $f(x)$ 在 $(-\infty, +\infty)$ 内有定义,且对于任意实数 $x, y$ 满足 $f(x+y) = f(x)g(y) + f(y)g(x)$,其中

$$g(x) = \cos x^2 - \sin^2 x, \quad \lim_{x \to 0} \frac{f(x)}{x} = 1$$

求 $f(0), f'(0), f'(x)$.

**解析** $g(0) = \cos 0 - \sin^2 0 = 1$,令 $x = 0, y = 0$,有

$$f(0) = 2f(0)g(0) = 2f(0)$$

所以 $f(0) = 0$. 又

$$f'(0) = \lim_{x \to 0} \frac{f(x) - f(0)}{x} = \lim_{x \to 0} \frac{f(x)}{x} = 1$$

$$f'(x) = \lim_{y \to 0} \frac{f(x+y) - f(x)}{y} = \lim_{y \to 0} \frac{f(x)g(y) + f(y)g(x) - f(x)}{y}$$

$$= \lim_{y \to 0} \frac{f(x)(g(y) - 1) + f(y)g(x)}{y}$$

$$= \lim_{y \to 0} \frac{g(y) - 1}{y} f(x) + \lim_{y \to 0} \frac{f(y)}{y} g(x)$$

而

$$\lim_{y \to 0} \frac{g(y) - 1}{y} = \lim_{y \to 0} \frac{\cos y^2 - \sin^2 y - 1}{y} = \lim_{y \to 0} \frac{\cos y^2 - 1}{y} - \lim_{y \to 0} \frac{\sin^2 y}{y}$$

$$= \lim_{y \to 0} \frac{-\frac{1}{2} y^4}{y} - \lim_{y \to 0} \frac{y^2}{y} = 0 + 0 = 0$$

$$\lim_{y \to 0} \frac{f(y)}{y} = 1$$

得

$$f'(x) = 0 + 1 \cdot g(x) = g(x) = \cos x^2 - \sin^2 x$$

**例 3.11**(精选题) 若函数 $f(x)$ 在 $x = a$ 处可导($a \in \mathbf{R}$),数列 $\{x_n\}, \{y_n\}$ 满足:$x_n \in (a - \delta, a), y_n \in (a, a + \delta)(\delta > 0)$,且 $\lim_{n \to \infty} x_n = a, \lim_{n \to \infty} y_n = a$,试求

$$\lim_{n \to \infty} \frac{x_n f(y_n) - y_n f(x_n)}{y_n - x_n}$$

**解析** 由 $f(x)$ 在 $x = a$ 处可导得

$$\lim_{n \to \infty} \frac{f(x_n) - f(a)}{x_n - a} = f'_-(a) = f'(a), \quad \lim_{n \to \infty} \frac{f(y_n) - f(a)}{y_n - a} = f'_+(a) = f'(a)$$

应用极限的性质,必存在无穷小量 $\alpha_n, \beta_n$,使得

$$f(x_n) = f(a) + f'(a)(x_n - a) + \alpha_n \cdot (x_n - a), \quad \alpha_n \to 0 \ (n \to \infty)$$
$$f(y_n) = f(a) + f'(a)(y_n - a) + \beta_n \cdot (y_n - a), \quad \beta_n \to 0 \ (n \to \infty)$$

代入原式并求极限得

$$\lim_{n \to \infty} \frac{x_n f(y_n) - y_n f(x_n)}{y_n - x_n} = -f(a) + af'(a) + \lim_{n \to \infty} \frac{x_n \beta_n (y_n - a) + y_n \alpha_n \cdot (a - x_n)}{y_n - x_n}$$

$$= -f(a) + af'(a) + \lim_{n \to \infty} x_n \beta_n \frac{y_n - a}{y_n - x_n} + \lim_{n \to \infty} y_n \alpha_n \frac{a - x_n}{y_n - x_n}$$

$$\left(\text{因 } 0 < \frac{y_n - a}{y_n - x_n}, \frac{a - x_n}{y_n - x_n} < 1\right)$$

$$= -f(a) + af'(a) + 0 + 0 = -f(a) + af'(a)$$

**例 3.12**(南大 2009)  求 $f(x)=|(x-1)(x-2)^2(x-3)^3|$ 的不可导点.

**解析**  $f(x)=|g(x)|$ 在 $x=a$ 处不可导的充要条件显然是 $g(a)=0, g'(a)\neq 0$. 令 $g(x)=(x-1)(x-2)^2(x-3)^3, g(x)=0$ 的根为 $x=1,2,3$,由于
$$g'(1)=-8, \quad g'(2)=0, \quad g'(3)=0$$
所以 $f(x)$ 不可导点为 $x=1$.

**例 3.13**(全国 1998)  $f(x)=(x^2-x-2)|x(x^2-1)|$ 的不可导点的个数为_____.

**解析**  令
$$u(x)=x^2-x-2, \quad v(x)=x(x^2-1)$$
若 $v(x_0)=0, v'(x_0)\neq 0$,则显然有 $|v(x)|$ 在 $x_0$ 处不可导.

(1) $v(0)=0, v'(0)=-1\neq 0 \Rightarrow |v(x)|$ 在 $x=0$ 处不可导;

(2) $v(1)=0, v'(1)=2\neq 0 \Rightarrow |v(x)|$ 在 $x=1$ 处不可导;

(3) $v(-1)=0, v'(-1)=2\neq 0 \Rightarrow |v(x)|$ 在 $x=-1$ 处不可导.

当 $|v(x)|$ 在 $x=x_0$ 处不可导时,若 $u(x_0)=0$,则 $f(x)=u(x)\cdot|v(x)|$ 在 $x_0$ 处可导;若 $u(x_0)\neq 0$,则 $f(x)=u(x)\cdot|v(x)|$ 在 $x_0$ 处不可导. 由于 $u(0)=-2\neq 0, u(1)=-2\neq 0, u(-1)=0$,故 $f(x)$ 的不可导点有两个: $x=0$ 与 $x=1$.

**例 3.14**(全国 2012)  设函数 $f(x)=(e^x-1)(e^{2x}-2)\cdots(e^{nx}-n)$,其中 $n$ 为正整数,则 $f'(0)=$  (　　)

(A) $(-1)^{n-1}(n-1)!$　　　　(B) $(-1)^n(n-1)!$

(C) $(-1)^{n-1}n!$　　　　(D) $(-1)^n n!$

**解析**  令 $g(x)=(e^{2x}-2)\cdots(e^{nx}-n)$,则 $f(x)=(e^x-1)g(x)$,有
$$f'(x)=e^x g(x)+(e^x-1)g'(x)$$
$$f'(0)=g(0)+0\cdot g'(0)=g(0)=(-1)(-2)\cdots(-(n-1))$$
$$=(-1)^{n-1}(n-1)!$$
故选(A).

**例 3.15**(南大 2004)  设 $y=f\left(\dfrac{3x-2}{3x+2}\right), f'(x)=\arctan x^2$,求 $\dfrac{dy}{dx}\bigg|_{x=0}$.

**解析**  应用复合函数求导法则,有
$$\frac{dy}{dx}=f'\left(\frac{3x-2}{3x+2}\right)\cdot\left(\frac{3x-2}{3x+2}\right)'=\arctan\left(\frac{3x-2}{3x+2}\right)^2\cdot\frac{12}{(3x+2)^2}$$
所以 $\dfrac{dy}{dx}\bigg|_{x=0}=\dfrac{3}{4}\pi$.

**例 3.16**(南大 2009)  设 $\begin{cases}x=3t^2+2t+3,\\ e^y\sin t-y+1=0,\end{cases}$ 则 $\dfrac{dy}{dx}\bigg|_{t=0}=$ _____.

**解析**  $t=0$ 时, $y=1$. 将 $y$ 视为 $t$ 的函数,在等式 $e^y\sin t-y+1=0$ 两边对 $t$ 求导得

$$e^y \frac{dy}{dt} \sin t + e^y \cos t - \frac{dy}{dt} = 0$$

将 $t=0, y=1$ 代入上式得 $\frac{dy}{dt}\Big|_{t=0} = e$.

又 $\frac{dx}{dt}\Big|_{t=0} = 2(3t+1)\Big|_{t=0} = 2$, 故 $\frac{dy}{dx}\Big|_{t=0} = \frac{e}{2}$.

**例 3.17**(全国 2003) 设

$$f(x) = \begin{cases} x^\lambda \cos \dfrac{1}{x} & (x \neq 0); \\ 0 & (x = 0) \end{cases}$$

其导函数在 $x=0$ 连续,则 $\lambda$ 的取值范围是_____.

**解析** 函数 $f(x)$ 的导函数在 $x=0$ 连续,其充要条件是 $\lim\limits_{x\to 0} f'(x) = f'(0)$.

当 $x \neq 0$ 时, $f'(x) = \lambda x^{\lambda-1} \cos \dfrac{1}{x} - x^{\lambda-2} \sin \dfrac{1}{x}$. 当 $x=0$ 时, 有

$$f'(0) = \lim_{x \to 0} \frac{x^\lambda \cos \dfrac{1}{x} - 0}{x} = \lim_{x \to 0} x^{\lambda-1} \cos \dfrac{1}{x} = \begin{cases} 0 & (\lambda > 1); \\ \text{不存在} & (\lambda \leqslant 1) \end{cases}$$

于是只有 $\lambda > 2$ 时, 有

$$\lim_{x \to 0} f'(x) = \lim_{x \to 0} \left( \lambda x^{\lambda-1} \cos \frac{1}{x} - x^{\lambda-2} \sin \frac{1}{x} \right) = 0 = f'(0)$$

**例 3.18**(南大 2007) 设 $f(x) = \begin{cases} x^4 \sin \dfrac{1}{x} & (x<0); \\ x - \sin x & (x \geqslant 0), \end{cases}$ 求 $f''(x)$.

**解析** 先求 $f(x)$ 在 $x \neq 0$ 时的一、二阶导数, 有

$$f'(x) = \begin{cases} 4x^3 \sin \dfrac{1}{x} - x^2 \cos \dfrac{1}{x} & (x<0); \\ 1 - \cos x & (x>0) \end{cases}$$

$$f''(x) = \begin{cases} 12x^2 \sin \dfrac{1}{x} - 6x \cos \dfrac{1}{x} - \sin \dfrac{1}{x} & (x<0); \\ \sin x & (x>0) \end{cases}$$

在 $x=0$ 处, 有

$$f'_-(0) = \lim_{x \to 0^-} \frac{x^4 \sin \dfrac{1}{x}}{x} = 0, \quad f'_+(0) = \lim_{x \to 0^+} \frac{x - \sin x}{x} = 1 - 1 = 0$$

所以 $f'(0) = 0$, 故

$$f''_-(0) = \lim_{x \to 0^-} \frac{4x^3 \sin \dfrac{1}{x} - x^2 \cos \dfrac{1}{x}}{x} = 0, \quad f''_+(0) = \lim_{x \to 0^+} \frac{1 - \cos x}{x} = 0$$

所以 $f''(0) = 0$.

**例 3.19**(南大 2001)　设 $f(x) = x\sin x\sin 3x\sin 5x\sin 7x$,求 $f''(0)$.

**解析**　令 $g(x) = \sin x\sin 3x\sin 5x\sin 7x$,则
$$f(x) = xg(x), \quad f''(x) = xg''(x) + 2g'(x)$$
由于 $g'(0) = 0$,所以 $f''(0) = 0g''(0) + 2g'(0) = 0$.

**例 3.20**(南大 2006)　若 $y = \arctan x$,则 $y^{(19)}(0) = $ _____.

**解析**　由于 $(1+x^2)y' = 1$,两边求 18 阶导数得
$$(1+x^2)y^{(19)} + 18 \cdot 2x \cdot y^{(18)} + \frac{18 \cdot 17}{2!} \cdot 2 \cdot y^{(17)} = 0$$
又 $y'(0) = 1$,所以
$$y^{(19)}(0) = -18 \cdot 17 y^{(17)}(0) = 18 \cdot 17 \cdot 16 \cdot 15 y^{(15)}(0)$$
$$= \cdots = -18!y'(0) = -18!$$

**例 3.21**(南大 2002)　若 $f(x) = \ln(e^{\cos x}(x+1))$,则 $f^{(n)}(x) = $ _____.

**解析**　因为
$$f(x) = \ln(e^{\cos x}(x+1)) = \cos x + \ln(x+1)$$
又 $\left(\dfrac{1}{x}\right)^{(n)} = (-1)^n \dfrac{n!}{x^{n+1}}$,所以
$$f^{(n)}(x) = \cos\left(x + n\frac{\pi}{2}\right) + \left(\frac{1}{x+1}\right)^{(n-1)}$$
$$= \cos\left(x + n\frac{\pi}{2}\right) + (-1)^{n-1}\frac{(n-1)!}{(x+1)^n}$$

**例 3.22**(精选题)　设 $y = (x^2+3x+1)e^{-x}$,求 $y^{(99)}$.

**解析**　令 $u = e^{-x}, v = x^2+3x+1$,则
$$u^{(n)} = (-1)^n e^{-x}, \quad v' = 2x+3, \quad v'' = 2, \quad v^{(k)} = 0 \quad (k \geqslant 3)$$
于是
$$y^{(99)} = u^{(99)}v + C_{99}^1 u^{(98)}v' + C_{99}^2 u^{(97)}v''$$
$$= -e^{-x}(x^2+3x+1) + 99e^{-x}(2x+3) + \frac{99 \times 98}{2}(-e^{-x})2$$
$$= e^{-x}(-x^2 + 195x - 9406).$$

**例 3.23**(精选题)　设 $f(x) = \dfrac{\arccos x}{\sqrt{1-x^2}}, f^{(0)}(x) = f(x)$.

(1) 证明:$(x^2-1)f^{(n+1)}(x) + (2n+1)xf^{(n)}(x) + n^2 f^{(n-1)}(x) = 0, n \in \mathbf{N}^*$;

(2) 求 $f^{(2019)}(0), f^{(2018)}(0)$.

**解析**　(1) 原式写为 $\sqrt{1-x^2}f(x) = \arccos x$,求导整理得到 $(x^2-1)f'(x) + xf(x) = 1$,应用莱布尼茨公式,对该式两边求 $n$ 阶导数得
$$(x^2-1)f^{(n+1)}(x) + C_n^1 f^{(n)}(x) \times 2x + C_n^2 f^{(n-1)}(x) \times 2$$
$$+ xf^{(n)}(x) + C_n^1 f^{(n-1)}(x) = 0$$
整理得到

$$(x^2-1)f^{(n+1)}(x)+(2n+1)xf^{(n)}(x)+n^2f^{(n-1)}(x)=0$$

(2) 令(1)中 $x=0$ 得 $f^{(n+1)}(0)=n^2 f^{(n-1)}(0)$,即
$$f^{(k)}(0)=(k-1)^2 f^{(k-2)}(0) \quad (k=2,3,\cdots)$$

而 $f(0)=\dfrac{\pi}{2}, f'(0)=-1$. 当 $k$ 为偶数 $2n$ 时,有

$$\begin{aligned}f^{(2n)}(0)&=(2n-1)^2 f^{(2n-2)}(0)=(2n-1)^2(2n-3)^2 f^{(2n-4)}(0)\\&=\cdots=(2n-1)^2(2n-3)^2\cdots 1^2 f^{(0)}(0)\\&=((2n-1)!!)^2 \dfrac{\pi}{2}\end{aligned} \qquad (1)$$

当 $k$ 为奇数 $2n+1$ 时,有

$$\begin{aligned}f^{(2n+1)}(0)&=(2n)^2 f^{(2n-1)}(0)=(2n)^2(2n-2)^2 f^{(2n-3)}(0)\\&=\cdots=(2n)^2(2n-2)^2\cdots 2^2 f'(0)\\&=-((2n)!!)^2\end{aligned} \qquad (2)$$

在(2)式中取 $n=1009$,得
$$f^{(2019)}(0)=-((2018)!!)^2$$

在(1)式中取 $n=1009$,得
$$f^{(2018)}(0)=((2017)!!)^2 \dfrac{\pi}{2}$$

**例 3.24**(南大 2005) 已知 $a,b,c$ 为常数,且有 $y=\mathrm{e}^{ax}\sin(bx+c)$,令 $\sin\varphi=\dfrac{b}{\sqrt{a^2+b^2}}, \cos\varphi=\dfrac{a}{\sqrt{a^2+b^2}}$,则 $\dfrac{\mathrm{d}^n y}{\mathrm{d}x^n}=$ _____.

**解析** 应用求导的四则运算法则,有
$$\begin{aligned}y'&=\mathrm{e}^{ax}(a\sin(bx+c)+b\cos(bx+c))\\&=\sqrt{a^2+b^2}\,\mathrm{e}^{ax}(\sin(bx+c)\cos\varphi+\cos(bx+c)\sin\varphi)\\&=\sqrt{a^2+b^2}\,\mathrm{e}^{ax}\sin(bx+c+\varphi)\end{aligned}$$

归纳设 $\dfrac{\mathrm{d}^{n-1}y}{\mathrm{d}x^{n-1}}=(\sqrt{a^2+b^2})^{n-1}\mathrm{e}^{ax}\sin(bx+c+(n-1)\varphi)$,则

$$\begin{aligned}\dfrac{\mathrm{d}^n y}{\mathrm{d}x^n}&=(\sqrt{a^2+b^2})^{n-1}\mathrm{e}^{ax}(a\sin(bx+c+(n-1)\varphi)+b\cos(bx+c+(n-1)\varphi))\\&=(\sqrt{a^2+b^2})^n \mathrm{e}^{ax}(\sin(bx+c+(n-1)\varphi)\cos\varphi+\cos(bx+c+(n-1)\varphi)\sin\varphi)\\&=(\sqrt{a^2+b^2})^n \mathrm{e}^{ax}\sin(bx+c+n\varphi)\end{aligned}$$

由数学归纳法可知上式对任意正整数 $n$ 皆成立.

**例 3.25**(南大 2008) 设 $f(t)$ 三阶可导,$f''(t)\neq 0$,且 $\begin{cases}x=f'(t),\\y=tf'(t)-f(t),\end{cases}$ 则 $\dfrac{\mathrm{d}^3 y}{\mathrm{d}x^3}=$ _____.

**解析** 应用参数式函数求导法则,有

$$\frac{dy}{dx} = \frac{y'(t)}{x'(t)} = \frac{tf''(t)}{f''(t)} = t$$

$$\frac{d^2y}{dx^2} = \frac{d}{dt}(t)\frac{1}{x'(t)} = \frac{1}{f''(t)}$$

$$\frac{d^3y}{dx^3} = \frac{d}{dt}\left(\frac{1}{f''(t)}\right)\frac{1}{x'(t)} = -\frac{f'''(t)}{(f''(t))^3}$$

**例 3.26**(南大 2002) 设 $f(x)$ 是 $x$ 的三次多项式,且 $\lim\limits_{x\to 0}\dfrac{f(x)}{x} = \lim\limits_{x\to 1}\dfrac{f(x)}{x-1} = 1$,则 $f(x) =$ _____.

**解析** 由条件知 $f(0) = f(1) = 0$,所以

$$f(x) = a(x-b)x(x-1), \quad f'(x) = a(3x^2 - 2(b+1)x + b)$$

又由条件知 $f'(0) = f'(1) = 1$,所以 $\begin{cases} ab = 1, \\ a - ab = 1, \end{cases}$ 解得 $a = 2, b = \dfrac{1}{2}$,于是

$$f(x) = 2x^3 - 3x^2 + x$$

# 专题 3　微分中值定理与导数的应用

## 3.1　重要概念与基本方法

### 1　微分中值定理

(1) **罗尔定理**　设 $f(x) \in \mathscr{C}[a,b], f(x) \in \mathscr{D}(a,b)$,且 $f(a)=f(b)$,则 $\exists \xi \in (a,b)$,使得 $f'(\xi)=0$.

**注**　在所有的微分中值定理中,有关罗尔定理的应用题最多. 若题给的函数是 $f(x)$,通常是分析所要证明的结论,构造一个与 $f(x)$ 有关的辅助函数 $F(x)$,使得 $F(x)$ 在某区间上满足罗尔定理的三个条件,并由 $F'(\xi)=0$ 导出所要求的结论. 这里常用的函数有 $F(x) = e^{kx} f(x), e^{g(x)} f(x), xf(x), x^2 f(x), \frac{1}{x} f(x)$ 等等.

(2) **拉格朗日中值定理**　设 $f(x) \in \mathscr{C}[a,b], f(x) \in \mathscr{D}(a,b)$,则 $\exists \xi \in (a,b)$,使得

$$f'(\xi) = \frac{f(b)-f(a)}{b-a}$$

(3) **柯西中值定理**　设 $f(x), g(x) \in \mathscr{C}[a,b], f(x), g(x) \in \mathscr{D}(a,b)$,且 $g'(x) \neq 0$,则 $\exists \xi \in (a,b)$,使得 $\dfrac{f'(\xi)}{g'(\xi)} = \dfrac{f(b)-f(a)}{g(b)-g(a)}$.

(4) **泰勒公式**　设 $f(x)$ 在 $x=a$ 的某邻域 $U$ 上 $n+1$ 阶可导,$\forall x \in U$,则有

$$f(x) = f(a) + f'(a)(x-a) + \frac{f''(a)}{2!}(x-a)^2 + \cdots + \frac{f^{(n)}(a)}{n!}(x-a)^n + R_n(x)$$

其中 $R_n(x) = \dfrac{f^{(n+1)}(\xi)}{(n+1)!}(x-a)^{n+1}$ 称为拉格朗日余项,这里

$$\xi = a + \theta(x-a) \quad (0 < \theta < 1)$$

(5) **马克劳林公式**　设 $f(x)$ 在 $x=0$ 的某邻域 $U$ 上 $n+1$ 阶可导,$\forall x \in U$,则有

$$f(x) = f(0) + f'(0)x + \frac{f''(0)}{2!}x^2 + \cdots + \frac{f^{(n)}(0)}{n!}x^n + R_n(x)$$

其中 $R_n(x) = \dfrac{f^{(n+1)}(\xi)}{(n+1)!}x^{n+1}$ 称为拉格朗日余项,这里 $\xi = \theta x, 0 < \theta < 1$.

(6) 常用的几个函数的马克劳林公式

$$e^x = 1 + x + \frac{1}{2!}x^2 + \frac{1}{3!}x^3 + \cdots + \frac{1}{n!}x^n + o(x^n)$$

$$\sin x = x - \frac{1}{3!}x^3 + \frac{1}{5!}x^5 - \cdots + (-1)^n \frac{1}{(2n+1)!}x^{2n+1} + o(x^{2n+2})$$

$$\cos x = 1 - \frac{1}{2!}x^2 + \frac{1}{4!}x^4 - \cdots + (-1)^n \frac{1}{(2n)!}x^{2n} + o(x^{2n+1})$$

$$\ln(1-x) = -x - \frac{1}{2}x^2 - \frac{1}{3}x^3 - \cdots - \frac{1}{n}x^n + o(x^n)$$

$$\frac{1}{1-x} = 1 + x + x^2 + x^3 + \cdots + x^n + o(x^n)$$

**2  洛必达法则**(这是求极限的最重要方法)

(1) 求 $\dfrac{0}{0}$ 型未定式的极限.

**定理 1**  若在某极限过程下(这里以 $x \to a$ 为例),$\dfrac{f(x)}{g(x)}$ 是 $\dfrac{0}{0}$ 型,则

$$\lim_{x \to a} \frac{f(x)}{g(x)} = \lim_{x \to a} \frac{f'(x)}{g'(x)} = A \quad (\text{或}\ \infty)$$

这里要求上式右边的极限存在或为无穷大.

注意:在采用洛必达法则之前,一定要综合应用其他的求极限的方法,例如应用等价无穷小替换法则将原式 $\dfrac{f(x)}{g(x)}$ 化简,以避免复杂的求导数运算.

(2) 求 $\dfrac{\infty}{\infty}$ 型未定式的极限.

**定理 2**  若在某极限过程下(这里以 $x \to a$ 为例),$\dfrac{f(x)}{g(x)}$ 是 $\dfrac{\infty}{\infty}$ 型,则

$$\lim_{x \to a} \frac{f(x)}{g(x)} = \lim_{x \to a} \frac{f'(x)}{g'(x)} = A \quad (\text{或}\ \infty)$$

这里要求上式右边的极限存在或为无穷大.

(3) 其他形式,如 $0 \cdot \infty$ 型、$\infty - \infty$ 型的未定式,总可化为 $\dfrac{0}{0}$ 型或 $\dfrac{\infty}{\infty}$ 型的未定式,然后应用洛必达法则.

(4) 幂指函数型的未定式:$1^\infty, 0^0, \infty^0$.

应用恒等变形 $\lim u^v = \exp(\lim v \ln u)$,其中 $v \ln u$ 是 $\infty \cdot 0$ 型或 $0 \cdot \infty$ 型,再化为 $\dfrac{0}{0}$ 型或 $\dfrac{\infty}{\infty}$ 型的未定式,然后应用洛必达法则. 这里要注意的是,当 $v \ln u \to A$ 时,$u^v \to e^A$;当 $v \ln u \to -\infty$ 时,$u^v \to 0$;当 $v \ln u \to +\infty$ 时,$u^v \to +\infty$.

## 3 导数在几何上的应用

(1) 单调性与极值.

**定理 1** 若函数 $f(x)$ 满足 $f'(x)>0, \forall x \in X$,则 $f(x)$ 在区间 $X$ 上单调增加;若函数 $f(x)$ 满足 $f'(x)<0, \forall x \in X$,则 $f(x)$ 在区间 $X$ 上单调减少.

**定理 2** 函数 $f(x)$ 在 $x=a$ 处可导,则 $f(x)$ 在 $x=a$ 处取极值的必要条件是 $f'(a)=0$.

**定理 3** 函数 $f(x)$ 在 $x=a$ 处连续,如果存在 $x=a$ 的某去心邻域 $U$,使得 $(x-a)f'(x)>0$(或 $<0$),$\forall x \in U$,则 $f(a)$ 为 $f(x)$ 的一个极小值(或极大值).

(2) 最值:函数 $f(x)$ 在 $[a,b]$ 上连续,设 $f(x)$ 在 $(a,b)$ 上的驻点为 $x_i(i=1,2,\cdots,k)$,$f(x)$ 在 $(a,b)$ 上的不可导点为 $x_j(j=k+1,k+2,\cdots,n)$,则

$$\max_{x\in[a,b]}f(x)=\max\{f(x_1),\cdots,f(x_k),f(x_{k+1}),\cdots,f(x_n),f(a),f(b)\}$$

$$\min_{x\in[a,b]}f(x)=\min\{f(x_1),\cdots,f(x_k),f(x_{k+1}),\cdots,f(x_n),f(a),f(b)\}$$

注意:求最值时,只要比较函数在驻点、不可导点和端点的函数值的大小就可求得,无须逐一讨论函数在这些点是否取到极值.

(3) 凹凸性与拐点.

**定理 1** 若函数 $f(x)$ 满足 $f''(x)>0, \forall x \in X$,则曲线 $y=f(x)$ 在区间 $X$ 上是凹的;若函数 $f(x)$ 满足 $f''(x)<0, \forall x \in X$,则曲线 $y=f(x)$ 在区间 $X$ 上是凸的.

**定理 2** 函数 $f(x)$ 在 $x=a$ 处二阶可导,则 $(a,f(a))$ 是曲线 $y=f(x)$ 的拐点的必要条件是 $f''(a)=0$.

**定理 3** 函数 $f(x)$ 在 $x=a$ 处连续,若存在 $x=a$ 的某去心邻域 $U$,使得

$$(x-a)f''(x)>0 \quad (或 <0), \quad \forall x \in U$$

则 $(a,f(a))$ 是曲线 $y=f(x)$ 的一个拐点.

**定理 4** 函数 $f(x)$ 在 $x=a$ 处三阶可导,如果 $f''(a)=0, f'''(a)\neq 0$,则 $(a,f(a))$ 是曲线 $y=f(x)$ 的一个拐点.

(4) 渐近线.

① 铅直渐近线:若

$$\lim_{x\to a^-}f(x)=\infty \quad 或 \quad \lim_{x\to a^+}f(x)=\infty$$

则 $x=a$ 是 $y=f(x)$ 的一条铅直渐近线.

② 水平渐近线:若

$$\lim_{x\to -\infty}f(x)=A$$

则 $y=A$ 是 $y=f(x)$ 的一条水平渐近线;若

$$\lim_{x\to +\infty}f(x)=B$$

则 $y = B$ 是 $y = f(x)$ 的一条水平渐近线.

③ 斜渐近线:若
$$\lim_{x \to \infty} \frac{f(x)}{x} = a \quad (a \neq 0) \quad 且 \quad \lim_{x \to -\infty}(f(x) - ax) = b$$

则 $y = ax + b$ 是 $y = f(x)$ 的一条斜渐近线;若
$$\lim_{x \to +\infty} \frac{f(x)}{x} = c \quad (c \neq 0) \quad 且 \quad \lim_{x \to +\infty}(f(x) - cx) = d$$

则 $y = cx + d$ 是 $y = f(x)$ 的一条斜渐近线.

注意:在 $x \to +\infty$ 时,曲线的水平渐近线与斜渐近线的条数总共不超过一条;在 $x \to -\infty$ 时,曲线的水平渐近线与斜渐近线的条数总共也不超过一条.

(5) 作函数的图形.

在所作图形中,应体现函数的定义域、奇偶性等初等性质,以及单调性、极值、凹凸性、拐点、渐近线等分析性质.

## 3.2 习题选解

**例 2.1**(习题 2.5 A 6)   设函数 $f(x)$ 满足 $f \in \mathscr{C}[0,1], f \in \mathscr{D}(0,1), f(0) = 1, f(1) = 0$,求证: $\exists \xi, \eta \in (0,1)$,且 $\xi \neq \eta$,使得 $f'(\xi)f'(\eta) = 1$.

**解析**   令 $F(x) = f(x) - x$,则 $F \in \mathscr{C}[0,1]$,且 $F(0) = 1, F(1) = -1$. 应用零点定理知 $\exists c \in (0,1)$,使 $F(c) = 0$,即 $f(c) = c$.

由题设 $f \in \mathscr{C}[0,1], f \in \mathscr{D}(0,1)$,对 $f(x)$ 在 $[0,c]$ 及 $[c,1]$ 上分别应用拉格朗日中值定理,必 $\exists \xi \in (0,c)$ 及 $\eta \in (c,1)$,使得
$$f'(\xi) = \frac{f(c) - f(0)}{c} = \frac{c-1}{c}, \quad f'(\eta) = \frac{f(1) - f(c)}{1-c} = -\frac{c}{1-c}$$

即得 $f'(\xi)f'(\eta) = 1$.

**例 2.2**(习题 2.5 A 7)   设函数 $f(x)$ 满足 $f \in \mathscr{C}[a,b], f \in \mathscr{D}^2(a,b), f(a) = f(b) = 0$,又 $\exists c \in (a,b)$,使得 $f(c) > 0$,求证: $\exists \xi \in (a,b)$,使得 $f''(\xi) < 0$.

**解析**   由 $f \in \mathscr{C}[a,b], f \in \mathscr{D}(a,b)$,对 $f(x)$ 在 $[a,c]$ 及 $[c,b]$ 上分别应用拉格朗日中值定理,必 $\exists \xi_1 \in (a,c)$ 及 $\xi_2 \in (c,b)$,使得
$$f'(\xi_1) = \frac{f(c) - f(a)}{c - a} = \frac{f(c)}{c-a} > 0, \quad f'(\xi_2) = \frac{f(b) - f(c)}{b-c} = -\frac{f(c)}{b-c} < 0$$

又 $f'(x) \in \mathscr{D}(a,b)$,对 $f'(x)$ 在区间 $[\xi_1, \xi_2] \subset (a,b)$ 上应用拉格朗日中值定理,必 $\exists \xi \in (a,b)$,使得
$$f''(\xi) = \frac{f'(\xi_2) - f'(\xi_1)}{\xi_2 - \xi_1} < 0$$

**例 2.3**(习题 2.5 A 8)   设函数 $f(x)$ 满足 $f \in \mathscr{C}[a,b], f \in \mathscr{D}(a,b)(a > 0)$,

求证:$\exists \xi \in (a,b)$,使得
$$2\xi(f(b)-f(a)) = f'(\xi)(b^2-a^2)$$

**解析** 令 $g(x)=x^2$,则 $f,g \in \mathscr{C}[a,b]$,$f,g \in \mathscr{D}(a,b)$,且 $g'(x)=2x \neq 0$. 应用柯西中值定理,必 $\exists \xi \in (a,b)$,使得
$$\frac{f(b)-f(a)}{g(b)-g(a)} = \frac{f'(\xi)}{g'(\xi)}$$

代入 $g(x)=x^2, g'(x)=2x$,即得
$$2\xi(f(b)-f(a)) = f'(\xi)(b^2-a^2)$$

**例2.4**(习题2.5 B 13) 设 $f \in \mathscr{D}^2[a,b], g \in \mathscr{D}^2[a,b], g'' \neq 0$,且 $f(a)=f(b)=0, g(a)=g(b)=0$,求证:

(1) $\forall x \in (a,b), g(x) \neq 0$;

(2) $\exists \xi \in (a,b)$,使得 $\dfrac{f(\xi)}{g(\xi)} = \dfrac{f''(\xi)}{g''(\xi)}$.

**解析** (1) 反证法. 假设 $\exists c \in (a,b)$,使 $g(c)=0$,则在 $[a,c]$ 及 $[c,b]$ 上分别应用罗尔定理,必 $\exists \xi_1 \in (a,c)$ 及 $\xi_2 \in (c,b)$,使得 $g'(\xi_1) = g'(\xi_2) = 0$. 又因为 $g' \in \mathscr{D}[a,b]$,故对 $g'(x)$ 在 $[\xi_1,\xi_2]$ 上应用罗尔定理,知 $\exists \xi \in (\xi_1,\xi_2) \subset (a,b)$,使得 $g''(\xi) = 0$,这与题设 $g'' \neq 0$ 矛盾. 故 $\forall x \in (a,b), g(x) \neq 0$.

(2) 令 $F(x) = f(x)g'(x) - g(x)f'(x)$,则 $F \in \mathscr{D}[a,b]$,且 $F(a) = F(b) = 0$. 应用罗尔定理,必 $\exists \xi \in (a,b)$,使 $F'(\xi) = 0$. 因为
$$F'(x) = f(x)g''(x) - g(x)f''(x)$$
故 $F'(\xi) = 0$,即 $\dfrac{f(\xi)}{g(\xi)} = \dfrac{f''(\xi)}{g''(\xi)}$.

**例2.5**(习题2.6 A 3.10) 求极限 $\lim\limits_{x \to 0} \dfrac{(1+x)^{\frac{1}{x}} - e}{x}$.

**解析** 应用洛必达法则,得
$$\text{原式} = \lim_{x \to 0} \frac{(1+x)^{\frac{1}{x}}\left(\frac{1}{x}\ln(1+x)\right)'}{1} = e \lim_{x \to 0} \left(\frac{1}{x(1+x)} - \frac{\ln(1+x)}{x^2}\right)$$
$$= e \lim_{x \to 0}\left(\frac{1}{x} - \frac{1}{1+x} - \frac{\ln(1+x)}{x^2}\right) = e \lim_{x \to 0}\left(\frac{x - \ln(1+x)}{x^2} - 1\right)$$
$$= e \lim_{x \to 0}\left(\frac{1 - \frac{1}{1+x}}{2x} - 1\right) = e \lim_{x \to 0}\left(\frac{1}{2(1+x)} - 1\right) = -\frac{e}{2}$$

**例2.6**(习题2.6 A 4.4) 求极限 $\lim\limits_{x \to +\infty}(x - \ln(1+e^x))$.

**解析** 将原式恒等变形,则
$$\text{原式} = \lim_{x \to +\infty}(x - \ln e^x - \ln(1+e^{-x})) = \lim_{x \to +\infty}(-\ln(1+e^{-x})) = 0$$

**例 2.7**(习题 2.6 A 4.12)　求极限 $\lim\limits_{x\to+\infty}\left(\dfrac{2}{\pi}\arctan x\right)^x$.

**解析**　应用洛必达法则,则

$$原式 = \exp\left(\lim_{x\to+\infty} x\ln\left(\dfrac{2}{\pi}\arctan x\right)\right) = \exp\left[\lim_{x\to+\infty}\dfrac{\ln\dfrac{2}{\pi}+\ln(\arctan x)}{\dfrac{1}{x}}\right]$$

$$= \exp\left[\lim_{x\to+\infty}\dfrac{\dfrac{1}{\arctan x}\cdot\dfrac{1}{1+x^2}}{-\dfrac{1}{x^2}}\right] = \exp\left(\lim_{x\to+\infty}\dfrac{1}{\arctan x}\cdot\dfrac{-x^2}{1+x^2}\right) = \mathrm{e}^{-\frac{2}{\pi}}$$

**例 2.8**(习题 2.6 A 5)　设 $f(x)=\begin{cases}\dfrac{\sin x}{x}&(x>0);\\ 1+x^2&(x\leqslant 0).\end{cases}$

(1) 求 $f'_-(0), f'_+(0), f'(0)$,并讨论 $f'(x)$ 的连续性;

(2) 讨论 $f(x)$ 在 $x=0$ 处的二阶可导性.

**解析**　(1) 由导数定义知

$$f'_-(0)=\lim_{x\to 0^-}\dfrac{f(x)-f(0)}{x}=\lim_{x\to 0^-}\dfrac{1+x^2-1}{x}=\lim_{x\to 0^-}x=0$$

$$f'_+(0)=\lim_{x\to 0^+}\dfrac{f(x)-f(0)}{x}=\lim_{x\to 0^+}\dfrac{\dfrac{\sin x}{x}-1}{x}=\lim_{x\to 0^+}\dfrac{\sin x-x}{x^2}$$

$$=\lim_{x\to 0^+}\dfrac{\cos x-1}{2x}=\lim_{x\to 0^+}\dfrac{-\dfrac{1}{2}x^2}{2x}=0$$

得 $f'(0)=0$,故

$$f'(x)=\begin{cases}\dfrac{x\cos x-\sin x}{x^2}&(x>0);\\ 0&(x=0);\\ 2x&(x<0)\end{cases}$$

又

$$f'(0^+)=\lim_{x\to 0^+}\dfrac{x\cos x-\sin x}{x^2}=\lim_{x\to 0^+}\dfrac{\cos x-x\sin x-\cos x}{2x}=\lim_{x\to 0^+}\dfrac{-\sin x}{2}=0$$

$$f'(0^-)=\lim_{x\to 0^-}2x=0$$

故 $f'(0^+)=f'(0^-)=f'(0)$,即 $f'(x)$ 在 $x=0$ 处连续,因此 $f'(x)$ 在 $(-\infty,+\infty)$ 上处处连续.

(2) 根据二阶导数的定义知

$$f''_+(0)=\lim_{x\to 0^+}\dfrac{f'(x)-f'(0)}{x}=\lim_{x\to 0^+}\dfrac{x\cos x-\sin x}{x^3}=\lim_{x\to 0^+}\dfrac{-\sin x}{3x}=-\dfrac{1}{3}$$

$$f''_-(0) = \lim_{x \to 0^-} \frac{f'(x) - f'(0)}{x} = \lim_{x \to 0^-} \frac{2x}{2} = 2$$

由于 $f''_+(0) \neq f''_-(0)$，故 $f(x)$ 在 $x = 0$ 处二阶不可导.

**例 2.9**（习题 2.6 B 6.1）　求极限 $\lim\limits_{x \to 0} \dfrac{\cos x - \mathrm{e}^{-\frac{x^2}{2}}}{x^4}$.

**解析**　应用马克劳林公式，有

$$\cos x = 1 - \frac{1}{2!}x^2 + \frac{1}{4!}x^4 + o(x^4), \quad \mathrm{e}^{-\frac{x^2}{2}} = 1 - \frac{x^2}{2} + \frac{1}{2!}\frac{x^4}{4} + o(x^4)$$

$$\text{原式} = \lim_{x \to 0} \frac{1 - \frac{x^2}{2} + \frac{x^4}{24} + o(x^4) - 1 + \frac{x^2}{2} - \frac{x^4}{8} + o(x^4)}{x^4}$$

$$= \lim_{x \to 0} \frac{-\frac{x^4}{12} + o(x^4)}{x^4} = -\frac{1}{12}$$

**例 2.10**（习题 2.6 B 7）　设 $f(x)$ 在 $x = a$ 处二阶可导，求

$$\lim_{x \to 0} \frac{f(a+2x) - 2f(a+x) + f(a)}{x^2}$$

**解析**　应用洛必达法则及二阶导数定义得

$$\text{原式} = \lim_{x \to 0} \frac{2f'(a+2x) - 2f'(a+x)}{2x} = \lim_{x \to 0} \frac{f'(a+2x) - f'(a+x)}{x}$$

$$= \lim_{x \to 0} \frac{2(f'(a+2x) - f'(a))}{2x} - \lim_{x \to 0} \frac{f'(a+x) - f'(a)}{x}$$

$$= 2f''(a) - f''(a) = f''(a)$$

**例 2.11**（习题 2.6 B 8）　设

$$f(x) = \begin{cases} \left[\dfrac{\mathrm{e}}{(1+x)^{\frac{1}{x}}}\right]^{\frac{1}{x}} & (x > 0); \\ \mathrm{e}^{\frac{1}{2}} & (x \leqslant 0) \end{cases}$$

讨论 $f(x)$ 在 $x = 0$ 处的连续性.

**解析**　应用洛必达法则，有

$$f(0^+) = \lim_{x \to 0^+} \left(\frac{\mathrm{e}}{(1+x)^{\frac{1}{x}}}\right)^{\frac{1}{x}} = \exp\left(\lim_{x \to 0^+} \frac{1}{x}\left(1 - \frac{1}{x}\ln(1+x)\right)\right)$$

$$= \exp\left(\lim_{x \to 0^+} \frac{x - \ln(1+x)}{x^2}\right) = \exp\left(\lim_{x \to 0^+} \frac{1 - \frac{1}{1+x}}{2x}\right)$$

$$= \exp\left(\lim_{x \to 0^+} \frac{1}{2(1+x)}\right) = \mathrm{e}^{\frac{1}{2}} = f(0^-) = f(0)$$

故 $f(x)$ 在 $x = 0$ 连续.

**例 2.12**(习题 2.7 A 15.6)　作函数 $y = x\ln\left(e + \dfrac{1}{x}\right)$ 的简图.

**解析**　由 $e + \dfrac{1}{x} > 0$ 知，函数 $y$ 的定义域为 $\left(-\infty, -\dfrac{1}{e}\right) \cup (0, +\infty)$. 令 $x\ln\left(e + \dfrac{1}{x}\right) = 0$, 得 $x = \dfrac{1}{1-e}$, 曲线与坐标轴有交点 $\left(\dfrac{1}{1-e}, 0\right)$. 又

$$y' = \ln\left(e + \frac{1}{x}\right) - \frac{1}{1+ex}, \quad y'' = \frac{1}{1+ex}\left(\frac{e}{1+ex} - \frac{1}{x}\right)$$

由于 $\dfrac{e}{1+ex} < \dfrac{1}{x}$, 故 $y'' \neq 0$, 曲线无拐点. 当 $x \in \left(-\infty, -\dfrac{1}{e}\right)$, $y'' > 0$, 故 $y'$ 单调增加; 当 $x \in (0, +\infty)$, $y'' < 0$, 故 $y'$ 单调减少. 又

$$\lim_{x\to\infty} y' = \lim_{x\to\infty}\left(\ln\left(e + \frac{1}{x}\right) - \frac{1}{1+ex}\right) = 1$$

由 $y'$ 的单调性可知

$$\forall x \in \left(-\infty, -\frac{1}{e}\right) \cup (0, +\infty), \quad y' > 0$$

所以无驻点，且函数在上述两个区间上皆单调增加. 凹凸性等结果如下表所示：

| $x$ | $\left(-\infty, -\dfrac{1}{e}\right)$ | $(0, +\infty)$ |
| --- | --- | --- |
| $y'$ | $+$ | $+$ |
| $y''$ | $+$ | $-$ |
| $y$ | ↗ 凹的 | ↗ 凸的 |

由于

$$\lim_{x\to 0^+} y \xlongequal{\diamondsuit \frac{1}{x} = t} \lim_{t\to +\infty}\frac{\ln(e+t)}{t} = \lim_{t\to +\infty}\frac{1}{e+t} = 0$$

$$\lim_{x\to \left(-\frac{1}{e}\right)^-} x\ln\left(e + \frac{1}{x}\right) = +\infty$$

所以有铅直渐近线 $x = -\dfrac{1}{e}$. 根据

$$\lim_{x\to +\infty} x\ln\left(e + \frac{1}{x}\right) = +\infty, \quad \lim_{x\to -\infty} x\ln\left(e + \frac{1}{x}\right) = -\infty$$

所以无水平渐近线. 因为

$$\lim_{x\to\infty}\frac{y}{x} = \lim_{x\to\infty}\ln\left(e + \frac{1}{x}\right) = 1$$

$$\lim_{x\to\infty}(y - x) = \lim_{x\to\infty} x\left(\ln\left(e + \frac{1}{x}\right) - 1\right) \xlongequal{\diamondsuit \frac{1}{x} = t} \lim_{t\to 0}\frac{\ln(e+t) - 1}{t}$$

$$= \lim_{t \to 0} \frac{1}{e+t} = \frac{1}{e}$$

所以在 $x \to +\infty$ 与 $x \to -\infty$ 两个方向,曲线有共同的斜渐近线 $y = x + \frac{1}{e}$.

将上述结果绘制成图 3.1(如下所示):

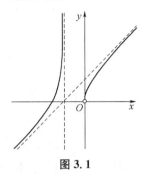

**图 3.1**

**例 2.13**(习题 2.7 B 17)  设 $x_0 \in \mathbf{R}$,若 $f \in \mathscr{C}^{(n)}(x_0)$,且 $f'(x_0) = f''(x_0) = \cdots = f^{(n-1)}(x_0) = 0, f^{(n)}(x_0) \neq 0$. 求证:

(1) 当 $n$ 为偶数时,若 $f^{(n)}(x_0) > 0$,则 $f(x_0)$ 为函数 $f(x)$ 的极小值;

(2) 当 $n$ 为偶数时,若 $f^{(n)}(x_0) < 0$,则 $f(x_0)$ 为函数 $f(x)$ 的极大值;

(3) 当 $n$ 为奇数时, $f(x_0)$ 不是 $f(x)$ 的极值.

**解析**  应用泰勒公式,有

$$f(x) = f(x_0) + f'(x_0)(x-x_0) + \cdots + \frac{f^{(n-1)}(x_0)}{(n-1)!}(x-x_0)^{n-1} + \frac{f^{(n)}(\xi)}{n!}(x-x_0)^n$$

$$= f(x_0) + \frac{f^{(n)}(\xi)}{n!}(x-x_0)^n \quad (\xi \text{ 介于 } x_0 \text{ 与 } x \text{ 之间})$$

由 $f \in \mathscr{C}^{(n)}(x_0)$ 知 $\lim\limits_{x \to x_0} f^{(n)}(x) = f^{(n)}(x_0) \neq 0$,根据极限的局部保号性,$\exists \delta > 0$,使得 $x \in U_\delta(x_0)$ 时,$f^{(n)}(x)$ 与 $f^{(n)}(x_0)$ 同号,因此 $f^{(n)}(\xi)$ 与 $f^{(n)}(x_0)$ 同号.

(1) 当 $n$ 为偶数,且 $f^{(n)}(x_0) > 0$ 时,$\forall x \in \overset{\circ}{U}_\delta(x_0)$,有

$$f(x) - f(x_0) = \frac{f^{(n)}(\xi)}{n!}(x-x_0)^n > 0$$

因此,$f(x_0)$ 为 $f(x)$ 的极小值.

(2) 当 $n$ 为偶数,且 $f^{(n)}(x_0) < 0$ 时,$\forall x \in \overset{\circ}{U}_\delta(x_0)$,有

$$f(x) - f(x_0) = \frac{f^{(n)}(\xi)}{n!}(x-x_0)^n < 0$$

因此,$f(x_0)$ 为 $f(x)$ 的极大值.

(3) 当 $n$ 为奇数时,因 $f^{(n)}(x_0) \neq 0$,不妨仍假设 $f^{(n)}(x_0) > 0$,由于

$$f(x) - f(x_0) = \frac{f^{(n)}(\xi)}{n!}(x-x_0)^n$$

故当 $x > x_0$ 时,$f(x) > f(x_0)$;当 $x < x_0$ 时,$f(x) < f(x_0)$.根据极值定义,$f(x_0)$ 不是 $f(x)$ 的极值.

**例 2.14**(习题 2.7 B 18)  设 $\alpha$ 为正常数,使得不等式 $\ln x \leqslant x^\alpha$ 对一切 $x > 0$ 成立,求 $\alpha$ 的最小值.

**解析**  当 $0 < x \leqslant 1$ 时,$\ln x \leqslant x^\alpha$ 对 $\forall \alpha > 0$ 均成立.当 $x > 1$ 时,根据题意,有
$$\ln x \leqslant x^\alpha \Leftrightarrow \alpha \geqslant \frac{\ln(\ln x)}{\ln x}$$
要求 $\alpha$ 的最小值,只要求函数 $f(x) = \dfrac{\ln(\ln x)}{\ln x}$ 的最大值.

令 $f'(x) = \dfrac{1 - \ln(\ln x)}{x(\ln x)^2} = 0$,得 $x = e^e$.因 $1 < x < e^e$ 时 $f'(x) > 0$,$x > e^e$ 时 $f'(x) < 0$,所以 $f(e^e) = \dfrac{1}{e}$ 为其最大值,故 $\alpha$ 的最小值为 $\dfrac{1}{e}$.

**例 2.15**(习题 2.7 B 19)  如图 3.2 所示,$AB$ 是足球门,宽度为 4 m,点 $C$ 位于底线上,且 $|BC| = 4$ m,$CD \perp BC$,$|CD| = 6$ m.现一个足球运动员带球从点 $D$ 出发朝点 $C$ 方向奔去,试问在距点 $C$ 多远时射门最好?

**解析**  假设运动员跑至 $D'$ 处时 $\angle AD'B = \theta$,则当 $\theta$ 取最大值时射门最好.设 $\angle AD'C = \alpha$,$\angle BD'C = \beta$,$CD' = x$,则 $\tan\alpha = \dfrac{8}{x}$,$\tan\beta = \dfrac{4}{x}$,于是
$$\theta(x) = \alpha - \beta = \arctan\frac{8}{x} - \arctan\frac{4}{x} \quad (0 < x \leqslant 6)$$

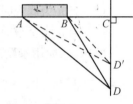

图 3.2

由
$$\theta'(x) = \frac{-8}{64 + x^2} + \frac{4}{16 + x^2} = \frac{4(32 - x^2)}{(16 + x^2)(64 + x^2)} = 0$$
解得 $x_0 = 4\sqrt{2}$.且 $x \in (0, 4\sqrt{2})$ 时,$\theta'(x) > 0$;$x \in (4\sqrt{2}, 6)$ 时,$\theta'(x) < 0$.所以 $\theta(4\sqrt{2})$ 为极大值,即最大值(因为驻点唯一),故在距 $C$ 点 $4\sqrt{2}$ m 时射门最好.

**例 2.16**(复习题 2 题 7)  设函数 $f, g \in \mathscr{C}[a,b]$,且 $f, g \in \mathscr{D}(a,b)$,求证:$\exists \xi \in (a,b)$,使得
$$f(b)g(a) - f(a)g(b) = (f'(\xi)g(a) - g'(\xi)f(a))(b-a)$$

**解析**  令 $F(x) = g(a)f(x) - f(a)g(x)$,则 $F \in \mathscr{C}[a,b]$,且 $F \in \mathscr{D}(a,b)$.应用拉格朗日中值定理,必 $\exists \xi \in (a,b)$,使得
$$F'(\xi) = \frac{F(b) - F(a)}{b - a} = \frac{g(a)f(b) - f(a)g(b)}{b - a}$$
再将 $\xi$ 代入 $F'(x) = g(a)f'(x) - f(a)g'(x)$,即得
$$f(b)g(a) - f(a)g(b) = (f'(\xi)g(a) - g'(\xi)f(a))(b-a)$$

**例 2.17**(复习题 2 题 8) 设 $f \in \mathscr{C}^{(2)}[a,b], f''(x) \geqslant 0$,求证:$\forall x \in (a,b)$,只要 $x-h, x+h \in [a,b]$,必有
$$f(x) \leqslant \frac{1}{2}(f(x-h) + f(x+h))$$

**解析** 不妨设 $h > 0$. 由于 $f \in \mathscr{C}^{(2)}[a,b], \forall x \in (a,b)$,对函数 $f(x)$ 在区间 $[x-h,x](\subset [a,b])$ 及区间 $[x,x+h](\subset [a,b])$ 上分别使用拉格朗日中值定理,必 $\exists \xi_1 \in (x-h,x), \exists \xi_2 \in (x,x+h)$,使得
$$f(x+h) - f(x) + f(x-h) - f(x) = f'(\xi_2)h - f'(\xi_1)h$$
对 $f'(x)$ 在 $[\xi_1, \xi_2]$ 上使用拉格朗日中值定理,必 $\exists \xi \in (\xi_1, \xi_2)$,使得
$$f'(\xi_2) - f'(\xi_1) = f''(\xi)(\xi_2 - \xi_1)$$
故 $f(x+h) + f(x-h) - 2f(x) = f''(\xi)(\xi_2 - \xi_1)h \geqslant 0$,移项即得
$$f(x) \leqslant \frac{1}{2}(f(x-h) + f(x+h))$$

**例 2.18**(复习题 2 题 9) 求 $x^3 + y^3 - 2xy = 0$ 的渐近线.

**解析** 原式可化为 $x(x^2 - 2y) + y^3 = 0$,故当 $x \to \infty$ 时,$y$ 不可能趋于一确定数值;原式还可化为 $y(y^2 - 2x) + x^3 = 0$,故当 $y \to \infty$ 时,$x$ 也不可能趋于一确定数值.所以该曲线无水平渐近线和铅直渐近线.

又原式可化为 $\left(\dfrac{y}{x}\right)\left(\dfrac{2}{x} - \left(\dfrac{y}{x}\right)^2\right) = 1$,故由
$$\lim_{x \to \infty}\left(\dfrac{y}{x}\right)\left(\dfrac{2}{x} - \left(\dfrac{y}{x}\right)^2\right) = 1, \quad \lim_{x \to \infty} \dfrac{2}{x} = 0$$
得 $\lim\limits_{x \to \infty}\left(\dfrac{y}{x}\right)^3 = -1$,即 $a = \lim\limits_{x \to \infty} \dfrac{y}{x} = -1$. 由此
$$b = \lim_{x \to \infty}(y + x) = \lim_{x \to \infty} \dfrac{y^3 + x^3}{x^2 - xy + y^2} = \lim_{x \to \infty} \dfrac{2xy}{x^2 - xy + y^2}$$
$$= \lim_{x \to \infty} \dfrac{2\dfrac{y}{x}}{1 - \dfrac{y}{x} + \left(\dfrac{y}{x}\right)^2} = -\dfrac{2}{3}$$

所以该曲线有斜渐近线 $y = -x - \dfrac{2}{3}$.

**例 2.19**(复习题 2 题 10) 一个长 $\sqrt{13}$ m 的梯子斜靠在墙壁上,若梯子下端以 0.1 m/s 的速率滑离墙壁,试求:

(1) 当梯子下端离墙壁 2 m 时,梯子上端向下滑的速率;

(2) 当梯子与墙壁的夹角 $\theta = \dfrac{\pi}{4}$ 时,此夹角 $\theta$ 增加的速率.

**解析** (1) 设梯子下端离墙壁 $x$ m,梯子上端高 $y$ m,则

$$x^2 + y^2 = 13 \Rightarrow x\frac{dx}{dt} + y\frac{dy}{dt} = 0 \Rightarrow \frac{dy}{dt} = -\frac{x}{y}\frac{dx}{dt}$$

由于 $\frac{dx}{dt} = 0.1$, 且 $x = 2$ 时 $y = 3$, 一起代入上式, 即得梯子上端向下滑的速率为

$$\left|\frac{dy}{dt}\right| = \left|-\frac{1}{15}\right| = \frac{1}{15}(\text{m/s})$$

(2) 因为 $\sin\theta = \frac{x}{\sqrt{13}}$, 两边对 $t$ 求导可得 $\cos\theta \cdot \frac{d\theta}{dt} = \frac{1}{\sqrt{13}}\frac{dx}{dt}$. 由于 $\frac{dx}{dt} = 0.1$, 且 $\theta = \frac{\pi}{4}$, 代入前式得夹角 $\theta$ 增加的速率为 $\frac{d\theta}{dt} = \frac{1}{130}\sqrt{26}\,(\text{rad/s})$.

## 3.3 典型题选解

**例 3.1**(全国 2018) 已知数列 $\{x_n\}: x_1 > 0, x_n e^{x_{n+1}} = e^{x_n} - 1$, 证明 $\{x_n\}$ 收敛, 并求 $\lim\limits_{n\to\infty} x_n$.

**解析** 令 $f(x) = e^x - 1 - x(x \geq 0)$, 则 $f'(x) = e^x - 1 > 0 (x > 0)$, 故 $x > 0$ 时 $f(x)$ 单调增加, 得 $f(x) > f(0) = 0 \Rightarrow e^x - 1 > x, \frac{e^x - 1}{x} > 1$. 因此, 由 $x_1 > 0$ 推出 $\frac{e^{x_1} - 1}{x_1} > 1, x_2 = \ln\frac{e^{x_1} - 1}{x_1} > 0; \cdots;$ 由 $x_n > 0$ 推出 $\frac{e^{x_n} - 1}{x_n} > 1, x_{n+1} = \ln\frac{e^{x_n} - 1}{x_n} > 0; \cdots$. 即 $\forall n \in \mathbf{N}^*$, 都有 $x_n > 0$. 下面证明 $\{x_n\}$ 单调减少. 由于

$$x_{n+1} - x_n = \ln\frac{e^{x_n} - 1}{x_n} - \ln e^{x_n} = \ln\frac{e^{x_n} - 1}{x_n e^{x_n}}$$

令 $g(x) = e^x - 1 - xe^x (x \geq 0)$, 则 $g'(x) = -xe^x < 0 (x > 0)$, 所以 $x > 0$ 时 $g(x)$ 单调减少, 得 $g(x) < g(0) = 0 \Rightarrow e^x - 1 < xe^x, 0 < \frac{e^x - 1}{xe^x} < 1$. 故由 $x_n > 0$, 推出

$$0 < \frac{e^{x_n} - 1}{x_n e^{x_n}} < 1 \Rightarrow x_{n+1} - x_n = \ln\frac{e^{x_n} - 1}{x_n e^{x_n}} < 0 \Leftrightarrow 0 < x_{n+1} < x_n$$

因此 $\{x_n\}$ 单调减少, 有下界, 应用单调有界准则得 $\{x_n\}$ 收敛.

令 $\{x_n\}$ 收敛于 $A$, 在 $x_n e^{x_{n+1}} = e^{x_n} - 1$ 两边令 $n \to \infty$, 有 $Ae^A = e^A - 1$. 由于 $A = 0$ 显然满足此式, 而 $g(x) = e^x - 1 - xe^x$ 在 $[0, +\infty)$ 上单调减少, 所以上述解 $A = 0$ 是唯一解, 故 $\lim\limits_{n\to\infty} x_n = 0$.

**例 3.2**(南大 2002) 设 $f(x)$ 在 $[0, 1]$ 上二阶可导, 且 $f(0) = f(1) = 0$, 证明: 存在 $\xi \in [0, 1]$, 使得 $2f'(\xi) + \xi f''(\xi) = 0$.

**解析** 令 $F(x) = x^2 f'(x)$, 则 $F(x)$ 在 $[0, 1]$ 上可导. 因 $f(0) = f(1) = 0$, $f(x)$ 在 $[0, 1]$ 上可导, 应用罗尔定理, $\exists \zeta \in (0, 1)$, 使得 $f'(\zeta) = 0$. 因 $F(0) = F(\zeta) = 0$, 应用罗尔定理, $\exists \xi \in (0, \zeta) \subset (0, 1)$, 使得 $F'(\xi) = 0$. 因

$$F'(x) = 2xf'(x) + x^2 f''(x) = x(2f'(x) + xf''(x))$$

所以 $\xi(2f'(\xi) + \xi f''(\xi)) = 0$,而 $\xi \neq 0$,所以

$$2f'(\xi) + \xi f''(\xi) = 0$$

**例 3.3**(全国 2017)  设函数 $f(x)$ 在区间 $[0,1]$ 上具有二阶导数,且 $f(1) > 0$,$\lim\limits_{x \to 0^+} \dfrac{f(x)}{x} < 0$,证明:

(1) 方程 $f(x) = 0$ 在区间 $(0,1)$ 内至少存在一个实根;

(2) 方程 $f(x)f''(x) + (f'(x))^2 = 0$ 在区间 $(0,1)$ 内至少存在两个不同实根.

**解析**  (1) 因 $\lim\limits_{x \to 0^+} \dfrac{f(x)}{x} < 0$,由极限性质,当 $x = c(>0)$ 充分小时 $\dfrac{f(c)}{c} < 0 \Rightarrow f(c) < 0$. 又因为 $f(1) > 0$,$f(x)$ 在区间 $[c,1]$ 上连续,在 $[c,1]$ 上应用零点定理,必 $\exists \xi \in (c,1) \subset (0,1)$,使得 $f(\xi) = 0$.

(2) 由 $\lim\limits_{x \to 0^+} \dfrac{f(x)}{x}$ 存在与 $f(x)$ 在 $x = 0$ 处右连续,可得

$$f(0) = \lim_{x \to 0^+} f(x) = \lim_{x \to 0^+} \dfrac{f(x)}{x} \cdot x = 0$$

因函数 $f(x)$ 在 $[0,\xi]$ 上可导,且 $f(0) = f(\xi) = 0$,应用罗尔定理,必 $\exists \eta \in (0,\xi)$,使得 $f'(\eta) = 0$. 令 $F(x) = f(x)f'(x)$,则 $F(x)$ 在 $[0,1]$ 上可导,且

$$F(0) = f(0)f'(0) = 0, \quad F(\eta) = f(\eta)f'(\eta) = 0, \quad F(\xi) = f(\xi)f'(\xi) = 0$$

分别在区间 $[0,\eta]$ 与 $[\eta,\xi]$ 上应用罗尔定理,必 $\exists \xi_1 \in (0,\eta), \xi_2 \in (\eta,\xi)$,使得 $F'(\xi_1) = F'(\xi_2) = 0$. 由于 $F'(x) = f(x)f''(x) + (f'(x))^2$,所以 $f(x)f''(x) + (f'(x))^2 = 0$ 在区间 $(0,1)$ 内至少存在两个不同实根 $\xi_1, \xi_2$.

**例 3.4**(南大 2004)  设 $f(x)$ 在 $[0,1]$ 上连续,在 $(0,1)$ 内可导,且 $f(0) = 0$,$f(1) = 0$,$\max\limits_{x \in [0,1]} \{f(x)\} = 1$,求证:

(1) $\exists \xi \in (0,1)$,使得 $f(\xi) = \xi$;

(2) $\exists \eta \in (0,1)(\eta \neq \xi)$,使得 $f'(\eta) = f(\eta) - \eta + 1$.

**解析**  (1) 由最值定理,$\exists c \in (0,1)$,使得 $f(c) = 1$. 令 $F(x) = f(x) - x$,则

$$F(c) = f(c) - c = 1 - c > 0, \quad F(1) = f(1) - 1 = -1 < 0$$

应用零点定理,$\exists \xi \in (c,1) \subset (0,1)$,使得 $F(\xi) = 0$,即 $f(\xi) = \xi$.

(2) 令 $G(x) = e^{-x}(f(x) - x)$,则

$$G(\xi) = e^{-\xi}(f(\xi) - \xi) = 0, \quad G(0) = e^0(f(0) - 0) = 0$$

应用罗尔定理,$\exists \eta \in (0,\xi) \subset (0,1)(\eta \neq \xi)$,使得

$$G'(\eta) = e^{-x}(f'(x) - 1 - f(x) + x)\Big|_{x=\eta} = 0$$

即 $f'(\eta) = f(\eta) - \eta + 1$.

**例 3.5**(全国 2010)  设函数 $f(x)$ 在 $[0,3]$ 上连续,在 $(0,3)$ 内存在二阶导数,

且 $2f(0) = \int_0^2 f(x)\mathrm{d}x = f(2) + f(3)$,证明:

(1) $\exists \eta \in (0,2)$,使得 $f(\eta) = f(0)$;

(2) $\exists \xi \in (0,3)$,使得 $f''(\xi) = 0$.

**解析** (1) 由积分中值定理,$\exists \eta \in (0,2)$,使得
$$\int_0^2 f(x)\mathrm{d}x = 2f(\eta) = 2f(0)$$
即 $f(\eta) = f(0)$.

(2) 令 $\mu = \dfrac{f(2)+f(3)}{2} = f(0)$,则 $\mu$ 介于函数 $f(x)$ 在区间 $[2,3]$ 上的最小值与最大值之间. 应用介值定理,$\exists \zeta \in [2,3]$,使得 $f(\zeta) = \mu = f(0)$. 由于 $f(0) = f(\eta) = f(\zeta)$,且 $0 < \eta < \zeta \leqslant 3$,根据罗尔定理,$\exists \xi_1 \in (0,\eta), \xi_2 \in (\eta,\zeta)$,使得 $f'(\xi_1) = 0, f'(\xi_2) = 0$,再应用罗尔定理,$\exists \xi \in (\xi_1,\xi_2) \subset (0,3)$,使得 $f''(\xi) = 0$.

**例 3.6**(全国 2013) 设奇函数 $f(x)$ 在 $[-1,1]$ 上具有二阶导数,且 $f(1) = 1$. 证明:

(1) 存在 $\xi \in (0,1)$,使得 $f'(\xi) = 1$;

(2) 存在 $\eta \in (-1,1), f''(\eta) + f'(\eta) = 1$.

**解析** (1) 因 $f(x)$ 是奇函数,所以 $f(0) = 0$. 在区间 $[0,1]$ 上应用拉格朗日中值定理,得 $\exists \xi \in (0,1)$,使得 $f'(\xi) = \dfrac{f(1) - f(0)}{1 - 0} = 1$.

(2) 令 $F(x) = f'(x) + f(x) - x$,则 $F(x)$ 在区间 $[-1,1]$ 上可导. 由于 $f(x)$ 是奇函数,所以 $f'(x)$ 是偶函数,且 $f(-1) = -1, f'(1) = f'(-1)$. 因
$$F(1) = f'(1) + f(1) - 1 = f'(1)$$
$$F(-1) = f'(-1) + f(-1) + 1 = f'(-1)$$
所以 $F(1) = F(-1)$,在区间 $[-1,1]$ 上应用罗尔定理,则 $\exists \eta \in (-1,1)$,使得 $F'(\eta) = 0$,即
$$f''(\eta) + f'(\eta) = 1$$

**例 3.7**(全国 2012) (1) 证明方程 $x^n + x^{n-1} + \cdots + x = 1$($n$ 为大于 1 的整数)在区间 $\left(\dfrac{1}{2}, 1\right)$ 内有且仅有一个实根;

(2) 记(1)中的实根为 $x_n$,证明 $\lim\limits_{n \to \infty} x_n$ 存在,并求此极限.

**解析** (1) 令
$$f(x) = x^n + x^{n-1} + \cdots + x - 1$$
则 $f(x)$ 在 $\left[\dfrac{1}{2}, 1\right]$ 上连续,且
$$f(1) = n - 1 > 0$$

$$f\left(\frac{1}{2}\right) = \frac{1}{2^n} + \frac{1}{2^{n-1}} + \cdots + \frac{1}{2} - 1 = \frac{1}{2} + \frac{1}{2^2} + \cdots + \frac{1}{2^n} - 1$$

$$= \frac{\frac{1}{2}\left(1 - \frac{1}{2^n}\right)}{1 - \frac{1}{2}} - 1 = -\frac{1}{2^n} < 0$$

应用零点定理，$\exists x_n \in \left(\frac{1}{2}, 1\right)$，使得 $f(x_n) = 0$. 另一方面，由于 $x \in \left(\frac{1}{2}, 1\right)$ 时

$$f'(x) = nx^{n-1} + (n-1)x^{n-2} + \cdots + 2x + 1 > 0$$

所以 $f(x)$ 在区间 $\left[\frac{1}{2}, 1\right]$ 上单调增加，即 $f(x)$ 在区间 $\left[\frac{1}{2}, 1\right]$ 上最多一个零点. 因此方程 $x^n + x^{n-1} + \cdots + x = 1$ 在区间 $\left(\frac{1}{2}, 1\right)$ 内有且仅有一个实根.

(2) **方法 I** 对函数 $f(x) = x^n + x^{n-1} + \cdots + x - 1$ 在区间 $\left[\frac{1}{2}, x_n\right]$ 上应用拉格朗日中值定理，必 $\exists \xi_n \in \left(\frac{1}{2}, x_n\right)$，使得

$$\frac{f(x_n) - f\left(\frac{1}{2}\right)}{x_n - \frac{1}{2}} = f'(\xi_n)$$

由于 $f(x_n) = 0$, $f\left(\frac{1}{2}\right) = -\frac{1}{2^n}$，且

$$f'(\xi_n) = n\xi_n^{n-1} + (n-1)\xi_n^{n-2} + \cdots + 2\xi_n + 1 > 1$$

所以 $0 < x_n - \frac{1}{2} < \frac{1}{2^n}$. 而 $\lim\limits_{n \to \infty} \frac{1}{2^n} = 0$，应用夹逼准则，即得 $\lim\limits_{n \to \infty} x_n$ 存在，且 $\lim\limits_{n \to \infty} x_n = \frac{1}{2}$.

**方法 II** 由于 $x_n^n + x_n^{n-1} + \cdots + x_n = 1$, $x_n \in \left(\frac{1}{2}, 1\right)$，所以

$$1 + x_n + x_n^2 + \cdots + x_n^n = 2 \Rightarrow \frac{1 - x_n^{n+1}}{1 - x_n} = 2 \Rightarrow x_n = \frac{1}{2} + \frac{x_n^{n+1}}{2}$$

因 $x_{n+1}^{n+1} + x_{n+1}^n + x_{n+1}^{n-1} + \cdots + x_{n+1} = 1$, $x_{n+1} \in \left(\frac{1}{2}, 1\right)$，故

$$x_{n+1}^n + x_{n+1}^{n-1} + \cdots + x_{n+1} < 1$$

因此 $0 < x_{n+1} < x_n < \cdots < x_2 < 1$，所以 $\lim\limits_{n \to \infty} x_n^{n+1} = 0$，于是

$$\lim\limits_{n \to \infty} x_n = \frac{1}{2} + \lim\limits_{n \to \infty} \frac{x_n^{n+1}}{2} = \frac{1}{2}$$

**例 3.8**(全国 2001) 设 $f(x)$ 在 $(-1,1)$ 内二阶连续可导，且 $f''(x) \neq 0$.

(1) 求证：对于 $(-1,1)$ 内任一非零 $x$，存在唯一的 $\theta(x) \in (0,1)$，使得

$$f(x) = f(0) + xf'(\theta(x)x)$$

(2) 求证:$\lim\limits_{x\to 0}\theta(x) = \dfrac{1}{2}$.

**解析** (1) 应用拉格朗日中值定理,在 0 与 $x$ 之间存在 $\xi$,使得
$$f(x) = f(0) + xf'(\xi)$$
由于 $f''(x) \neq 0$,所以 $f'(x)$ 单调,于是存在唯一的 $\theta(x) \in (0,1)$,使得 $\xi = \theta(x)x$,即
$$f(x) = f(0) + xf'(\theta(x)x)$$

(2) 由(1)得
$$\dfrac{f'(\theta(x)x) - f'(0)}{\theta(x)x} = \dfrac{f(x) - f(0) - xf'(0)}{\theta(x)x^2}$$
由于 $\lim\limits_{x\to 0}\dfrac{f'(\theta(x)x) - f'(0)}{\theta(x)x} = f''(0)$,又应用洛必达法则,有
$$\lim_{x\to 0}\dfrac{f(x) - f(0) - xf'(0)}{x^2} = \lim_{x\to 0}\dfrac{f'(x) - f'(0)}{2x} = \dfrac{1}{2}f''(0)$$
所以 $\lim\limits_{x\to 0}\theta(x) = \dfrac{1}{2}$.

**例 3.9**(全国 2007) 设函数 $f(x)$ 在 $(0,+\infty)$ 上具有二阶导数,且 $f''(x) > 0$,令 $u_n = f(n)(n = 1,2,\cdots)$,则下列结论正确的是 ( )

(A) 若 $u_1 > u_2$,则 $\{u_n\}$ 必收敛　　　　(B) 若 $u_1 > u_2$,则 $\{u_n\}$ 必发散

(C) 若 $u_1 < u_2$,则 $\{u_n\}$ 必收敛　　　　(D) 若 $u_1 < u_2$,则 $\{u_n\}$ 必发散

**解析** 此题可用图形求解. 因 $f''(x) > 0$,所以曲线 $y = f(x)$ 是凹的. 由图 3.3 与图 3.4 看出,若 $u_1 > u_2$,则 $\{u_n\}$ 可能收敛,也可能发散. 由图 3.5 看出,若 $u_1 < u_2$,则 $\{u_n\}$ 必发散,所以只有(D) 正确.

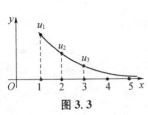

图 3.3

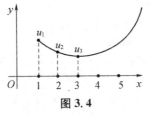

图 3.4

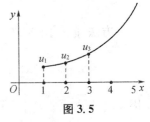

图 3.5

下面给出(D) 的证明:令 $u_2 - u_1 = k$,则 $k > 0$. 应用拉格朗日中值定理,$\exists \xi_1 \in (1,2)$,使得 $u_2 - u_1 = f(2) - f(1) = f'(\xi_1)(2-1)$,所以 $f'(\xi_1) = k > 0$. 任取正整数 $n$,在区间 $[2,n]$ 上再应用拉格朗日中值定理,$\exists \xi_2 \in (2,n)$,使得
$$u_n - u_2 = f(n) - f(2) = f'(\xi_2)(n-2)$$
由于 $f''(x) > 0$,所以 $f'(x)$ 单调增加,$f'(\xi_2) > f'(\xi_1) = k$,于是 $u_n > u_2 + k(n-2) \Rightarrow \lim\limits_{n\to\infty}u_n = +\infty$,即数列 $\{u_n\}$ 必发散.

**例 3.10**(精选题) 设 $f(x)$ 在 $[a,b]$ 上连续,在 $(a,b)$ 内可导,$f(a) = 0$,且

$f(x) > 0 (x \in (a,b))$. 证明:

(1) 在 $(a,b)$ 内存在一点 $\xi$, 使 $\dfrac{b^2 - a^2}{\int_a^b f(x) \mathrm{d}x} = \dfrac{2\xi}{f(\xi)}$;

(2) 在 $(a,b)$ 内存在一点 $\eta(\eta \neq \xi)$, 使 $f'(\eta)(b^2 - a^2) = \dfrac{2\xi}{\xi - a} \int_a^b f(x) \mathrm{d}x$.

**解析** (1) 令 $F(x) = x^2, G(x) = \int_a^x f(x) \mathrm{d}x$, 则可知 $F, G \in \mathscr{C}[a,b], F, G \in \mathscr{D}(a,b)$, 且 $G'(x) = f(x) > 0$. 应用柯西中值定理, 必 $\exists \xi \in (a,b)$, 使得

$$\frac{F(b) - F(a)}{G(b) - G(a)} = \frac{F'(\xi)}{G'(\xi)}$$

代入 $F(x) = x^2, F'(x) = 2x, G(x) = \int_a^x f(x) \mathrm{d}x, G'(x) = f(x)$, 即得

$$\frac{b^2 - a^2}{\int_a^b f(x) \mathrm{d}x} = \frac{2\xi}{f(\xi)}$$

(2) 对 $f(x)$ 在 $[a, \xi]$ 上应用拉格朗日中值定理, 必 $\exists \eta \in (a, \xi) \subset (a,b)$, 使

$$f(\xi) = f(\xi) - f(a) = f'(\eta)(\xi - a)$$

由(1) 可得 $f(\xi) = \dfrac{2\xi \int_a^b f(x) \mathrm{d}x}{b^2 - a^2}$, 将上式代入即得

$$f'(\eta)(b^2 - a^2) = \frac{2\xi}{\xi - a} \int_a^b f(x) \mathrm{d}x$$

**例 3.11**(精选题) 设 $f(x)$ 在 $[a,b]$ 上连续, 且在 $(a,b)$ 内可导, $a > 0$, 求证: $\exists \xi \in (a,b)$, 使得 $ab(f(b) - f(a)) = \xi^2 f'(\xi)(b-a)$.

**解析** 令 $g(x) = \dfrac{1}{x}$, 则 $f, g \in \mathscr{C}[a,b], f, g \in \mathscr{D}(a,b)$, 且 $g'(x) = -\dfrac{1}{x^2} \neq 0$. 应用柯西中值定理, 必 $\exists \xi \in (a,b)$, 使得

$$\frac{f(b) - f(a)}{g(b) - g(a)} = \frac{f'(\xi)}{g'(\xi)}$$

代入 $g(x) = \dfrac{1}{x}, g'(x) = -\dfrac{1}{x^2}$, 即得 $ab(f(b) - f(a)) = \xi^2 f'(\xi)(b-a)$.

**例 3.12**(南大 2008) 设 $\varphi(x)$ 在 $[x_1, x_2]$ 上可导, 且 $x_1 x_2 > 0$, 证明: 在 $(x_1, x_2)$ 内至少存在一点 $\eta$, 使得 $\dfrac{x_1 \varphi(x_2) - x_2 \varphi(x_1)}{x_1 - x_2} = \varphi(\eta) - \eta \varphi'(\eta)$.

**解析** 令 $F(x) = \dfrac{\varphi(x)}{x}, G(x) = \dfrac{1}{x}$, 则 $F, G \in \mathscr{C}[x_1, x_2], F, G \in \mathscr{D}(x_1, x_2)$, 且 $G'(x) = -\dfrac{1}{x^2} \neq 0$. 应用柯西中值定理, 必 $\exists \eta \in (x_1, x_2)$, 使得

$$\frac{F(x_2)-F(x_1)}{G(x_2)-G(x_1)}=\frac{F'(\eta)}{G'(\eta)}\Rightarrow\frac{\dfrac{\varphi(x_2)}{x_2}-\dfrac{\varphi(x_1)}{x_1}}{\dfrac{1}{x_2}-\dfrac{1}{x_1}}=\frac{\dfrac{\eta\varphi'(\eta)-\varphi(\eta)}{\eta^2}}{-\dfrac{1}{\eta^2}}$$

化简即得
$$\frac{x_1\varphi(x_2)-x_2\varphi(x_1)}{x_1-x_2}=\varphi(\eta)-\eta\varphi'(\eta).$$

**例 3.13**(精选题) 设函数 $f(x)$ 在 $[-1,1]$ 上有三阶连续导数,证明:极限
$$\lim_{n\to\infty}\sum_{k=1}^{n}\left|k\left(f\left(\frac{1}{k}\right)-f\left(-\frac{1}{k}\right)\right)-2f'(0)\right|$$
存在.

**解析** 应用马克劳林公式,有
$$f\left(\frac{1}{k}\right)=f(0)+\frac{f'(0)}{k}+\frac{f''(0)}{2k^2}+\frac{f'''(\xi_1)}{6k^3}$$
$$f\left(-\frac{1}{k}\right)=f(0)-\frac{f'(0)}{k}+\frac{f''(0)}{2k^2}-\frac{f'''(\xi_2)}{6k^3}$$

其中 $\xi_1\in\left(0,\dfrac{1}{k}\right),\xi_2\in\left(-\dfrac{1}{k},0\right)$. 于是
$$\left|k\left(f\left(\frac{1}{k}\right)-f\left(-\frac{1}{k}\right)\right)-2f'(0)\right|$$
$$=\left|k\left(\frac{2f'(0)}{k}+\frac{f'''(\xi_1)}{6k^3}+\frac{f'''(\xi_2)}{6k^3}\right)-2f'(0)\right|\leqslant\frac{M}{3k^2}$$

其中 $M=\max\limits_{-1\leqslant x\leqslant1}|f'''(x)|$. 设 $x_n=\sum\limits_{k=1}^{n}\left|k\left(f\left(\dfrac{1}{k}\right)-f\left(-\dfrac{1}{k}\right)\right)-2f'(0)\right|$,显然数列 $\{x_n\}$ 单调递增,又
$$x_n\leqslant\sum_{k=1}^{n}\frac{M}{3k^2}<\frac{M}{3}\left(1+\sum_{k=2}^{n}\frac{1}{k(k-1)}\right)=\frac{M}{3}\left(1+1-\frac{1}{n}\right)<M$$

故数列 $\{x_n\}$ 有上界. 由单调有界准则知,极限
$$\lim_{n\to\infty}\sum_{k=1}^{n}\left|k\left(f\left(\frac{1}{k}\right)-f\left(-\frac{1}{k}\right)\right)-2f'(0)\right|$$
存在.

**例 3.14**(南大 2004) 设函数 $f(x)$ 在 $(0,1)$ 上二阶可导,且 $f(0)=f(1)=1$,$\min\limits_{x\in[0,1]}\{f(x)\}=0$,证明:

(1) 存在 $x_0\in(0,1)$,使得 $f(x_0)=f'(x_0)=0$;

(2) 设 $x\in(0,1),x\neq x_0$,则在 $x$ 与 $x_0$ 之间存在 $\xi$,使得 $f''(\xi)=\dfrac{2f(x)}{(x-x_0)^2}$.

**解析** (1) 应用最值定理与取极值的必要条件可知存在 $x_0\in(0,1)$,使得
$$f(x_0)=f'(x_0)=0$$

(2) 将 $f(x)$ 在 $x_0$ 处展为一阶泰勒公式,有
$$f(x) = f(x_0) + f'(x_0)(x-x_0) + \frac{1}{2!}f''(\xi)(x-x_0)^2 = \frac{1}{2!}f''(\xi)(x-x_0)^2$$
即 $f''(\xi) = \dfrac{2f(x)}{(x-x_0)^2}$,这里 $\xi$ 介于 $x$ 与 $x_0$ 之间.

**例 3.15**(南大 2002) 设 $f(x)$ 在 $[-1,1]$ 上二阶可导,且 $f(-1)=f(1)=1$, $\max\limits_{x\in[-1,1]}\{f(x)\}=2$,求证:存在 $\xi\in(-1,1)$,使得 $f''(\xi)\leqslant -2$.

**解析** 应用最值定理与取极值的必要条件,可知存在 $x_0\in(-1,1)$,使得 $f(x_0)=2, f'(x_0)=0$. 将 $f(x)$ 在 $x_0$ 处展为一阶泰勒公式,有
$$f(x) = f(x_0) + f'(x_0)(x-x_0) + \frac{1}{2!}f''(\eta)(x-x_0)^2$$
$$= 2 + \frac{1}{2!}f''(\eta)(x-x_0)^2$$
这里 $\eta$ 介于 $x$ 与 $x_0$ 之间. 在此式中分别取 $x=-1$ 与 $x=1$ 得
$$f(-1) = 2 + \frac{1}{2!}f''(\xi_1)(1+x_0)^2 = 1, \quad f(1) = 2 + \frac{1}{2!}f''(\xi_2)(1-x_0)^2 = 1$$
(1) 若 $x_0=0$,则 $f''(\xi_1)=f''(\xi_2)=-2$;
(2) 若 $-1<x_0<0$,则 $f''(\xi_1)<-2$;
(3) 若 $0<x_0<1$,则 $f''(\xi_2)<-2$.

**例 3.16**(全国 2011) 函数 $f(x)=\ln|(x-1)(x-2)(x-3)|$ 的驻点的个数是 ( )
(A) 0      (B) 1      (C) 2      (D) 3

**解析 方法 I** 由于 $x\neq 1,2,3$ 时,有
$$f'(x) = \frac{1}{x-1} + \frac{1}{x-2} + \frac{1}{x-3}, \quad f''(x) = -\frac{1}{(x-1)^2} - \frac{1}{(x-2)^2} - \frac{1}{(x-3)^2} < 0$$
所以 $f'(x)$ 在 $(-\infty,1),(1,2),(2,3),(3,+\infty)$ 分别单调减少. 因为
$$f'(-\infty) = 0, \quad f'(1^-) = -\infty, \quad f'(1^+) = +\infty, \quad f'(2^-) = -\infty$$
$$f'(2^+) = +\infty, \quad f'(3^-) = -\infty, \quad f'(3^+) = +\infty, \quad f'(+\infty) = 0$$
所以 $f'(x)$ 在 $(1,2)$ 上恰有一个零点,在 $(2,3)$ 上也恰有一个零点. 即函数 $f(x)$ 恰有两个驻点.

**方法 II** 记 $g(x)=(x-1)(x-2)(x-3)$,则
$$f(x) = \ln|g(x)|, \quad f'(x) = \frac{g'(x)}{g(x)}$$
所以 $f'(x)$ 与 $g'(x)$ 有相同的零点. 在区间 $[1,2],[2,3]$ 上分别应用罗尔定理可知 $g'(x)$ 在 $(1,2),(2,3)$ 内至少各有一个零点. 又 $g'(x)$ 是二次多项式,它最多有两个零点,所以 $g'(x)$ 恰有两个零点,即函数 $f'(x)$ 恰有两个零点,于是函数 $f(x)$ 恰

有两个驻点.

**例 3.17**(全国 2011)　曲线 $y = (x-1)(x-2)^2(x-3)^3(x-4)^4$ 的一个拐点是 　　　　　　　　　　　　　　　　　　　　　　　　　　　　　　　( )

(A) (1,0)　　　　(B) (2,0)　　　　(C) (3,0)　　　　(D) (4,0)

**解析**　令 $F(x) = (x-1)(x-2)^2(x-3)^3(x-4)^4$.

(1) 在 $x=1$ 处,令 $f(x) = (x-2)^2(x-3)^3(x-4)^4$,则 $F(x) = (x-1)f(x)$. 由于 $F''(1) = 2f'(1) > 0$,所以 $(1,0)$ 不是 $y = F(x)$ 的拐点.

(2) 在 $x=2$ 处,令 $g(x) = (x-1)(x-3)^3(x-4)^4$,则 $F(x) = (x-2)^2 g(x)$. 由于 $F''(2) = 2g(2) < 0$,所以 $(2,0)$ 不是 $y = F(x)$ 的拐点.

(3) 在 $x=3$ 处,令 $h(x) = (x-1)(x-2)^2(x-4)^4$,则 $F(x) = (x-3)^3 h(x)$. 由于 $F''(3) = 0, F'''(3) = 6h(3) \neq 0$,所以 $(3,0)$ 是 $y = F(x)$ 的拐点.

(4) 在 $x=4$ 处,令 $l(x) = (x-1)(x-2)^2(x-3)^3$,则 $F(x) = (x-4)^4 l(x)$. 由于 $F''(4) = 0, F'''(4) = 0, F^{(4)}(4) = 24l(4) > 0$,应用 $F''(x)$ 在 $x=4$ 的泰勒公式,即

$$F''(x) = F''(4) + F'''(4)(x-4) + \frac{1}{2!}F^{(4)}(\xi)(x-4)^2$$
$$= \frac{1}{2!}F^{(4)}(\xi)(x-4)^2$$

所以存在 $x=4$ 的去心邻域,其内 $F''(x)$ 取正值,故 $(4,0)$ 不是 $y = F(x)$ 的拐点.

**例 3.18**(南大 1996)　设 $f(x) = x^3(1-x)^3$,求 $f'''(x)$ 在区间 $(0,1)$ 内零点的个数.

**解析**　因 $f(x) = (x-x^2)^3, f'(x) = 3(x-x^2)^2(1-2x)$,由

$$f''(x) = 6(x-x^2)(1-2x)^2 - 6(x-x^2)^2$$
$$= 6x(1-x)(5x^2 - 5x + 1) = 0$$

解得 $x = 0, \frac{1}{2} - \frac{\sqrt{5}}{10}, \frac{1}{2} + \frac{\sqrt{5}}{10}, 1$. 在区间

$$\left[0, \frac{1}{2} - \frac{\sqrt{5}}{10}\right], \quad \left[\frac{1}{2} - \frac{\sqrt{5}}{10}, \frac{1}{2} + \frac{\sqrt{5}}{10}\right] \quad 及 \quad \left[\frac{1}{2} + \frac{\sqrt{5}}{10}, 1\right]$$

上分别应用罗尔定理,则 $f'''(x)$ 在其中至少各有一个零点,即 $f'''(x)$ 在 $(0,1)$ 内至少有三个零点. 又 $f'''(x)$ 是三次多项式,它最多有三个零点,故 $f'''(x)$ 在 $(0,1)$ 内恰有三个零点.

**例 3.19**(全国 2015)　已知函数 $f(x) = \int_x^1 \sqrt{1+t^2}\,\mathrm{d}t + \int_1^{x^2} \sqrt{1+t}\,\mathrm{d}t$,求 $f(x)$ 零点的个数.

**解析**　由函数 $f(x)$ 的表达式显然有 $f(1) = 0$,且

$$f'(x) = -\sqrt{1+x^2} + 2x\sqrt{1+x^2} = \sqrt{1+x^2}(2x-1), \quad f'\left(\frac{1}{2}\right) = 0$$

当 $x \in \left(-\infty, \dfrac{1}{2}\right)$ 时,$f'(x) < 0 \Rightarrow f(x)$ 单调减少;当 $x \in \left(\dfrac{1}{2}, +\infty\right)$ 时,$f'(x) > 0 \Rightarrow f(x)$ 单调增加. 故 $f(x)$ 在 $x = \dfrac{1}{2}$ 处取极小值 $f\left(\dfrac{1}{2}\right) < f(1) = 0$. 因

$$f(-1) = \int_{-1}^{1}\sqrt{1+t^2}\,\mathrm{d}t + \int_{1}^{1}\sqrt{1+t}\,\mathrm{d}t = \int_{-1}^{1}\sqrt{1+t^2}\,\mathrm{d}t > 0$$

应用零点定理与单调性,可得 $f(x)$ 在 $\left(-1, \dfrac{1}{2}\right)$ 上有唯一的零点,在 $\left(\dfrac{1}{2}, 1\right]$ 上有唯一的零点 $x = 1$,并且由单调性可得 $f(x)$ 在 $(-\infty, -1)$ 与 $(1, +\infty)$ 上没有零点,所以 $f(x)$ 恰有两个零点.

**例 3.20**(精选题) 判断下列命题是否成立. 若判断成立,给出证明;若判断不成立,举一反例说明.

命题 1:若函数 $f(x), g(x)$ 在 $x = a$ 处皆连续($a \in \mathbf{R}$),但在 $x = a$ 处皆不可导,则 $f(x) + g(x)$ 在 $x = a$ 处不可导.

命题 2:若函数 $f(x)$ 在区间 $[a, b]$ 上可导($a, b \in \mathbf{R}$),$f'_+(a) > 0$,则存在 $c \in (a, b)$,使得 $f(x)$ 在区间 $[a, c]$ 上单调增加.

**解析** 命题 1 不成立. 反例:

$$f(x) = \begin{cases} 0 & (x \leqslant 0), \\ x^2 + x & (x > 0); \end{cases} \quad g(x) = \begin{cases} x^2 + x & (x \leqslant 0), \\ 0 & (x > 0) \end{cases}$$

$f(x), g(x)$ 显然在 $x = 0$ 处皆连续. 由于

$$f'_-(0) = \lim_{x \to 0^-} \dfrac{0 - 0}{x} = 0, \quad f'_+(0) = \lim_{x \to 0^+} \dfrac{x^2 + x - 0}{x} = 1, \quad f'_-(0) \neq f'_+(0)$$

所以 $f(x)$ 在 $x = 0$ 处不可导;由于

$$g'_-(0) = \lim_{x \to 0^-} \dfrac{x^2 + x - 0}{x} = 1, \quad g'_+(0) = \lim_{x \to 0^+} \dfrac{0 - 0}{x} = 0, \quad g'_-(0) \neq g'_+(0)$$

所以 $g(x)$ 在 $x = 0$ 处不可导. 因为

$$f(x) + g(x) = x^2 + x \quad (-\infty < x < +\infty)$$

$f(x) + g(x)$ 显然处处可导,所以命题 1 不成立.

命题 2 不成立. 反例:$f(x) = \begin{cases} \dfrac{1}{2}x + x^2 \sin \dfrac{1}{x} & (0 < x \leqslant 1); \\ 0 & (x = 0). \end{cases}$ 因为

$$f'_+(0) = \lim_{x \to 0^+} \dfrac{f(x) - f(0)}{x} = \lim_{x \to 0^+}\left(\dfrac{1}{2} + x\sin\dfrac{1}{x}\right) = \dfrac{1}{2} + 0 = \dfrac{1}{2} > 0$$

当 $0 < x \leqslant 1$ 时,$f'(x) = \dfrac{1}{2} + 2x\sin\dfrac{1}{x} - \cos\dfrac{1}{x}$,所以 $f(x)$ 在区间 $[0, 1]$ 上可导,且 $f'_+(0) > 0$,故满足命题的条件.

下面用反证法证明命题 2 不成立. 假设存在 $c \in (0, 1)$,使得 $f(x)$ 在区间 $[0, c)$

上单调增加,则 $x \in [0,c)$ 时 $f'(x) \geqslant 0$. 由于 $n$ 充分大时, $x_0 = \dfrac{1}{2n\pi} \in [0,c)$, 但是

$$f'(x_0) = f'\left(\frac{1}{2n\pi}\right) = \frac{1}{2} + \frac{1}{n\pi}\sin 2n\pi - \cos 2n\pi = -\frac{1}{2} < 0$$

从而导出了矛盾,所以命题不成立.

**例 3.21**(南大 2007) $\displaystyle\lim_{n\to\infty}\dfrac{(1+n)^n}{n^{n+1}}\left(1+\dfrac{1}{2}+\dfrac{1}{3}+\cdots+\dfrac{1}{n}\right) = $ _____.

**解析** 令 $x_n = 1 + \dfrac{1}{2} + \dfrac{1}{3} + \cdots + \dfrac{1}{n} - \ln n$,则 $x_{n+1} - x_n = \dfrac{1}{n+1} - \ln(n+1) + \ln n$. 由拉格朗日中值定理,有

$$\ln(n+1) - \ln n = \frac{1}{\xi} \quad (n < \xi < n+1), \quad \frac{1}{n+1} < \frac{1}{\xi} < \frac{1}{n}$$

所以 $x_{n+1} - x_n < 0$,即 $\{x_n\}$ 单调递减. 因 $\ln(n+1) - \ln n < \dfrac{1}{n} \Rightarrow \ln n < \ln(n+1)$

$< 1 + \dfrac{1}{2} + \dfrac{1}{3} + \cdots + \dfrac{1}{n} \Rightarrow x_n > 0 \Rightarrow \{x_n\}$ 收敛. 设 $\displaystyle\lim_{n\to\infty}x_n = c$,则

$$1 + \frac{1}{2} + \frac{1}{3} + \cdots + \frac{1}{n} = \ln n + c + \alpha, \quad \alpha \to 0 \quad (n \to \infty)$$

所以

$$原式 = \lim_{n\to\infty}\left(1+\frac{1}{n}\right)^n \frac{\ln n + c + \alpha}{n} = e \cdot 0 = 0$$

**例 3.22**(全国 2013) 设函数 $f(x) = \ln x + \dfrac{1}{x}$.

(1) 求 $f(x)$ 的最小值;

(2) 设数列 $\{x_n\}$ 满足 $\ln x_n + \dfrac{1}{x_{n+1}} < 1$,证明 $\displaystyle\lim_{n\to\infty}x_n$ 存在,并求此极限.

**解析** (1) 由题可得 $f'(x) = \dfrac{x-1}{x^2}$,令 $f'(x) = 0$,解得 $f(x)$ 的唯一驻点 $x = 1$. 又 $f''(1) = \dfrac{2-x}{x^3}\bigg|_{x=1} = 1 > 0$,故 $f(1) = 1$ 是唯一极小值,即最小值.

(2) 由(1)知 $\ln x + \dfrac{1}{x} \geqslant 1$,从而有 $\ln x_n + \dfrac{1}{x_{n+1}} < 1 \leqslant \ln x_n + \dfrac{1}{x_n}$,于是 $x_n < x_{n+1}$, 即数列 $\{x_n\}$ 单调递增. 又由 $\ln x_n + \dfrac{1}{x_{n+1}} < 1$,得 $\ln x_n < 1$,故 $x_n < $ e. 从而数列 $\{x_n\}$ 有上界,应用单调有界准则得 $\{x_n\}$ 收敛. 令 $\displaystyle\lim_{n\to\infty}x_n = a$,在不等式 $\ln x_n + \dfrac{1}{x_{n+1}} < 1$ 两边取极限,得 $\ln a + \dfrac{1}{a} \leqslant 1$. 因 $\ln a + \dfrac{1}{a} \geqslant 1$,故 $\ln a + \dfrac{1}{a} = 1$,于是 $a = 1$,即 $\displaystyle\lim_{n\to\infty}x_n = 1$.

**例 3.23**(全国 2000) 若 $\displaystyle\lim_{x\to 0}\dfrac{\sin 6x - xf(x)}{x^3} = 0$,则 $\displaystyle\lim_{x\to 0}\dfrac{6 - f(x)}{x^2} = $ ( )

(A) 0　　　　　(B) 6　　　　　(C) 36　　　　　(D) $\infty$

**解析**　由于

$$\lim_{x\to 0}\frac{\sin 6x - xf(x)}{x^3} = \lim_{x\to 0}\frac{\sin 6x - 6x + 6x - xf(x)}{x^3}$$

$$= \lim_{x\to 0}\frac{\sin 6x - 6x}{x^3} + \lim_{x\to 0}\frac{6x - xf(x)}{x^3}$$

$$= \lim_{x\to 0}\frac{6(\cos 6x - 1)}{3x^2} + \lim_{x\to 0}\frac{6 - f(x)}{x^2}$$

$$= 2\lim_{x\to 0}\frac{-6\sin 6x}{2x} + \lim_{x\to 0}\frac{6 - f(x)}{x^2}$$

$$= 2\lim_{x\to 0}\frac{-36x}{2x} + \lim_{x\to 0}\frac{6 - f(x)}{x^2}$$

$$= -36 + \lim_{x\to 0}\frac{6 - f(x)}{x^2} = 0$$

所以 $\lim\limits_{x\to 0}\dfrac{6 - f(x)}{x^2} = 36$.

**例 3.24**（全国 2011）　求极限 $\lim\limits_{x\to 0}\dfrac{\sqrt{1+2\sin x} - x - 1}{x\ln(1+x)}$.

**解析**　应用等价无穷小替换法则与洛必达法则，有

$$原式 = \lim_{x\to 0}\frac{\sqrt{1+2\sin x} - x - 1}{x^2} = \lim_{x\to 0}\frac{\dfrac{\cos x}{\sqrt{1+2\sin x}} - 1}{2x}$$

$$= \lim_{x\to 0}\frac{\cos x - \sqrt{1+2\sin x}}{2x} \cdot \frac{1}{\sqrt{1+2\sin x}}$$

$$= \lim_{x\to 0}\frac{-\sin x - \dfrac{\cos x}{\sqrt{1+2\sin x}}}{2} = -\frac{1}{2}$$

**例 3.25**（精选题）　求极限 $\lim\limits_{x\to 0}\dfrac{(1+x)^x - 1}{(e^x - 1)\ln(1+2x)}$.

**解析**　应用等价无穷小替换法则及洛必达法则，有

$$原式 = \lim_{x\to 0}\frac{(1+x)^x - 1}{2x^2} \overset{\frac{0}{0}}{=} \lim_{x\to 0}\frac{(1+x)^x (x\ln(1+x))'}{4x}$$

$$= \lim_{x\to 0}\frac{\ln(1+x) + \dfrac{x}{1+x}}{4x}$$

$$= \frac{1}{4}\lim_{x\to 0}\frac{\ln(1+x)}{x} + \frac{1}{4}\lim_{x\to 0}\frac{1}{1+x} = \frac{1}{2}$$

**例 3.26**（精选题）　求极限 $\lim\limits_{x\to 0}\dfrac{\cos(\sin x) - \cos x}{(e^{x^3} - 1)(5^x - 1)}$.

**解析** 分别应用三角函数和差化积公式、等价无穷小替换法则及洛必达法则,有

$$原式 = \lim_{x \to 0} \frac{-2\sin\frac{\sin x + x}{2}\sin\frac{\sin x - x}{2}}{(e^{x^3}-1)(e^{x\ln5}-1)} = \lim_{x \to 0} \frac{-2 \cdot \frac{\sin x + x}{2} \cdot \frac{\sin x - x}{2}}{\ln 5 \cdot x^4}$$

$$= -\frac{1}{2\ln 5}\lim_{x \to 0}\frac{\sin^2 x - x^2}{x^4} \overset{\frac{0}{0}}{=} -\frac{1}{2\ln 5}\lim_{x \to 0}\frac{\sin 2x - 2x}{4x^3}$$

$$\overset{\frac{0}{0}}{=} -\frac{1}{2\ln 5}\lim_{x \to 0}\frac{2\cos 2x - 2}{12x^2} = -\frac{1}{2\ln 5}\lim_{x \to 0}\frac{-2x^2}{6x^2} = \frac{1}{6\ln 5}$$

**例 3.27**(精选题) 设 $f(x)$ 在 $x = a$ 的某邻域内二阶连续可导,且 $f'(a) = 2$, $f''(a) = 3$,试求 $\lim_{x \to a}\left(\frac{1}{f(x)-f(a)} - \frac{1}{(x-a)f'(x)}\right)$.

**解析** 通分并应用洛必达法则及导数定义,得

$$原式 = \lim_{x \to a}\frac{(x-a)f'(x) - f(x) + f(a)}{(f(x)-f(a))(x-a)f'(x)}$$

$$= \frac{1}{f'(a)}\lim_{x \to a}\frac{(x-a)f'(x) - f(x) + f(a)}{(f(x)-f(a))(x-a)}$$

$$\overset{\frac{0}{0}}{=} \frac{1}{f'(a)}\lim_{x \to a}\frac{f'(x) + (x-a)f''(x) - f'(x)}{(x-a)f'(x) + f(x) - f(a)}$$

$$= \frac{1}{2}\lim_{x \to a}\frac{f''(x)}{f'(x) + \frac{f(x)-f(a)}{x-a}} = \frac{1}{2} \cdot \frac{f''(a)}{2f'(a)} = \frac{3}{8}$$

**例 3.28**(南大 2011) $\lim_{x \to 0}\left(\frac{\tan x - x}{x - \sin x}\right)^{\arctan\left(\cot x - \frac{1}{x}\right)} = \underline{\qquad}$.

**解析** 本题是幂指函数 $u(x)^{v(x)}$ 型式,不是未定式.应用洛必达法则,有

$$\lim_{x \to 0}u(x) = \lim_{x \to 0}\frac{\tan x - x}{x - \sin x} = \lim_{x \to 0}\frac{\sec^2 x - 1}{1 - \cos x} = \lim_{x \to 0}\frac{1-\cos^2 x}{\frac{x^2}{2}\cos^2 x} = \lim_{x \to 0}\frac{\sin^2 x}{\frac{x^2}{2}\cos^2 x} = 2$$

$$\lim_{x \to 0}v(x) = \lim_{x \to 0}\arctan\left(\cot x - \frac{1}{x}\right) = \arctan\left(\lim_{x \to 0}\left(\frac{x\cos x - \sin x}{x \sin x}\right)\right)$$

$$= \arctan\left(\lim_{x \to 0}\left(\frac{x\cos x - \sin x}{x^2}\right)\right) = \arctan\left(\lim_{x \to 0}\left(\frac{-x\sin x}{2x}\right)\right)$$

$$= \arctan 0 = 0$$

于是

$$\lim_{x \to 0}\left(\frac{\tan x - x}{x - \sin x}\right)^{\arctan\left(\cot x - \frac{1}{x}\right)} = \lim_{x \to 0}u(x)^{v(x)} = 2^0 = 1$$

**例 3.29**(全国 2010) 求极限 $\lim_{x \to +\infty}(x^{\frac{1}{x}} - 1)^{\frac{1}{\ln x}}$.

**解析** 当 $x \to +\infty$ 时,$\dfrac{\ln x}{x} \to 0^+$,应用洛必达法则,有

$$\text{原式} = \exp\left(\lim_{x \to +\infty} \dfrac{\ln(e^{\frac{\ln x}{x}} - 1)}{\ln x}\right) = \exp\left(\lim_{x \to +\infty} \dfrac{x e^{\frac{\ln x}{x}}}{e^{\frac{\ln x}{x}} - 1} \cdot \dfrac{1 - \ln x}{x^2}\right)$$

$$= \exp\left(\lim_{x \to +\infty} \dfrac{1}{\frac{\ln x}{x}} \cdot \dfrac{1 - \ln x}{x}\right) = \exp\left(\lim_{x \to +\infty} \dfrac{1 - \ln x}{\ln x}\right) = e^{-1}$$

**例 3.30**(南大 2007) 构造适当的辅助函数证明:$e^\pi > \pi^e$.

**解析** 令 $f(x) = \dfrac{\ln x}{x}$,则

$$f'(x) = \dfrac{1 - \ln x}{x^2} < 0 \quad (x > e)$$

所以 $x > e$ 时,$f(x)$ 单调减少 $\Rightarrow f(e) > f(\pi)$,即得

$$\dfrac{\ln e}{e} > \dfrac{\ln \pi}{\pi} \Leftrightarrow \pi \ln e > e \ln \pi \Leftrightarrow e^\pi > \pi^e$$

**例 3.31**(南大 2005) 设 $a, b$ 为实数,证明:

$$\dfrac{|a+b|}{1+|a+b|} \leqslant \dfrac{|a|}{1+|a|} + \dfrac{|b|}{1+|b|}$$

**解析** 令 $f(x) = \dfrac{x}{1+x}, x \geqslant 0$,则 $f'(x) = \dfrac{1}{(1+x)^2} > 0$,故 $f(x)$ 在 $x \geqslant 0$ 时单调增加. 因为

$$|a+b| \leqslant |a| + |b| \leqslant |a| + |b| + |ab|$$

所以 $f(|a+b|) \leqslant f(|a|+|b|+|ab|)$,于是

$$\dfrac{|a+b|}{1+|a+b|} \leqslant \dfrac{|a|+|b|+|ab|}{1+|a|+|b|+|ab|} \leqslant \dfrac{|a|+|b|+2|ab|}{1+|a|+|b|+|ab|}$$

$$= \dfrac{|a|}{1+|a|} + \dfrac{|b|}{1+|b|}$$

**例 3.32**(全国 2012) 证明:$x \ln \dfrac{1+x}{1-x} + \cos x \geqslant 1 + \dfrac{x^2}{2} \quad (-1 < x < 1)$.

**解析** 令 $f(x) = x \ln \dfrac{1+x}{1-x} + \cos x - 1 - \dfrac{x^2}{2}(-1 < x < 1)$,则 $f(0) = 0$. 又

$$f'(x) = \ln \dfrac{1+x}{1-x} + x\left(\dfrac{1}{1+x} + \dfrac{1}{1-x}\right) - \sin x - x$$

$$f''(x) = \dfrac{4}{1-x^2} + \left(\dfrac{2x}{1-x^2}\right)^2 - (\cos x + 1)$$

由于 $-1 < x < 1$,所以 $\dfrac{4}{1-x^2} \geqslant 4, \left(\dfrac{2x}{1-x^2}\right)^2 \geqslant 0, -2 \leqslant -(\cos x + 1) < -1$,于是 $f''(x) > 0 \Rightarrow f'(x)$ 单调增加. 又 $f'(0) = 0$,所以 $x > 0$ 时 $f'(x) > 0$,$x < 0$ 时

$f'(x) < 0$. 故 $x > 0$ 时,$f(x)$ 单调增加;$x < 0$ 时,$f(x)$ 单调减少.

由此可得 $|x| < 1$ 时,$f(x) \geqslant f(0) = 0$,即原不等式成立.

**例 3.33**(全国 2015) 已知函数 $f(x)$ 在区间 $[a, +\infty)$ 上具有二阶导数,$f(a) = 0, f'(x) > 0, f''(x) > 0$,设 $b > a$,曲线 $y = f(x)$ 在点 $(b, f(b))$ 处的切线与 $x$ 轴的交点是 $(x_0, 0)$.证明:$a < x_0 < b$.

**解析** 曲线 $y = f(x)$ 在点 $(b, f(b))$ 处的切线方程为
$$y - f(b) = f'(b)(x - b)$$
令 $y = 0$,得 $x_0 = b - \dfrac{f(b)}{f'(b)}$.由于 $f'(x) > 0, f''(x) > 0$,所以在区间 $[a, +\infty)$ 上,$f(x)$ 与 $f'(x)$ 都单调增加,于是 $f(b) > f(a) = 0$,因此 $x_0 = b - \dfrac{f(b)}{f'(b)} < b$.下面证明 $x_0 = b - \dfrac{f(b)}{f'(b)} > a$,这等价于证明 $bf'(b) - f(b) - af'(b) > 0$.令
$$F(x) = xf'(x) - f(x) - af'(x) \quad (x \geqslant a)$$
则
$$F'(x) = f'(x) + xf''(x) - f'(x) - af''(x)$$
$$= (x - a)f''(x) > 0 \quad (x > a)$$
所以 $F(x)$ 在区间 $[a, +\infty)$ 上单调增加,于是
$$F(b) = bf'(b) - f(b) - af'(b) > F(a) = -f(a) = 0$$

**例 3.34**(全国 2007) 曲线 $y = \dfrac{1}{x} + \ln(1 + e^x)$ 的渐近线的条数为 ( )

(A) 0 　　　　(B) 1 　　　　(C) 2 　　　　(D) 3

**解析** 因为
$$\lim_{x \to 0} y = \lim_{x \to 0}\left(\dfrac{1}{x} + \ln(1 + e^x)\right) = \infty$$
所以 $x = 0$ 是一条垂直渐近线;因为
$$\lim_{x \to +\infty} y = \lim_{x \to +\infty}\left(\dfrac{1}{x} + \ln(1 + e^x)\right) = +\infty, \quad \lim_{x \to -\infty} y = \lim_{x \to -\infty}\left(\dfrac{1}{x} + \ln(1 + e^x)\right) = 0$$
所以 $y = 0$ 是一条水平渐近线;因为
$$\lim_{x \to +\infty} \dfrac{y}{x} = \lim_{x \to +\infty}\left(\dfrac{1}{x^2} + \dfrac{\ln(1 + e^x)}{x}\right) = 1$$
$$\lim_{x \to +\infty}(y - x) = \lim_{x \to +\infty}\left(\dfrac{1}{x} + \ln(1 + e^x) - x\right) = 0 + \lim_{x \to +\infty} \ln \dfrac{1 + e^x}{e^x}$$
$$= \ln\left(\lim_{x \to +\infty} \dfrac{1 + e^x}{e^x}\right) = 0$$

所以 $y = x$ 是一条斜渐近线.

综上,曲线共有 3 条渐近线.

**例 3.35**（精选题） 求函数 $y=(x-1)\mathrm{e}^{\frac{\pi}{2}+\arctan x}$ 的单调区间和极值,并求出渐近线.

**解析** 因为 $y'=\dfrac{x+x^2}{1+x^2}\mathrm{e}^{\frac{\pi}{2}+\arctan x}$,令 $y'=0$,得驻点 $x_1=-1,x_2=0$,故单调增加区间为 $(-\infty,-1)\cup(0,+\infty)$,单调减少区间为 $(-1,0)$. 因此,函数的极小值为 $f(0)=-\mathrm{e}^{\frac{\pi}{2}}$,极大值为 $f(-1)=-2\mathrm{e}^{\frac{\pi}{4}}$.

因为 $\lim\limits_{x\to\infty}f(x)=\infty$,所以无水平渐近线;由于 $f(x)$ 在 $(-\infty,+\infty)$ 上连续,所以无铅直渐近线. 因为

$$\lim_{x\to+\infty}\frac{y}{x}=\lim_{x\to+\infty}\frac{x-1}{x}\mathrm{e}^{\frac{\pi}{2}+\arctan x}=\mathrm{e}^{\pi}$$

$$\lim_{x\to+\infty}(y-\mathrm{e}^{\pi}x)=\lim_{x\to+\infty}(x(\mathrm{e}^{\frac{\pi}{2}+\arctan x}-\mathrm{e}^{\pi})-\mathrm{e}^{\frac{\pi}{2}+\arctan x})$$

$$=\lim_{x\to+\infty}\frac{\mathrm{e}^{\frac{\pi}{2}+\arctan x}-\mathrm{e}^{\pi}}{\frac{1}{x}}-\mathrm{e}^{\pi}=\lim_{x\to+\infty}\frac{\mathrm{e}^{\frac{\pi}{2}+\arctan x}\cdot\frac{1}{1+x^2}}{-\frac{1}{x^2}}-\mathrm{e}^{\pi}$$

$$=-\lim_{x\to+\infty}\mathrm{e}^{\frac{\pi}{2}+\arctan x}\cdot\frac{x^2}{1+x^2}-\mathrm{e}^{\pi}=-2\mathrm{e}^{\pi}$$

故当 $x\to+\infty$ 时,有斜渐近线 $y=\mathrm{e}^{\pi}(x-2)$. 因为

$$\lim_{x\to-\infty}\frac{y}{x}=\lim_{x\to-\infty}\frac{x-1}{x}\mathrm{e}^{\frac{\pi}{2}+\arctan x}=1$$

$$\lim_{x\to-\infty}(y-x)=\lim_{x\to-\infty}(x(\mathrm{e}^{\frac{\pi}{2}+\arctan x}-1)-\mathrm{e}^{\frac{\pi}{2}+\arctan x})$$

$$=\lim_{x\to-\infty}\frac{\mathrm{e}^{\frac{\pi}{2}+\arctan x}-1}{\frac{1}{x}}-1=\lim_{x\to-\infty}\frac{\mathrm{e}^{\frac{\pi}{2}+\arctan x}\cdot\frac{1}{1+x^2}}{-\frac{1}{x^2}}-1$$

$$=-\lim_{x\to-\infty}\mathrm{e}^{\frac{\pi}{2}+\arctan x}\cdot\frac{x^2}{1+x^2}-1=-2$$

故当 $x\to-\infty$ 时,有斜渐近线 $y=x-2$.

# 专题 4  不定积分

## 4.1  重要概念与基本方法

**1  原函数与不定积分基本概念**

(1) 若 $F'(x) = f(x)$,则称 $F(x)$ 是 $f(x)$ 的一个原函数.

(2) 若 $F(x)$ 是 $f(x)$ 的一个原函数,则不定积分 $\int f(x)\mathrm{d}x \stackrel{\text{def}}{=} F(x) + C$,这里 $F(x) + C$ 表示 $f(x)$ 的全体原函数.

(3) 不定积分的性质.

$$\int f'(x)\mathrm{d}x = f(x) + C, \quad \left(\int f(x)\mathrm{d}x\right)' = f(x)$$

**2  积分基本公式**

$$\int x^\lambda \mathrm{d}x = \frac{1}{\lambda + 1}x^{\lambda+1} + C \ (\lambda \neq -1), \quad \int \frac{1}{x}\mathrm{d}x = \ln|x| + C$$

$$\int a^x \mathrm{d}x = \frac{1}{\ln a}a^x + C, \quad \int \mathrm{e}^x \mathrm{d}x = \mathrm{e}^x + C$$

$$\int \cos x \mathrm{d}x = \sin x + C, \quad \int \sin x \mathrm{d}x = -\cos x + C$$

$$\int \sec^2 x \mathrm{d}x = \tan x + C, \quad \int \csc^2 x \mathrm{d}x = -\cot x + C$$

$$\int \sec x \tan x \mathrm{d}x = \sec x + C, \quad \int \csc x \cot x \mathrm{d}x = -\csc x + C$$

$$\int \sec x \mathrm{d}x = \ln|\sec x + \tan x| + C, \quad \int \csc x \mathrm{d}x = \ln|\csc x - \cot x| + C$$

$$\int \frac{1}{\sqrt{a^2 - x^2}}\mathrm{d}x = \arcsin \frac{x}{a} + C, \quad \int \frac{1}{\sqrt{a^2 - x^2}}\mathrm{d}x = -\arccos \frac{x}{a} + C$$

$$\int \frac{1}{a^2 + x^2}\mathrm{d}x = \frac{1}{a}\arctan \frac{x}{a} + C, \quad \int \frac{1}{a^2 + x^2}\mathrm{d}x = -\frac{1}{a}\mathrm{arccot} \frac{x}{a} + C$$

$$\int \frac{1}{\sqrt{x^2 \pm a^2}}\mathrm{d}x = \ln|x + \sqrt{x^2 \pm a^2}| + C, \quad \int \frac{1}{a^2 - x^2}\mathrm{d}x = \frac{1}{2a}\ln\left|\frac{a + x}{a - x}\right| + C$$

## 3 不定积分的基本计算方法

**定理 1**(第一换元积分法) 若 $\int f(x)\mathrm{d}x = F(x)+C$,则

$$\int f(\varphi(x))\varphi'(x)\mathrm{d}x = \int f(u)\mathrm{d}u = F(u)+C = F(\varphi(x))+C$$

注:在应用换元积分法时,常用的凑微分公式有

$$\frac{1}{\sqrt{x}}\mathrm{d}x = 2\mathrm{d}\sqrt{x}, \quad \frac{1}{x}\mathrm{d}x = \mathrm{d}\ln x, \quad \frac{1}{x^2}\mathrm{d}x = -\mathrm{d}\frac{1}{x}, \quad x\mathrm{d}x = \frac{1}{2}\mathrm{d}x^2$$

$$\mathrm{e}^x\mathrm{d}x = \mathrm{d}\mathrm{e}^x, \quad \cos x\mathrm{d}x = \mathrm{d}\sin x, \quad \sin x\mathrm{d}x = -\mathrm{d}\cos x$$

$$\frac{1}{\cos^2 x}\mathrm{d}x = \mathrm{d}\tan x, \quad \frac{1}{\sin^2 x}\mathrm{d}x = -\mathrm{d}\cot x$$

$$\frac{x}{1+x^2}\mathrm{d}x = \frac{1}{2}\mathrm{d}\ln(1+x^2), \quad \frac{x}{1-x^2}\mathrm{d}x = -\frac{1}{2}\mathrm{d}\ln(1-x^2)$$

$$\frac{x}{\sqrt{1+x^2}}\mathrm{d}x = \mathrm{d}\sqrt{1+x^2}, \quad \frac{x}{\sqrt{1-x^2}}\mathrm{d}x = -\mathrm{d}\sqrt{1-x^2}$$

$$(1+\ln x)\mathrm{d}x = \mathrm{d}(x\ln x), \quad \frac{1}{\sqrt{1+x^2}}\mathrm{d}x = \mathrm{d}\ln(x+\sqrt{1+x^2})$$

**定理 2**(第二换元积分法) 若 $\int f(\varphi(t))\varphi'(t)\mathrm{d}t = F(t)+C$,且 $x = \varphi(t)$ 有反函数 $t = \varphi^{-1}(x)$,则有

$$\int f(x)\mathrm{d}x = \int f(\varphi(t))\varphi'(t)\mathrm{d}t = F(t)+C = F(\varphi^{-1}(x))+C$$

**定理 3**(分部积分法)

$$\int u(x)\mathrm{d}v(x) = u(x)v(x) - \int v(x)\mathrm{d}u(x)$$

这里假设上述积分中被积函数皆可积.

注:当被积函数是三角函数(反三角函数)、指数函数、对数函数、幂函数中两个乘积形式时,通常采用分部积分法计算.

## 4 一些常用函数的积分技巧

(1) 有理函数(有理分式)的积分.

① 将有理假分式用多项式除法分解为一个多项式与一个真分式的和;
② 将有理真分式分解为若干部分分式的和,这些部分分式的形式是

$$\frac{A_1}{x-a}, \quad \frac{A_3 x + A_4}{x^2+px+q} \quad (p^2 < 4q)$$

$$\frac{A_2}{(x-a)^k} \quad (k=2,3,\cdots), \quad \frac{A_3 x + A_4}{(x^2+px+q)^k} \quad (p^2 < 4q, k=2,3,\cdots)$$

③ 对多项式与每个部分分式分别积分.

(2) 三角函数有理式的积分.

① 首先考虑换元积分法与分部积分法,大部分题目能够解决;

② 用万能代换,令 $\tan\dfrac{x}{2}=t$,则

$$\sin x=\dfrac{2t}{1+t^2},\quad \cos x=\dfrac{1-t^2}{1+t^2},\quad \tan x=\dfrac{2t}{1-t^2},\quad \mathrm{d}x=\dfrac{2}{1+t^2}\mathrm{d}t$$

可将三角函数有理式化为有理函数的积分.

(3) 简单的无理函数的积分:作适当的换元变换,消去根号,化为有理函数的积分.

## 4.2 习题选解

**例 2.1**(习题 3.1 A 3.18)    求 $\displaystyle\int\dfrac{\cos x}{\sqrt{2\cos 2x-1}}\mathrm{d}x$.

**解析**    应用第一换元积分法,则

$$原式=\int\dfrac{\cos x}{\sqrt{1-4\sin^2 x}}\mathrm{d}x=\dfrac{1}{2}\int\dfrac{\mathrm{d}(2\sin x)}{\sqrt{1-4\sin^2 x}}=\dfrac{1}{2}\arcsin(2\sin x)+C$$

**例 2.2**(习题 3.1 A 3.19)    求 $\displaystyle\int\dfrac{x^3}{\sqrt{1-x^2}}\mathrm{d}x$.

**解析**    **方法 I**

$$原式=-\dfrac{1}{2}\int\dfrac{x^2}{\sqrt{1-x^2}}\mathrm{d}(1-x^2)=\dfrac{1}{2}\int\left(\sqrt{1-x^2}-\dfrac{1}{\sqrt{1-x^2}}\right)\mathrm{d}(1-x^2)$$

$$=\dfrac{1}{2}\int\sqrt{1-x^2}\,\mathrm{d}(1-x^2)-\dfrac{1}{2}\int\dfrac{1}{\sqrt{1-x^2}}\mathrm{d}(1-x^2)$$

$$=\dfrac{1}{3}(1-x^2)^{\frac{3}{2}}-(1-x^2)^{\frac{1}{2}}+C$$

**方法 II**    令 $x=\sin t\left(-\dfrac{\pi}{2}<t<\dfrac{\pi}{2}\right)$,则

$$原式=\int\dfrac{\sin^3 t}{\cos t}\cdot\cos t\,\mathrm{d}t=\int\sin^3 t\,\mathrm{d}t=-\int(1-\cos^2 t)\mathrm{d}\cos t$$

$$=-\cos t+\dfrac{1}{3}\cos^3 t+C=\dfrac{1}{3}(1-x^2)^{\frac{3}{2}}-(1-x^2)^{\frac{1}{2}}+C$$

**例 2.3**(习题 3.1 A 3.20)    求 $\displaystyle\int\dfrac{1}{x\sqrt{x^2-1}}\mathrm{d}x\ (x>1)$.

**解析**    **方法 I**    应用第二换元积分法,令 $x=\sec t\left(0<t<\dfrac{\pi}{2}\right)$,则

原式 $= \int \dfrac{1}{\sec t \cdot \tan t} \sec t \cdot \tan t \mathrm{d}t = \int 1 \mathrm{d}t = t + C = \operatorname{arccos} \dfrac{1}{x} + C$

**方法 Ⅱ** 应用第二换元积分法，令 $\sqrt{x^2-1} = t$，则 $x = \sqrt{t^2+1}\,(t \geqslant 0)$，$\mathrm{d}x = \dfrac{t}{\sqrt{t^2+1}} \mathrm{d}t$，有

$$原式 = \int \dfrac{1}{t^2+1} \mathrm{d}t = \arctan t + C = \arctan \sqrt{x^2-1} + C$$

**例 2.4**(习题 3.1 A 4.6)　求 $\int x^2 \arctan x \mathrm{d}x$.

**解析**　原式 $= \dfrac{1}{3} \int \arctan x \mathrm{d}x^3 = \dfrac{1}{3} \left( x^3 \arctan x - \int \dfrac{x^3}{1+x^2} \mathrm{d}x \right)$

$= \dfrac{1}{3} \left( x^3 \arctan x - \dfrac{1}{2} \int \dfrac{x^2}{1+x^2} \mathrm{d}x^2 \right)$

$= \dfrac{1}{3} \left( x^3 \arctan x - \dfrac{1}{2} \int \dfrac{x^2+1-1}{1+x^2} \mathrm{d}x^2 \right)$

$= \dfrac{1}{3} x^3 \arctan x - \dfrac{1}{6} \int \mathrm{d}x^2 + \dfrac{1}{6} \int \dfrac{1}{1+x^2} \mathrm{d}x^2$

$= \dfrac{1}{3} x^3 \arctan x - \dfrac{1}{6} x^2 + \dfrac{1}{6} \ln(1+x^2) + C$

**例 2.5**(习题 3.1 A 4.7)　求 $\int x^3 \mathrm{e}^{x^2} \mathrm{d}x$.

**解析**　原式 $= \dfrac{1}{2} \int x^2 \mathrm{d}\mathrm{e}^{x^2} = \dfrac{1}{2} \left( x^2 \mathrm{e}^{x^2} - \int \mathrm{e}^{x^2} \cdot 2x \mathrm{d}x \right)$

$= \dfrac{1}{2} \left( x^2 \mathrm{e}^{x^2} - \int \mathrm{d}\mathrm{e}^{x^2} \right) = \dfrac{1}{2} x^2 \mathrm{e}^{x^2} - \dfrac{1}{2} \mathrm{e}^{x^2} + C$

**例 2.6**(习题 3.1 A 4.11)　求 $\int \sin(\ln x) \mathrm{d}x$.

**解析**　令 $\ln x = t$，则 $x = \mathrm{e}^t$，故

原式 $= \int \sin t \mathrm{d}\mathrm{e}^t = \sin t \cdot \mathrm{e}^t - \int \mathrm{e}^t \cdot \cos t \mathrm{d}t$

$= \sin t \cdot \mathrm{e}^t - \int \cos t \mathrm{d}\mathrm{e}^t$

$= \sin t \cdot \mathrm{e}^t - \cos t \cdot \mathrm{e}^t - \int \mathrm{e}^t \cdot \sin t \mathrm{d}t$

所以

$$原式 = \int \mathrm{e}^t \cdot \sin t \mathrm{d}t = \dfrac{1}{2}(\sin t \cdot \mathrm{e}^t - \cos t \cdot \mathrm{e}^t) + C$$

$$= \dfrac{x}{2} [\sin(\ln x) - \cos(\ln x)] + C$$

**例 2.7**(习题 3.1 A 7.6)　求 $\int \dfrac{1}{(1+x^2)(1+x+x^2)} dx$.

**解析**　令
$$\dfrac{1}{(1+x^2)(1+x+x^2)} = \dfrac{Ax+B}{1+x^2} + \dfrac{Dx+E}{1+x+x^2}$$

通分后得恒等式
$$1 = (Ax+B)(1+x+x^2) + (Dx+E)(1+x^2) \tag{1}$$

在(1)式中取 $x=\mathrm{i}$ 得 $1 = -A + B\mathrm{i}$,比较两边的实部与虚部得 $A=-1, B=0$;在(1)式中取 $x=0, A=-1, B=0$,得 $E=1$;在(1)式中取 $x=1, A=-1, B=0, E=1$,得 $D=1$. 于是

$$\begin{aligned}
原式 &= -\int \dfrac{x}{1+x^2} dx + \int \dfrac{x+1}{1+x+x^2} dx = -\dfrac{1}{2}\ln(1+x^2) + \dfrac{1}{2}\int \dfrac{2x+1+1}{1+x+x^2} dx \\
&= -\dfrac{1}{2}\ln(1+x^2) + \dfrac{1}{2}\ln(1+x+x^2) + \dfrac{1}{2}\int \dfrac{1}{1+x+x^2} dx \\
&= -\dfrac{1}{2}\ln(1+x^2) + \dfrac{1}{2}\ln(1+x+x^2) + \dfrac{1}{2}\int \dfrac{1}{\left(x+\dfrac{1}{2}\right)^2 + \left(\dfrac{\sqrt{3}}{2}\right)^2} dx \\
&= \dfrac{1}{2}\ln \dfrac{x^2+x+1}{1+x^2} + \dfrac{\sqrt{3}}{3}\arctan \dfrac{2x+1}{\sqrt{3}} + C
\end{aligned}$$

**例 2.8**(习题 3.1 A 7.7)　求 $\int \dfrac{1}{\mathrm{e}^{2x}(1+\mathrm{e}^x)} dx$.

**解析**　令 $\mathrm{e}^x = t$,则 $x = \ln t$,故

$$\begin{aligned}
原式 &= \int \dfrac{1}{t^3(1+t)} dt = \int \dfrac{1+t-t}{t^3(1+t)} dt \\
&= \int \dfrac{1}{t^3} dt - \int \dfrac{1}{t^2(1+t)} dt = \int \dfrac{1}{t^3} dt - \int \dfrac{1+t-t}{t^2(1+t)} dt \\
&= \int \dfrac{1}{t^3} dt - \int \dfrac{1}{t^2} dt + \int \dfrac{1}{t(1+t)} dt \\
&= \int \dfrac{1}{t^3} dt - \int \dfrac{1}{t^2} dt + \int \dfrac{1}{t} dt - \int \dfrac{1}{t+1} dt \\
&= -\dfrac{1}{2} t^{-2} + t^{-1} + \ln|t| - \ln|t+1| + C \\
&= -\dfrac{1}{2} \mathrm{e}^{-2x} + \mathrm{e}^{-x} + x - \ln(1+\mathrm{e}^x) + C
\end{aligned}$$

**例 2.9**(习题 3.1 A 8.3)　求 $\int \dfrac{1}{2-\cos^2 x} dx$.

**解析**　应用换元积分法,有
$$原式 = \int \dfrac{1}{\cos^2 x + 2\sin^2 x} dx = \int \dfrac{1}{1+2\tan^2 x} d\tan x$$

$$= \frac{1}{\sqrt{2}} \int \frac{1}{1+(\sqrt{2}\tan x)^2} \mathrm{d}(\sqrt{2}\tan x)$$

$$= \frac{1}{\sqrt{2}} \arctan(\sqrt{2}\tan x) + C$$

**例 2.10**(习题 3.1 A 8.4)   求 $\int \frac{\sin^4 x}{\cos^2 x}\mathrm{d}x$.

**解析**   原式 $= \int \frac{(1-\cos^2 x)^2}{\cos^2 x}\mathrm{d}x = \int \frac{1-2\cos^2 x + \cos^4 x}{\cos^2 x}\mathrm{d}x$

$$= \int \frac{1}{\cos^2 x}\mathrm{d}x - 2\int \mathrm{d}x + \int \cos^2 x \mathrm{d}x$$

$$= \int \sec^2 x \mathrm{d}x - 2x + \int \left(\frac{1}{2} + \frac{1}{2}\cos 2x\right)\mathrm{d}x$$

$$= \tan x - 2x + \frac{1}{2}x + \frac{1}{4}\sin 2x + C$$

$$= \tan x - \frac{3}{2}x + \frac{1}{4}\sin 2x + C$$

**例 2.11**(习题 3.1 A 9.3)   求 $\int \frac{x}{\sqrt{x-x^2}}\mathrm{d}x$.

**解析**   应用换元积分法,有

原式 $= \frac{1}{2}\int \frac{2x-1+1}{\sqrt{x-x^2}}\mathrm{d}x = -\frac{1}{2}\int \frac{1}{\sqrt{x-x^2}}\mathrm{d}(x-x^2) + \frac{1}{2}\int \frac{1}{\sqrt{x-x^2}}\mathrm{d}x$

$$= -\sqrt{x-x^2} + \frac{1}{2}\int \frac{1}{\sqrt{\frac{1}{4} - \left(x-\frac{1}{2}\right)^2}}\mathrm{d}x$$

$$= -\sqrt{x-x^2} + \frac{1}{2}\int \frac{1}{\sqrt{1-(2x-1)^2}}\mathrm{d}(2x-1)$$

$$= -\sqrt{x-x^2} + \frac{1}{2}\arcsin(2x-1) + C$$

**例 2.12**(习题 3.1 B 10.2)   求 $\int \frac{\ln(1+x) - \ln x}{x(1+x)}\mathrm{d}x$.

**解析**   应用换元积分法,则

原式 $= \int (\ln(1+x) - \ln x)\left(\frac{1}{x} - \frac{1}{1+x}\right)\mathrm{d}x$

$$= \int (\ln(1+x) - \ln x)\mathrm{d}(\ln x - \ln(1+x))$$

$$= -\frac{1}{2}(\ln(1+x) - \ln x)^2 + C = -\frac{1}{2}\ln^2 \frac{1+x}{x} + C$$

**例 2.13**(习题 3.1 B 10.3)   求 $\int e^{2x}(1+\tan x)^2 \mathrm{d}x$.

**解析** **方法 I**

$$\text{原式} = \int e^{2x}(1+\tan^2 x + 2\tan x)dx = \int e^{2x}d(\tan x) + 2\int e^{2x}\cdot \tan x dx$$

$$= e^{2x}\tan x - 2\int e^{2x}\cdot \tan x dx + 2\int e^{2x}\cdot \tan x dx$$

$$= e^{2x}\tan x + C$$

**方法 II**   直接对原式用分部积分法,则

$$\text{原式} = \frac{1}{2}\int (1+\tan x)^2 de^{2x} = \frac{1}{2}e^{2x}(1+\tan x)^2 - \int e^{2x}(1+\tan x)\sec^2 x dx$$

$$= \frac{1}{2}e^{2x}(1+\tan x)^2 - \frac{1}{2}\int \sec^2 x d(e^{2x}) - \int e^{2x}\tan x \sec^2 x dx$$

$$= \frac{1}{2}e^{2x}(1+\tan x)^2 - \frac{1}{2}e^{2x}\sec^2 x + \frac{1}{2}\int e^{2x} 2\sec^2 x \tan x dx - \int e^{2x}\tan x \sec^2 x dx$$

$$= \frac{1}{2}e^{2x}(1+\tan x)^2 - \frac{1}{2}e^{2x}\sec^2 x + C$$

$$= e^{2x}\tan x + C$$

**例 2.14**(习题 3.1 B 10.4)   求 $\int \dfrac{1-\ln x}{(x-\ln x)^2}dx$.

**解析**   因为 $d\dfrac{\ln x}{x} = \dfrac{1-\ln x}{x^2}dx$,令 $\dfrac{\ln x}{x} = u$,则

$$\text{原式} = \int \frac{1-\ln x}{x^2}\frac{1}{\left(1-\dfrac{\ln x}{x}\right)^2}dx = \int \frac{1}{(1-u)^2}du = \frac{1}{1-u}+C$$

$$= \frac{1}{1-\dfrac{\ln x}{x}}+C = \frac{x}{x-\ln x}+C$$

**例 2.15**(习题 3.1 B 10.6)   求 $\int \dfrac{1}{1+\sqrt{x}+\sqrt{1+x}}dx$.

**解析**   **方法 I**   分子、分母同乘 $1+\sqrt{x}-\sqrt{1+x}$,则

$$\text{原式} = \int \frac{1+\sqrt{x}-\sqrt{1+x}}{2\sqrt{x}}dx = \int \frac{1}{2\sqrt{x}}dx + \frac{1}{2}\int dx - \frac{1}{2}\int \sqrt{\frac{1+x}{x}}dx$$

$$= \sqrt{x} + \frac{1}{2}x - \frac{1}{2}\int \sqrt{\frac{1+x}{x}}dx \quad \left(\diamondsuit \sqrt{\frac{1+x}{x}} = t\right)$$

$$= \sqrt{x} + \frac{1}{2}x - \frac{1}{2}\int t d\left(\frac{1}{t^2-1}\right) = \sqrt{x} + \frac{1}{2}x - \frac{1}{2}\left(\frac{t}{t^2-1} - \int \frac{1}{t^2-1}dt\right)$$

$$= \sqrt{x} + \frac{1}{2}x - \frac{1}{2}\sqrt{x(1+x)} - \frac{1}{4}\ln\left|\frac{1+t}{1-t}\right| + C$$

$$= \sqrt{x} + \frac{1}{2}x - \frac{1}{2}\sqrt{x(1+x)} - \frac{1}{4}\ln\left|\frac{\sqrt{x}+\sqrt{1+x}}{\sqrt{x}-\sqrt{1+x}}\right| + C$$

**方法 Ⅱ** 令 $\sqrt{x}+\sqrt{1+x}=t$，则 $\dfrac{1}{\sqrt{x}+\sqrt{1+x}}=\dfrac{1}{t}$，即 $\sqrt{1+x}-\sqrt{x}=\dfrac{1}{t}$，故 $2\sqrt{x}=t-\dfrac{1}{t}$，$x=\dfrac{1}{4}\left(t-\dfrac{1}{t}\right)^2$，于是

$$原式=\int \frac{1}{1+t}\frac{1}{2}\left(t-\frac{1}{t}\right)\left(1+\frac{1}{t^2}\right)dt=\frac{1}{2}\int\left(1-\frac{1}{t}-\frac{1}{t^3}+\frac{1}{t^2}\right)dt$$

$$=\frac{1}{2}\left(t-\ln t+\frac{1}{2t^2}-\frac{1}{t}\right)+C$$

$$=\frac{1}{2}(\sqrt{x}+\sqrt{1+x})-\frac{1}{2}\ln(\sqrt{x}+\sqrt{1+x})$$

$$\quad+\frac{1}{4}(\sqrt{1+x}-\sqrt{x})^2-\frac{1}{2}(\sqrt{1+x}-\sqrt{x})+C$$

$$=\sqrt{x}-\frac{1}{2}\ln(\sqrt{x}+\sqrt{1+x})+\frac{x}{2}-\frac{1}{2}\sqrt{x(1+x)}+C_1$$

**例 2.16**(习题 3.1 B 10.7)　求 $\displaystyle\int\frac{xe^x}{\sqrt{e^x-1}}dx$.

**解析**　先应用分部积分法，有

$$原式=\int\frac{x}{\sqrt{e^x-1}}d(e^x-1)=\int x\,d(2\sqrt{e^x-1})=2x\sqrt{e^x-1}-2\int\sqrt{e^x-1}\,dx$$

对于上式右端的第二项，应用换元积分法，令 $\sqrt{e^x-1}=t$，则 $x=\ln(t^2+1)$，且 $dx=\dfrac{2t}{t^2+1}dt$，有

$$\int\sqrt{e^x-1}\,dx=\int\frac{2t^2}{t^2+1}dt=2\int 1\,dt-2\int\frac{1}{t^2+1}dt=2t-2\arctan t-\frac{C}{2}$$

$$=2\sqrt{e^x-1}-2\arctan\sqrt{e^x-1}-\frac{C}{2}$$

于是

$$原式=2x\sqrt{e^x-1}-4\sqrt{e^x-1}+4\arctan\sqrt{e^x-1}+C$$

**例 2.17**(复习题 3 题 1)　设 $F(x)=\sin^3 x+\cos x$ 是 $f(x)$ 的一个原函数，求

$$\int x^2 f(1-x^3)dx$$

**解析**　令 $1-x^3=t$，则 $x^2 dx=-\dfrac{1}{3}dt$，由于 $\int f(t)dt=F(t)+C$，所以

$$\int x^2 f(1-x^3)dx=-\frac{1}{3}\int f(t)dt=-\frac{1}{3}(\sin^3 t+\cos t)+C$$

$$=-\frac{1}{3}[\sin^3(1-x^3)+\cos(1-x^3)]+C$$

**例 2.18**(复习题 3 题 2)　求解下列各题：

(1) 设 $F(x)$ 是 $f(x)$ 的原函数，且 $F(0)=1, f(x)F(x)=\sin^2 2x(x\geqslant 0)$，求 $f(x)$；

(2) 设 $f(x)\in \mathscr{D}$，且 $f'(-x)=x(1-f'(x))$，求 $f(x)$.

**解析** (1) 由题意有 $F'(x)F(x)=\sin^2 2x$，两边积分得

$$\int F(x)\mathrm{d}F(x)=\frac{1}{2}F^2(x)=\int \sin^2 2x\mathrm{d}x=\int \frac{1-\cos 4x}{2}\mathrm{d}x=\frac{1}{2}x-\frac{1}{8}\sin 4x+C$$

由 $F(0)=1$，得 $C=\frac{1}{2}$. 所以 $F(x)=\frac{1}{2}\sqrt{4+4x-\sin 4x}$，于是

$$f(x)=F'(x)=\left(\frac{1}{2}\sqrt{4+4x-\sin 4x}\right)'=\frac{1-\cos 4x}{\sqrt{4+4x-\sin 4x}}$$

(2) 令 $-x=t$，则

$$f'(t)=-t(1-f'(-t))=t(f'(-t)-1)=t(t(1-f'(t))-1)$$

解得 $f'(t)=\dfrac{t^2-t}{1+t^2}$，即 $f'(x)=\dfrac{x^2-x}{1+x^2}$，两边积分得

$$f(x)=\int \frac{x^2-x}{1+x^2}\mathrm{d}x=\int \frac{x^2+1-1-x}{1+x^2}\mathrm{d}x=x-\int \frac{1}{1+x^2}\mathrm{d}x-\int \frac{x}{1+x^2}\mathrm{d}x$$

$$=x-\arctan x-\frac{1}{2}\ln(1+x^2)+C$$

**例 2.19**（复习题 3 题 3） 求下列不定积分：

(1) $\int \dfrac{f(x)f'(x)}{1+f^4(x)}\mathrm{d}x$；  (2) $\int \dfrac{f(x)f'(x)}{1-f^4(x)}\mathrm{d}x$；

(3) $\int \dfrac{1+x^2}{x\sqrt{1+x^4}}\mathrm{d}x$；  (4) $\int \dfrac{1-x^2}{x\sqrt{1+x^4}}\mathrm{d}x$.

**解析** (1) 应用换元积分法得

$$原式=\int \frac{f(x)}{1+f^4(x)}\mathrm{d}f(x)=\frac{1}{2}\int \frac{1}{1+(f^2(x))^2}\mathrm{d}f^2(x)$$

$$=\frac{1}{2}\arctan(f^2(x))+C$$

(2) 应用换元积分法与积分公式 $\int \dfrac{1}{a^2-u^2}\mathrm{d}u=\dfrac{1}{2a}\ln\left|\dfrac{a+u}{a-u}\right|+C$ 得

$$原式=\int \frac{f(x)}{1-f^4(x)}\mathrm{d}f(x)=\frac{1}{2}\int \frac{1}{1-(f^2(x))^2}\mathrm{d}f^2(x)$$

$$=\frac{1}{4}\ln\left|\frac{1+f^2(x)}{1-f^2(x)}\right|+C$$

(3) 应用换元积分法与积分公式 $\int \dfrac{1}{\sqrt{u^2+a^2}}\mathrm{d}u=\ln|u+\sqrt{u^2+a^2}|+C$ 得

$$原式=\int \frac{x}{\sqrt{1+x^4}}\cdot \frac{x^2+1}{x^2}\mathrm{d}x$$

$$=\pm\int \frac{1}{\sqrt{\frac{1}{x^2}+x^2}}d\left(x-\frac{1}{x}\right) \quad (x>0\text{ 时取}+,x<0\text{ 时取}-)$$

$$=\pm\int \frac{1}{\sqrt{\left(x-\frac{1}{x}\right)^2+2}}d\left(x-\frac{1}{x}\right)=\pm\ln\left|x-\frac{1}{x}+\sqrt{x^2+\frac{1}{x^2}}\right|+C$$

(4) 应用换元积分法与积分公式 $\int \frac{1}{\sqrt{u^2-a^2}}du=\ln|u+\sqrt{u^2-a^2}|+C$ 得

$$\text{原式}=\int \frac{x}{\sqrt{1+x^4}}\cdot\frac{1-x^2}{x^2}dx$$

$$=\mp\int \frac{1}{\sqrt{\frac{1}{x^2}+x^2}}d\left(x+\frac{1}{x}\right) \quad (x>0\text{ 时取}-,x<0\text{ 时取}+)$$

$$=\mp\int \frac{1}{\sqrt{\left(x+\frac{1}{x}\right)^2-2}}d\left(x+\frac{1}{x}\right)=\mp\ln\left|x+\frac{1}{x}+\sqrt{x^2+\frac{1}{x^2}}\right|+C$$

**例 2.20**(复习题 3 题 4)　求多项式 $P(x),Q(x)$,使得
$$\int((x^2+5x+1)\cos x-2(x^2-x+1)\sin x)dx=P(x)\cos x+Q(x)\sin x+C$$

**解析**　原式两边求导得
$$(P'(x)+Q(x))\cos x+(Q'(x)-P(x))\sin x$$
$$=(x^2+5x+1)\cos x-2(x^2-x+1)\sin x$$

比较两边三角函数的系数得
$$P'(x)+Q(x)=x^2+5x+1,\quad Q'(x)-P(x)=-2(x^2-x+1)$$

求导得
$$P''(x)+Q'(x)=2x+5,\quad Q''(x)-P'(x)=-4x+2$$

则 $Q''(x)+Q(x)=x^2+x+3$. 令 $Q(x)=ax^2+bx+c$,则
$$ax^2+bx+(2a+c)=x^2+x+3 \Rightarrow a=b=c=1$$

于是 $Q(x)=x^2+x+1, P(x)=Q'(x)+2(x^2-x+1)=2x^2+3.$

## 4.3　典型题选解

**例 3.1**(南大 2005)　求 $\int \frac{x^4+1}{x^6+1}dx.$

**解析**　将被积函数分解为部分分式,应用换元积分公式,则
$$\text{原式}=\int \frac{(x^4-x^2+1)+x^2}{(x^2+1)(x^4-x^2+1)}dx=\int \frac{1}{1+x^2}dx+\frac{1}{3}\int \frac{1}{1+(x^3)^2}dx^3$$

$$= \arctan x + \frac{1}{3}\arctan x^3 + C$$

**例 3.2**(南大 2001) $\int \dfrac{\tan x}{1-\tan^2 x}\mathrm{d}x = \underline{\qquad}$.

**解析** 应用换元积分法,则

$$\text{原式} = \int \frac{\sin x \cos x}{\cos^2 x - \sin^2 x}\mathrm{d}x = \frac{1}{2}\int \frac{\sin 2x}{\cos 2x}\mathrm{d}x$$

$$= -\frac{1}{4}\int \frac{1}{\cos 2x}\mathrm{d}\cos 2x = -\frac{1}{4}\ln|\cos 2x| + C$$

**例 3.3**(全国 2011) 求不定积分 $\int \dfrac{\arcsin\sqrt{x}+\ln x}{\sqrt{x}}\mathrm{d}x$.

**解析** 应用分部积分法,有

$$\text{原式} = 2\int (\arcsin\sqrt{x}+\ln x)\mathrm{d}\sqrt{x}$$

$$= 2\sqrt{x}(\arcsin\sqrt{x}+\ln x) - \int \frac{\mathrm{d}x}{\sqrt{1-x}} - 2\int \frac{\mathrm{d}x}{\sqrt{x}}$$

$$= 2\sqrt{x}(\arcsin\sqrt{x}+\ln x) + 2\sqrt{1-x} - 4\sqrt{x} + C$$

**例 3.4**(南大 2006) 求 $\int \dfrac{x\ln(1+\sqrt{1+x^2})}{\sqrt{1+x^2}}\mathrm{d}x$.

**解析** 应用分部积分法,则

$$\text{原式} = \int \ln(1+\sqrt{1+x^2})\mathrm{d}\sqrt{1+x^2} \quad (\text{令}\sqrt{1+x^2}=t)$$

$$= \int \ln(1+t)\mathrm{d}t = t\ln(1+t) - \int \frac{t}{1+t}\mathrm{d}t$$

$$= t\ln(1+t) - t + \ln(1+t) + C = (t+1)\ln(1+t) - t + C$$

$$= (1+\sqrt{1+x^2})\ln(1+\sqrt{1+x^2}) - \sqrt{1+x^2} + C$$

**例 3.5**(南大 2009) 求 $I = \int \dfrac{c\sin x + d\cos x}{a\sin x + b\cos x}\mathrm{d}x$,其中 $a^2+b^2 \neq 0$.

**解析** 令 $c\sin x + d\cos x = m(a\cos x - b\sin x) + n(a\sin x + b\cos x)$,解得

$$m = \frac{ad-bc}{a^2+b^2}, \quad n = \frac{ac+bd}{a^2+b^2}$$

所以

$$I = \int \frac{m(a\sin x + b\cos x)' + n(a\sin x + b\cos x)}{a\sin x + b\cos x}\mathrm{d}x$$

$$= m\ln|a\sin x + b\cos x| + nx + C$$

$$= \frac{ad-bc}{a^2+b^2}\ln|a\sin x + b\cos x| + \frac{ac+bd}{a^2+b^2}x + C$$

**例 3.6**(精选题)　求 $\int(\cos x+\sqrt{x}\sec x)^2\mathrm{d}x$.

**解析**　原式 $=\int(\cos^2 x+2\sqrt{x}+x\sec^2 x)\mathrm{d}x$

$$=\int\frac{1+\cos 2x}{2}\mathrm{d}x+2\int\sqrt{x}\mathrm{d}x+\int x\mathrm{d}\tan x$$

$$=\frac{1}{2}x+\frac{1}{4}\sin 2x+\frac{4}{3}x^{\frac{3}{2}}+x\tan x-\int\tan x\mathrm{d}x$$

$$=\frac{1}{2}x+\frac{1}{4}\sin 2x+\frac{4}{3}x^{\frac{3}{2}}+x\tan x+\int\frac{1}{\cos x}\mathrm{d}\cos x$$

$$=\frac{1}{2}x+\frac{1}{4}\sin 2x+\frac{4}{3}x^{\frac{3}{2}}+x\tan x+\ln|\cos x|+C$$

**例 3.7**(精选题)　求 $\int\cos x\cdot\sqrt{\mathrm{e}^{\sin x}-1}\mathrm{d}x$.

**解析**　令 $u=\sqrt{\mathrm{e}^{\sin x}-1}$，则 $\sin x=\ln(u^2+1)$，$\cos x\mathrm{d}x=\frac{2u}{u^2+1}\mathrm{d}u$，故

$$原式=2\int\frac{u^2}{u^2+1}\mathrm{d}u=2\int\left(1-\frac{1}{u^2+1}\right)\mathrm{d}u=2u-2\arctan u+C$$

$$=2\sqrt{\mathrm{e}^{\sin x}-1}-2\arctan\sqrt{\mathrm{e}^{\sin x}-1}+C$$

**例 3.8**(全国 2018)　求不定积分 $\int\mathrm{e}^{2x}\arctan\sqrt{\mathrm{e}^x-1}\mathrm{d}x$.

**解析**　令 $\mathrm{e}^x=t$，则

$$原式=\int t\arctan\sqrt{t-1}\mathrm{d}t=\frac{1}{2}\int\arctan\sqrt{t-1}\mathrm{d}t^2$$

$$=\frac{1}{2}t^2\arctan\sqrt{t-1}-\frac{1}{2}\int\frac{t^2}{1+t-1}\frac{1}{2\sqrt{t-1}}\mathrm{d}t$$

$$=\frac{1}{2}t^2\arctan\sqrt{t-1}-\frac{1}{4}\int\left(\sqrt{t-1}+\frac{1}{\sqrt{t-1}}\right)\mathrm{d}t$$

$$=\frac{1}{2}t^2\arctan\sqrt{t-1}-\frac{1}{4}\left(\frac{2}{3}(t-1)^{\frac{3}{2}}+2\sqrt{t-1}\right)+C$$

$$=\frac{1}{2}\mathrm{e}^{2x}\arctan\sqrt{\mathrm{e}^x-1}-\frac{1}{6}(\mathrm{e}^x-1)^{\frac{3}{2}}-\frac{1}{2}\sqrt{\mathrm{e}^x-1}+C$$

**例 3.9**(精选题)　求 $\int\frac{\arcsin x}{\sqrt{(1-x^2)^3}}\mathrm{d}x$.

**解析**　应用第二换元积分法，令 $x=\sin t\left(-\frac{\pi}{2}<t<\frac{\pi}{2}\right)$，则

$$原式=\int\frac{t}{\cos^3 t}\cos t\mathrm{d}t=\int\frac{t}{\cos^2 t}\mathrm{d}t=\int t\mathrm{d}\tan t$$

$$=\tan t\cdot t-\int\tan t\mathrm{d}t=\tan t\cdot t-\int\frac{\sin t}{\cos t}\mathrm{d}t$$

$$= \tan t \cdot t + \int \frac{1}{\cos t} \mathrm{d}\cos t = \tan t \cdot t + \ln|\cos t| + C$$

$$= \frac{x}{\sqrt{1-x^2}} \arcsin x + \ln\sqrt{1-x^2} + C$$

**例 3.10**(全国 2009)　求 $\int \ln\left(1+\sqrt{\frac{x+1}{x}}\right)\mathrm{d}x \ (x>0).$

**解析**　令 $\sqrt{\frac{x+1}{x}} = t$,则 $x = \frac{1}{t^2-1}(t>1)$,采用换元积分法,得

$$原式 = \int \ln(1+t)\mathrm{d}\left(\frac{1}{t^2-1}\right)$$

$$= \frac{\ln(1+t)}{t^2-1} - \int \frac{1}{(t^2-1)(1+t)}\mathrm{d}t$$

$$= \frac{\ln(1+t)}{t^2-1} - \frac{1}{4}\int\left(\frac{1}{t-1} - \frac{1}{t+1} - \frac{2}{(t+1)^2}\right)\mathrm{d}t$$

$$= \frac{\ln(1+t)}{t^2-1} + \frac{1}{4}\ln\frac{t+1}{t-1} - \frac{1}{2(t+1)} + C$$

$$= x\ln\left(1+\sqrt{\frac{x+1}{x}}\right) + \frac{1}{2}\ln(\sqrt{1+x}+\sqrt{x})$$

$$\quad - \frac{1}{2}\frac{\sqrt{x}}{\sqrt{1+x}+\sqrt{x}} + C$$

**例 3.11**(精选题)　求 $\int x\ln\frac{1+x}{1-x}\mathrm{d}x.$

**解析**　$原式 = \frac{1}{2}x^2\ln\frac{1+x}{1-x} - \int \frac{x^2}{1-x^2}\mathrm{d}x = \frac{1}{2}x^2\ln\frac{1+x}{1-x} + \int\left(1-\frac{1}{1-x^2}\right)\mathrm{d}x$

$$= \frac{1}{2}x^2\ln\frac{1+x}{1-x} + x - \int \frac{1}{1-x^2}\mathrm{d}x$$

$$= \frac{1}{2}x^2\ln\frac{1+x}{1-x} + x - \frac{1}{2}\int\left(\frac{1}{1-x} + \frac{1}{1+x}\right)\mathrm{d}x$$

$$= \frac{1}{2}x^2\ln\frac{1+x}{1-x} + x - \frac{1}{2}(\ln|1+x| - \ln|1-x|) + C$$

$$= \frac{1}{2}x^2\ln\frac{1+x}{1-x} + x - \frac{1}{2}\ln\left|\frac{1+x}{1-x}\right| + C$$

**例 3.12**(精选题)　求 $\int \frac{\sin x}{1+\sin x}\mathrm{d}x.$

**解析**　**方法 I**　$原式 = \int\left(1 - \frac{1}{1+\sin x}\right)\mathrm{d}x = x - \int \frac{1}{1+\sin x}\mathrm{d}x$

$$= x - \int \frac{1-\sin x}{\cos^2 x}\mathrm{d}x = x - \tan x + \sec x + C$$

**方法Ⅱ** 原式 $= x - \int \dfrac{1}{1+\sin x}dx = x - \int \dfrac{1}{\left(\cos \dfrac{x}{2} + \sin \dfrac{x}{2}\right)^2}dx$

$$= x - \int \dfrac{2}{\left(1+\tan \dfrac{x}{2}\right)^2} d\left(1 + \tan \dfrac{x}{2}\right)$$

$$= x + \dfrac{2}{1 + \tan \dfrac{x}{2}} + C$$

**方法Ⅲ** 原式 $= x - \int \dfrac{1}{1+\sin x}dx = x - \int \dfrac{1}{1 + \cos\left(\dfrac{\pi}{2} - x\right)}dx$

$$= x - \int \dfrac{1}{2\cos^2\left(\dfrac{\pi}{4} - \dfrac{x}{2}\right)}dx$$

$$= x + \tan\left(\dfrac{\pi}{4} - \dfrac{x}{2}\right) + C$$

**例 3.13**（精选题） 求 $\int \dfrac{1}{1+3\sin^2 x}dx$.

**解析** 应用换元积分法，有

$$\text{原式} = \int \dfrac{1}{\cos^2 x + 4\sin^2 x}dx = \int \dfrac{1}{1 + 4\tan^2 x}d\tan x$$

$$= \dfrac{1}{2}\int \dfrac{1}{1+(2\tan x)^2}d(2\tan x) = \dfrac{1}{2}\arctan(2\tan x) + C$$

**例 3.14**（南大 2005） 求 $\int \dfrac{e^x(1+x)}{(1-xe^x)^2}dx$.

**解析** 采用换元积分法，则

$$\text{原式} = \int \dfrac{1}{(1-xe^x)^2}d(xe^x) = -\int \dfrac{1}{(1-xe^x)^2}d(1-xe^x)$$

$$= \dfrac{1}{1-xe^x} + C$$

**例 3.15**（南大 2006） 求 $\int \dfrac{1+x}{x(1+xe^x)}dx$.

**解析** 采用换元积分法，则

$$\text{原式} = \int \dfrac{(1+x)e^x}{xe^x(1+xe^x)}dx = \int \dfrac{1}{xe^x(1+xe^x)}d(xe^x)$$

$$= \int \dfrac{1}{t(1+t)}dt \quad (\text{令 } t = xe^x)$$

$$= \int \left(\dfrac{1}{t} - \dfrac{1}{1+t}\right)dt = \ln\left|\dfrac{t}{1+t}\right| + C = \ln\left|\dfrac{xe^x}{1+xe^x}\right| + C$$

**例 3.16**(南大 2007)  已知 $f'(\ln x) = \dfrac{x\ln x}{(1+\ln x)^2}$，求 $f(x)$.

**解析**  令 $\ln x = t \Rightarrow f'(t) = \dfrac{te^t}{(1+t)^2}$，于是 $f'(x) = \dfrac{xe^x}{(1+x)^2}$，积分得

$$f(x) = \int \frac{xe^x}{(1+x)^2}dx = -\int xe^x d\frac{1}{1+x} = -\frac{xe^x}{1+x} + \int \frac{1}{1+x} d(xe^x)$$

$$= -\frac{xe^x}{1+x} + \int e^x dx = \frac{e^x}{1+x} + C$$

**例 3.17**(南大 2007)  设 $f(\sin^2 x) = \dfrac{x}{\sin x}$，求 $I = \int \dfrac{\sqrt{x}}{\sqrt{1-x}} f(x) dx$.

**解析**  令 $\sin^2 x = t$，则 $f(t) = \dfrac{\arcsin \sqrt{t}}{\sqrt{t}}$，于是 $f(x) = \dfrac{\arcsin \sqrt{x}}{\sqrt{x}}$，所以

$$I = \int \frac{\arcsin \sqrt{x}}{\sqrt{1-x}} dx = -2\int \arcsin \sqrt{x} \, d\sqrt{1-x}$$

$$= -2\sqrt{1-x} \arcsin \sqrt{x} + 2\int \frac{\sqrt{1-x}}{\sqrt{1-x}} \cdot \frac{1}{2\sqrt{x}} dx$$

$$= -2\sqrt{1-x} \arcsin \sqrt{x} + 2\sqrt{x} + C$$

# 专题 5  定 积 分

## 5.1  重要概念与基本方法

**1  定积分的定义**

(1) 函数 $f(x)$ 定义在区间 $[a,b]$ 上,将 $[a,b]$ 分割为 $n$ 个小区间 $[x_{i-1},x_i]$ ($i=1,2,\cdots,n;a=x_0,b=x_n$),记 $\Delta x_i = x_i - x_{i-1}$,$\lambda = \max\limits_{1\leqslant i\leqslant n}\{\Delta x_i\}$,$\forall \xi_i \in [x_{i-1},x_i]$,则

$$\int_a^b f(x)\mathrm{d}x \stackrel{\text{def}}{=} \lim_{\lambda \to 0}\sum_{i=1}^n f(\xi_i)\Delta x_i = A$$

这里常数 $A$ 与 $[a,b]$ 的分割无关,与点 $\xi_i$ 的选取无关. 并记为 $f \in \mathscr{I}[a,b]$.

(2) 利用定积分的定义,可将下列形式的极限化为定积分来计算其值:

$$\lim_{n\to\infty}(f(x_1)+f(x_2)+\cdots+f(x_n))\frac{b-a}{n} = \int_a^b f(x)\mathrm{d}x$$

这里 $x_i = a + i\dfrac{b-a}{n}$ ($i=1,2,\cdots,n$).

(3) 函数 $f(x)$ 满足下列条件之一时是可积的:① $f(x) \in \mathscr{C}[a,b]$;② $f(x) \in \mathscr{B}[a,b]$,且只有有限个间断点.

(4) 函数 $f(x)$ 在区间 $[a,b]$ 上可积的必要条件是 $f(x) \in \mathscr{B}[a,b]$.

**2  定积分的主要性质(假设下列定积分的被积函数皆可积)**

**定理 1**(保号性)  若 $\forall x \in [a,b]$,$f(x) \leqslant g(x)$,则 $\int_a^b f(x)\mathrm{d}x \leqslant \int_a^b g(x)\mathrm{d}x$.

**定理 2**(可加性)  对任意的 $a,b,c$,有 $\int_a^b f(x)\mathrm{d}x = \int_a^c f(x)\mathrm{d}x + \int_c^b f(x)\mathrm{d}x$.

**定理 3**(积分中值定理)  设 $f(x) \in \mathscr{C}[a,b]$,则 $\exists \xi \in (a,b)$,使得

$$\int_a^b f(x)\mathrm{d}x = f(\xi)(b-a)$$

**定理 4**(推广积分中值定理)  设 $f(x),g(x) \in \mathscr{C}[a,b]$,$g(x) \geqslant 0$(或 $\leqslant 0$),则 $\exists \xi \in (a,b)$,使得

$$\int_a^b f(x)g(x)\mathrm{d}x = f(\xi)\int_a^b g(x)\mathrm{d}x$$

**定理 5**(奇偶、对称性)  设 $f(x)$ 是奇函数或偶函数,积分区间为对称区间 $[-a,a]$,则

$$\int_{-a}^a f(x)\mathrm{d}x = \begin{cases} 0 & (f(x) \text{ 为奇函数}); \\ 2\int_0^a f(x)\mathrm{d}x & (f(x) \text{ 为偶函数}) \end{cases}$$

**定理 6**  设 $f(x)$ 是周期为 $T$ 的周期函数,则 $\int_a^{a+nT} f(x)\mathrm{d}x = n\int_0^T f(x)\mathrm{d}x$.

### 3  变限的定积分

**定理 1**(原函数存在定理)  设 $f(x) \in \mathscr{C}$,则

$$\left(\int_a^x f(x)\mathrm{d}x\right)' = \left(\int_a^x f(t)\mathrm{d}t\right)' = f(x)$$

**定理 2**  设 $f(x) \in \mathscr{C}, \varphi(x), \psi(x) \in \mathscr{D}$,则

$$\left(\int_{\psi(x)}^{\varphi(x)} f(x)\mathrm{d}x\right)' = \left(\int_{\psi(x)}^{\varphi(x)} f(t)\mathrm{d}t\right)' = \varphi'(x)f(\varphi(x)) - \psi'(x)f(\psi(x))$$

### 4  定积分的基本计算方法

**定理 1**(牛顿-莱布尼茨公式)  设 $f(x) \in \mathscr{C}[a,b]$,$F(x)$ 是 $f(x)$ 的一个原函数,则 $\int_a^b f(x)\mathrm{d}x = F(x)\Big|_a^b$.

**定理 2**(推广牛顿-莱布尼茨公式)  设 $f \in \mathscr{I}[a,b]$,$F(x)$ 是 $f(x)$ 的任一原函数,则 $\int_a^b f(x)\mathrm{d}x = F(x)\Big|_a^b$.

**定理 3**(换元积分公式)  设 $f(x) \in \mathscr{C}[a,b], \varphi(t) \in \mathscr{C}^{(1)}[\alpha,\beta]$(或 $[\beta,\alpha]$)上连续,且 $\varphi(\alpha)=a, \varphi(\beta)=b, \varphi'(t) \neq 0$,则

$$\int_a^b f(x)\mathrm{d}x = \int_\alpha^\beta f(\varphi(t))\varphi'(t)\mathrm{d}t$$

**定理 4**(分部积分公式)  设 $u(x), v(x) \in \mathscr{C}^{(1)}[a,b]$,则

$$\int_a^b u(x)\mathrm{d}v(x) = u(x)v(x)\Big|_a^b - \int_a^b v(x)\mathrm{d}u(x)$$

### 5  介绍两个定积分计算技巧

(1) 设 $I = \int_a^b f_1(x)\mathrm{d}x$,取 $x = \varphi(t)$ 作换元积分变换,若能求得

$$\int_a^b f_1(x)\mathrm{d}x = \int_a^b f_2(t)\mathrm{d}t = \int_a^b f_2(x)\mathrm{d}x$$

则 $I = \dfrac{1}{2}\int_a^b [f_1(x) + f_2(x)]\mathrm{d}x$.

(2) 设 $f(x) \in \mathscr{I}[-a,a]$，应用(1)与定积分的奇偶、对称性得
$$\int_{-a}^{a} f(x)\mathrm{d}x = \frac{1}{2}\int_{-a}^{a}[f(x)+f(-x)]\mathrm{d}x = \int_{0}^{a}[f(x)+f(-x)]\mathrm{d}x.$$

## 5.2 习题选解

**例 2.1**(习题 3.2 A 9.4)　利用洛必达法则求极限 $\lim\limits_{x\to 0}\int_{\frac{x}{2}}^{x}\dfrac{\mathrm{e}^{xt}-1}{x^{2}t}\mathrm{d}t$.

**解析**　令 $xt = u$，运用换元积分法，再应用洛必达法则，则
$$\lim_{x\to 0}\int_{\frac{x}{2}}^{x}\frac{\mathrm{e}^{xt}-1}{x^{2}t}\mathrm{d}t = \lim_{x\to 0}\frac{\int_{\frac{x}{2}}^{x}\frac{\mathrm{e}^{xt}-1}{xt}\mathrm{d}(xt)}{x^{2}} = \lim_{x\to 0}\frac{\int_{\frac{x^2}{2}}^{x^2}\frac{\mathrm{e}^{u}-1}{u}\mathrm{d}u}{x^{2}}$$
$$= \lim_{x\to 0}\frac{\dfrac{\mathrm{e}^{x^2}-1}{x^2}\cdot 2x - \dfrac{\mathrm{e}^{\frac{1}{2}x^2}-1}{\frac{1}{2}x^2}\cdot x}{2x}$$
$$= \lim_{x\to 0}\left(\frac{\mathrm{e}^{x^2}-1}{x^2} - \frac{\mathrm{e}^{\frac{1}{2}x^2}-1}{x^2}\right) = 1 - \frac{1}{2} = \frac{1}{2}.$$

**例 2.2**(习题 3.2 A 10.10)　求定积分 $\int_{0}^{a} x^{2}\sqrt{a^{2}-x^{2}}\mathrm{d}x$.

**解析**　令 $x = a\sin t$，运用换元积分法，则
$$原式 = \int_{0}^{\frac{\pi}{2}} a^{3}\sin^{2}t\cos t\,\mathrm{d}(a\sin t) = \int_{0}^{\frac{\pi}{2}} a^{4}\sin^{2}t\cos^{2}t\,\mathrm{d}t$$
$$= a^{4}\int_{0}^{\frac{\pi}{2}} \frac{1-\cos 2t}{2}\cdot\frac{1+\cos 2t}{2}\mathrm{d}t = \frac{a^{4}}{4}\int_{0}^{\frac{\pi}{2}}(1-\cos^{2}2t)\mathrm{d}t$$
$$= \frac{a^{4}}{4}\int_{0}^{\frac{\pi}{2}}\left(1-\frac{1+\cos 4t}{2}\right)\mathrm{d}t = \frac{a^{4}}{8}\int_{0}^{\frac{\pi}{2}}(1-\cos 4t)\mathrm{d}t$$
$$= \frac{a^{4}}{8}\left(t-\frac{1}{4}\sin 4t\right)\bigg|_{0}^{\frac{\pi}{2}} = \frac{\pi}{16}a^{4}.$$

**例 2.3**(习题 3.2 A 10.12)　求定积分 $\int_{0}^{3}\dfrac{x}{1+\sqrt{1+x}}\mathrm{d}x$.

**解析**　将分母有理化，则
$$原式 = \int_{0}^{3}\frac{x(1-\sqrt{1+x})}{(1+\sqrt{1+x})(1-\sqrt{1+x})}\mathrm{d}x$$
$$= \int_{0}^{3}(\sqrt{1+x}-1)\mathrm{d}x = \int_{0}^{3}\sqrt{1+x}\mathrm{d}x - \int_{0}^{3}1\mathrm{d}x$$
$$= \frac{2}{3}(1+x)^{\frac{3}{2}}\bigg|_{0}^{3} - 3 = \frac{16}{3} - \frac{2}{3} - 3 = \frac{5}{3}.$$

**例 2.4**(习题 3.2 A 10.15)　求定积分 $\int_0^{\sqrt{3}} x\arctan x\,dx$.

**解析**　运用分部积分法,则

$$原式 = \frac{1}{2}\int_0^{\sqrt{3}} \arctan x\,dx^2 = \frac{1}{2}\arctan x \cdot x^2 \Big|_0^{\sqrt{3}} - \frac{1}{2}\int_0^{\sqrt{3}} x^2\,d(\arctan x)$$

$$= \frac{1}{2}\arctan x \cdot x^2 \Big|_0^{\sqrt{3}} - \frac{1}{2}\int_0^{\sqrt{3}} \frac{x^2}{1+x^2}\,dx = \frac{2}{3}\pi - \frac{\sqrt{3}}{2}$$

**例 2.5**(习题 3.2 A 10.18)　求 $\int_{\frac{1}{e}}^{e} \sqrt{(\ln x)^2}\,dx$.

**解析**　根据对数函数的性质,将原定积分化为两个定积分的和,分别分部积分,则

$$原式 = \int_1^e \ln x\,dx - \int_{\frac{1}{e}}^{1} \ln x\,dx = \ln x \cdot x \Big|_1^e - \int_1^e x\,d\ln x - \ln x \cdot x \Big|_{\frac{1}{e}}^{1} + \int_{\frac{1}{e}}^{1} x\,d\ln x$$

$$= e - \int_1^e 1\,dx + \ln\frac{1}{e} \cdot \frac{1}{e} + \int_{\frac{1}{e}}^{1} 1\,dx$$

$$= e - (e-1) - \frac{1}{e} + 1 - \frac{1}{e} = 2 - \frac{2}{e}$$

**例 2.6**(习题 3.2 A 11.3)　已知 $f \in \mathscr{C}$,求函数 $y = \int_a^x f(x+t)\,dt$ 的导数.

**解析**　令 $x+t = u$,则 $y = \int_{a+x}^{2x} f(u)\,du$,应用变上限积分求导公式,有

$$y' = f(2x)(2x)' - f(a+x)(a+x)' = 2f(2x) - f(a+x)$$

**例 2.7**(习题 3.2 A 11.4)　求函数 $\int_0^y e^{x^2}\,dx + \int_0^x \cos x^2\,dx = x^2$ 的导数.

**解析**　方程两边对 $x$ 求导得 $e^{y^2} \cdot y'(x) + \cos x^2 = 2x$,所以

$$y'(x) = (2x - \cos x^2) \cdot e^{-y^2}$$

**例 2.8**(习题 3.2 A 12)　求 $y(x) = \int_0^x e^x \sin x\,dx$ 在 $[0, 2\pi]$ 上的极值与最值.

**解析**　因为 $y'(x) = e^x \sin x$,驻点为 $x_0 = \pi$,且当 $x \in (0, \pi)$ 时 $y'(x) > 0$,当 $x \in (\pi, 2\pi)$ 时 $y'(x) < 0$,所以 $y(x)$ 在 $(0, \pi)$ 上单调增加,在 $(\pi, 2\pi)$ 上单调减少,$x_0 = \pi$ 为极大值点. 因为

$$y(x) = -\int_0^x e^x\,d\cos x = -e^x \cos x \Big|_0^x + \int_0^x \cos x\,de^x$$

$$= 1 - e^x \cos x + \int_0^x e^x\,d\sin x$$

$$= 1 - e^x \cos x + e^x \sin x \Big|_0^x - \int_0^x e^x \sin x\,dx$$

$$= 1 - e^x \cos x + e^x \sin x - y(x)$$

所以 $y(x) = \dfrac{1}{2} + \dfrac{1}{2}\mathrm{e}^x(\sin x - \cos x)$，于是极大值为 $y(\pi) = \dfrac{1}{2}(\mathrm{e}^\pi + 1)$. 由于
$$y(0) = \dfrac{1}{2} + \dfrac{1}{2}(-1) = 0, \quad y(2\pi) = \dfrac{1}{2} + \dfrac{1}{2}\mathrm{e}^{2\pi}(-1) = \dfrac{1}{2} - \dfrac{1}{2}\mathrm{e}^{2\pi}$$
因此所求最值为
$$\max_{[0,2\pi]} y(x) = \max\{y(0), y(\pi), y(2\pi)\} = \max\left\{0, \dfrac{1}{2}(\mathrm{e}^\pi+1), \dfrac{1}{2}(1-\mathrm{e}^{2\pi})\right\}$$
$$= \dfrac{1}{2}(\mathrm{e}^\pi + 1)$$
$$\min_{[0,2\pi]} y(x) = \min\{y(0), y(\pi), y(2\pi)\} = \min\left\{0, \dfrac{1}{2}(\mathrm{e}^\pi+1), \dfrac{1}{2}(1-\mathrm{e}^{2\pi})\right\}$$
$$= \dfrac{1}{2}(1 - \mathrm{e}^{2\pi})$$

**例 2.9**（习题 3.2 A 13） 设 $f \in \mathscr{C}$.

(1) 若 $f$ 为奇函数，求证：$\int_0^x f(t)\mathrm{d}t$ 为偶函数，且 $f(x)$ 的任一原函数为偶函数；

(2) 若 $f$ 为偶函数，求证：$\int_0^x f(t)\mathrm{d}t$ 为奇函数，且 $f(x)$ 的其他的原函数都不是奇函数.

**解析** (1) 因为 $f(x)$ 为奇函数，所以 $f(-x) = -f(x)$. 设 $\varPhi(x) = \int_0^x f(t)\mathrm{d}t$，运用换元积分法，可知
$$\varPhi(-x) = \int_0^{-x} f(t)\mathrm{d}t = \int_0^{-x}[-f(-t)]\mathrm{d}t = \int_0^{-x} f(-t)\mathrm{d}(-t)$$
$$= \int_0^x f(u)\mathrm{d}u = \int_0^x f(t)\mathrm{d}t = \varPhi(x)$$
因此 $\varPhi(x)$ 为偶函数. 假设 $F(x)$ 为 $f(x)$ 的任意一个原函数，则必存在 $C_0 \in \mathbf{R}(C_0 \neq 0)$，使得 $F(x) = \varPhi(x) + C_0$，于是
$$F(-x) = \varPhi(-x) + C_0 = \varPhi(x) + C_0 = F(x)$$
因此 $F(x)$ 为偶函数.

(2) 因为 $f(x)$ 为偶函数，所以 $f(-x) = f(x)$. 设 $\varPhi(x) = \int_0^x f(t)\mathrm{d}t$，则
$$\varPhi(-x) = \int_0^{-x} f(t)\mathrm{d}t = \int_0^{-x} f(-t)\mathrm{d}t = -\int_0^{-x} f(-t)\mathrm{d}(-t)$$
$$= -\int_0^x f(u)\mathrm{d}u = -\varPhi(x)$$
因此 $\varPhi(x)$ 为奇函数. 假设 $F(x)$ 为 $f(x)$ 的其他任意一个原函数，则必存在 $C_0 \in \mathbf{R}(C_0 \neq 0)$，使得 $F(x) = \varPhi(x) + C_0$，于是 $F(0) = \varPhi(0) + C_0 = C_0 \neq 0$，因此 $F(x)$ 不为奇函数.

**例 2.10**(习题 3.2 A 14)　设 $f \in \mathscr{C}$,求证:
$$\int_0^\pi xf(\sin x)\mathrm{d}x = \frac{\pi}{2}\int_0^\pi f(\sin x)\mathrm{d}x = \pi\int_0^{\frac{\pi}{2}} f(\sin x)\mathrm{d}x$$

**解析**　令 $x = \pi - t$,运用换元积分法,则
$$\int_0^\pi xf(\sin x)\mathrm{d}x = \int_\pi^0 (\pi - t)f(\sin(\pi - t))\mathrm{d}(\pi - t)$$
$$= -\int_\pi^0 (\pi - t)f(\sin t)\mathrm{d}t = \int_0^\pi (\pi - x)f(\sin x)\mathrm{d}x$$
$$= \pi\int_0^\pi f(\sin x)\mathrm{d}x - \int_0^\pi xf(\sin x)\mathrm{d}x$$

因此,$\int_0^\pi xf(\sin x)\mathrm{d}x = \frac{\pi}{2}\int_0^\pi f(\sin x)\mathrm{d}x$.

运用积分的可加性以及换元积分法,可得
$$\int_0^\pi xf(\sin x)\mathrm{d}x = \int_0^{\frac{\pi}{2}} xf(\sin x)\mathrm{d}x + \int_{\frac{\pi}{2}}^\pi xf(\sin x)\mathrm{d}x\quad (\text{第二项中令 } t = \pi - x)$$
$$= \int_0^{\frac{\pi}{2}} xf(\sin x)\mathrm{d}x + \int_{\frac{\pi}{2}}^0 (\pi - t)f(\sin(\pi - t))\mathrm{d}(\pi - t)$$
$$= \int_0^{\frac{\pi}{2}} xf(\sin x)\mathrm{d}x + \int_0^{\frac{\pi}{2}} (\pi - t)f(\sin t)\mathrm{d}t$$
$$= \int_0^{\frac{\pi}{2}} xf(\sin x)\mathrm{d}x + \int_0^{\frac{\pi}{2}} \pi f(\sin x)\mathrm{d}x - \int_0^{\frac{\pi}{2}} xf(\sin x)\mathrm{d}x$$
$$= \pi\int_0^{\frac{\pi}{2}} f(\sin x)\mathrm{d}x$$

**例 2.11**(习题 3.2 A 16)　设 $f \in \mathscr{C}[a,b], f(x) > 0$,且
$$F(x) = \int_a^x f(x)\mathrm{d}x - \int_x^b \frac{1}{f(x)}\mathrm{d}x$$

求证:(1) $\forall x \in [a,b], F'(x) \geqslant 2$;(2) $F(x)$ 在 $(a,b)$ 内恰有一个零点.

**解析**　(1) 因为 $F(x) = \int_a^x f(x)\mathrm{d}x + \int_b^x \frac{1}{f(x)}\mathrm{d}x$,所以 $\forall x \in [a,b]$,有
$$F'(x) = f(x) + \frac{1}{f(x)} \geqslant 2\sqrt{f(x) \cdot \frac{1}{f(x)}} = 2$$

(2) 因为 $F(x)$ 在 $[a,b]$ 上连续,又因为
$$F(a) = \int_a^a f(x)\mathrm{d}x - \int_a^b \frac{1}{f(x)}\mathrm{d}x = -\int_a^b \frac{1}{f(x)}\mathrm{d}x < 0$$
$$F(b) = \int_a^b f(x)\mathrm{d}x + \int_b^b \frac{1}{f(x)}\mathrm{d}x = \int_a^b f(x)\mathrm{d}x > 0$$

根据零点定理,$F(x)$ 在 $(a,b)$ 内至少有一个零点.又由(1)知 $F(x)$ 在 $[a,b]$ 上单调增加,所以 $F(x)$ 在 $(a,b)$ 内恰有一个零点.

**例 2.12**(习题 3.2 B 18)  设 $a<b$，求 $\int_a^b x|x|\,dx$.

**解析**  (1) 若 $0<a<b$，则
$$\int_a^b x|x|\,dx = \int_a^b x^2\,dx = \frac{1}{3}(b^3-a^3)$$

(2) 若 $a\leqslant 0<b$，由积分的可加性，有
$$\int_a^b x|x|\,dx = -\int_a^0 x^2\,dx + \int_0^b x^2\,dx = \frac{1}{3}(a^3+b^3)$$

(3) 若 $a<b\leqslant 0$，则
$$\int_a^b x|x|\,dx = -\int_a^b x^2\,dx = \frac{1}{3}(a^3-b^3)$$

**例 2.13**(习题 3.2 B 19)  设 $f\in \mathscr{C}$，试证明：
$$\int_a^x\left(\int_a^t f(x)\,dx\right)dt = \int_a^x (x-t)f(t)\,dt$$

**解析**  令 $F(t)=\int_a^t f(x)\,dx$，则 $F'(t)=f(t)$，于是
$$\int_a^x\left(\int_a^t f(x)\,dx\right)dt = \int_a^x F(t)\,dt = tF(t)\Big|_a^x - \int_a^x tF'(t)\,dt = xF(x) - \int_a^x tf(t)\,dt$$
$$= x\int_a^x f(x)\,dx - \int_a^x tf(t)\,dt = x\int_a^x f(t)\,dt - \int_a^x tf(t)\,dt$$
$$= \int_a^x (x-t)f(t)\,dt$$

**例 2.14**(习题 3.2 B 21)  设 $f\in \mathscr{C}[a,b]$，$\int_a^b f(x)\,dx = 0$，$\int_a^b xf(x)\,dx = 0$，求证：$f(x)$ 在 $(a,b)$ 内至少有两个零点.

**解析**  令 $F(x)=\int_a^x f(t)\,dt$，则 $F'(x)=f(x)$，且 $F(a)=F(b)=0$，应用分部积分法及积分中值定理，必 $\exists \xi\in(a,b)$，使得
$$\int_a^b xf(x)\,dx = \int_a^b xF'(x)\,dx = \int_a^b x\,dF(x) = xF(x)\Big|_a^b - \int_a^b F(x)\,dx$$
$$= -\int_a^b F(x)\,dx = -F(\xi)(b-a) = 0$$

所以 $F(\xi)=0$. 在 $[a,\xi]$ 和 $[\xi,b]$ 上分别对 $F(x)$ 使用罗尔定理，可知 $\exists \xi_1\in(a,\xi)$ 和 $\xi_2\in(\xi,b)$，使得 $F'(\xi_1)=f(\xi_1)=0$，$F'(\xi_2)=f(\xi_2)=0$. 显然 $\xi_1\neq \xi_2$，所以 $f(x)$ 在 $(a,b)$ 内至少有两个零点.

**例 2.15**(复习题 3 题 5)  求极限 $\lim\limits_{n\to\infty}\dfrac{(n!)^{\frac{1}{n}}}{n}$.

**解析**  应用定积分的定义将极限化为定积分计算，有

原式 $= \exp\left(\lim_{n\to\infty}\ln\frac{(n!)^{\frac{1}{n}}}{n}\right) = \exp\left(\lim_{n\to\infty}\frac{1}{n}\ln\left(\frac{n!}{n^n}\right)\right)$

$= \exp\left(\lim_{n\to\infty}\left(\ln\frac{1}{n}+\ln\frac{2}{n}+\cdots+\ln\frac{n}{n}\right)\frac{1}{n}\right) = \exp\left(\int_0^1 \ln x \, dx\right)$

$= \exp\left(x\ln x\Big|_{0^+}^1 - \int_0^1 1\,dx\right) = \exp(0-1) = \dfrac{1}{e}$

**例 2.16**(复习题 3 题 6)　求下列定积分：

(1) $\int_0^{\frac{\pi}{4}} \ln(1+\tan x)\,dx$；

(2) $\int_0^1 \dfrac{\ln(1+x)}{1+x^2}\,dx$；

(3) $\int_0^{\pi} \dfrac{x\sin x}{5-\sin^2 x}\,dx$；

(4) $\int_0^{\frac{\pi}{2}} \dfrac{1}{1+\tan^\lambda x}\,dx$ $(\lambda > 0)$.

**解析**　(1) 设 $t = \dfrac{\pi}{4} - x$，应用换元积分法得

原式 $= I = \int_0^{\frac{\pi}{4}} \ln\left(1+\tan\left(\dfrac{\pi}{4}-t\right)\right)dt = \int_0^{\frac{\pi}{4}}(\ln 2 - \ln(1+\tan t))dt$

$= \int_0^{\frac{\pi}{4}}\ln 2\,dt - \int_0^{\frac{\pi}{4}}\ln(1+\tan t)\,dt = \int_0^{\frac{\pi}{4}}\ln 2\,dx - I$

所以

$$I = \frac{1}{2}\int_0^{\frac{\pi}{4}}\ln 2\,dx = \frac{\pi}{8}\ln 2$$

(2) 设 $x = \tan t$，应用换元积分法与(1)的结论得

$$\text{原式} = \int_0^{\frac{\pi}{4}}\ln(1+\tan t)\,dt = \frac{\pi}{8}\ln 2$$

(3) 设 $t = \pi - x$，两次应用换元积分法得

$I = \int_0^\pi \dfrac{(\pi-t)\sin t}{5-\sin^2 t}dt = \int_0^\pi \dfrac{\pi\sin t}{5-\sin^2 t}dt - \int_0^\pi \dfrac{t\sin t}{5-\sin^2 t}dt = \pi\int_0^\pi \dfrac{\sin t}{5-\sin^2 t}dt - I$

于是

原式 $= I = \dfrac{\pi}{2}\int_0^\pi \dfrac{\sin t}{5-\sin^2 t}dt = \dfrac{\pi}{2}\int_0^\pi \dfrac{\sin t}{4+\cos^2 t}dt = -\dfrac{\pi}{4}\arctan\dfrac{\cos t}{2}\Big|_0^\pi$

$= \dfrac{\pi}{2}\arctan\dfrac{1}{2} = \dfrac{\pi}{2}\left(\dfrac{\pi}{2}-\arctan 2\right)$

(4) 设 $t = \dfrac{\pi}{2} - x$，应用换元积分法得

$$I = \int_0^{\frac{\pi}{2}}\dfrac{1}{1+\tan^\lambda\left(\dfrac{\pi}{2}-t\right)}dt = \int_0^{\frac{\pi}{2}}\dfrac{\tan^\lambda x}{1+\tan^\lambda x}dx$$

$$= \int_0^{\frac{\pi}{2}}\left(1-\dfrac{1}{1+\tan^\lambda x}\right)dx = \dfrac{\pi}{2} - I$$

于是，原式 $= I = \dfrac{\pi}{4}$.

**例 2.17**(复习题 3 题 7)　设 $f(x) \in \mathscr{C}^{(2)}[0,\pi], f(\pi) = 2$,且
$$\int_0^\pi (f(x) + f''(x))\sin x \mathrm{d}x = 1$$
求 $f(0)$.

**解析**　两次运用分部积分法可得
$$\int_0^\pi f''(x)\sin x \mathrm{d}x = \int_0^\pi \sin x \mathrm{d}f'(x) = -\int_0^\pi f'(x)\cos x \mathrm{d}x = -\int_0^\pi \cos x \mathrm{d}f(x)$$
$$= f(\pi) + f(0) - \int_0^\pi f(x)\sin x \mathrm{d}x$$

由 $f(\pi) = 2, \int_0^\pi (f(x) + f''(x))\sin x \mathrm{d}x = 1$,得 $f(0) = -1$.

**例 2.18**(复习题 3 题 8)　设 $f(x) \in \mathscr{C}[0, +\infty)$,且 $f(x)$ 是周期函数(周期为 $T$),证明:
$$\lim_{x \to +\infty} \frac{1}{x}\int_0^x f(x)\mathrm{d}x = \frac{1}{T}\int_0^T f(x)\mathrm{d}x$$

**解析**　**方法Ⅰ**　记 $m = \min\limits_{x \in [0,T]} f(x)$. $\forall x \in (T, +\infty), \exists n \in \mathbf{N}^*$,使得 $nT \leqslant x < (n+1)T$,则
$$\frac{1}{(n+1)T}\int_0^{nT}(f(x) - m)\mathrm{d}x \leqslant \frac{1}{x}\int_0^x (f(x) - m)\mathrm{d}x \leqslant \frac{1}{nT}\int_0^{(n+1)T}(f(x) - m)\mathrm{d}x$$
即
$$\frac{n}{(n+1)T}\int_0^T f(x)\mathrm{d}x - \frac{n}{n+1}m \leqslant \frac{1}{x}\int_0^x f(x)\mathrm{d}x - m \leqslant \frac{n+1}{nT}\int_0^T f(x)\mathrm{d}x - \frac{n+1}{n}m$$
令 $n \to \infty$,应用夹逼准则可得 $\lim\limits_{x \to +\infty}\frac{1}{x}\int_0^x f(x)\mathrm{d}x - m = \frac{1}{T}\int_0^T f(x)\mathrm{d}x - m$,于是
$$\lim_{x \to +\infty}\frac{1}{x}\int_0^x f(x)\mathrm{d}x = \frac{1}{T}\int_0^T f(x)\mathrm{d}x$$

**方法Ⅱ**　对充分大的 $x$,必存在正整数 $n$ 与 $t \in [0, T)$,使得 $x = nT + t$,应用周期函数的积分性质得
$$\lim_{x \to +\infty}\frac{1}{x}\int_0^x f(x)\mathrm{d}x = \lim_{n \to \infty}\frac{\int_0^{nT+t}f(x)\mathrm{d}x}{nT+t} = \lim_{n \to \infty}\frac{\int_0^{nT}f(x)\mathrm{d}x + \int_{nT}^{nT+t}f(x)\mathrm{d}x}{nT+t}$$
$$= \lim_{n \to \infty}\frac{n\int_0^T f(x)\mathrm{d}x}{nT+t} + \lim_{n \to \infty}\frac{\int_0^t f(x)\mathrm{d}x}{nT+t} = \frac{1}{T}\int_0^T f(x)\mathrm{d}x$$

**例 2.19**(复习题 3 题 9)　设 $f(x) \in \mathscr{C}(0, +\infty), f(1) = 1, \forall x, y \in (0, +\infty)$,有
$$\int_1^{xy} f(t)\mathrm{d}t = y\int_1^x f(t)\mathrm{d}t + x\int_1^y f(t)\mathrm{d}t$$
求 $f(x)$.

**解析** 上式两边对 $x$ 求导得
$$yf(xy) = yf(x) + \int_1^y f(t)\mathrm{d}t$$
因为 $f(x) \in \mathscr{C}(0,+\infty)$,应用积分中值定理,介于 1 与 $y$ 之间存在 $\xi$,使得
$$\frac{f(xy)-f(x)}{xy-x} = \frac{\int_1^y f(t)\mathrm{d}t}{xy(y-1)} = \frac{1}{xy}f(\xi)$$
令 $y \to 1$ 可得 $f'(x) = \dfrac{1}{x}$,则 $f(x) = \ln x + C$,又 $f(1) = 1$,所以 $f(x) = \ln x + 1$.

**例 2.20**(复习题 3 题 10)  设 $f(x) \in \mathscr{C}^{(2)}[a,b]$,且 $f''(x) > 0$,求证:
$$f\left(\frac{a+b}{2}\right) < \frac{1}{b-a}\int_a^b f(x)\mathrm{d}x < \frac{1}{2}(f(a)+f(b))$$

**解析** 先证左不等式,用常数变易法,令
$$F(x) = \int_a^x f(t)\mathrm{d}t - (x-a)f\left(\frac{a+x}{2}\right) \quad (x \in [a,b])$$
则 $F'(x) = f(x) - f\left(\dfrac{a+x}{2}\right) - \dfrac{1}{2}(x-a)f'\left(\dfrac{a+x}{2}\right)$. 对 $f$ 在 $\left[\dfrac{a+x}{2}, x\right]$ 上应用拉格朗日中值定理,$\exists \xi \in \left(\dfrac{a+x}{2}, x\right)$,使得 $f(x) - f\left(\dfrac{a+x}{2}\right) = \dfrac{1}{2}(x-a)f'(\xi)$,于是
$$F'(x) = \frac{1}{2}(x-a)\left(f'(\xi) - f'\left(\frac{a+x}{2}\right)\right)$$
因 $f''(x) > 0$,所以 $f'(x)$ 单调增加,得 $f'(\xi) > f'\left(\dfrac{a+x}{2}\right)$,故 $F'(x) > 0$, $F(x)$ 单调增加,于是 $F(b) > F(a) = 0$,即 $f\left(\dfrac{a+b}{2}\right) < \dfrac{1}{b-a}\int_a^b f(x)\mathrm{d}x$,故左不等式成立.

次证右不等式,用常数变易法,令
$$G(x) = (x-a)(f(a)+f(x)) - 2\int_a^x f(t)\mathrm{d}t \quad (x \in [a,b])$$
则 $G'(x) = (x-a)f'(x) - (f(x)-f(a))$. 对 $f$ 在 $[a,x]$ 上应用拉格朗日中值定理,$\exists \eta \in (a,x)$,使得 $f(x) - f(a) = f'(\eta)(x-a)$,于是
$$G'(x) = (x-a)(f'(x)-f'(\eta))$$
因 $f''(x) > 0$,所以 $f'(x)$ 单调增加,得 $f'(x) > f'(\eta)$,故 $G'(x) > 0$, $G(x)$ 单调增加,则 $G(b) > G(a) = 0$,即 $\dfrac{1}{b-a}\int_a^b f(x)\mathrm{d}x < \dfrac{1}{2}(f(a)+f(b))$,故右不等式成立.

## 5.3 典型题选解

**例 3.1**(南大 2008)  $\lim\limits_{n\to\infty}\dfrac{1}{n}\sqrt[n]{n(n+1)(n+2)\cdots(2n-1)} = \underline{\qquad}$.

**解析** 令
$$x_n = \frac{1}{n}\sqrt[n]{n(n+1)(n+2)\cdots(2n-1)} = \sqrt[n]{\left(1+\frac{1}{n}\right)\left(1+\frac{2}{n}\right)\cdots\left(1+\frac{n-1}{n}\right)}$$

两边取对数,再化为定积分计算,则

$$\ln x_n = \ln\sqrt[n]{\left(1+\frac{1}{n}\right)\left(1+\frac{2}{n}\right)\cdots\left(1+\frac{n-1}{n}\right)} = \sum_{i=0}^{n-1}\ln\left(1+\frac{i}{n}\right)\frac{1}{n}$$

$$\lim_{n\to\infty}(\ln x_n) = \lim_{n\to\infty}\sum_{i=0}^{n-1}\ln\left(1+\frac{i}{n}\right)\frac{1}{n} = \int_0^1 \ln(1+x)\,\mathrm{d}x$$

$$= x\ln(1+x)\Big|_0^1 - \int_0^1 \frac{x}{1+x}\,\mathrm{d}x$$

$$= \ln 2 - 1 + \ln(1+x)\Big|_0^1 = 2\ln 2 - 1$$

所以原式 $= \dfrac{4}{\mathrm{e}}$.

**例 3.2**(全国 1998) 求 $\displaystyle\lim_{n\to\infty}\left\{\dfrac{\sin\dfrac{\pi}{n}}{n+1} + \dfrac{\sin\dfrac{2\pi}{n}}{n+\dfrac{1}{2}} + \cdots + \dfrac{\sin\dfrac{n\pi}{n}}{n+\dfrac{1}{n}}\right\}$.

**解析** 令 $x_n = \dfrac{\sin\dfrac{\pi}{n}}{n+1} + \dfrac{\sin\dfrac{2\pi}{n}}{n+\dfrac{1}{2}} + \cdots + \dfrac{\sin\dfrac{n\pi}{n}}{n+\dfrac{1}{n}}$,构造夹逼不等式

$$\dfrac{\sin\dfrac{\pi}{n}}{n+1} + \dfrac{\sin\dfrac{2\pi}{n}}{n+1} + \cdots + \dfrac{\sin\dfrac{n\pi}{n}}{n+1} \leqslant x_n \leqslant \dfrac{\sin\dfrac{\pi}{n}}{n} + \dfrac{\sin\dfrac{2\pi}{n}}{n} + \cdots + \dfrac{\sin\dfrac{n\pi}{n}}{n}$$

两端的极限化为定积分计算,有

$$\lim_{n\to\infty}\left\{\dfrac{\sin\dfrac{\pi}{n}}{n+1} + \dfrac{\sin\dfrac{2\pi}{n}}{n+1} + \cdots + \dfrac{\sin\dfrac{n\pi}{n}}{n+1}\right\}$$

$$= \frac{1}{\pi}\lim_{n\to\infty}\frac{n}{n+1}\left(\sin\frac{\pi}{n} + \sin\frac{2\pi}{n} + \cdots + \sin\frac{n\pi}{n}\right)\frac{\pi}{n}$$

$$= \frac{1}{\pi}\int_0^\pi \sin x\,\mathrm{d}x = \frac{2}{\pi}$$

$$\lim_{n\to\infty}\left\{\dfrac{\sin\dfrac{\pi}{n}}{n} + \dfrac{\sin\dfrac{2\pi}{n}}{n} + \cdots + \dfrac{\sin\dfrac{n\pi}{n}}{n}\right\}$$

$$= \frac{1}{\pi}\lim_{n\to\infty}\left(\sin\frac{\pi}{n} + \sin\frac{2\pi}{n} + \cdots + \sin\frac{n\pi}{n}\right)\frac{\pi}{n}$$

$$= \frac{1}{\pi}\int_0^\pi \sin x\,\mathrm{d}x = \frac{2}{\pi}$$

应用夹逼准则,则原式 $= \dfrac{2}{\pi}$.

**例 3.3**(南大 2009)　　$\lim\limits_{n\to\infty}\sum\limits_{i=1}^{n}\dfrac{\pi\sin\dfrac{i\pi}{2n}}{n\left(\sin\dfrac{i\pi}{2n}+\cos\dfrac{i\pi}{2n}\right)}=$ _____.

**解析**　　化为定积分计算,则

$$\text{原式}=2\lim_{n\to\infty}\sum_{i=1}^{n}\dfrac{\sin\dfrac{i\pi}{2n}}{\sin\dfrac{i\pi}{2n}+\cos\dfrac{i\pi}{2n}}\cdot\dfrac{\pi}{2n}=2\int_{0}^{\frac{\pi}{2}}\dfrac{\sin x}{\sin x+\cos x}\mathrm{d}x$$

令 $x=\dfrac{\pi}{2}-t$,则

$$\int_{0}^{\frac{\pi}{2}}\dfrac{\sin x}{\sin x+\cos x}\mathrm{d}x=\int_{0}^{\frac{\pi}{2}}\dfrac{\cos t}{\cos t+\sin t}\mathrm{d}t=\int_{0}^{\frac{\pi}{2}}\dfrac{\cos x}{\sin x+\cos x}\mathrm{d}x$$

所以

$$\text{原式}=\int_{0}^{\frac{\pi}{2}}\dfrac{\sin x+\cos x}{\sin x+\cos x}\mathrm{d}x=\dfrac{\pi}{2}$$

**例 3.4**(南大 1997)　　设

$$f(x)=\begin{cases}\lim\limits_{n\to\infty}\dfrac{1}{n}\left[1+\cos\dfrac{x}{n}+\cos\dfrac{2x}{n}+\cdots+\cos\dfrac{(n-1)x}{n}\right] & (x\neq 0); \\ 1 & (x=0)\end{cases}$$

试讨论 $f(x)$ 在 $x=0$ 的连续性与可导性.

**解析**　　当 $x>0$ 时,化为定积分计算,则

$$f(x)=\dfrac{1}{x}\lim_{n\to\infty}\sum_{i=0}^{n-1}\left(\cos\dfrac{ix}{n}\right)\dfrac{x}{n}=\dfrac{1}{x}\int_{0}^{x}\cos x\mathrm{d}x=\dfrac{\sin x}{x}$$

当 $x<0$ 时,化为定积分计算,则

$$f(x)=\lim_{n\to\infty}\dfrac{1}{n}\left[\cos\dfrac{(n-1)x}{n}+\cos\dfrac{(n-2)x}{n}+\cdots+\cos\dfrac{x}{n}+1\right]$$

$$=\dfrac{1}{-x}\lim_{n\to\infty}\sum_{i=1}^{n}\left(\cos\dfrac{(n-i)x}{n}\right)\dfrac{-x}{n}=\dfrac{1}{-x}\int_{x}^{0}\cos x\mathrm{d}x=\dfrac{\sin x}{x}$$

由于 $\lim\limits_{x\to 0}f(x)=\lim\limits_{x\to 0}\dfrac{\sin x}{x}=1=f(0)$,所以 $f(x)$ 在 $x=0$ 处连续. 由于

$$\lim_{x\to 0}\dfrac{f(x)-f(0)}{x}=\lim_{x\to 0}\dfrac{\dfrac{\sin x}{x}-1}{x}=\lim_{x\to 0}\dfrac{\sin x-x}{x^2}$$

$$=\lim_{x\to 0}\dfrac{\cos x-1}{2x}=\lim_{x\to 0}\dfrac{-\sin x}{2}=0$$

所以 $f(x)$ 在 $x=0$ 处可导,且 $f'(0)=0$.

**例 3.5**(全国 2012)  设 $I_k = \int_0^{k\pi} e^{x^2} \sin x \, dx \, (k=1,2,3)$,则有  (  )

(A) $I_1 < I_2 < I_3$  (B) $I_3 < I_2 < I_1$

(C) $I_2 < I_3 < I_1$  (D) $I_2 < I_1 < I_3$

**解析**  由函数 $y = e^{x^2} \sin x$ 的简图(见图 5.1)可以看出:它在区间 $(0,\pi)$ 上取正值,在区间 $(\pi, 2\pi)$ 上取负值,在区间 $(2\pi, 3\pi)$ 上取正值,其振幅一个比一个大得多.设曲线与 $x$ 轴所围的三块图形的面积分别为 $S_1, S_2, S_3$,则 $S_1 < S_2 < S_3$.应用定积分的几何意义得

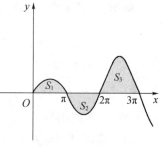

图 5.1

$$I_1 = \int_0^\pi e^{x^2} \sin x \, dx = S_1 > 0$$

$$I_2 = \int_0^{2\pi} e^{x^2} \sin x \, dx = S_1 - S_2 < 0$$

$$I_3 - I_1 = \int_\pi^{3\pi} e^{x^2} \sin x \, dx = S_3 - S_2 > 0$$

于是 $I_2 < I_1 < I_3$,故选(D).

**例 3.6**(全国 2010)  (1) 比较 $\int_0^1 |\ln t|(\ln(1+t))^n \, dt$ 与 $\int_0^1 t^n |\ln t| \, dt \, (n=1,2,\cdots)$ 的大小,说明理由;

(2) 记 $u_n = \int_0^1 |\ln t|(\ln(1+t))^n \, dt \, (n=1,2,\cdots)$,求极限 $\lim\limits_{n \to \infty} u_n$.

**解析**  (1) 设 $f(t) = \ln(1+t) - t$,则

$$f'(t) = \frac{1}{1+t} - 1 = \frac{-t}{1+t} < 0 \quad (0 < t < 1)$$

所以 $f(t)$ 单调减少,$f(t) < f(0) = 0$,即有

$\ln(1+t) \leqslant t \, (0 \leqslant t \leqslant 1) \Rightarrow |\ln t|(\ln(1+t))^n \leqslant |\ln t| t^n \, (0 \leqslant t \leqslant 1)$

应用定积分的保号性得

$$\int_0^1 |\ln t|(\ln(1+t))^n \, dt \leqslant \int_0^1 t^n |\ln t| \, dt$$

(2) 由(1)知 $0 \leqslant u_n \leqslant \int_0^1 t^n |\ln t| \, dt$.当 $n \to \infty$ 时

$$\int_0^1 t^n |\ln t| \, dt = -\int_0^1 t^n \ln t \, dt = -\frac{1}{n+1} \int_0^1 \ln t \, dt^{n+1}$$

$$= -\frac{1}{n+1} \left( t^{n+1} \ln t \Big|_{0+}^1 - \int_0^1 t^n \, dt \right) = \frac{1}{n+1} \int_0^1 t^n \, dt$$

$$= \frac{1}{(n+1)^2} \to 0$$

应用夹逼准则,得 $\lim\limits_{n \to \infty} u_n = 0$.

**例 3.7**(全国 1999,2005)  设 $f(x)$ 连续,$F'(x)=f(x)$,则  (   )

(A) $f(x)$ 为奇函数 $\Leftrightarrow F(x)$ 为偶函数

(B) $f(x)$ 为偶函数 $\Leftrightarrow F(x)$ 为奇函数

(C) $f(x)$ 为周期函数 $\Leftrightarrow F(x)$ 为周期函数

(D) $f(x)$ 为单调函数 $\Leftrightarrow F(x)$ 为单调函数

**解析**  **必要性**  (A) 正确. 设 $f(x)$ 为奇函数,它的全体原函数为
$$F(x)=\int_0^x f(t)\mathrm{d}t+C$$
令 $t=-u$,则
$$F(-x)=\int_0^{-x} f(t)\mathrm{d}t+C=-\int_0^x f(-u)\mathrm{d}u+C=\int_0^x f(u)\mathrm{d}u+C=F(x)$$
所以 $F(x)$ 为偶函数.

(B) 错误. 反例:$f(x)=\cos x,F(x)=\sin x+1$.

(C) 错误. 反例:$f(x)=\cos x+1,F(x)=\sin x+x$.

(D) 错误. 反例:$f(x)=2x,F(x)=x^2$.

**充分性**  (A) 正确. 设 $F(x)$ 为偶函数,由于
$$F(-x)=F(x)\Rightarrow -F'(-x)=F'(x)\Rightarrow F'(-x)=-F'(x)$$
所以 $f(x)=F'(x)$ 为奇函数.

(B) 正确. 设 $F(x)$ 为奇函数,由于
$$F(-x)=-F(x)\Rightarrow -F'(-x)=-F'(x)\Rightarrow F'(-x)=F'(x)$$
所以 $f(x)=F'(x)$ 为偶函数.

(C) 正确. 设 $F(x)$ 为周期函数,由于
$$F(x+T)=F(x)\Rightarrow F'(x+T)=F'(x)$$
所以 $f(x)=F'(x)$ 为周期函数.

(D) 错误. 反例:$F(x)=x^3,f(x)=3x^2$.

综上可知,作为充分必要条件,只有(A) 正确.

**例 3.8**(全国 2007)  函数 $y=f(x)$ 的图形如图 5.2 所示,$F(x)=\int_0^x f(t)\mathrm{d}t$,则下列结论正确的是  (   )

(A) $F(3)=-\dfrac{3}{4}F(-2)$

(B) $F(3)=\dfrac{5}{4}F(2)$

(C) $F(-3)=\dfrac{3}{4}F(2)$

(D) $F(-3)=-\dfrac{5}{4}F(-2)$

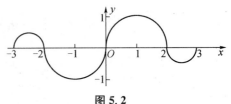

图 5.2

**解析** $f(x)$ 为奇函数,则 $F(x)$ 为偶函数.应用定积分的几何意义,有
$$F(-2)=F(2)=\frac{\pi}{2}, \quad F(-3)=F(3)=\frac{\pi}{2}-\frac{\pi}{2}\left(\frac{1}{2}\right)^2=\frac{3}{8}\pi$$
因为这四个数皆为正数,所以(A),(D)错误.由于 $\frac{F(3)}{F(2)}=\frac{F(-3)}{F(2)}=\frac{3}{4}$,所以只有(C)正确.

**例 3.9**(全国 2009) 已知函数 $y=f(x)$ 在区间 $[-1,3]$ 上的图形如图 5.3 所示,试作出函数 $F(x)=\int_0^x f(t)\mathrm{d}t$ 的图形.(注:原题为选择题)

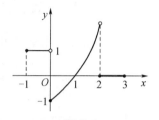

图 5.3

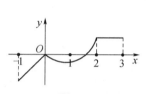

图 5.4

**解析** 当 $-1\leqslant x\leqslant 0$ 时,有
$$F(x)=\int_0^x f(t)\mathrm{d}t=-\int_x^0 1\mathrm{d}t=x$$
当 $0<x\leqslant 1$ 时,有
$$F(x)=\int_0^x f(t)\mathrm{d}t<0$$
当 $1<x\leqslant 2$ 时,$F(x)=\int_0^x f(t)\mathrm{d}t$ 单调增加,且
$$F(2)=\int_0^2 f(t)\mathrm{d}t>0$$
当 $2<x\leqslant 3$ 时,有
$$F(x)=\int_0^2 f(t)\mathrm{d}t+\int_2^x 0\mathrm{d}t=F(2)$$
所以 $y=F(x)$ 的大致图形如图 5.4 所示.

**例 3.10**(全国 2008) 设 $f(x)$ 是连续函数.

(1) 利用定义证明函数 $F(x)=\int_0^x f(t)\mathrm{d}t$ 可导,且 $F'(x)=f(x)$;

(2) 当 $f(x)$ 是以 2 为周期的周期函数时,证明函数
$$G(x)=2\int_0^x f(t)\mathrm{d}t-x\int_0^2 f(t)\mathrm{d}t$$
也是以 2 为周期的周期函数.

**解析** (1) 对任意的 $x$,由于 $f$ 是连续函数,应用积分中值定理,有

$$\lim_{\Delta x \to 0} \frac{F(x+\Delta x)-F(x)}{\Delta x} = \lim_{\Delta x \to 0} \frac{\int_0^{x+\Delta x} f(t)\mathrm{d}t - \int_0^x f(t)\mathrm{d}t}{\Delta x}$$

$$= \lim_{\Delta x \to 0} \frac{\int_x^{x+\Delta x} f(t)\mathrm{d}t}{\Delta x} = \lim_{\Delta x \to 0} \frac{f(\xi)\Delta x}{\Delta x} = \lim_{\Delta x \to 0} f(\xi)$$

其中,$\xi$ 介于 $x$ 与 $x+\Delta x$ 之间. 当 $\Delta x \to 0$ 时,$\xi \to x$,所以 $\lim_{\Delta x \to 0} f(\xi) = f(x)$,于是函数 $F(x)$ 在 $x$ 处可导,且 $F'(x) = f(x)$.

(2) 根据题意与周期函数定积分的性质,有

$$G(x+2)-G(x) = \left(2\int_0^{x+2} f(t)\mathrm{d}t - (x+2)\int_0^2 f(t)\mathrm{d}t\right) - \left(2\int_0^x f(t)\mathrm{d}t - x\int_0^2 f(t)\mathrm{d}t\right)$$

$$= 2\int_x^{x+2} f(t)\mathrm{d}t - 2\int_0^2 f(t)\mathrm{d}t = 2\int_0^2 f(t)\mathrm{d}t - 2\int_0^2 f(t)\mathrm{d}t$$

$$= 0$$

即函数 $G(x)$ 是以 2 为周期的周期函数.

**例 3.11**(南大 2007)　设 $f(x)$ 是区间 $\left[0,\dfrac{\pi}{4}\right]$ 上的单调、可导函数,且满足

$$\int_0^{f(x)} f^{-1}(t)\mathrm{d}t = \int_0^x t\frac{\cos t - \sin t}{\sin t + \cos t}\mathrm{d}t$$

其中 $f^{-1}$ 是 $f$ 的反函数,求 $f(x)$.

**解析**　原式两边对 $x$ 求导,得

$$f'(x)f^{-1}(f(x)) = x\frac{\cos x - \sin x}{\sin x + \cos x} \Rightarrow f'(x) = \frac{\cos x - \sin x}{\sin x + \cos x}$$

积分得

$$f(x) = \int \frac{\cos x - \sin x}{\sin x + \cos x}\mathrm{d}x = \ln|\sin x + \cos x| + C$$

在原式中令 $x=0 \Rightarrow \int_0^{f(0)} f^{-1}(t)\mathrm{d}t = 0$,由于 $f^{-1}(t)$ 是单调函数,故 $f(0)=0$. 在上式中令 $x=0$,可得 $C=0$,于是 $f(x) = \ln|\sin x + \cos x|$.

**例 3.12**(全国 2005)　设 $f(x)$ 连续,$f(x)\neq 0$,求 $\lim_{x\to 0}\dfrac{\int_0^x (x-t)f(t)\mathrm{d}t}{x\int_0^x f(x-t)\mathrm{d}t}$.

**解析**　在上式分母中令 $x-t=u$,再应用洛必达法则和积分中值定理,则

$$\text{原式} = \lim_{x\to 0} \frac{x\int_0^x f(t)\mathrm{d}t - \int_0^x tf(t)\mathrm{d}t}{x\int_0^x f(u)\mathrm{d}u} = \lim_{x\to 0} \frac{\int_0^x f(t)\mathrm{d}t}{\int_0^x f(u)\mathrm{d}u + xf(x)}$$

$$\xrightarrow{0<\xi<x} \lim_{x\to 0} \frac{xf(\xi)}{xf(\xi)+xf(x)} = \lim_{\substack{x\to 0 \\ \xi\to 0}} \frac{f(\xi)}{f(\xi)+f(x)} = \frac{f(0)}{2f(0)} = \frac{1}{2}$$

**例 3.13**(精选题)   已知函数 $f(x) \in \mathscr{C}(-\infty, +\infty)$,并且有 $\lim\limits_{x \to 0} \dfrac{f(x)}{x} = 2$,设 $\varphi(x) = \int_0^1 f(xt) \mathrm{d}t$,求 $\varphi'(x)$ 并讨论 $\varphi'(x)$ 在 $x = 0$ 的连续性.

**解析**   令 $u = xt$,当 $x \neq 0$ 时,有
$$\varphi(x) = \frac{1}{x} \int_0^x f(u) \mathrm{d}u$$
则
$$\varphi'(x) = -\frac{1}{x^2} \int_0^x f(u) \mathrm{d}u + \frac{1}{x} f(x)$$
当 $x = 0$ 时,$\varphi(0) = 0$,应用导数的定义和洛必达法则,有
$$\varphi'(0) = \lim_{x \to 0} \frac{\varphi(x) - \varphi(0)}{x} = \lim_{x \to 0} \frac{\varphi(x) - 0}{x} = \lim_{x \to 0} \frac{\int_0^x f(u) \mathrm{d}u}{x^2} \stackrel{\frac{0}{0}}{=} \lim_{x \to 0} \frac{f(x)}{2x} = 1$$
由于
$$\lim_{x \to 0} \varphi'(x) = \lim_{x \to 0} \left( -\frac{1}{x^2} \int_0^x f(u) \mathrm{d}u + \frac{1}{x} f(x) \right) = \lim_{x \to 0} \frac{f(x)}{x} - \lim_{x \to 0} \frac{\int_0^x f(u) \mathrm{d}u}{x^2}$$
$$\stackrel{\frac{0}{0}}{=} 2 - \lim_{x \to 0} \frac{f(x)}{2x} = 2 - 1 = 1 = \varphi'(0)$$
所以 $\varphi'(x)$ 在 $x = 0$ 连续.

**例 3.14**(精选题)   已知 $f(x) \in \mathscr{D}[0, +\infty), f(0) = 0$,且其反函数为 $g(x)$,若 $\int_0^{f(x)} g(t) \mathrm{d}t = x^2 \mathrm{e}^x$,求 $f(x)$.

**解析**   对 $\int_0^{f(x)} g(t) \mathrm{d}t = x^2 \mathrm{e}^x$ 两边同时求导,可得 $g(f(x)) f'(x) = (x^2 \mathrm{e}^x)'$,因为 $f(x)$ 的反函数为 $g(x)$,上式化为
$$x f'(x) = (x^2 \mathrm{e}^x)' = (x^2 + 2x) \mathrm{e}^x$$
因此 $f'(x) = (2 + x) \mathrm{e}^x$,积分得
$$f(x) = \int_0^x (2 + t) \mathrm{e}^t \mathrm{d}t + f(0) = (\mathrm{e}^t + t \mathrm{e}^t) \Big|_0^x + 0 = \mathrm{e}^x + x \mathrm{e}^x - 1$$

**例 3.15**(精选题)   若 $f(x) \in \mathscr{C}(-\infty, +\infty)$,且
$$F(x) = \int_0^1 (x^2 - 2x^2 t) f(xt) \mathrm{d}t$$
证明:若 $f(x)$ 在 $(-\infty, +\infty)$ 内为单调减少,则 $F(x)$ 在 $(-\infty, +\infty)$ 内为单调增加.

**解析**   令 $u = xt$,则
$$F(x) = \int_0^x (x - 2u) f(u) \mathrm{d}u = x \int_0^x f(u) \mathrm{d}u - 2 \int_0^x u f(u) \mathrm{d}u$$
应用变限积分的求导公式与积分中值定理,有

$$F'(x) = \int_0^x f(u)\mathrm{d}u - xf(x) = x(f(\xi) - f(x)) \quad (\xi \text{ 介于 } 0 \text{ 和 } x \text{ 之间})$$

因 $f(x)$ 在 $(-\infty, +\infty)$ 内为单调减少,故 $x > 0$ 时,$f(\xi) > f(x)$,则 $F'(x) > 0$;$x < 0$ 时,$f(\xi) < f(x)$,则 $F'(x) > 0$. 又 $F'(0) = 0$,所以 $\forall x \in \mathbf{R}$,有 $F'(x) \geqslant 0$,因此 $F(x)$ 在 $(-\infty, +\infty)$ 内为单调增加.

**例 3.16**(精选题) 设 $f(x) = \int_0^x \mathrm{e}^{t^6}(2t^3 - t^2 - 2t + 1)\mathrm{d}t$.

(1) 求 $f'(x) = 0$ 的根;

(2) 证明:$f''(x) = 0$ 在 $(-1, 1)$ 上至少有两个实根.

**解析** (1) 因为
$$f'(x) = \mathrm{e}^{x^6}(2x^3 - x^2 - 2x + 1) = \mathrm{e}^{x^6}(x+1)(x-1)(2x-1)$$

所以 $f'(x) = 0$ 有三个不同的实根 $x_1 = -1, x_2 = 1, x_3 = \dfrac{1}{2}$.

(2) $f'(x)$ 在区间 $\left[-1, \dfrac{1}{2}\right]$ 与 $\left[\dfrac{1}{2}, 1\right]$ 上显然可导,且有 $f'(-1) = f'\left(\dfrac{1}{2}\right) = f'(1) = 0$,在这两个区间上分别应用罗尔定理,$\exists \xi_1 \in \left(-1, \dfrac{1}{2}\right)$ 和 $\xi_2 \in \left(\dfrac{1}{2}, 1\right)$,使得 $f''(\xi_1) = f''(\xi_2) = 0$,即 $f''(x) = 0$ 在 $(-1, 1)$ 上至少有两个实根.

**例 3.17**(精选题) 设 $f(x) = \int_1^{\sqrt{x}} \mathrm{e}^{-t^2}\mathrm{d}t$,求 $\int_0^1 \dfrac{f(x)}{\sqrt{x}}\mathrm{d}x$.

**解析** 因 $f(1) = 0, f'(x) = \dfrac{\mathrm{e}^{-x}}{2\sqrt{x}}$,应用分部积分法,则

$$\int_0^1 \dfrac{f(x)}{\sqrt{x}}\mathrm{d}x = 2\int_0^1 f(x)\mathrm{d}\sqrt{x} = 2f(x)\sqrt{x}\bigg|_0^1 - 2\int_0^1 \sqrt{x}\,\mathrm{d}f(x)$$

$$= 2f(1) - 0 - 2\int_0^1 \dfrac{\sqrt{x}\,\mathrm{e}^{-x}}{2\sqrt{x}}\mathrm{d}x$$

$$= 0 - \int_0^1 \mathrm{e}^{-x}\mathrm{d}x = \mathrm{e}^{-1} - 1$$

**例 3.18**(精选题) 设 $f(x) = \int_1^x \dfrac{\sin(xt)}{t}\mathrm{d}t$,求 $\int_0^1 xf(x)\mathrm{d}x$.

**解析** 令 $u = xt$,则

$$f(x) = \int_x^{x^2} \dfrac{\sin u}{u}\mathrm{d}u, \quad f(1) = 0, \quad f'(x) = \dfrac{2\sin x^2}{x} - \dfrac{\sin x}{x}$$

运用分部积分法,则

$$\int_0^1 xf(x)\mathrm{d}x = \dfrac{1}{2}\int_0^1 f(x)\mathrm{d}x^2 = \dfrac{1}{2}f(x)x^2\bigg|_0^1 - \dfrac{1}{2}\int_0^1 x^2\,\mathrm{d}f(x)$$

$$= \dfrac{1}{2}f(1) - 0 - \dfrac{1}{2}\int_0^1 x^2 f'(x)\mathrm{d}x$$

$$= 0 - \frac{1}{2}\int_0^1 x^2\left(\frac{2\sin x^2}{x} - \frac{\sin x}{x}\right)dx$$

$$= \frac{1}{2}\int_0^1 (x\sin x - 2x\sin x^2)dx$$

$$= -\frac{1}{2}\int_0^1 x\,d\cos x - \frac{1}{2}\int_0^1 \sin x^2\,dx^2$$

$$= -\frac{1}{2}x\cos x\Big|_0^1 + \frac{1}{2}\int_0^1 \cos x\,dx + \frac{1}{2}\cos x^2\Big|_0^1$$

$$= -\frac{1}{2}\cos 1 + \frac{1}{2}\sin 1 + \frac{1}{2}\cos 1 - \frac{1}{2} = \frac{1}{2}\sin 1 - \frac{1}{2}$$

**例 3.19**（全国 2018） 已知函数 $f(x)$ 二阶可导，且 $f''(x) > 0$，$\int_0^1 f(x)dx = 0$，求证：$f\left(\frac{1}{2}\right) < 0$.

**解析** 应用泰勒公式，在 $\frac{1}{2}$ 与 $x$ 之间存在 $\xi$，使得

$$f(x) = f\left(\frac{1}{2}\right) + f'\left(\frac{1}{2}\right)\left(x - \frac{1}{2}\right) + \frac{1}{2}f''(\xi)\left(x - \frac{1}{2}\right)^2$$

$$\geqslant f\left(\frac{1}{2}\right) + f'\left(\frac{1}{2}\right)\left(x - \frac{1}{2}\right)$$

由于上式仅当 $x = \frac{1}{2}$ 时取等号，且 $f(x) \in \mathscr{C}[0,1]$，应用定积分的保号性得

$$0 = \int_0^1 f(x)dx$$

$$> \int_0^1 \left(f\left(\frac{1}{2}\right) + f'\left(\frac{1}{2}\right)\left(x - \frac{1}{2}\right)\right)dx$$

$$= f\left(\frac{1}{2}\right) + f'\left(\frac{1}{2}\right)\int_0^1\left(x - \frac{1}{2}\right)dx = f\left(\frac{1}{2}\right)$$

**例 3.20**（精选题） 计算积分 $\int_{-\frac{\pi}{2}}^{\frac{\pi}{2}}\left(\frac{x\sin^2 x}{(1+\cos^2 x)^2} + \frac{\sqrt{\sin^6 x}}{1+\cos^2 x}\right)dx$.

**解析** 因 $\frac{x\sin^2 x}{(1+\cos^2 x)^2}$ 为奇函数，$\frac{\sqrt{\sin^6 x}}{1+\cos^2 x}$ 为偶函数，应用奇偶、对称性，则

$$原式 = 2\int_0^{\frac{\pi}{2}}\frac{\sqrt{\sin^6 x}}{1+\cos^2 x}dx = 2\int_0^{\frac{\pi}{2}}\frac{\sin^3 x}{1+\cos^2 x}dx = -2\int_0^{\frac{\pi}{2}}\frac{1-\cos^2 x}{1+\cos^2 x}d\cos x$$

$$= 2\int_0^1 \frac{1-t^2}{1+t^2}dt = 2\int_0^1\left(-1 + \frac{2}{1+t^2}\right)dt$$

$$= 2(-t + 2\arctan t)\Big|_0^1 = \pi - 2$$

**例 3.21**（精选题） (1) 已知函数 $f(x), g(x) \in \mathscr{C}[-a,a]$，且 $g(x)$ 是偶函数，若 $f(x) + f(-x) \equiv A$（$A$ 为常数），证明：$\int_{-a}^a f(x)g(x)dx = A\int_0^a g(x)dx$；

(2) 求 $\int_{-\frac{\pi}{2}}^{\frac{\pi}{2}} \cos x \arctan(e^x) dx$.

**解析** (1) 由题意,有
$$\int_{-a}^{a} f(x)g(x) dx = \int_{-a}^{a} (A - f(-x))g(x) dx$$
$$= A\int_{-a}^{a} g(x) dx - \int_{-a}^{a} f(-x)g(x) dx$$

令 $x = -t$,因为 $g(x)$ 是偶函数,所以
$$\int_{-a}^{a} f(-x)g(x) dx = -\int_{a}^{-a} f(t)g(-t) dt = \int_{-a}^{a} f(t)g(t) dt$$

则
$$\int_{-a}^{a} f(x)g(x) dx = 2A\int_{0}^{a} g(x) dx - \int_{-a}^{a} f(t)g(t) dt$$
$$\int_{-a}^{a} f(x)g(x) dx = A\int_{0}^{a} g(x) dx$$

(2) 令 $f(x) = \arctan(e^x), g(x) = \cos x$,显然 $g(x)$ 是偶函数. 下面我们先证明 $f(x) + f(-x) = \arctan(e^x) + \arctan(e^{-x}) \equiv A$(常数),不妨设
$$F(x) = \arctan(e^x) + \arctan(e^{-x})$$

则 $F'(x) = \dfrac{e^x}{1+(e^x)^2} + \dfrac{-e^{-x}}{1+(e^{-x})^2} = \dfrac{e^x}{1+e^{2x}} + \dfrac{-e^x}{1+e^{2x}} = 0$,所以 $F(x) \equiv A$(常数). 取 $x = 0$,则有 $F(0) = \arctan(1) + \arctan(1) = \dfrac{\pi}{2} = A$,即 $\arctan(e^x) + \arctan(e^{-x}) = \dfrac{\pi}{2}$. 再根据第(1)题,得

$$\int_{-\frac{\pi}{2}}^{\frac{\pi}{2}} \cos x \arctan(e^x) dx = \dfrac{\pi}{2} \int_{0}^{\frac{\pi}{2}} \cos x dx = \dfrac{\pi}{2} \sin x \Big|_{0}^{\frac{\pi}{2}} = \dfrac{\pi}{2}$$

**例 3.22**(南大 2004) 求 $\int_{-\frac{\pi}{2}}^{\frac{\pi}{2}} \dfrac{e^x}{1+e^x} \sin^4 x dx$.

**解析** 因为
$$\int_{-\frac{\pi}{2}}^{\frac{\pi}{2}} \dfrac{e^x}{1+e^x} \sin^4 x dx \xrightarrow{令 x = -t} \int_{-\frac{\pi}{2}}^{\frac{\pi}{2}} \dfrac{e^{-t}}{1+e^{-t}} \sin^4 t dt$$
$$= \int_{-\frac{\pi}{2}}^{\frac{\pi}{2}} \dfrac{1}{1+e^t} \sin^4 t dt = \int_{-\frac{\pi}{2}}^{\frac{\pi}{2}} \dfrac{1}{1+e^x} \sin^4 x dx$$

所以
$$原式 = \dfrac{1}{2} \int_{-\frac{\pi}{2}}^{\frac{\pi}{2}} \sin^4 x dx = \int_{0}^{\frac{\pi}{2}} \sin^4 x dx$$
$$= \left(\dfrac{3}{8}x - \dfrac{1}{4}\sin 2x + \dfrac{1}{32}\sin 4x\right)\Big|_{0}^{\frac{\pi}{2}} = \dfrac{3}{16}\pi$$

**例 3.23**(精选题) 计算积分 $\int_{\frac{1}{2}}^{\frac{3}{2}} \frac{1}{\sqrt{|x-x^2|}} dx$.

**解析** 将原定积分化为两个定积分的和,分别应用换元积分法,则

$$原式 = \int_{\frac{1}{2}}^{1} \frac{1}{\sqrt{x-x^2}} dx + \int_{1}^{\frac{3}{2}} \frac{1}{\sqrt{x^2-x}} dx$$

$$= \int_{\frac{1}{2}}^{1} \frac{1}{\sqrt{\frac{1}{4}-\left(x-\frac{1}{2}\right)^2}} dx + \int_{1}^{\frac{3}{2}} \frac{1}{\sqrt{\left(x-\frac{1}{2}\right)^2 - \frac{1}{4}}} dx$$

$$= \arcsin(2x-1) \Big|_{\frac{1}{2}}^{1} + \ln\left[\left(x-\frac{1}{2}\right) + \sqrt{\left(x-\frac{1}{2}\right)^2 - \frac{1}{4}}\right]\Big|_{1}^{\frac{3}{2}}$$

$$= \frac{\pi}{2} + \ln(2+\sqrt{3})$$

**例 3.24**(精选题) 计算积分 $\int_{0}^{2\pi} \sqrt{1-\sin 2x}\, dx$.

**解析** 将原定积分化为三个定积分的和,分别积分,则

$$原式 = \int_{0}^{\frac{\pi}{4}} (\cos x - \sin x) dx + \int_{\frac{\pi}{4}}^{\frac{5\pi}{4}} (\sin x - \cos x) dx + \int_{\frac{5\pi}{4}}^{2\pi} (\cos x - \sin x) dx$$

$$= (\sin x + \cos x)\Big|_{0}^{\frac{\pi}{4}} + (-\cos x - \sin x)\Big|_{\frac{\pi}{4}}^{\frac{5\pi}{4}} + (\sin x + \cos x)\Big|_{\frac{5\pi}{4}}^{2\pi}$$

$$= (\sqrt{2}-1) + (\sqrt{2}+\sqrt{2}) + (1+\sqrt{2}) = 4\sqrt{2}$$

**例 3.25**(全国 2016) 已知函数 $f(x)$ 在区间 $\left[0, \frac{3\pi}{2}\right]$ 上连续,在区间 $\left(0, \frac{3\pi}{2}\right)$ 内是函数 $\frac{\cos x}{2x-3\pi}$ 的一个原函数,且 $f(0) = 0$.

(1) 求 $f(x)$ 在区间 $\left[0, \frac{3\pi}{2}\right]$ 上的平均值;

(2) 证明:$f(x)$ 在区间 $\left(0, \frac{3\pi}{2}\right)$ 内存在唯一零点.

**解析** (1) 由于

$$\lim_{x\to\left(\frac{3}{2}\pi\right)^{-}} \frac{\cos x}{2x-3\pi} \stackrel{\frac{0}{0}}{=} \lim_{x\to\left(\frac{3}{2}\pi\right)^{-}} \frac{-\sin x}{2} = \frac{1}{2}$$

所以 $\frac{\cos x}{2x-3\pi}$ 在 $\left[0, \frac{3\pi}{2}\right]$ 上可积,且 $f(x) = \int_{0}^{x} \frac{\cos t}{2t-3\pi} dt \left(0 \leqslant x \leqslant \frac{3}{2}\pi\right), f'(x) = \frac{\cos x}{2x-3\pi}$. $f(x)$ 在区间 $\left[0, \frac{3\pi}{2}\right]$ 上的平均值为

$$\overline{f(x)} = \frac{2}{3\pi} \int_{0}^{3\pi/2} f(x) dx = \frac{2}{3\pi} \left(x f(x)\Big|_{0}^{3\pi/2} - \int_{0}^{3\pi/2} x f'(x) dx\right)$$

$$= f\left(\frac{3\pi}{2}\right) - \frac{2}{3\pi}\int_0^{3\pi/2} x\frac{\cos x}{2x-3\pi}\mathrm{d}x$$

$$= f\left(\frac{3\pi}{2}\right) - \frac{1}{3\pi}\int_0^{3\pi/2} \frac{2x-3\pi+3\pi}{2x-3\pi}\cos x \mathrm{d}x$$

$$= f\left(\frac{3\pi}{2}\right) - \frac{1}{3\pi}\int_0^{3\pi/2} \cos x \mathrm{d}x - \int_0^{3\pi/2}\frac{\cos x}{2x-3\pi}\mathrm{d}x$$

$$= -\frac{1}{3\pi}\int_0^{3\pi/2} \cos x \mathrm{d}x = \frac{1}{3\pi}$$

(2) 在区间 $\left(0, \frac{\pi}{2}\right)$ 上函数 $\frac{\cos x}{2x-3\pi} < 0$，所以 $f\left(\frac{\pi}{2}\right) = \int_0^{\pi/2}\frac{\cos t}{2t-3\pi}\mathrm{d}t < 0$. 又因为 $\overline{f(x)} = \frac{1}{3\pi} > 0$，所以存在 $c \in \left(\frac{\pi}{2}, \frac{3\pi}{2}\right)$，使得 $f(c) > 0$，又 $f(x)$ 在 $\left[\frac{\pi}{2}, c\right]$ 上连续，应用零点定理可知 $f(x)$ 在区间 $\left(\frac{\pi}{2}, c\right)$ 内至少有一个零点. 假设 $f(x)$ 在区间 $\left(0, \frac{3\pi}{2}\right)$ 内有两个零点 $\xi_1, \xi_2 \left(0 < \xi_1 < \xi_2 < \frac{3\pi}{2}\right)$，由于 $f(0) = 0$，在区间 $[0, \xi_1]$ 与 $[\xi_1, \xi_2]$ 上分别应用罗尔定理，可得 $f'(x)$ 在 $\left(0, \frac{3\pi}{2}\right)$ 内至少有两个零点. 而这是不可能的，因为方程 $f'(x) = \frac{\cos x}{2x-3\pi} = 0$ 在 $\left(0, \frac{3\pi}{2}\right)$ 内只有唯一的根 $x = \frac{\pi}{2}$. 因此 $f(x)$ 在区间 $\left(\frac{\pi}{2}, c\right)$ 内有唯一零点.

**例 3.26**（精选题） 证明：方程 $\int_0^x \frac{\ln(2+t)}{2-t}\mathrm{d}t = \frac{1}{4}x^2 + \ln^2 2 - \frac{1}{4}$ 在 $(0,1)$ 内有且仅有一个根.

**解析** 设

$$F(x) = \int_0^x \frac{\ln(2+t)}{2-t}\mathrm{d}t - \left(\frac{1}{4}x^2 + \ln^2 2 - \frac{1}{4}\right) \quad (0 \leqslant x \leqslant 1)$$

则

$$\cdot F(0) = -\left(\ln^2 2 - \frac{1}{4}\right) < 0$$

又根据推广积分中值定理，$\exists \xi \in (0,1)$，使得

$$F(1) = \ln(2+\xi)\int_0^1 \frac{1}{2-t}\mathrm{d}t - \ln^2 2 = \ln(2+\xi)\ln 2 - \ln^2 2 > \ln^2 2 - \ln^2 2 = 0$$

则根据零点定理可知，$F(x)$ 在 $(0,1)$ 内至少有一个零点.

因为

$$F'(x) = \frac{\ln(2+x)}{2-x} - \frac{1}{2}x = \frac{\ln(2+x) - x + \frac{1}{2}x^2}{2-x} > \frac{\ln(1+x) - x + \frac{1}{2}x^2}{2-x}$$

设 $G(x) = \ln(1+x) - x + \dfrac{1}{2}x^2$,则
$$G'(x) = \dfrac{1}{1+x} - 1 + x = \dfrac{x^2}{1+x} > 0$$
于是当 $x \in (0,1)$ 时,$G(x)$ 单调增加,$G(x) > G(0) = 0$. 所以 $F'(x) > 0$,故 $F(x)$ 在 $[0,1]$ 上为单调增加,原方程在 $(0,1)$ 内有且仅有一个根.

**例 3.27**(南大 2008) $\displaystyle\int_0^{\frac{\pi}{2}} \dfrac{e^{\sin x}}{e^{\sin x} + e^{\cos x}} dx = $ _____.

**解析** 原式 $= \displaystyle\int_0^{\frac{\pi}{2}} \dfrac{e^{\sin x} + e^{\cos x} - e^{\cos x}}{e^{\sin x} + e^{\cos x}} dx = \dfrac{\pi}{2} - \displaystyle\int_0^{\frac{\pi}{2}} \dfrac{e^{\cos x}}{e^{\sin x} + e^{\cos x}} dx$

$\xlongequal{\diamondsuit x = \frac{\pi}{2} - t} \dfrac{\pi}{2} - \displaystyle\int_0^{\frac{\pi}{2}} \dfrac{e^{\sin t}}{e^{\cos t} + e^{\sin t}} dt$

$= \dfrac{\pi}{2} - \displaystyle\int_0^{\frac{\pi}{2}} \dfrac{e^{\sin x}}{e^{\sin x} + e^{\cos x}} dx$

所以
$$\int_0^{\frac{\pi}{2}} \dfrac{e^{\sin x}}{e^{\sin x} + e^{\cos x}} dx = \dfrac{\pi}{4}$$

**例 3.28**(南大 2005) $\displaystyle\int_{-2}^2 \max\{1, x^2, x^3\} dx = $ _____.

**解析** $\displaystyle\int_{-2}^2 \max\{1, x^2, x^3\} dx = \displaystyle\int_{-2}^{-1} x^2 dx + \displaystyle\int_{-1}^1 1 dx + \displaystyle\int_1^2 x^3 dx$

$= \dfrac{1}{3} x^3 \Big|_{-2}^{-1} + 2 + \dfrac{1}{4} x^4 \Big|_1^2$

$= \dfrac{7}{3} + 2 + \dfrac{15}{4} = \dfrac{97}{12}$

**例 3.29**(南大 2009) $\displaystyle\int_{-\frac{1}{2}}^{\frac{1}{2}} \left( \dfrac{\sin x}{x^2+1} + \sqrt{\ln^2(1-x)} \right) dx = $ _____.

**解析** 应用奇函数的定积分性质,有
$$\int_{-\frac{1}{2}}^{\frac{1}{2}} \dfrac{\sin x}{x^2+1} dx = 0$$
所以
原式 $= \displaystyle\int_{-\frac{1}{2}}^{\frac{1}{2}} \sqrt{\ln^2(1-x)} dx = \displaystyle\int_{-\frac{1}{2}}^0 \ln(1-x) dx - \displaystyle\int_0^{\frac{1}{2}} \ln(1-x) dx$

$= \displaystyle\int_0^{\frac{1}{2}} \ln(1+x) dx - \displaystyle\int_0^{\frac{1}{2}} \ln(1-x) dx = \displaystyle\int_0^{\frac{1}{2}} \ln \dfrac{1+x}{1-x} dx$

$= x \ln \dfrac{1+x}{1-x} \Big|_0^{\frac{1}{2}} - 2 \displaystyle\int_0^{\frac{1}{2}} \dfrac{x}{1-x^2} dx$

$= \dfrac{1}{2} \ln 3 + \ln(1-x^2) \Big|_0^{\frac{1}{2}} = \dfrac{3}{2} \ln 3 - 2 \ln 2$

**例3.30**(南大 2010)　求 $\int_0^1 \dfrac{(1-x)^{2k+1}x^j}{(2k+1)!j!}\mathrm{d}x$.

**解析**　逐次应用分部积分公式,有

$$\text{原式} = \int_0^1 \frac{(1-x)^{2k+1}}{(2k+1)!(j+1)!}\mathrm{d}x^{j+1}$$

$$= \frac{(1-x)^{2k+1}x^{j+1}}{(2k+1)!(j+1)!}\bigg|_0^1 + \int_0^1 \frac{(1-x)^{2k}x^{j+1}}{(2k)!(j+1)!}\mathrm{d}x$$

$$= \int_0^1 \frac{(1-x)^{2k}}{(2k)!(j+2)!}\mathrm{d}x^{j+2}$$

$$= \frac{(1-x)^{2k}x^{j+2}}{(2k)!(j+2)!}\bigg|_0^1 + \int_0^1 \frac{(1-x)^{2k-1}x^{j+2}}{(2k-1)!(j+2)!}\mathrm{d}x$$

$$= \int_0^1 \frac{(1-x)^{2k-1}x^{j+2}}{(2k-1)!(j+2)!}\mathrm{d}x = \cdots = \int_0^1 \frac{(1-x)^{1}x^{j+2k}}{1!(j+2k)!}\mathrm{d}x$$

$$= \int_0^1 \frac{(1-x)}{(j+2k+1)!}\mathrm{d}x^{j+2k+1}$$

$$= \frac{(1-x)x^{j+2k+1}}{(j+2k+1)!}\bigg|_0^1 + \int_0^1 \frac{x^{j+2k+1}}{(j+2k+1)!}\mathrm{d}x$$

$$= 0 + \frac{x^{j+2k+2}}{(j+2k+2)!}\bigg|_0^1 = \frac{1}{(j+2k+2)!}$$

**例3.31**(南大 2005)　设 $P_k(t) = \dfrac{1}{2^k k!}\dfrac{\mathrm{d}^k(t^2-1)^k}{\mathrm{d}t^k}$ $(k=0,1,2,\cdots)$,求

$$\int_{-1}^1 P_m(t)P_n(t)\mathrm{d}t \quad (m<n)$$

**解析**　记

$$Q(t) = \frac{1}{2^n n!}(t^2-1)^n = \frac{1}{2^n n!}(t-1)^n(t+1)^n$$

则 $P_n(t) = Q^{(n)}(t)$,$Q(\pm 1) = 0$. 应用莱布尼茨公式,有

$$Q^{(i)}(t) = \frac{1}{2^n n!}[n(n-1)\cdots(n-i+1)(t-1)^{n-i}(t+1)^n + \cdots$$
$$+ (t-1)^n n(n-1)\cdots(n-i+1)(t+1)^{n-i}] \quad (i=1,2,\cdots,n-1)$$

于是

$$Q^{(i)}(\pm 1) = 0 \quad (i=1,2,\cdots,n-1)$$

记 $G(t) = \dfrac{1}{2^m m!}(t^2-1)^m$,则 $P_m(t) = G^{(m)}(t)$. 由于 $G(t)$ 是 $t$ 的 $2m$ 次多项式, $n+m > 2m$,所以 $\forall t \in \mathbf{R}$ 有 $P_m^{(n)}(t) = G^{(m+n)}(t) = 0$. $n$ 次应用分部积分法,得

$$\int_{-1}^1 P_m(t)P_n(t)\mathrm{d}t = \int_{-1}^1 P_m(t)Q^{(n)}(t)\mathrm{d}t = \int_{-1}^1 P_m(t)\mathrm{d}Q^{(n-1)}(t)$$

$$= P_m(t)Q^{(n-1)}(t)\bigg|_{-1}^1 - \int_{-1}^1 P_m'(t)\mathrm{d}Q^{(n-2)}(t)$$

$$= P_m(t)Q^{(n-1)}(t)\Big|_{-1}^{1} - P_m'(t)Q^{(n-2)}(t)\Big|_{-1}^{1} + \int_{-1}^{1} P_m''(t)\mathrm{d}Q^{(n-3)}(t)$$
$$= \cdots$$
$$= \left[P_m(t)Q^{(n-1)}(t) - P_m'(t)Q^{(n-2)}(t) + \cdots + (-1)^{n-1}P_m^{(n-1)}(t)Q(t)\right]\Big|_{-1}^{1}$$
$$+ (-1)^n \int_{-1}^{1} P_m^{(n)}(t)Q(t)\mathrm{d}t$$
$$= 0 + (-1)^n \int_{-1}^{1} G^{(m+n)}(t)Q(t)\mathrm{d}t$$
$$= 0$$

**例 3.32**(南大 2010)  设 $f(x)$ 在 $[a,b]$ 上连续,且
$$\int_a^b f(x)\mathrm{d}x = \int_a^b xf(x)\mathrm{d}x = \int_a^b x^2 f(x)\mathrm{d}x = 0$$
求证:$f(x)$ 在 $(a,b)$ 内至少有三个零点.

**解析**  因 $f(x)$ 在 $[a,b]$ 上连续,令 $F(x) = \int_a^x f(t)\mathrm{d}t$,则 $F(a) = F(b) = 0$,且 $F'(x) = f(x)$,应用积分中值定理,$\exists c \in (a,b)$,使得
$$\int_a^b xf(x)\mathrm{d}x = xF(x)\Big|_a^b - \int_a^b F(x)\mathrm{d}x$$
$$= -F(c)(b-a) = 0$$
所以 $F(c) = 0$. 对 $F(x)$ 在 $[a,c]$ 与 $[c,b]$ 上分别应用罗尔定理,$\exists c_1 \in (a,c)$,$\exists c_2 \in (c,b)$,使得
$$F'(c_1) = f(c_1) = 0, \quad F'(c_2) = f(c_2) = 0$$
即 $f(x)$ 在 $(a,b)$ 内至少有两个零点.

假设 $f(x)$ 在 $(a,b)$ 内恰有两个零点 $c_1, c_2(a < c_1 < c_2 < b)$,则 $f(x)$ 取值的符号有下列六种情况:

| 情况 | 函数 | $(a,c_1)$ | $c_1$ | $(c_1,c_2)$ | $c_2$ | $(c_2,b)$ |
| --- | --- | --- | --- | --- | --- | --- |
| 1 |  | + | 0 | − | 0 | + |
| 2 |  | + | 0 | + | 0 | − |
| 3 | $f(x)$ | + | 0 | − | 0 | − |
| 4 |  | − | 0 | + | 0 | − |
| 5 |  | − | 0 | − | 0 | + |
| 6 |  | − | 0 | + | 0 | + |

下面证明这六种情况皆不可能发生. 情况 1:取多项式 $p(x) = (x-c_1)(x-c_2)$;情况 2:取多项式 $p(x) = c_2 - x$;情况 3:取多项式 $p(x) = c_1 - x$;情况 4:取多项式 $p(x) = (x-c_1)(c_2-x)$;情况 5:取多项式 $p(x) = x - c_2$;情况 6:取多项式 $p(x) = x - c_1$. 这里多项式为一次或二次多项式,由题意得

$$\int_a^b p(x)f(x)\mathrm{d}x = 0$$

另一方面,由于这些多项式在区间$(a,c_1),(c_1,c_2),(c_2,b)$内的取值符号与$f(x)$在这些区间上的取值符号完全相同,于是在$(a,c_1),(c_1,c_2),(c_2,b)$内$p(x)f(x)$皆取正值,且$p(x)f(x)$在$[a,b]$上连续,所以

$$\int_a^b p(x)f(x)\mathrm{d}x > 0$$

从而导出了矛盾,所以$f(x)$在$(a,b)$内至少有3个零点.

**例3.33**(南大2010)  计算$\lim\limits_{n\to\infty}\left[\dfrac{(2n)!!}{(2n-1)!!}\right]^2 \dfrac{1}{2n+1}$.

**解析**  应用公式

$$\int_0^{\frac{\pi}{2}} \sin^{2n}x\mathrm{d}x = \frac{(2n-1)!!}{(2n)!!}\cdot\frac{\pi}{2}, \quad \int_0^{\frac{\pi}{2}} \sin^{2n+1}x\mathrm{d}x = \frac{(2n)!!}{(2n+1)!!}$$

当$0 < x < \dfrac{\pi}{2}$时,$\sin^{2n+1}x < \sin^{2n}x < \sin^{2n-1}x$,应用定积分的保号性,可得

$$\int_0^{\frac{\pi}{2}} \sin^{2n+1}x\mathrm{d}x < \int_0^{\frac{\pi}{2}} \sin^{2n}x\mathrm{d}x < \int_0^{\frac{\pi}{2}} \sin^{2n-1}x\mathrm{d}x$$

$$\Rightarrow \frac{(2n)!!}{(2n+1)!!} < \frac{(2n-1)!!}{(2n)!!}\cdot\frac{\pi}{2} < \frac{(2n-2)!!}{(2n-1)!!}$$

$$\Rightarrow \frac{(2n-1)!!}{(2n-2)!!} < \frac{(2n)!!}{(2n-1)!!}\cdot\frac{2}{\pi} < \frac{(2n+1)!!}{(2n)!!}$$

$$\Rightarrow \frac{\pi}{2}\cdot\frac{2n}{2n+1} < \left(\frac{(2n)!!}{(2n-1)!!}\right)^2 \frac{1}{2n+1} < \frac{\pi}{2}$$

因为$\lim\limits_{n\to\infty}\dfrac{\pi}{2}\cdot\dfrac{2n}{2n+1} = \dfrac{\pi}{2}$,应用夹逼准则得$\lim\limits_{n\to\infty}\left[\dfrac{(2n)!!}{(2n-1)!!}\right]^2 \dfrac{1}{2n+1} = \dfrac{\pi}{2}$.

注:此题极限的结论称为瓦里斯公式.

# 专题 6  定积分的应用与反常积分

## 6.1 重要概念与基本方法

### 1 定积分在几何上的应用

(1) 求平面图形的面积. 首先画出平面图形, 我们把图形分为三种情况 (分别如图 6.1、图 6.2、图 6.3 所示):

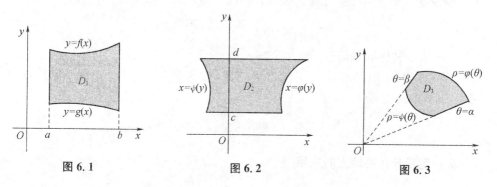

图 6.1  图 6.2  图 6.3

**情况 1**  图形 $D_1 = \{(x,y) \mid a \leqslant x \leqslant b, g(x) \leqslant y \leqslant f(x)\}$, 则面积公式为
$$S = \int_a^b (f(x) - g(x)) \mathrm{d}x$$

**情况 2**  图形 $D_2 = \{(x,y) \mid c \leqslant y \leqslant d, \psi(y) \leqslant x \leqslant \varphi(y)\}$, 则面积公式为
$$S = \int_c^d (\varphi(y) - \psi(y)) \mathrm{d}y$$

**情况 3**  图形 $D_3 = \{(\rho,\theta) \mid \alpha \leqslant \theta \leqslant \beta, \psi(\theta) \leqslant \rho \leqslant \varphi(\theta)\}$, 则面积公式为
$$S = \frac{1}{2} \int_\alpha^\beta (\varphi^2(\theta) - \psi^2(\theta)) \mathrm{d}\theta$$

(2) 求特殊立体的体积.

**情况 1**  立体 $\Omega$ 满足条件: 用垂直于 $x$ 轴的平面与 $\Omega$ 的相截, 其截面面积可表示为 $S(x)(a \leqslant x \leqslant b)$, 则立体 $\Omega$ 的体积为 $V = \int_a^b S(x) \mathrm{d}x$.

**情况 2**  若立体 $\Omega_1$ 是由图形 $D_1 = \{(x,y) \mid a \leqslant x \leqslant b, 0 \leqslant g(x) \leqslant y \leqslant f(x)\}$

绕 $x$ 轴旋转一周生成的,则其体积为 $V_x = \pi \int_a^b (f^2(x) - g^2(x))\mathrm{d}x$.

**情况 3**　若立体 $\Omega_2$ 是由图形 $D_1 = \{(x,y) \mid 0 \leqslant a \leqslant x \leqslant b, g(x) \leqslant y \leqslant f(x)\}$ 绕 $y$ 轴旋转一周生成的,则其体积为 $V_y = 2\pi \int_a^b x(f(x) - g(x))\mathrm{d}x$.

**注意**:图形 $D_2$ 绕 $y$ 轴旋转或绕 $x$ 轴旋转一周时,有类似于上述情况 2 与情况 3 的求体积的公式,这里不赘.

(3) 求平面曲线的弧长.

**情况 1**　平面曲线的方程为 $y = f(x)(a \leqslant x \leqslant b)$ 时,有弧长公式
$$s = \int_a^b \sqrt{1 + (f'(x))^2}\,\mathrm{d}x$$

**情况 2**　平面曲线的方程为 $x = \varphi(t), y = \psi(t)(\alpha \leqslant t \leqslant \beta)$ 时,有弧长公式
$$s = \int_\alpha^\beta \sqrt{(\varphi'(t))^2 + (\psi'(t))^2}\,\mathrm{d}t$$

**情况 3**　平面曲线的方程为 $\rho = \rho(\theta)(\alpha \leqslant \theta \leqslant \beta)$ 时,有弧长公式
$$s = \int_\alpha^\beta \sqrt{(\rho(\theta))^2 + (\rho'(\theta))^2}\,\mathrm{d}\theta$$

(4) 求旋转体的侧面积.

若立体 $\Omega_1$ 是由图形 $D_1 = \{(x,y) \mid a \leqslant x \leqslant b, 0 \leqslant y \leqslant f(x)\}$ 绕 $x$ 轴旋转一周生成的,则此旋转体的侧面积为
$$S = 2\pi \int_a^b f(x)\sqrt{1 + (f'(x))^2}\,\mathrm{d}x$$

## 2　定积分在物理上的应用

在物理上定积分可用于求:(1) 变力在直线方向运动时所做的功;(2) 平面图形的形心;(3) 直杆对质点的引力.

## 3　无穷区间上的反常积分

(1) 定义:若 $f(x)$ 在任意有限区间 $[a,x]$ 上可积, $\lim\limits_{x \to +\infty} \int_a^x f(x)\mathrm{d}x = A(A \in \mathbf{R})$,则称反常积分 $\int_a^{+\infty} f(x)\mathrm{d}x$ 收敛,称 $x = +\infty$ 为奇点;否则称此反常积分发散.

(2) 基本结论:当且仅当 $p > 1$ 时,反常积分 $\int_1^{+\infty} \dfrac{1}{x^p}\mathrm{d}x$ 收敛.

(3) 敛散性判别法: $x = +\infty$ 是反常积分的唯一奇点, $x \to +\infty$ 时,若
$$f(x) \sim \frac{1}{x^p} \quad (p > 1) \quad \text{或} \quad f(x) = o\left(\frac{1}{x^p}\right) \quad (p > 1)$$

则反常积分 $\int_1^{+\infty} f(x)\mathrm{d}x$ 收敛.

(4) 无穷区间上的反常积分的计算.

**定理 1**(广义牛顿-莱布尼茨公式 Ⅰ)  若 $x=+\infty$ 是反常积分的唯一奇点,且有 $F'(x)=f(x)$,则
$$\int_a^{+\infty} f(x)\mathrm{d}x = F(x)\Big|_a^{+\infty}$$

**定理 2**(广义换元积分公式 Ⅰ)  若 $x=+\infty$ 是反常积分的唯一奇点,$x=\varphi(t)\in\mathscr{C}^{(1)}$,$\varphi(\alpha)=a$,$\varphi(\beta)=+\infty$($\beta$ 可为 $+\infty$),则
$$\int_a^{+\infty} f(x)\mathrm{d}x = \int_\alpha^{\beta(+\infty)} f(\varphi(t))\varphi'(t)\mathrm{d}t$$

**定理 3**(广义分部积分公式 Ⅰ)  设 $x=+\infty$ 是反常积分的唯一奇点,$u(x)$,$v(x)\in\mathscr{C}^{(1)}$,则
$$\int_a^{+\infty} u(x)\mathrm{d}v(x) = u(x)v(x)\Big|_a^{+\infty} - \int_a^{+\infty} v(x)\mathrm{d}u(x)$$

## 4　无界函数的反常积分

(1) 定义.

**定义 1**  若 $f(x)$ 在 $x=b$ 的左邻域内无界,在区间 $[a,x]$($a<x<b$) 上可积,$\lim\limits_{x\to b^-}\int_a^x f(x)\mathrm{d}x = A(A\in\mathbf{R})$,则称反常积分 $\int_a^b f(x)\mathrm{d}x$ 收敛,称 $x=b$ 为瑕点;否则称此反常积分发散.

**定义 2**  若 $f(x)$ 在 $x=a$ 的右邻域内无界,在区间 $[x,b]$($a<x<b$) 上可积,$\lim\limits_{x\to a^+}\int_x^b f(x)\mathrm{d}x = A(A\in\mathbf{R})$,则称反常积分 $\int_a^b f(x)\mathrm{d}x$ 收敛,称 $x=a$ 为瑕点;否则称此反常积分发散.

(2) 基本结论:当且仅当 $p<1$ 时,反常积分 $\int_a^b \dfrac{1}{(b-x)^p}\mathrm{d}x$ 与 $\int_a^b \dfrac{1}{(x-a)^p}\mathrm{d}x$ 收敛.

(3) 敛散性判别法.

① 若 $x=b$ 是反常积分的唯一瑕点,$x\to b^-$ 时,若
$$f(x)\sim \frac{1}{(b-x)^p}\quad(p<1)\quad 或\quad f(x)=o\!\left(\frac{1}{(b-x)^p}\right)\quad(p<1)$$
则反常积分 $\int_a^b f(x)\mathrm{d}x$ 收敛.

② 若 $x=a$ 是反常积分的唯一瑕点,$x\to a^+$ 时,若
$$f(x)\sim \frac{1}{(x-a)^p}\quad(p<1)\quad 或\quad f(x)=o\!\left(\frac{1}{(x-a)^p}\right)\quad(p<1)$$
则反常积分 $\int_a^b f(x)\mathrm{d}x$ 收敛.

(4) 无界函数的反常积分的计算(下面以 $x=b$ 是唯一瑕点的情况写出,对于 $x=a$ 是唯一瑕点的情况可类似写出).

**定理 1**(广义牛顿-莱布尼茨公式 Ⅱ)  若 $x=b$ 是反常积分的唯一瑕点,$F'(x)=f(x)$,则
$$\int_a^b f(x)\mathrm{d}x = F(x)\Big|_a^{b^-}$$

**定理 2**(广义换元积分公式 Ⅱ)  若 $x=b$ 是反常积分的唯一瑕点,$x=\varphi(t)$ 连续可导,$\varphi(\alpha)=a,\varphi(\beta)=b(\beta$ 可为 $+\infty)$,则
$$\int_a^b f(x)\mathrm{d}x = \int_\alpha^{\beta(+\infty)} f(\varphi(t))\varphi'(t)\mathrm{d}t$$

**定理 3**(广义分部积分公式 Ⅱ)  若 $x=b$ 是反常积分的唯一瑕点,$u(x),v(x)\in \mathscr{C}^{(1)}$,则
$$\int_a^b u(x)\mathrm{d}v(x) = u(x)v(x)\Big|_a^{b^-} - \int_a^b v(x)\mathrm{d}u(x)$$

## 6.2 习题选解

**例 2.1**(习题 3.3 A 2)  求曲线 $y=x^2-4x+3$ 与其上点 $(0,3),(3,0)$ 处的切线所围图形的面积.

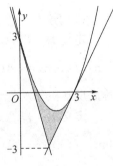

图 6.4

**解析**  因为 $y'=2x-4$,所以 $y'(0)=-4,y'(3)=2$,故过 $(0,3)$ 的切线为 $y=-4x+3$,过 $(3,0)$ 的切线为 $y=2x-6$,两条切线交于 $\left(\dfrac{3}{2},-3\right)$. 所围图形如图 6.4 所示,图形面积可化为下面两个定积分之和:
$$S=\int_0^{\frac{3}{2}}[(x^2-4x+3)-(-4x+3)]\mathrm{d}x + \int_{\frac{3}{2}}^3[(x^2-4x+3)-(2x-6)]\mathrm{d}x$$
$$=\int_0^{\frac{3}{2}} x^2\mathrm{d}x + \int_{\frac{3}{2}}^3 (x^2-6x+9)\mathrm{d}x = \frac{1}{3}x^3\Big|_0^{\frac{3}{2}} + \left(\frac{1}{3}x^3-3x^2+9x\right)\Big|_{\frac{3}{2}}^3 = \frac{9}{4}$$

**例 2.2**(习题 3.3 A 4.1)  求曲线 $\sqrt{x}+\sqrt{y}=1$ 的弧长.

**解析**  由题意 $x\in[0,1],y=(1-\sqrt{x})^2$,应用弧长公式,并令 $x=u^2(u\geqslant 0)$,则
$$s=\int_0^1 \sqrt{1+(1-x^{-\frac{1}{2}})^2}\,\mathrm{d}x = 2\int_0^1 \sqrt{2u^2-2u+1}\,\mathrm{d}u = \sqrt{2}\int_0^1 \sqrt{(2u-1)^2+1}\,\mathrm{d}u$$
令 $2u-1=\tan t$,则 $s=\dfrac{\sqrt{2}}{2}\int_{-\frac{\pi}{4}}^{\frac{\pi}{4}} \sec^3 t\,\mathrm{d}t = \sqrt{2}\int_0^{\frac{\pi}{4}} \sec^3 t\,\mathrm{d}t$. 记 $\int_0^{\frac{\pi}{4}} \sec^3 t\,\mathrm{d}t = A$,则

$$A = \int_0^{\frac{\pi}{4}} \sec t \mathrm{d}\tan t = \sec t \tan t \Big|_0^{\frac{\pi}{4}} - \int_0^{\frac{\pi}{4}} \tan^2 t \sec t \mathrm{d}t$$
$$= \sqrt{2} - \int_0^{\frac{\pi}{4}} \sec^3 t \mathrm{d}t + \int_0^{\frac{\pi}{4}} \sec t \mathrm{d}t = \sqrt{2} - A + \ln|\sec x + \tan x| \Big|_0^{\frac{\pi}{4}}$$
$$= \sqrt{2} - A + \ln|\sqrt{2} + 1|$$

于是 $A = \dfrac{\sqrt{2}}{2} + \dfrac{1}{2}\ln(\sqrt{2}+1)$，因此所求曲线的弧长为 $s = 1 + \dfrac{\sqrt{2}}{2}\ln(\sqrt{2}+1)$.

**例 2.3**(习题 3.3 A 7) 设 $D$ 为 $y = \dfrac{1}{2}x^2$ 与 $y = 2$ 所围的平面图形.

(1) 某立体以 $D$ 为底，垂直于 $y$ 轴的截面为等边三角形，求立体的体积；

(2) 某立体以 $D$ 为底，垂直于 $x$ 轴的截面为等边三角形，求立体的体积.

**解析** 化为定积分的计算.

(1) $V = \int_0^2 \sigma(y) \mathrm{d}y = \int_0^2 \sqrt{2y} \ \sqrt{2y} \ \sqrt{3} \ \mathrm{d}y = 2\sqrt{3} \int_0^2 y \mathrm{d}y = 4\sqrt{3}$

(2) $V = \int_{-2}^2 \sigma(x) \mathrm{d}x = \int_{-2}^2 \left[\left(2 - \dfrac{1}{2}x^2\right)\dfrac{1}{2}\right]^2 \sqrt{3} \mathrm{d}x$

$= \dfrac{\sqrt{3}}{2}\left(4x + \dfrac{1}{20}x^5 - \dfrac{2}{3}x^3\right)\Big|_0^2 = \dfrac{32}{15}\sqrt{3}$

**例 2.4**(习题 3.3 A 10) 在曲线 $y = x^2 (x \geqslant 0)$ 上某点处作切线，若该曲线、切线以及 $x$ 轴所围图形面积为 $\dfrac{1}{12}$，求切线方程，并求此图形绕 $x$ 轴旋转一周的旋转体的体积.

**解析** 设切点为 $(x_0, x_0^2)$，则曲线过 $(x_0, x_0^2)$ 的切线方程为 $y - x_0^2 = 2x_0(x - x_0)$. 该切线与 $x$ 轴的交点为 $\left(\dfrac{1}{2}x_0, 0\right)$，所围图形如图 6.5 所示，面积为

$$\int_0^{x_0} x^2 \mathrm{d}x - \dfrac{1}{4}x_0^3 = \dfrac{1}{12}x_0^3 = \dfrac{1}{12}$$

解得 $x_0 = 1$，于是切线方程为 $y = 2x - 1$.

切线与 $x$ 轴交点为 $\left(\dfrac{1}{2}, 0\right)$，故所求旋转体体积为

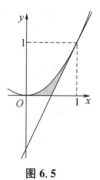

图 6.5

$$V = \pi \int_0^1 x^4 \mathrm{d}x - \dfrac{1}{3}\pi \cdot 1^2 \cdot \dfrac{1}{2} = \dfrac{1}{30}\pi$$

**例 2.5**(习题 3.3 B 13) 求 $y = \cos x \left(|x| \leqslant \dfrac{\pi}{2}\right)$ 与 $x$ 轴所围平面图形分别绕 $x$ 轴与绕 $y$ 轴旋转一周的旋转体的体积.

**解析** 应用旋转体体积的公式，绕 $x$ 轴旋转时，有

$$V = 2\pi \int_0^{\frac{\pi}{2}} \cos^2 x \, \mathrm{d}x = \pi \int_0^{\frac{\pi}{2}} (1+\cos 2x)\mathrm{d}x = \frac{\pi^2}{2}$$

绕 $y$ 轴旋转时,有

$$V = 2\pi \int_0^{\frac{\pi}{2}} x\cos x \, \mathrm{d}x = 2\pi \int_0^{\frac{\pi}{2}} x\mathrm{d}\sin x = 2\pi \left( x\sin x \Big|_0^{\frac{\pi}{2}} - \int_0^{\frac{\pi}{2}} \sin x \, \mathrm{d}x \right) = \pi^2 - 2\pi$$

**例 2.6**(习题 3.4 B 14)　一立体的底面为椭圆 $\dfrac{x^2}{a^2} + \dfrac{y^2}{b^2} = 1(a > b > 0)$,若垂直于长轴的截面为等边三角形,求该立体的体积.

**解析**　应用截面面积可求立体的体积公式,截面面积为 $\sqrt{3}b^2\left(1 - \dfrac{x^2}{a^2}\right)$,故

$$V = \int_{-a}^{a} \sqrt{3}b^2\left(1 - \frac{x^2}{a^2}\right)\mathrm{d}x = 2\sqrt{3}b^2\left(x - \frac{x^3}{3a^2}\right)\Big|_0^a = \frac{4\sqrt{3}}{3}ab^2$$

**例 2.7**(习题 3.3 B 15)　已知一平面图形由 $x^2 + y^2 \leqslant 2x$ 与 $y \geqslant x$ 确定,求此图形绕 $x = 2$ 旋转一周的旋转体体积..

**解析**　由 $x^2 + y^2 \leqslant 2x$ 与 $y \geqslant x$ 确定的平面图形如图 6.6 所示,应用微元法,有

$$\begin{aligned}
V &= \pi \int_0^1 ((1 - \sqrt{1-y^2} - 2)^2 - (y-2)^2)\mathrm{d}y \\
&= \pi \int_0^1 (2\sqrt{1-y^2} - 2y^2 + 4y - 2)\mathrm{d}y \\
&= \pi\left(2 \cdot \frac{1}{4}\pi \cdot 1^2 - \frac{2}{3} + 2 - 2\right) = \frac{\pi^2}{2} - \frac{2}{3}\pi
\end{aligned}$$

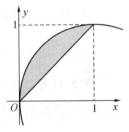

图 6.6

**例 2.8**(习题 3.3 B 16)　求由 $0 \leqslant \theta \leqslant \alpha\left(0 < \alpha < \dfrac{\pi}{2}\right), 0 \leqslant \rho \leqslant R(R > 0)$ 所确定的平面图形绕极轴旋转一周的旋转体的体积.

**解析**　如图 6.7 所示,转化为直角坐标系,此体积可化为一个圆锥体积和一段圆弧绕 $x$ 轴旋转的旋转体体积之和,即

$$\begin{aligned}
V &= \frac{1}{3}\pi R^3 \cos\alpha \sin^2\alpha + \pi \int_{R\cos\alpha}^{R} (R^2 - x^2)\mathrm{d}x \\
&= \frac{2}{3}\pi R^3 - \pi R^3 \cos\alpha + \frac{1}{3}\pi R^3 \cos^3\alpha + \frac{1}{3}\pi R^3 \cos\alpha \sin^2\alpha \\
&= \frac{2}{3}\pi R^3 (1 - \cos\alpha)
\end{aligned}$$

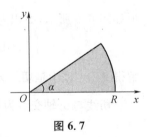

图 6.7

**例 2.9**(习题 3.3 B 17)　求曲线 $y^2 = 2px(0 \leqslant x \leqslant a)$ 绕 $x$ 轴旋转一周的旋转体的侧面积.

**解析**　由 $y^2(x) = 2px$,两边同时求导,可得 $y'(x) = \dfrac{p}{y(x)}$,化为定积分,则

$$S = 2\pi \int_0^a y(x) \sqrt{1 + \frac{p^2}{y^2(x)}} \mathrm{d}x = 2\pi \int_0^a \sqrt{2px + p^2} \mathrm{d}x$$
$$= \frac{2\pi}{3p}(2px + p^2)^{\frac{3}{2}} \Big|_0^a = \frac{2}{3}\pi \Big[\sqrt{p}(2a+p)^{\frac{3}{2}} - p^2\Big]$$

**例 2.10**(习题 3.5 A 1.8)  求反常积分 $\int_0^{+\infty} \frac{1}{1+x+x^2} \mathrm{d}x$.

**解析**  应用广义换元积分公式 I，令 $u = x + \frac{1}{2}$，则

$$\text{原式} = \int_0^{+\infty} \frac{1}{\left(x+\frac{1}{2}\right)^2 + \frac{3}{4}} \mathrm{d}\left(x+\frac{1}{2}\right) = \int_{\frac{1}{2}}^{+\infty} \frac{1}{u^2 + \frac{3}{4}} \mathrm{d}u$$
$$= \frac{2}{\sqrt{3}} \arctan \frac{2}{\sqrt{3}} u \Big|_{\frac{1}{2}}^{+\infty} = \frac{2\sqrt{3}}{9}\pi$$

**例 2.11**(习题 3.5 A 2.3)  求反常积分 $\int_0^2 \frac{1}{\sqrt{|x-1|}} \mathrm{d}x$.

**解析**  此反常积分有一个瑕点 $x=1$，将原积分化为两个反常积分之和，则

$$\text{原式} = \int_0^1 \frac{1}{\sqrt{1-x}} \mathrm{d}x + \int_1^2 \frac{1}{\sqrt{x-1}} \mathrm{d}x = -2(1-x)^{\frac{1}{2}} \Big|_0^{1^-} + 2(x-1)^{\frac{1}{2}} \Big|_{1^+}^2$$
$$= 2 + 2 = 4$$

**例 2.12**(习题 3.5 A 2.6)  求反常积分 $\int_0^1 \sqrt{\frac{x}{1-x}} \mathrm{d}x$.

**解析**  此反常积分有一个瑕点 $x=1$，令 $t = \sqrt{\frac{x}{1-x}}$，则 $x = \frac{t^2}{1+t^2}$. 应用广义换元积分公式 II 和广义分部积分公式 I，则

$$\text{原式} = \int_0^{+\infty} t \mathrm{d} \frac{t^2}{1+t^2} = \int_0^{+\infty} t \mathrm{d}\left(1 - \frac{1}{1+t^2}\right) = -\int_0^{+\infty} t \mathrm{d} \frac{1}{1+t^2}$$
$$= -\frac{t}{1+t^2} \Big|_0^{+\infty} + \int_0^{+\infty} \frac{1}{1+t^2} \mathrm{d}t = 0 + \arctan t \Big|_0^{+\infty} = \frac{\pi}{2}$$

**例 2.13**(习题 3.5 B 5)  设 $f(x) = \frac{A}{\mathrm{e}^x + \mathrm{e}^{-x}}$，$\int_{-\infty}^{+\infty} f(x) \mathrm{d}x = 1$，试求：

(1) $A$ 的值；

(2) $\int_{-\infty}^1 f(x) \mathrm{d}x$.

**解析**  (1) 应用广义牛顿-莱布尼茨公式 I，则

$$\int_{-\infty}^{+\infty} f(x) \mathrm{d}x = A \int_{-\infty}^{+\infty} \frac{\mathrm{e}^x}{\mathrm{e}^{2x}+1} \mathrm{d}x = A \arctan(\mathrm{e}^x) \Big|_{-\infty}^{+\infty} = A\left(\frac{\pi}{2} - 0\right) = 1$$

因此 $A = \frac{2}{\pi}$.

(2) 应用广义牛顿-莱布尼茨公式 I, 则

$$\int_{-\infty}^{1} f(x)dx = \frac{2}{\pi}\int_{-\infty}^{1} \frac{1}{e^x + e^{-x}}dx = \frac{2}{\pi}\arctan(e^x)\Big|_{-\infty}^{1} = \frac{2}{\pi}\arctan(e)$$

**例 2.14**(习题 3.5 B 6)  求 $\int_{0}^{+\infty} \frac{xe^x}{(1+e^x)^2}dx$.

**解析**  应用广义分部积分公式 I, 则

$$原式 = -\int_{0}^{+\infty} x d\frac{1}{1+e^x} = -\frac{x}{1+e^x}\Big|_{0}^{+\infty} + \int_{0}^{+\infty}\frac{1}{1+e^x}dx = \int_{0}^{+\infty}\frac{1}{1+e^x}dx$$

$$= \int_{0}^{+\infty}\left(1 - \frac{e^x}{1+e^x}\right)dx = [x - \ln(1+e^x)]\Big|_{0}^{+\infty}$$

$$= \lim_{x\to+\infty}[x - \ln(1+e^x)] + \ln 2$$

$$= \lim_{x\to+\infty}\ln\frac{e^x}{1+e^x} + \ln 2 = \ln 2$$

## 6.3 典型题选解

**例 3.1**(全国 2010)  求函数 $f(x) = \int_{1}^{x^2}(x^2 - t)e^{-t^2}dt$ 的单调区间与极值.

**解析**  函数 $f(x)$ 的定义域为 $(-\infty, +\infty)$, 由于

$$f(x) = x^2\int_{1}^{x^2} e^{-t^2}dt - \int_{1}^{x^2} te^{-t^2}dt$$

$$f'(x) = 2x\int_{1}^{x^2} e^{-t^2}dt + 2x^3 e^{-x^4} - 2x^3 e^{-x^4} = 2x\int_{1}^{x^2} e^{-t^2}dt$$

所以 $f(x)$ 的驻点为 $x = -1, 0, 1$. 列表讨论如下:

| $x$ | $(-\infty, -1)$ | $-1$ | $(-1, 0)$ | $0$ | $(0, 1)$ | $1$ | $(1, +\infty)$ |
|---|---|---|---|---|---|---|---|
| $f'(x)$ | $-$ | $0$ | $+$ | $0$ | $-$ | $0$ | $+$ |
| $f(x)$ | ↘ | 极小 | ↗ | 极大 | ↘ | 极小 | ↗ |

因此 $f(x)$ 的单调增加区间为 $(-1, 0)$ 及 $(1, +\infty)$, 单调减少区间为 $(-\infty, -1)$ 及 $(0, 1)$; 极小值为 $f(-1) = f(1) = 0$, 极大值为

$$f(0) = \int_{0}^{1} te^{-t^2}dt = \frac{1}{2}\left(1 - \frac{1}{e}\right)$$

**例 3.2**(全国 2008)  设函数 $f(x) = \int_{0}^{1}|t(t-x)|dt \,(0 < x < 1)$, 求 $f(x)$ 的极值、单调区间及曲线 $y = f(x)$ 的凹凸区间.

**解析**  分区间积分得

$$f(x) = \int_{0}^{x} t(x-t)dt + \int_{x}^{1} t(t-x)dt = \frac{1}{3}x^3 - \frac{x}{2} + \frac{1}{3}$$

由 $f'(x) = x^2 - \dfrac{1}{2} = 0$,得 $x = \dfrac{\sqrt{2}}{2}, x = -\dfrac{\sqrt{2}}{2}$(舍去).因 $f''(x) = 2x > 0 (0 < x < 1)$,所以 $x = \dfrac{\sqrt{2}}{2}$ 为 $f(x)$ 的极小值点,极小值为 $f\left(\dfrac{\sqrt{2}}{2}\right) = \dfrac{1}{3}\left(1 - \dfrac{\sqrt{2}}{2}\right)$,且曲线 $y = f(x)$ 在 $\left(0, \dfrac{\sqrt{2}}{2}\right)$ 内单调减少,在 $\left(\dfrac{\sqrt{2}}{2}, 1\right)$ 内单调增加. $y = f(x)$ 在 $(0,1)$ 内是凹的.

**例 3.3**(全国 2014) 设函数 $f(x), g(x)$ 在区间 $[a,b]$ 上连续,且 $f(x)$ 单调增加,$0 \leqslant g(x) \leqslant 1$,证明:

(1) $0 \leqslant \displaystyle\int_a^x g(x) \mathrm{d}x \leqslant x - a, \, x \in [a,b]$;

(2) $\displaystyle\int_a^{a+\int_a^b g(t)\mathrm{d}t} f(x) \mathrm{d}x \leqslant \int_a^b f(x) g(x) \mathrm{d}x.$

**解析** (1) 由于 $0 \leqslant g(x) \leqslant 1$,应用定积分的保号性即得
$$0 \leqslant \int_a^x g(x) \mathrm{d}x \leqslant x - a$$

(2) 应用常数变易法,记
$$F(x) = \int_a^x f(x) g(x) \mathrm{d}x - \int_a^{a+\int_a^x g(t)\mathrm{d}t} f(x) \mathrm{d}x \quad (a \leqslant x \leqslant b)$$
应用变上限积分的求导数公式得
$$F'(x) = f(x)g(x) - g(x) f\left(a + \int_a^x g(t)\mathrm{d}t\right) = g(x)\left(f(x) - f\left(a + \int_a^x g(t)\mathrm{d}t\right)\right)$$
因 $f(x)$ 单调增加,$a \leqslant a + \displaystyle\int_a^x g(t)\mathrm{d}t \leqslant a + (x-a) = x$,所以 $F'(x) \geqslant 0$,故 $F(x)$ 单调增加,因此 $F(x) \geqslant F(a) = 0$. 即原不等式成立.

**例 3.4**(全国 2012) 由曲线 $y = \dfrac{\pi}{x}$ 和直线 $y = x$ 及 $y = 4x$ 在第一象限中围成的平面图形的面积为_____.

**解析** 图形如图 6.8 所示,点 $A, B, C$ 的坐标分别为 $A\left(\dfrac{\sqrt{\pi}}{2}, 2\sqrt{\pi}\right), B\left(\dfrac{\sqrt{\pi}}{2}, \dfrac{\sqrt{\pi}}{2}\right), C(\sqrt{\pi}, \sqrt{\pi})$. 三角形 $AOB$ 的面积为
$$S_1 = \dfrac{1}{2}\left(2\sqrt{\pi} - \dfrac{\sqrt{\pi}}{2}\right) \cdot \dfrac{\sqrt{\pi}}{2} = \dfrac{3}{8}\pi$$
曲边三角形 $ABC$ 的面积为
$$S_2 = \int_{\frac{\sqrt{\pi}}{2}}^{\sqrt{\pi}} \left(\dfrac{\pi}{x} - x\right) \mathrm{d}x = \left(\pi \ln x - \dfrac{1}{2}x^2\right)\Big|_{\frac{\sqrt{\pi}}{2}}^{\sqrt{\pi}}$$
$$= \pi \ln 2 - \dfrac{3}{8}\pi$$

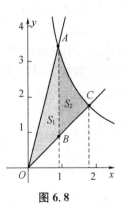

图 6.8

于是所求平面图形的面积为 $S_1 + S_2 = \pi\ln 2$.

**例 3.5**(全国 2014)  设函数 $f(x) = \dfrac{x}{1+x}, x \in [0,1]$. 定义函数列:
$$f_1(x) = f(x), \quad f_2(x) = f(f_1(x)), \quad \cdots, \quad f_n(x) = f(f_{n-1}(x))$$
记 $S_n$ 是由曲线 $y = f_n(x)$,直线 $x = 1$ 及 $x$ 轴所围图形的面积,求极限 $\lim\limits_{n\to\infty} nS_n$.

**解析**  根据题意,有
$$f_1(x) = \frac{x}{1+x}, \quad f_2(x) = \frac{\dfrac{x}{1+x}}{1 + \dfrac{x}{1+x}} = \frac{x}{1+2x}$$

归纳假设 $f_k(x) = \dfrac{x}{1+kx}$,则
$$f_{k+1}(x) = \frac{\dfrac{x}{1+kx}}{1 + \dfrac{x}{1+kx}} = \frac{x}{1+(k+1)x}$$

于是有 $f_n(x) = \dfrac{x}{1+nx}$($\forall n \in \mathbf{N}^*$). 因此
$$S_n = \frac{1}{n}\int_0^1 \frac{nx+1-1}{1+nx}dx = \frac{1}{n}\left(1 - \frac{1}{n}\ln(1+nx)\Big|_0^1\right)$$
$$= \frac{1}{n}\left(1 - \frac{1}{n}\ln(1+n)\right)$$

所以
$$\lim_{n\to\infty} nS_n = \lim_{n\to\infty}\left(1 - \frac{1}{n}\ln(1+n)\right) = 1 + 0 = 1$$

**例 3.6**(精选题)  已知曲线 $y = ax^2$ 与曲线 $y = \ln x$ 相切.

(1) 求 $a$ 的值;

(2) 求两曲线与 $x$ 轴所围图形的面积.

**解析**  (1) 切点处曲线 $y = ax^2$ 与曲线 $y = \ln x$ 切线相同,设切点为 $(x_0, y_0)$,则有 $2ax_0 = \dfrac{1}{x_0}, ax_0^2 = \ln x_0$,解得 $a = \dfrac{1}{2e}$,且 $x_0 = \sqrt{e}, y_0 = \dfrac{1}{2}$.

(2) 曲线 $y = \dfrac{1}{2e}x^2$ 与曲线 $y = \ln x$ 与 $x$ 轴所围图形(如图 6.9 所示)的面积为
$$S = \int_0^{\frac{1}{2}} (e^y - \sqrt{2ey})dy = \left(e^y - \frac{2\sqrt{2e}}{3}y^{\frac{3}{2}}\right)\Big|_0^{\frac{1}{2}}$$
$$= \frac{2}{3}\sqrt{e} - 1$$

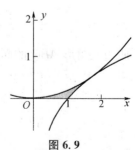

图 6.9

**例 3.7**（全国 2018） 已知曲线 $L: y = \dfrac{4}{9}x^2 (x \geq 0)$，点 $O(0,0)$，$A(0,1)$，设 $P$ 是 $L$ 上的动点，$S$ 是直线 $OA$、直线 $AP$ 与曲线 $L$ 所围图形的面积（如图 6.10 所示）. 若 $P$ 运动到点 $(3,4)$ 时沿 $x$ 轴正向的速度是 $4\ \mathrm{m/s}$，求此时 $S$ 关于时间 $t$ 的变化率.

**解析** 由题意有 $\left.\dfrac{\mathrm{d}x}{\mathrm{d}t}\right|_{x=3} = 4$，且

$$S = \dfrac{1}{2}x(1+y) - \int_0^x \dfrac{4}{9}x^2\,\mathrm{d}x$$
$$= \dfrac{1}{2}x\left(1 + \dfrac{4}{9}x^2\right) - \dfrac{4}{27}x^3$$
$$= \dfrac{1}{2}x + \dfrac{2}{27}x^3$$

由 $\dfrac{\mathrm{d}S}{\mathrm{d}t} = \dfrac{1}{2}\dfrac{\mathrm{d}x}{\mathrm{d}t} + \dfrac{2}{9}x^2\dfrac{\mathrm{d}x}{\mathrm{d}t}$，得

$$\left.\dfrac{\mathrm{d}S}{\mathrm{d}t}\right|_{x=3} = \left(\dfrac{1}{2} + \dfrac{2}{9}x^2\right)\left.\dfrac{\mathrm{d}x}{\mathrm{d}t}\right|_{x=3} = 10(\mathrm{m}^2/\mathrm{s})$$

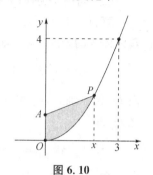

图 6.10

**例 3.8**（精选题） 已知抛物线 $y = px^2 + qx(p<0, q>0)$ 在第一象限和直线 $x+y=5$ 相切，设此抛物线与 $x$ 轴所围成的平面图形的面积为 $S$.

(1) 当 $p, q$ 为何值时 $S$ 达到最大值？

(2) 试求 $S$ 的最大值.

**解析** 抛物线上任一点的斜率 $y' = 2px + q$，直线 $x+y=5$ 的斜率为 $-1$，设切点为 $(x_0, y_0)$，则

$$2px_0 + q = -1, \quad px_0^2 + qx_0 = 5 - x_0$$

解得

$$x_0 = \dfrac{-1-q}{2p}, \quad p = -\dfrac{1}{20}(1+q)^2$$

抛物线 $y = px^2 + qx$ 交 $x$ 轴于 $(0,0)$ 和 $\left(-\dfrac{q}{p}, 0\right)$，应用定积分求面积，则

$$S = \int_0^{-\frac{q}{p}} (px^2 + qx)\,\mathrm{d}x = \left.\left(\dfrac{1}{3}px^3 + \dfrac{1}{2}qx^2\right)\right|_0^{-\frac{q}{p}} = \dfrac{q^3}{6p^2} = \dfrac{200q^3}{3(1+q)^4}$$

令 $S'(q) = \dfrac{200q^2(3-q)}{3(1+q)^5} = 0$，可得 $q = 3$ 是唯一驻点. 由于 $0 < q < 3$ 时，$S'(q) > 0$，$q > 3$ 时，$S'(q) < 0$，所以 $q = 3$ 为极大值（最大值）点，即当 $q = 3, p = -\dfrac{4}{5}$ 时 $S$ 取最大值 $\dfrac{225}{32}$.

**例 3.9**（精选题） 设 $D_1$ 是由抛物线 $y = 2x^2$ 和直线 $x = a, x = 2$ 及 $y = 0$ 所围成的平面区域，$D_2$ 是由抛物线 $y = 2x^2$ 和直线 $x = a, y = 0$ 所围成的平面区域，

其中 $0 < a < 2$.

(1) 试求 $D_1$ 绕 $x$ 轴旋转而成的旋转体体积 $V_1$ 和 $D_2$ 绕 $y$ 轴旋转而成的旋转体体积 $V_2$.

(2) 问当 $a$ 为何值时,$V_1 + V_2$ 取得最大值?试求此最大值.

**解析** (1) 区域 $D_1$ 和 $D_2$ 如图 6.11 所示. 应用求旋转体体积的公式,绕 $x$ 轴时,有

$$V_1 = \pi \int_a^2 (2x^2)^2 \mathrm{d}x = \frac{4}{5}\pi x^5 \Big|_a^2 = \frac{4}{5}\pi(32 - a^5)$$

而 $D_2$ 绕 $y$ 轴时,$V_2$ 可化为一个圆柱的体积和旋转体体积之差,即

$$V_2 = \pi a^2 \cdot 2a^2 - \pi \int_0^{2a^2} \frac{y}{2} \mathrm{d}y = 2\pi a^4 - \pi a^4 = \pi a^4$$

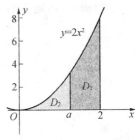

图 6.11

(2) 根据(1)得

$$V_1 + V_2 = \frac{4}{5}\pi(32 - a^5) + \pi a^4, \quad (V_1 + V_2)' = 4\pi(a^3 - a^4)$$

令 $(V_1 + V_2)' = 0$,可得 $a = 1$ 是唯一驻点. 当 $1 < a < 2$ 时,$(V_1 + V_2)' < 0$,即 $V_1 + V_2$ 在 $(1, 2)$ 上单调减少;当 $0 < a < 1$ 时,$(V_1 + V_2)' > 0$,即 $V_1 + V_2$ 在 $(0, 1)$ 上单调增加. 故 $a = 1$ 是极大值(最大值)点,$V_1 + V_2$ 在 $a = 1$ 时取得最大值 $\frac{129}{5}\pi$.

**例 3.10**(全国 2012) 过点 $(0, 1)$ 作曲线 $L: y = \ln x$ 的切线,切点为 $A$,又 $L$ 与 $x$ 轴交于 $B$ 点,区域 $D$ 由 $L$ 与直线 $AB$ 围成,求区域 $D$ 的面积及 $D$ 绕 $x$ 轴旋转一周所得旋转体的体积.

**解析** 如图 6.12 所示,设点 $A$ 的坐标为 $(a, \ln a)$,则

$$\frac{\ln a - 1}{a - 0} = (\ln x)' \Big|_{x=a} = \frac{1}{a}$$

解得 $a = \mathrm{e}^2$,故点 $A$ 的坐标为 $(\mathrm{e}^2, 2)$. 直线 $BA$ 的方程为

$$y = \frac{2}{\mathrm{e}^2 - 1}(x - 1)$$

图 6.12

区域 $D$ 的面积为

$$S = \int_1^{\mathrm{e}^2} \left(\ln x - \frac{2}{\mathrm{e}^2 - 1}(x - 1)\right) \mathrm{d}x$$

$$= x(\ln x - 1)\Big|_1^{\mathrm{e}^2} - \frac{1}{\mathrm{e}^2 - 1}(x - 1)^2 \Big|_1^{\mathrm{e}^2}$$

$$= \mathrm{e}^2 + 1 - (\mathrm{e}^2 - 1) = 2$$

所求旋转体的体积为

$$V = \pi \int_1^{\mathrm{e}^2} \ln^2 x \, \mathrm{d}x - \frac{1}{3}\pi \cdot 2^2 (\mathrm{e}^2 - 1)$$

$$= \pi x(\ln^2 x - 2\ln x + 2)\Big|_1^{e^2} - \frac{4}{3}\pi(e^2-1)$$
$$= 2\pi(e^2-1) - \frac{4}{3}\pi(e^2-1) = \frac{2}{3}\pi(e^2-1)$$

**例 3.11**(全国 2011)　曲线 $y = \int_0^x \tan t \, dt \left(0 \leqslant t \leqslant \frac{\pi}{4}\right)$ 的弧长 $s =$ _____.

**解析**　直接应用弧长公式,有
$$s = \int_0^{\frac{\pi}{4}} \sqrt{1+(y')^2}\,dx = \int_0^{\frac{\pi}{4}} \sqrt{1+\tan^2 x}\,dx$$
$$= \int_0^{\frac{\pi}{4}} \sec x\,dx = \ln|\sec x + \tan x|\Big|_0^{\frac{\pi}{4}} = \ln(1+\sqrt{2})$$

**例 3.12**(精选题)　设函数 $f(x)$ 的定义域和值域都是区间 $[0,1]$,并且 $f(x)$ 具有连续的一阶导数,$f'(x)$ 是单调减函数,$f(0) = f(1) = 0$. 证明:由方程 $y = f(x)(0 \leqslant x \leqslant 1)$ 所确定的曲线弧的长度不超过 3.

**解析**　由于可导函数 $f(x)$ 的定义域和值域都是区间 $[0,1]$,且 $f(0) = f(1) = 0$,由最值定理和费马引理知,存在 $x_0 \in (0,1)$,使得 $f(x_0) = 1$ 为最大值且 $f'(x_0) = 0$. 又 $f'(x)$ 是单调减函数,所以当 $0 \leqslant x < x_0$ 时,$f'(x) > 0$,有
$$1+(f'(x))^2 \leqslant 1+2f'(x)+(f'(x))^2 = (1+f'(x))^2$$
当 $x_0 < x \leqslant 1$ 时,$f'(x) < 0$,有
$$1+(f'(x))^2 \leqslant 1-2f'(x)+(f'(x))^2 = (1-f'(x))^2$$
从而由方程 $y = f(x)(0 \leqslant x \leqslant 1)$ 所确定的曲线弧的长度
$$l = \int_0^1 \sqrt{1+(f'(x))^2}\,dx = \int_0^{x_0} \sqrt{1+(f'(x))^2}\,dx + \int_{x_0}^1 \sqrt{1+(f'(x))^2}\,dx$$
$$\leqslant \int_0^{x_0} \sqrt{(1+f'(x))^2}\,dx + \int_{x_0}^1 \sqrt{(1-f'(x))^2}\,dx$$
$$= \int_0^{x_0} (1+f'(x))\,dx + \int_{x_0}^1 (1-f'(x))\,dx$$
$$= x_0 + f(x_0) - f(0) + (1-x_0) - (f(1)-f(x_0)) = 3$$

**例 3.13**(精选题)　设曲线 $\Gamma$ 的极坐标方程为
$$\rho(\theta) = a(1+\cos\theta) \quad (0 \leqslant \theta \leqslant \pi, a > 0)$$
求 $\Gamma$ 绕着极轴旋转一周所得旋转曲面的面积.

**解析**　曲线 $\Gamma$ 的参数方程为
$$x = \rho(\theta)\cos\theta = a(1+\cos\theta)\cos\theta, \quad y = \rho(\theta)\sin\theta = a(1+\cos\theta)\sin\theta$$
则所求旋转曲面的面积为
$$S = 2\pi\int_0^\pi \rho(\theta)\sin\theta\sqrt{\rho^2(\theta)+(\rho'(\theta))^2}\,d\theta$$
$$= 2\pi\int_0^\pi a(1+\cos\theta)\sin\theta\sqrt{2a^2(1+\cos\theta)}\,d\theta$$

$$= 8\pi a^2 \int_0^\pi \cos^3\frac{\theta}{2}\sin\theta d\theta$$

$$= 16\pi a^2 \int_0^\pi \cos^4\frac{\theta}{2}\sin\frac{\theta}{2}d\theta = \frac{32}{5}\pi a^2$$

**例 3.14**（全国 2016） 设 $D$ 是由曲线

$$y = \sqrt{1-x^2} \quad (0 \leqslant x \leqslant 1) \quad \text{与} \quad \begin{cases} x = \cos^3 t, \\ y = \sin^3 t \end{cases} \left(0 \leqslant t \leqslant \frac{\pi}{2}\right)$$

围成的平面区域，求 $D$ 绕 $x$ 轴旋转一周所得旋转体的体积和表面积.

**解析** 设圆的方程为 $y = y_1(x)$，星形线的方程为 $y = y_2(x)$，则 $D$ 绕 $x$ 轴旋转一周的旋转体的体积为

$$V = \pi\int_0^1 y_1^2(x)dx - \pi\int_0^1 y_2^2(x)dx$$

$$= \pi\int_0^1 (1-x^2)dx - \pi\int_{\pi/2}^0 \sin^6 t\, d\cos^3 t$$

$$= \pi\left(x - \frac{1}{3}x^3\right)\Big|_0^1 - 3\pi\int_0^{\pi/2}(\sin^7 t - \sin^9 t)dt$$

$$= \frac{2}{3}\pi - 3\pi\left(\frac{6!!}{7!!} - \frac{8!!}{9!!}\right) = \frac{2}{3}\pi - \frac{16}{105}\pi = \frac{18}{35}\pi$$

旋转体的表面积为

$$S = 2\pi\int_0^1 y_1(x)\sqrt{1+(y_1')^2}dx + 2\pi\int_0^{\pi/2} y(t)\sqrt{(x'(t))^2 + (y'(t))^2}dt$$

$$= 2\pi\int_0^1 \sqrt{1-x^2}\cdot\frac{1}{\sqrt{1-x^2}}dx + 6\pi\int_0^{\pi/2}\sin^4 t\cos t\, dt$$

$$= 2\pi + 6\pi\cdot\frac{1}{5}\sin^5 t\Big|_0^{\pi/2} = \frac{16}{5}\pi$$

**例 3.15**（全国 2011） 一容器的内侧是由图 6.13 中曲线绕 $y$ 轴旋转一周而成的曲面，该曲线由

$$x^2 + y^2 = 2y\left(y \geqslant \frac{1}{2}\right) \quad \text{与} \quad x^2 + y^2 = 1\left(y \leqslant \frac{1}{2}\right)$$

连接而成（长度单位为 m）.

(1) 求容器的容积；

(2) 若将容器内盛满的水从容器顶部全部抽出，至少需要做多少功？（重力加速度为 $g$ m/s$^2$，水的密度为 $10^3$ kg/m$^3$）

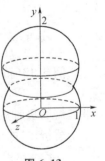

**图 6.13**

**解析** (1) 因为容器关于 $y = \frac{1}{2}$ 对称，所以容器的容积为

$$V = 2\cdot\pi\int_{-1}^{\frac{1}{2}} x^2 dy = 2\pi\int_{-1}^{\frac{1}{2}}(1-y^2)dy = \frac{9\pi}{4}(\text{m}^3)$$

(2) 应用微元法，所做的功为

$$W = 10^3 g\pi \int_{-1}^{\frac{1}{2}} (1-y^2)(2-y)\mathrm{d}y + 10^3 g\pi \int_{\frac{1}{2}}^{2} (2y-y^2)(2-y)\mathrm{d}y$$

$$= \frac{153 \times 10^3}{64} g\pi + \frac{63 \times 10^3}{64} g\pi = \frac{27 \times 10^3}{8} g\pi (\mathrm{J})$$

**例 3.16**（精选题） 已知 $\int_0^{+\infty} \frac{\sin x}{x}\mathrm{d}x = \frac{\pi}{2}$，求 $\int_0^{+\infty} \frac{\sin^2 x}{x^2}\mathrm{d}x$.

**解析** 应用广义分部积分公式 I 与广义换元积分公式 I，令 $u = 2x$，有

$$\int_0^{+\infty} \frac{\sin^2 x}{x^2}\mathrm{d}x = -\int_0^{+\infty} \sin^2 x \,\mathrm{d}\frac{1}{x} = -\left(\frac{1}{x}\sin^2 x \Big|_{0^+}^{+\infty} - \int_0^{+\infty} \frac{2\sin x \cos x}{x}\mathrm{d}x\right)$$

$$= \int_0^{+\infty} \frac{\sin 2x}{2x}\mathrm{d}(2x) = \int_0^{+\infty} \frac{\sin u}{u}\mathrm{d}u = \frac{\pi}{2}$$

**例 3.17**（精选题） 讨论反常积分 $\int_0^{+\infty} \frac{1+x^2}{1-x^2+x^4}\mathrm{d}x$ 的敛散性，若收敛，计算其值.

**解析** $x = +\infty$ 是唯一奇点，$x \to +\infty$ 时，$\frac{1+x^2}{1-x^2+x^4} \sim \frac{1}{x^2}$，所以原反常积分收敛. 令 $u = x - \frac{1}{x}$，应用广义换元积分公式 I，有

$$\int_0^{+\infty} \frac{1+x^2}{1-x^2+x^4}\mathrm{d}x = \int_0^{+\infty} \frac{1+\frac{1}{x^2}}{x^2-1+\frac{1}{x^2}}\mathrm{d}x = \int_0^{+\infty} \frac{\mathrm{d}\left(x-\frac{1}{x}\right)}{\left(x-\frac{1}{x}\right)^2+1}$$

$$= \int_{-\infty}^{+\infty} \frac{1}{u^2+1}\mathrm{d}u = \arctan u \Big|_{-\infty}^{+\infty} = \pi$$

**例 3.18**（南大 2007） 求 $\int_0^{+\infty} \frac{\ln x}{1+x^2}\mathrm{d}x$.

**解析** 此反常积分有一个奇点 $x = +\infty$，一个瑕点 $x = 0$，故

$$\int_0^{+\infty} \frac{\ln x}{1+x^2}\mathrm{d}x = \int_0^{1} \frac{\ln x}{1+x^2}\mathrm{d}x + \int_1^{+\infty} \frac{\ln x}{1+x^2}\mathrm{d}x$$

令 $x = \frac{1}{t}$，则

$$\int_0^1 \frac{\ln x}{1+x^2}\mathrm{d}x = \int_{+\infty}^1 \frac{-\ln t}{1+t^{-2}} \cdot \left(-\frac{1}{t^2}\right)\mathrm{d}t = -\int_1^{+\infty} \frac{\ln t}{1+t^2}\mathrm{d}t = -\int_1^{+\infty} \frac{\ln x}{1+x^2}\mathrm{d}x$$

由于 $x \to +\infty$ 时，$f(x) = \frac{\ln x}{1+x^2} = o\left(\frac{1}{x^{3/2}}\right)$，所以 $\int_1^{+\infty} \frac{\ln x}{1+x^2}\mathrm{d}x$ 收敛，于是

$$\int_0^{+\infty} \frac{\ln x}{1+x^2}\mathrm{d}x = 0$$

**例 3.19**（全国 2008） 计算 $\int_0^1 \frac{x^2 \arcsin x}{\sqrt{1-x^2}}\mathrm{d}x$.

**解析**　$x=1$ 是反常积分的瑕点. 令 $x=\sin t$, 应用广义换元积分公式 Ⅱ, 有

$$原式 = \int_0^{\frac{\pi}{2}} \frac{t\sin^2 t}{\cos t}\cos t\,\mathrm{d}t = \int_0^{\frac{\pi}{2}} t\sin^2 t\,\mathrm{d}t = \int_0^{\frac{\pi}{2}} \left(\frac{t}{2} - \frac{t\cos 2t}{2}\right)\mathrm{d}t$$

$$= \frac{t^2}{4}\Big|_0^{\frac{\pi}{2}} - \frac{1}{4}\int_0^{\frac{\pi}{2}} t\,\mathrm{d}\sin 2t = \frac{\pi^2}{16} - \frac{1}{8}\cos 2t\Big|_0^{\frac{\pi}{2}} = \frac{\pi^2}{16} + \frac{1}{4}$$

**例 3.20**(全国 2010)　设 $m,n$ 为正整数, 反常积分 $\int_0^1 \frac{\sqrt[m]{\ln^2(1-x)}}{\sqrt[n]{x}}\mathrm{d}x$ 的敛散性

　　　　　　　　　　　　　　　　　　　　　　　　　　　　　　　　( 　 )

(A) 仅与 $m$ 的取值有关　　　　　(B) 仅与 $n$ 的取值有关
(C) 与 $m,n$ 的取值都有关　　　　(D) 与 $m,n$ 的取值都无关

**解析**　反常积分可能的瑕点是 $x=0$ 与 $x=1$. 当 $x\to 0^+$ 时, 有

$$f(x) = \frac{\sqrt[m]{\ln^2(1-x)}}{\sqrt[n]{x}} \sim \frac{x^{\frac{2}{m}}}{x^{\frac{1}{n}}} = \frac{1}{x^p}, \quad p = \frac{1}{n} - \frac{2}{m}$$

因为 $\frac{1}{n} < 1 + \frac{2}{m}$, 即 $p < 1$, 于是 $\int_0^{\frac{1}{2}} f(x)\mathrm{d}x$ 收敛.

当 $x\to 1^-$ 时, 令 $t = 1-x$, 则 $t\to 0^+$. 由于

$$(1-x)^{\frac{1}{2}}f(x) = (1-x)^{\frac{1}{2}}\frac{\sqrt[m]{\ln^2(1-x)}}{\sqrt[n]{x}} \sim (t^{\frac{m}{4}}\ln t)^{\frac{2}{m}} \to 0$$

所以 $\int_{\frac{1}{2}}^1 f(x)\mathrm{d}x$ 收敛.

于是原反常积分收敛, 且与 $m,n$ 都无关. 故选(D).

**例 3.21**(全国 2013)　设函数

$$f(x) = \begin{cases} \dfrac{1}{(x-1)^{\alpha-1}} & (1 < x < \mathrm{e}); \\ \dfrac{1}{x\ln^{\alpha+1} x} & (x \geqslant \mathrm{e}) \end{cases}$$

若反常积分 $\int_1^{+\infty} f(x)\mathrm{d}x$ 收敛, 则　　　　　　　　　　　　　　( 　 )

(A) $\alpha < -2$　　　　　　　　　(B) $\alpha > 2$
(C) $-2 < \alpha < 0$　　　　　　　(D) $0 < \alpha < 2$

**解析**　反常积分

$$\int_1^{+\infty} f(x)\mathrm{d}x = \int_1^{\mathrm{e}} \frac{1}{(x-1)^{\alpha-1}}\mathrm{d}x + \int_{\mathrm{e}}^{+\infty} \frac{1}{x\ln^{\alpha+1} x}\mathrm{d}x$$

收敛, 其充要条件是上式右端两项皆收敛. 其中第一项有瑕点 $x=1$, 第二项有奇点 $x=+\infty$. 对于右端第一项, 令 $x-1=t$, 则

$$\int_1^{\mathrm{e}} \frac{1}{(x-1)^{\alpha-1}}\mathrm{d}x = \int_0^{\mathrm{e}-1} \frac{1}{t^{\alpha-1}}\mathrm{d}t$$

此式收敛的充要条件是 $\alpha-1<1$，即 $\alpha<2$. 对于右端第二项，应用广义换元积分公式 I，有

$$\int_e^{+\infty}\frac{1}{x\ln^{\alpha+1}x}\mathrm{d}x=\begin{cases}-\dfrac{1}{\alpha(\ln x)^\alpha}\Big|_e^{+\infty}=\dfrac{1}{\alpha} & (\alpha>0);\\ -\dfrac{1}{\alpha(\ln x)^\alpha}\Big|_e^{+\infty}=\infty & (\alpha<0);\\ \ln(\ln x)\Big|_e^{+\infty}=+\infty & (\alpha=0)\end{cases}$$

综上即得 $0<\alpha<2$. 故选(D).

**例 3.22**(精选题) (1) 设函数 $f(x)$ 在区间 $(0,1]$ 上单调增加，且 $f(x)\leqslant 0$，$f(0^+)=-\infty$，反常积分 $\int_0^1 f(x)\mathrm{d}x$ ($x=0$ 是瑕点) 收敛，则

$$\lim_{n\to\infty}\sum_{i=1}^n f\left(\frac{i}{n}\right)\cdot\frac{1}{n}=\int_0^1 f(x)\mathrm{d}x$$

(2) 设函数 $f(x)$ 在区间 $(0,1]$ 上单调减少，且 $f(x)\geqslant 0$，$f(0^+)=+\infty$，反常积分 $\int_0^1 f(x)\mathrm{d}x$ ($x=0$ 是瑕点) 收敛，则

$$\lim_{n\to\infty}\sum_{i=1}^n f\left(\frac{i}{n}\right)\cdot\frac{1}{n}=\int_0^1 f(x)\mathrm{d}x$$

**解析** (1) 应用定积分的可加性与保号性，有

$$\int_0^1 f(x)\mathrm{d}x=\sum_{i=0}^{n-1}\int_{\frac{i}{n}}^{\frac{i+1}{n}}f(x)\mathrm{d}x>\int_0^{\frac{1}{n}}f(x)\mathrm{d}x+\sum_{i=1}^{n-1}f\left(\frac{i}{n}\right)\cdot\frac{1}{n}$$
$$>\int_0^{\frac{1}{n}}f(x)\mathrm{d}x+\sum_{i=1}^n f\left(\frac{i}{n}\right)\cdot\frac{1}{n}$$

另一方面，再应用定积分的可加性与保号性，有

$$\int_0^1 f(x)\mathrm{d}x=\sum_{i=1}^n\int_{\frac{i-1}{n}}^{\frac{i}{n}}f(x)\mathrm{d}x<\sum_{i=1}^n f\left(\frac{i}{n}\right)\cdot\frac{1}{n}$$

所以有不等式

$$\int_0^{\frac{1}{n}}f(x)\mathrm{d}x<\int_0^1 f(x)\mathrm{d}x-\sum_{i=1}^n f\left(\frac{i}{n}\right)\cdot\frac{1}{n}<0$$

由于 $\int_0^1 f(x)\mathrm{d}x$ 收敛，故 $\lim\limits_{n\to\infty}\int_0^{\frac{1}{n}}f(x)\mathrm{d}x=0$，对上式应用夹逼准则即得

$$\lim_{n\to\infty}\left(\int_0^1 f(x)\mathrm{d}x-\sum_{i=1}^n f\left(\frac{i}{n}\right)\cdot\frac{1}{n}\right)=0\Leftrightarrow\lim_{n\to\infty}\sum_{i=1}^n f\left(\frac{i}{n}\right)\cdot\frac{1}{n}=\int_0^1 f(x)\mathrm{d}x$$

(2) 证明方法与(1)完全相同，一方面有

$$\int_0^1 f(x)\mathrm{d}x=\sum_{i=0}^{n-1}\int_{\frac{i}{n}}^{\frac{i+1}{n}}f(x)\mathrm{d}x<\int_0^{\frac{1}{n}}f(x)\mathrm{d}x+\sum_{i=1}^{n-1}f\left(\frac{i}{n}\right)\cdot\frac{1}{n}$$

$$< \int_0^{\frac{1}{n}} f(x)\,\mathrm{d}x + \sum_{i=1}^n f\left(\frac{i}{n}\right)\cdot \frac{1}{n}$$

另一方面有

$$\int_0^1 f(x)\,\mathrm{d}x = \sum_{i=1}^n \int_{\frac{i-1}{n}}^{\frac{i}{n}} f(x)\,\mathrm{d}x > \sum_{i=1}^n f\left(\frac{i}{n}\right)\cdot \frac{1}{n}$$

所以有不等式

$$0 < \int_0^1 f(x)\,\mathrm{d}x - \sum_{i=1}^n f\left(\frac{i}{n}\right)\cdot \frac{1}{n} < \int_0^{\frac{1}{n}} f(x)\,\mathrm{d}x$$

在上式中令 $n \to \infty$，应用夹逼准则即得所求.

**例 3.23**（精选题） 求极限 $\lim\limits_{n\to\infty}\dfrac{(n!)^{\frac{1}{n}}}{n}$.（注：复习题 3 题 5 另一种解法）

**解析** 因函数 $f(x) = \ln x$ 在区间 $(0,1]$ 上单调增加，$f(x) \leqslant 0, f(0^+) = -\infty$，且反常积分

$$\int_0^1 f(x)\,\mathrm{d}x = \int_0^1 \ln x\,\mathrm{d}x = x\ln x \Big|_{0^+}^1 - \int_0^1 x\,\mathrm{d}\ln x = -\int_0^1 1\,\mathrm{d}x = -1$$

应用例 3.22 的结论有

$$\lim_{n\to\infty}\sum_{i=1}^n \ln\left(\frac{i}{n}\right)\cdot \frac{1}{n} = \lim_{n\to\infty}\frac{1}{n}\ln\left(\frac{n!}{n^n}\right) = \lim_{n\to\infty}\ln\frac{(n!)^{\frac{1}{n}}}{n} = \int_0^1 \ln x\,\mathrm{d}x = -1$$

于是

$$\text{原式} = \exp\left(\lim_{n\to\infty}\ln\frac{(n!)^{\frac{1}{n}}}{n}\right) = \exp\left(\int_0^1 \ln x\,\mathrm{d}x\right) = \mathrm{e}^{-1}$$

**例 3.24**（精选题） 讨论反常积分

$$\int_0^{+\infty} \frac{x(\ln x)^k}{2+x^2}\,\mathrm{d}x \quad (k \in (-\infty, +\infty))$$

的敛散性.

**解析** 此反常积分有一个奇点 $x = +\infty$，一个瑕点 $x = 0$，将反常积分化为

$$\int_0^{+\infty} \frac{x(\ln x)^k}{2+x^2}\,\mathrm{d}x = \int_0^1 \frac{x(\ln x)^k}{2+x^2}\,\mathrm{d}x + \int_1^{+\infty}\frac{x(\ln x)^k}{2+x^2}\,\mathrm{d}x$$

因为

$$\lim_{x\to 0^+}\frac{\dfrac{x(\ln x)^k}{2+x^2}}{\dfrac{1}{\sqrt{x}}} = \lim_{x\to 0^+}\frac{x^{\frac{3}{2}}(\ln x)^k}{2+x^2} = 0 \quad (k \in (-\infty, +\infty))$$

并且 $\int_0^1 \dfrac{1}{\sqrt{x}}\,\mathrm{d}x$ 收敛，所以 $\int_0^1 \dfrac{x(\ln x)^k}{2+x^2}\,\mathrm{d}x$ 对于 $k \in (-\infty, +\infty)$ 均收敛.

当 $x \to +\infty$ 时，$\dfrac{x(\ln x)^k}{2+x^2} \sim \dfrac{(\ln x)^k}{x}$，所以 $\int_1^{+\infty}\dfrac{x(\ln x)^k}{2+x^2}\,\mathrm{d}x$ 与 $\int_1^{+\infty}\dfrac{(\ln x)^k}{x}\,\mathrm{d}x$ 的敛散性相同. 又

$$\int_1^{+\infty} \frac{(\ln x)^k}{x} dx = \begin{cases} \left.\frac{(\ln x)^{k+1}}{k+1}\right|_1^{+\infty} = 0 & (k < -1); \\ \left.\frac{(\ln x)^{k+1}}{k+1}\right|_1^{+\infty} = +\infty & (k > -1); \\ \left.\ln\ln x\right|_1^{+\infty} = +\infty & (k = -1) \end{cases}$$

综上所述,原反常积分在 $k < -1$ 时收敛,在 $k \geqslant -1$ 时发散.

**例 3.25**(全国 2012) 已知曲线 $L: \begin{cases} x = f(t), \\ y = \cos t \end{cases} \left(0 \leqslant t \leqslant \frac{\pi}{2}\right)$,其中 $f(t)$ 连续可导,$f(0) = 0, f'(t) > 0 \left(0 < t < \frac{\pi}{2}\right)$. 若曲线 $L$ 的切线与 $x$ 轴交点到切点的距离恒为 1,求函数 $f(t)$ 的表达式,并求此曲线 $L$ 与 $x$ 轴及 $y$ 轴所围无界区域的面积.

**解析** 切线方程为 $y - \cos t = \frac{-\sin t}{f'(t)}(x - f(t))$,令 $y = 0$,解得 $x = f(t) + f'(t)\cot t$,由题意得 $(f'(t)\cot t)^2 + \cos^2 t = 1 \Rightarrow f'(t) = \sec t - \cos t$,积分得
$$f(t) = \ln|\sec t + \tan t| - \sin t + C$$
由 $f(0) = 0$,得 $C = 0$,于是 $f(t) = \ln|\sec t + \tan t| - \sin t$. 由于
$$\lim_{t \to \left(\frac{\pi}{2}\right)^-} f(t) = \lim_{t \to \left(\frac{\pi}{2}\right)^-} (\ln|\sec t + \tan t| - \sin t) = +\infty$$
故所求无界区域的面积为
$$S = \int_0^{+\infty} y dx = \int_0^{\frac{\pi}{2}} \cos t \cdot f'(t) dt = \int_0^{\frac{\pi}{2}} \cos t(\sec t - \cos t) dt$$
$$= \int_0^{\frac{\pi}{2}} \sin^2 t dt = \frac{\pi}{4}$$

**例 3.26**(全国 2007) 设 $D$ 是位于曲线 $y = \sqrt{x} a^{-\frac{x}{2a}} (a > 1, 0 \leqslant x < +\infty)$ 下方、$x$ 轴上方的无界区域.

(1) 求区域 $D$ 绕 $x$ 轴旋转一周的旋转体的体积 $V(a)$.

(2) 当 $a$ 为何值时 $V(a)$ 最小?并求此最小值.

**解析** (1) $V(a) = \pi \int_0^{+\infty} y^2 dx = \pi \int_0^{+\infty} x a^{-\frac{x}{a}} dx = -\frac{a\pi}{\ln a} \int_0^{+\infty} x d a^{-\frac{x}{a}}$
$$= -\frac{a\pi}{\ln a} \left(x a^{-\frac{x}{a}} \bigg|_0^{+\infty} - \int_0^{+\infty} a^{-\frac{x}{a}} dx\right)$$
$$= -\frac{a\pi}{\ln a} \left(0 + \frac{a}{\ln a} a^{-\frac{x}{a}} \bigg|_0^{+\infty}\right) = \frac{a^2 \pi}{(\ln a)^2}$$

(2) 由 $V'(a) = 2\pi \frac{a}{\ln a} \cdot \frac{\ln a - 1}{(\ln a)^2} = 0 \Rightarrow a = e$. 由于 $1 < a < e$ 时 $V'(a) < 0$,$a > e$ 时 $V'(a) > 0$,所以 $V(e) = \pi e^2$ 为极小值. 因驻点唯一,故 $V(e) = \pi e^2$ 也是最小值.

# 专题 7　空间解析几何

## 7.1　重要概念与基本方法

### 1　向量代数

(1) 向量的基本概念.

向量的坐标表示式: $a = (a_1, a_2, a_3)$; 向量的代数表示式: $a = a_1 i + a_2 j + a_3 k$;

向量的模: $|a| = \sqrt{a_1^2 + a_2^2 + a_3^2}$; $a^0$ 向量: $a^0 = \left(\dfrac{a_1}{|a|}, \dfrac{a_2}{|a|}, \dfrac{a_3}{|a|}\right)$;

向量的方向余弦: $\cos\alpha = \dfrac{a_1}{|a|}, \cos\beta = \dfrac{a_2}{|a|}, \cos\gamma = \dfrac{a_3}{|a|}$;

连接两点 $P(a_1, a_2, a_3), Q(b_1, b_2, b_3)$ 的向量 $\overrightarrow{PQ} = (b_1 - a_1, b_2 - a_2, b_3 - a_3)$.

(2) 向量的运算. 设 $a = (a_1, a_2, a_3), b = (b_1, b_2, b_3), c = (c_1, c_2, c_3)$.

① 向量的加法:
$$\overrightarrow{AB} + \overrightarrow{BC} = \overrightarrow{AC} \quad \text{(三角形法则)}$$
$$a + b = (a_1 + b_1, a_2 + b_2, a_3 + b_3)$$

② 向量的内积(数量积):
$$a \cdot b = |a| \cdot |b| \cos\langle a, b \rangle, \quad a \cdot b = |a| \operatorname{Prj}_a b$$
$$a \cdot b = a_1 b_1 + a_2 b_2 + a_3 b_3$$

③ 向量的向量积:

$a \times b = c, \quad |c| = |a| \cdot |b| \sin\langle a, b \rangle, \quad c \perp a, c \perp b, \quad a, b, c$ 组成右手系

$$a \times b = \begin{vmatrix} i & j & k \\ a_1 & a_2 & a_3 \\ b_1 & b_2 & b_3 \end{vmatrix} = \left( \begin{vmatrix} a_2 & a_3 \\ b_2 & b_3 \end{vmatrix}, \begin{vmatrix} a_3 & a_1 \\ b_3 & b_1 \end{vmatrix}, \begin{vmatrix} a_1 & a_2 \\ b_1 & b_2 \end{vmatrix} \right)$$

④ 三向量的混合积:
$$[a, b, c] = a \times b \cdot c = \begin{vmatrix} a_1 & a_2 & a_3 \\ b_1 & b_2 & b_3 \\ c_1 & c_2 & c_3 \end{vmatrix}$$

(3) 向量运算的应用.

① 两向量平行的判别：$a \parallel b \Leftrightarrow \dfrac{a_1}{b_1} = \dfrac{a_2}{b_2} = \dfrac{a_3}{b_3}$.

② 两向量垂直的判别：$a \perp b \Leftrightarrow a_1 b_1 + a_2 b_2 + a_3 b_3 = 0$.

③ 求三角形 $ABC$ 的面积：$S_{\triangle ABC} = \dfrac{1}{2} |\overrightarrow{AB} \times \overrightarrow{AC}|$.

④ 求平面的法向量：在平面 $\Pi$ 内任取三角形 $ABC$，则平面 $\Pi$ 的法向量为
$$n = \overrightarrow{AB} \times \overrightarrow{AC}$$

⑤ 求平行六面体的体积：设过平行六面体的任一顶点的三条棱为 $AB, AC, AD$，则该平行六面体的体积为 $V = |\overrightarrow{AB} \times \overrightarrow{AC} \cdot \overrightarrow{AD}|$.

**2　平面的方程**

(1) 点法式方程：$A(x - x_0) + B(y - y_0) + C(z - z_0) = 0$.

(2) 一般式方程：$Ax + By + Cz + D = 0$.

(3) 截距式方程：$\dfrac{x}{a} + \dfrac{y}{b} + \dfrac{z}{c} = 1$.

(4) 点到平面的距离：点 $P(a, b, c)$ 到平面 $Ax + By + Cz + D = 0$ 的距离为
$$d = \dfrac{|Aa + Bb + Cc + D|}{\sqrt{A^2 + B^2 + C^2}}$$

**3　直线的方程**

(1) 点向式方程：$\dfrac{x - x_0}{m} = \dfrac{y - y_0}{n} = \dfrac{z - z_0}{p}$.

(2) 一般式方程：$\begin{cases} A_1 x + B_1 y + C_1 z + D_1 = 0, \\ A_2 x + B_2 y + C_2 z + D_2 = 0. \end{cases}$

(3) 参数式方程：$x = x_0 + mt, y = y_0 + nt, z = z_0 + pt$.

(4) 点到直线的距离：点 $P(a, b, c)$ 到直线 $\dfrac{x - x_0}{m} = \dfrac{y - y_0}{n} = \dfrac{z - z_0}{p}$ 的距离为
$$d = \dfrac{\left| \left( \begin{vmatrix} b - y_0 & c - z_0 \\ n & p \end{vmatrix}, \begin{vmatrix} c - z_0 & a - x_0 \\ p & m \end{vmatrix}, \begin{vmatrix} a - x_0 & b - y_0 \\ m & n \end{vmatrix} \right) \right|}{\sqrt{m^2 + n^2 + p^2}}$$

**4　空间曲面的方程**

(1) 一般式方程：$F(x, y, z) = 0$.

(2) 特殊的空间曲面.

① 球面：$(x - a)^2 + (y - b)^2 + (z - c)^2 = R^2$.

② 柱面：方程 $F(x, y) = 0$ 表示一柱面，它是以曲线 $\begin{cases} z = 0, \\ F(x, y) = 0 \end{cases}$ 为准线，母

线的方向平行于 $Oz$ 轴.

③ 旋转曲面.

a) $xOy$ 平面上的曲线 $x=f(y^2)$ 绕 $x$ 轴旋转一周生成的旋转曲面的方程为
$$x=f(y^2+z^2) \quad (即原方程中 x 项不变,y^2 项变为 y^2+z^2)$$

b) $xOy$ 平面上的曲线 $y=f(x^2)$ 绕 $y$ 轴旋转一周生成的旋转曲面的方程为
$$y=f(x^2+z^2) \quad (即原方程中 y 项不变,x^2 项变为 x^2+z^2)$$

c) $yOz$ 平面上的曲线或 $zOx$ 平面上的曲线绕坐标轴旋转时,旋转曲面的方程可按上述 a) 和 b) 的方法类似地写出,这里不赘述.

④ 二次曲面的标准方程.

椭球面:$\dfrac{x^2}{a^2}+\dfrac{y^2}{b^2}+\dfrac{z^2}{c^2}=1$;   单叶双曲面:$\dfrac{x^2}{a^2}+\dfrac{y^2}{b^2}-\dfrac{z^2}{c^2}=1$;

双叶双曲面:$\dfrac{x^2}{a^2}-\dfrac{y^2}{b^2}-\dfrac{z^2}{c^2}=1$;   二次锥面:$\dfrac{x^2}{a^2}+\dfrac{y^2}{b^2}-\dfrac{z^2}{c^2}=0$;

椭圆抛物面:$z=\dfrac{x^2}{a^2}+\dfrac{y^2}{b^2}$;   双曲抛物面:$z=\dfrac{x^2}{a^2}-\dfrac{y^2}{b^2}$.

(3) 空间曲面的切平面方程与法线方程.

曲面 $F(x,y,z)=0$ 在其上点 $P(x_0,y_0,z_0)$ 处的切平面方程为
$$F'_x(P)(x-x_0)+F'_y(P)(y-y_0)+F'_z(P)(z-z_0)=0$$
曲面 $F(x,y,z)=0$ 在其上点 $P(x_0,y_0,z_0)$ 处的法线方程为
$$\frac{x-x_0}{F'_x(P)}=\frac{y-y_0}{F'_y(P)}=\frac{z-z_0}{F'_z(P)}$$

### 5 空间曲线的方程

(1) 一般式方程:$\begin{cases} F(x,y,z)=0, \\ H(x,y,z)=0. \end{cases}$

(2) 参数式方程:$x=\varphi(t),y=\psi(t),z=\omega(t)$.

(3) 空间曲线的切线方程与法平面方程.

曲线 $x=\varphi(t),y=\psi(t),z=\omega(t)$ 在其上点 $P(x_0,y_0,z_0)$(对应于 $t=t_0$)处的切线方程为
$$\frac{x-x_0}{\varphi'(t_0)}=\frac{y-y_0}{\psi'(t_0)}=\frac{z-z_0}{\omega'(t_0)}$$

曲线 $x=\varphi(t),y=\psi(t),z=\omega(t)$ 在其上点 $P(x_0,y_0,z_0)$(对应于 $t=t_0$)处的法平面方程为
$$\varphi'(t_0)(x-x_0)+\psi'(t_0)(y-y_0)+\omega'(t_0)(z-z_0)=0$$

## 7.2 习题选解

**例 2.1**(习题 4.1 A 7) 已知向量 $a$ 与 $b$ 的夹角为 $\frac{\pi}{3}$,且 $|a|=5$,$|b|=8$,求 $|a+b|$,$|a-b|$.

**解析** $|a+b| = \sqrt{(a+b)\cdot(a+b)} = \sqrt{|a|^2+2|a|\cdot|b|\cos\langle a,b\rangle+|b|^2}$
$= \sqrt{129}$

$|a-b| = \sqrt{(a-b)\cdot(a-b)} = \sqrt{|a|^2-2|a|\cdot|b|\cos\langle a,b\rangle+|b|^2} = 7$

**例 2.2**(习题 4.1 A 8) 已知空间两点 $A(2,5,-3)$,$B(3,-2,5)$,求定比分点 $M$,使得 $\overrightarrow{AM} = 3\overrightarrow{MB}$.

**解析** 设 $M(x,y,z)$,有
$$\overrightarrow{AM} = (x-2,y-5,z+3), \quad \overrightarrow{MB} = (3-x,-2-y,5-z)$$
又由 $\overrightarrow{AM} = 3\overrightarrow{MB}$ 有
$$x-2 = 3(3-x), \quad y-5 = 3(-2-y), \quad z+3 = 3(5-z)$$
解得 $x = \frac{11}{4}$,$y = -\frac{1}{4}$,$z = 3$,所以定比分点 $M$ 为 $\left(\frac{11}{4},-\frac{1}{4},3\right)$.

**例 2.3**(习题 4.1 A 10) 已知向量 $a = (1,2,3)$,$b = (2,3,3)$,$c = (1,3,6)$,求 $a\cdot b$,$a\times b$,$[a,b,c]$,$a\times(b\times c)$.

**解析** $a\cdot b = 1\times 2 + 2\times 3 + 3\times 3 = 17$

$$a\times b = \left(\begin{vmatrix} 2 & 3 \\ 3 & 3 \end{vmatrix}, \begin{vmatrix} 3 & 1 \\ 3 & 2 \end{vmatrix}, \begin{vmatrix} 1 & 2 \\ 2 & 3 \end{vmatrix}\right) = (-3,3,-1)$$

$$[a,b,c] = \begin{vmatrix} 1 & 2 & 3 \\ 2 & 3 & 3 \\ 1 & 3 & 6 \end{vmatrix} = 18+6+18-9-24-9 = 0$$

$$a\times(b\times c) = (1,2,3)\times\left(\begin{vmatrix} 3 & 3 \\ 3 & 6 \end{vmatrix}, \begin{vmatrix} 3 & 2 \\ 6 & 1 \end{vmatrix}, \begin{vmatrix} 2 & 3 \\ 1 & 3 \end{vmatrix}\right) = (1,2,3)\times(9,-9,3)$$

$$= \left(\begin{vmatrix} 2 & 3 \\ -9 & 3 \end{vmatrix}, \begin{vmatrix} 3 & 1 \\ 3 & 9 \end{vmatrix}, \begin{vmatrix} 1 & 2 \\ 9 & -9 \end{vmatrix}\right) = (33,24,-27)$$

**例 2.4**(习题 4.1 A 12) 已知 $A(3,2,1)$,$B(2,1,3)$,$C(1,2,3)$,求 $\triangle ABC$ 的面积.

**解析** 因为 $\overrightarrow{AB} = (-1,-1,2)$,$\overrightarrow{AC} = (-2,0,2)$,所以 $\triangle ABC$ 的面积为
$$S = \frac{1}{2}|\overrightarrow{AB}\times\overrightarrow{AC}| = \frac{1}{2}|(-1,-1,2)\times(-2,0,2)|$$
$$= \frac{1}{2}|(-2,-2,-2)| = \sqrt{3}$$

**例 2.5**(习题 4.1 A 17)  已知 $|a|=3$，$|b|=4$，$\langle a,b\rangle=\dfrac{\pi}{3}$，求 $|(a+b)\times(a-b)|$.

**解析**  应用向量积的运算性质得
$$(a+b)\times(a-b)=a\times a-a\times b+b\times a-b\times b=-2a\times b$$
于是
$$|(a+b)\times(a-b)|=2|a||b|\sin\langle a,b\rangle=12\sqrt{3}$$

**例 2.6**(习题 4.1 B 20)  设 $A,B,C,D$ 为空间四个定点，$AB$ 的中点为 $E$，$CD$ 的中点为 $F$，$|EF|=a$，$P$ 为空间中任意一点，求 $(\overrightarrow{PA}+\overrightarrow{PB})\cdot(\overrightarrow{PC}+\overrightarrow{PD})$ 的最小值，并求此时 $P$ 点的位置.

**解析**  由平行四边形法则，有 $\overrightarrow{PA}+\overrightarrow{PB}=2\overrightarrow{PE}$，$\overrightarrow{PC}+\overrightarrow{PD}=2\overrightarrow{PF}$，所以
$$(\overrightarrow{PA}+\overrightarrow{PB})\cdot(\overrightarrow{PC}+\overrightarrow{PD})=4\overrightarrow{PE}\cdot\overrightarrow{PF}$$

以 $EF$ 的中点为坐标原点建立空间直角坐标系，且 $E\left(\dfrac{a}{2},0,0\right)$，$F\left(-\dfrac{a}{2},0,0\right)$，设点 $P(x,y,z)$，则 $\overrightarrow{PE}=\left(\dfrac{a}{2}-x,-y,-z\right)$，$\overrightarrow{PF}=\left(-\dfrac{a}{2}-x,-y,-z\right)$，于是
$$(\overrightarrow{PA}+\overrightarrow{PB})\cdot(\overrightarrow{PC}+\overrightarrow{PD})=4\overrightarrow{PE}\cdot\overrightarrow{PF}=4x^2+4y^2+4z^2-a^2$$

显然当 $x=y=z=0$ 时，上式右端取最小值，即当 $P$ 为 $EF$ 的中点时
$$\min\{(\overrightarrow{PA}+\overrightarrow{PB})\cdot(\overrightarrow{PC}+\overrightarrow{PD})\}=-a^2$$

**例 2.7**(习题 4.1 B 21)  设 $a\neq\mathbf{0}$，$|b|=2$，$\langle a,b\rangle=\dfrac{\pi}{3}$，求 $\lim\limits_{x\to 0}\dfrac{|a+xb|-|a|}{x}$.

**解析**  原式 $=\lim\limits_{x\to 0}\dfrac{|a+xb|^2-|a|^2}{x(|a+xb|+|a|)}$
$$=\lim_{x\to 0}\dfrac{2|a|\cdot|b|\cdot\cos\langle a,b\rangle\cdot x+|b|^2\cdot x^2}{x(|a+xb|+|a|)}$$
$$=\dfrac{1}{2}|b|=1$$

**例 2.8**(习题 4.2 A 6)  确定常数 $\lambda$，使平面 $x+\lambda y-2z=9$ 分别满足：

(1) 经过点 $(5,-4,6)$；

(2) 平行于平面 $3x+y-6z=0$；

(3) 垂直于平面 $2x+4y+3z=0$；

(4) 与原点距离等于 $3$.

**解析**  (1) 将点 $(5,-4,6)$ 代入已知平面方程，则 $5+\lambda\cdot(-4)-2\cdot 6=9$，解得 $\lambda=-4$.

(2) 两平面平行，则两平面的法向量必平行. 又其法向量分别为 $(1,\lambda,-2)$ 与 $(3,1,-6)$，所以 $\dfrac{1}{3}=\dfrac{\lambda}{1}=\dfrac{-2}{-6}$，解得 $\lambda=\dfrac{1}{3}$.

(3) 两平面垂直,则两平面的法向量必垂直. 又其法向量分别为 $(1,\lambda,-2)$ 与 $(2,4,3)$,所以 $(1,\lambda,-2)\cdot(2,4,3)=4\lambda-4=0$,解得 $\lambda=1$.

(4) 由点到平面的距离公式有 $\dfrac{9}{\sqrt{1+\lambda^2+(-2)^2}}=3$,解得 $\lambda=2$ 或 $-2$.

**例 2.9**(习题 4.3 A 5) 求点 $P(5,4,2)$ 在直线 $L:\dfrac{x+1}{2}=\dfrac{y-3}{3}=\dfrac{z-1}{-1}$ 上的投影,并求点 $P$ 到直线 $L$ 的距离.

**解析** 设点 $P$ 在直线 $L$ 上的投影为 $P_0(x_0,y_0,z_0)$,则 $\overrightarrow{PP_0}\perp(2,3,-1)$,即
$$2(x_0-5)+3(y_0-4)-(z_0-2)=0$$
由 $\dfrac{x_0+1}{2}=\dfrac{y_0-3}{3}=\dfrac{z_0-1}{-1}=t_0$,得 $x_0=-1+2t_0,y_0=3+3t_0,z_0=1-t_0$,代入上式,得 $t_0=1$,由此可得投影为 $P_0(1,6,0)$,点 $P$ 到直线 $L$ 的距离为 $|\overrightarrow{PP_0}|=2\sqrt{6}$.

**例 2.10**(习题 4.3 B 8) 求异面直线
$$x-3=y-4=-z-1 \quad 与 \quad \dfrac{x+4}{2}=\dfrac{y+1}{4}=-z$$
之间的距离,并求公垂线的方程(要求写为点向式).

**解析** 记公垂线为 $L$,两条异面直线分别为 $L_1$ 与 $L_2$. 已知 $L_1$ 与 $L_2$ 分别经过点 $P_1(3,4,-1)$ 和 $P_2(-4,-1,0)$,方向向量分别为 $l_1=(1,1,-1),l_2=(2,4,-1)$. 记公垂线 $L$ 的方向向量为 $l$,可令 $l=l_1\times l_2=(3,-1,2)$. 所以异面直线的距离为
$$d=\dfrac{|\overrightarrow{P_1P_2}\cdot l|}{|l|}=\dfrac{|(-7,-5,1)\cdot(3,-1,2)|}{\sqrt{9+1+4}}=\sqrt{14}$$

公垂线 $L$ 为过 $L$ 和 $L_1$ 的平面与过 $L$ 和 $L_2$ 的平面的交线. 过 $L$ 和 $L_1$ 的平面的法向量为 $l\times l_1=(-1,5,4)$,又过点 $P_1(3,4,-1)$,所以该平面的方程为 $x-5y-4z+13=0$;过 $L$ 和 $L_2$ 的平面的法向量为 $l\times l_2=(-7,7,14)=-7(1,-1,-2)$,又过点 $P_2(-4,-1,0)$,所以该平面的方程为 $x-y-2z+3=0$. 于是公垂线 $L$ 的方程为 $\begin{cases} x-5y-4z+13=0, \\ x-y-2z+3=0. \end{cases}$ 在公垂线上任取一点,譬如 $(7,0,5)$,于是公垂线 $L$ 的点向式方程为
$$\dfrac{x-7}{3}=\dfrac{y}{-1}=\dfrac{z-5}{2}$$

**例 2.11**(习题 4.4 A 2) 求直线 $\begin{cases} 3x-2y=24, \\ 3x-z=-4 \end{cases}$ 与平面 $6x+15y-10z=31$ 的夹角.

**解析** 直线的方向向量 $l=(3,-2,0)\times(3,0,-1)=(2,3,6)$,平面的法向量 $n=(6,15,-10)$,所以直线与平面的夹角 $\theta$ 的正弦值

$$\sin\theta = |\cos\langle \boldsymbol{n}, \boldsymbol{l}\rangle| = \frac{|\boldsymbol{n}\cdot\boldsymbol{l}|}{|\boldsymbol{n}|\cdot|\boldsymbol{l}|} = \frac{3}{133}$$

即直线与平面的夹角 $\theta = \arcsin\dfrac{3}{133}$.

**例 2.12**(习题 4.4 A 3)　求直线 $\dfrac{x-5}{-4} = \dfrac{y-1}{1} = \dfrac{z+2}{2}$ 在平面 $x+2y+4z = 2$ 上的投影和投影平面的方程.

**解析**　已知直线的方向向量为 $\boldsymbol{l} = (-4,1,2)$,平面的法向量为 $\boldsymbol{n} = (1,2,4)$,记投影平面的法向量为 $\boldsymbol{n}_0$,则可知 $\boldsymbol{n}_0 = \boldsymbol{l}\times\boldsymbol{n} = (0,18,-9)$. 又投影平面过直线上点 $P_0(5,1,-2)$,所以所求的投影平面方程为 $2y-z = 4$,投影方程为 $\begin{cases} 2y-z = 4, \\ x+2y+4z = 2. \end{cases}$

**例 2.13**(习题 4.4 A 4)　求过点 $(-1,0,4)$,平行于平面 $3x-4y+z = 10$,又与直线 $\dfrac{x+1}{3} = \dfrac{y-3}{1} = \dfrac{z}{2}$ 相交的直线方程(要求写为点向式).

**解析**　设所求直线与已知直线的交点为 $P_0(x_0, y_0, z_0)$,则有

$$\frac{x_0+1}{3} = \frac{y_0-3}{1} = \frac{z_0}{2} = t_0 \tag{1}$$

又所求直线过点 $P_1(-1,0,4)$ 且与平面 $3x-4y+z=10$ 平行,所以 $\overrightarrow{P_1P_0}\perp\boldsymbol{n}$,即

$$3(x_0+1) - 4y_0 + (z_0-4) = 0$$

将(1)式代入上式,解得 $t_0 = \dfrac{16}{7}$,因此交点为 $P_0\left(\dfrac{41}{7}, \dfrac{37}{7}, \dfrac{32}{7}\right)$,所求直线的方向向量为 $\overrightarrow{P_1P_0} = \dfrac{1}{7}(48,37,4)$,于是所求直线的点向式方程为 $\dfrac{x+1}{48} = \dfrac{y}{37} = \dfrac{z-4}{4}$.

**例 2.14**(习题 4.4 B 5)　求通过直线

$$\frac{x-2}{6} = \frac{y+3}{1} = \frac{z+1}{3}$$

且与直线 $\begin{cases} x-y-4 = 0, \\ z-y+6 = 0 \end{cases}$ 平行的平面方程.

**解析**　根据题意,可知直线 $\dfrac{x-2}{6} = \dfrac{y+3}{1} = \dfrac{z+1}{3}$ 过点 $P_0(2,-3,-1)$,方向向量为 $\boldsymbol{l}_1 = (6,1,3)$,直线 $\begin{cases} x-y-4 = 0, \\ z-y+6 = 0 \end{cases}$ 的方向向量为 $\boldsymbol{l}_2 = (1,-1,0)\times(0,-1,1) = (-1,-1,-1)$. 记所求平面的法向量为 $\boldsymbol{n}$,可令 $\boldsymbol{n} = \boldsymbol{l}_1\times\boldsymbol{l}_2 = (2,3,-5)$. 又平面过点 $P_0$,于是所求的平面方程为 $2x+3y-5z = 0$.

**例 2.15**(习题 4.5 A 8)　直线 $\dfrac{x}{1} = \dfrac{y}{-1} = \dfrac{z-2}{2}$ 绕 $y$ 轴旋转一周,求旋转曲面的方程.

**解析** 在旋转曲面上任取点 $P(x,y,z)$,过点 $P$ 作平面 $\Pi$ 垂直于 $y$ 轴,则平面 $\Pi$ 与 $y$ 轴的交点为 $Q(0,y,0)$,设平面 $\Pi$ 与已知直线的交点为 $P_1(x_0,y,z_0)$,则
$$|PQ|^2 = |P_1Q|^2 \Leftrightarrow x^2 + z^2 = x_0^2 + z_0^2 \tag{1}$$
由于点 $P_1(x_0,y,z_0)$ 在已知直线上,所以
$$\frac{x_0}{1} = \frac{y}{-1} = \frac{z_0-2}{2} \Leftrightarrow x_0 = -y, z_0 = 2-2y$$
将上式代入 (1) 式,即得所求旋转曲面的方程为 $x^2 + z^2 = y^2 + 4(1-y)^2$.

**例 2.16**(习题 4.5 B 11) 平面 $x - 3y + z = 0$ 与圆锥面 $x^2 - 5y^2 + z^2 = 0$ 相交于两条直线,求这两条直线的夹角.

**解析** 平面与圆锥面显然都过坐标原点 $P_0(0,0,0)$. 令 $y = 1$,代入 $x - 3y + z = 0$ 与 $x^2 - 5y^2 + z^2 = 0$,可解得 $x = 1, z = 2$ 或 $x = 2, z = 1$,此两点分别记为 $P_1(1,1,2), P_2(2,1,1)$. 平面与圆锥面相交的两条直线分别由 $P_0, P_1$ 和 $P_0, P_2$ 确定,方向分别为 $l_1 = \overrightarrow{P_0P_1} = (1,1,2), l_2 = \overrightarrow{P_0P_2} = (2,1,1)$. 故两条直线的夹角为
$$\langle l_1, l_2 \rangle = \arccos \frac{l_1 \cdot l_2}{|l_1| \cdot |l_2|} = \arccos \frac{5}{6}$$

**例 2.17**(习题 4.6 A 4) 将曲线 $\begin{cases} x^2 + y^2 + z^2 = 1 \\ y = z \end{cases}$,化为参数方程,并求此曲线在点 $P\left(\frac{\sqrt{2}}{2}, \frac{1}{2}, \frac{1}{2}\right)$ 处的切线方程与法平面方程.

**解析** 令 $x = \cos t$,有 $y = z = \frac{\sqrt{2}}{2} \sin t$,故曲线的参数方程为
$$x = \cos t, \quad y = \frac{\sqrt{2}}{2} \sin t, \quad z = \frac{\sqrt{2}}{2} \sin t \quad (0 \leqslant t \leqslant 2\pi)$$
由于点 $P\left(\frac{\sqrt{2}}{2}, \frac{1}{2}, \frac{1}{2}\right)$ 对应的参数为 $t = \frac{\pi}{4}$,曲线在该点的切线方向 $l$ 与法平面的法向量 $n$ 都为
$$\left(\frac{dx}{dt}, \frac{dy}{dt}, \frac{dz}{dt}\right)\bigg|_{t=\frac{\pi}{4}} = \left(-\sin t, \frac{\sqrt{2}}{2}\cos t, \frac{\sqrt{2}}{2}\cos t\right)\bigg|_{t=\frac{\pi}{4}} = -\frac{1}{2}(\sqrt{2}, -1, -1)$$
故所求的切线方程为 $\dfrac{x-\frac{\sqrt{2}}{2}}{\sqrt{2}} = \dfrac{y-\frac{1}{2}}{-1} = \dfrac{z-\frac{1}{2}}{-1}$,法平面方程为
$$\sqrt{2}\left(x - \frac{\sqrt{2}}{2}\right) - \left(y - \frac{1}{2}\right) - \left(z - \frac{1}{2}\right) = 0$$
即 $\sqrt{2}x - y - z = 0$.

**例 2.18**(复习题 4 题 1) 试在平面 $x + 2y - z = 3$ 内作一直线,使其经过直线

$\begin{cases} x - 2y + 2z = 4, \\ 2x - y + z = 2 \end{cases}$ 与已知平面的交点,且与已知直线垂直.

**解析** 联立已知平面与直线方程,有
$$\begin{cases} x + 2y - z = 3, \\ x - 2y + 2z = 4, \\ 2x - y + z = 2 \end{cases}$$

此方程组的系数行列式 $D = \begin{vmatrix} 1 & 2 & -1 \\ 1 & -2 & 2 \\ 2 & -1 & 1 \end{vmatrix} = 3$,应用克莱姆法则得

$$x = \frac{\begin{vmatrix} 3 & 2 & -1 \\ 4 & -2 & 2 \\ 2 & -1 & 1 \end{vmatrix}}{D} = \frac{0}{3} = 0, \quad y = \frac{\begin{vmatrix} 1 & 3 & -1 \\ 1 & 4 & 2 \\ 2 & 2 & 1 \end{vmatrix}}{D} = \frac{15}{3} = 5$$

$$z = \frac{\begin{vmatrix} 1 & 2 & 3 \\ 1 & -2 & 4 \\ 2 & -1 & 2 \end{vmatrix}}{D} = \frac{21}{3} = 7$$

于是所求直线过点 $P_0(0,5,7)$.记所求直线的方向向量为 $\boldsymbol{l}$,可知 $\boldsymbol{l}$ 垂直于已知平面的法向量 $\boldsymbol{n} = (1,2,-1)$ 和已知直线的方向向量 $\boldsymbol{l}_0 = (1,-2,2) \times (2,-1,1) = 3(0,1,1)$,则
$$\boldsymbol{l} = \boldsymbol{n} \times \boldsymbol{l}_0 = (1,2,-1) \times (0,1,1) = (3,-1,1)$$
于是所求直线方程为 $\dfrac{x}{3} = \dfrac{y-5}{-1} = \dfrac{z-7}{1}$.

**例 2.19**(复习题 4 题 2) 求一平面,使其在三个坐标轴上的截距比为 $1:2:3$,且原点到该平面的距离为 6.

**解析** 设平面方程为 $\dfrac{x}{a} + \dfrac{y}{2a} + \dfrac{z}{3a} = 1$,因原点到该平面的距离
$$d = \frac{1}{\sqrt{\dfrac{1}{a^2} + \dfrac{1}{4a^2} + \dfrac{1}{9a^2}}} = 6$$

解得 $a = 7$ 或 $-7$,于是所求平面方程为 $6x + 3y + 2z = \pm 42$.

**例 2.20**(复习题 4 题 3) 求两平面 $x - 2y + 2z = 1$ 与 $2x + y - 2z = 3$ 的角平分面的方程.

**解析** 两平面 $x - 2y + 2z = 1$ 与 $2x + y - 2z = 3$ 的法向量分别为 $\boldsymbol{n}_1 = (1,-2,2)$,$\boldsymbol{n}_2 = (2,1,-2)$.设角平分面方程为
$$x - 2y + 2z - 1 + \lambda(2x + y - 2z - 3) = 0$$

即
$$(1+2\lambda)x+(\lambda-2)y+2(1-\lambda)z-(1+3\lambda)=0$$
其法向量为 $\boldsymbol{n}=(1+2\lambda,\lambda-2,2(1-\lambda))$. 由
$$\frac{\boldsymbol{n}\cdot\boldsymbol{n}_1}{|\boldsymbol{n}||\boldsymbol{n}_1|}=\pm\frac{\boldsymbol{n}\cdot\boldsymbol{n}_2}{|\boldsymbol{n}||\boldsymbol{n}_2|}\Leftrightarrow 9-4\lambda=\pm(9\lambda-4)$$
解得 $\lambda=\pm 1$,于是所求角平分面方程为
$$3x-y-4=0 \quad \text{或} \quad x+3y-4z-2=0$$

**例 2.21**(复习题 4 题 5)  求以 $(1,2,3)$ 为顶点,对称轴与平面 $2x+2y-z=0$ 垂直,半顶角为 $\frac{\pi}{6}$ 的圆锥面方程.

**解析**  设圆锥面上动点 $P$ 的坐标为 $(x,y,z)$,则过 $P$ 与顶点 $A(1,2,3)$ 的直线方向向量为 $\overrightarrow{AP}=(x-1,y-2,z-3)$,又对称轴的方向向量即平面的法向量为 $\boldsymbol{l}=(2,2,-1)$,则 $\overrightarrow{AP}$ 与 $\boldsymbol{l}$ 的夹角为 $\frac{\pi}{6}$ 或 $\frac{5\pi}{6}$. 由
$$\overrightarrow{AP}\cdot\boldsymbol{l}=\pm|\overrightarrow{AP}|\cdot|\boldsymbol{l}|\cos\frac{\pi}{6}$$
可得
$$[2(x-1)+2(y-2)-(z-3)]^2=\left(\pm\frac{3\sqrt{3}}{2}\sqrt{(x-1)^2+(y-2)^2+(z-3)^2}\right)^2$$
化简即得所求圆锥面方程为
$$4(2x+2y-z-3)^2=27((x-1)^2+(y-2)^2+(z-3)^2)$$

**例 2.22**(复习题 4 题 6)  求半径为 2,对称轴为 $\frac{x}{2}=\frac{y-1}{1}=\frac{z+1}{-2}$ 的圆柱面方程.

**解析**  设圆柱面上动点 $P$ 的坐标为 $(x,y,z)$,且对称轴过点 $A(0,1,-1)$,对称轴的方向向量为 $\boldsymbol{l}=(2,1,-2)$. 因为点 $P$ 到对称轴的距离 $d$ 为 2,所以
$$d=\frac{|\overrightarrow{AP}\times\boldsymbol{l}|}{|\boldsymbol{l}|}=2\Leftrightarrow\sqrt{(-2y-z+1)^2+4(x+z+1)^2+(x-2y+2)^2}=6$$
化简即得所求圆柱面方程为
$$(2y+z-1)^2+4(x+z+1)^2+(x-2y+2)^2=36$$

**例 2.23**(复习题 4 题 7)  已知一平面经过曲线 $\Gamma:\begin{cases}3x^2-4y^2-12z^2=0,\\ x+y-z=0,\end{cases}$ 且与球面
$$(x+1)^2+(y-3)^2+(z+1)^2=1$$
相切,求此平面的方程.

**解析**  将 $z=x+y$ 代入 $3x^2-4y^2-12z^2=0$ 得 $3x+4y=0$,所以 $\Gamma$ 为一

直线,其方程为
$$\Gamma: \begin{cases} 3x+4y=0, \\ x+y-z=0 \end{cases}$$
设所求平面方程为
$$x+y-z+\lambda(3x+4y)=0 \Leftrightarrow (1+3\lambda)x+(1+4\lambda)y-z=0$$
由球面的球心$(-1,3,-1)$到此平面的距离为球面的半径1,可得
$$\frac{|(1+3\lambda)-3(1+4\lambda)-1|}{\sqrt{(1+3\lambda)^2+(1+4\lambda)^2+1}}=1 \Leftrightarrow 9(1+3\lambda)^2=25\lambda^2+14\lambda+3$$
解得 $\lambda=-\dfrac{3}{14}$ 或 $-\dfrac{1}{2}$,故所求平面的方程为
$$x+2y+2z=0 \quad \text{或} \quad 5x+2y-14z=0$$

## 7.3 典型题选解

**例3.1**(精选题) 设 $\boldsymbol{\alpha}=\boldsymbol{a}+2\boldsymbol{b},\boldsymbol{\beta}=\boldsymbol{a}+k\boldsymbol{b},|\boldsymbol{a}|=2,|\boldsymbol{b}|=1,\boldsymbol{a}\perp\boldsymbol{b}$.

(1) 若 $\boldsymbol{\alpha}\perp\boldsymbol{\beta}$,求 $k$ 的值;

(2) 若以 $\boldsymbol{\alpha},\boldsymbol{\beta}$ 为邻边的平行四边形的面积为6,求 $k$ 的值.

**解析** (1) 因为 $\boldsymbol{a}\perp\boldsymbol{b}$,故 $\boldsymbol{a}\cdot\boldsymbol{b}=0$,又 $|\boldsymbol{a}|=2,|\boldsymbol{b}|=1$,所以
$$\boldsymbol{\alpha}\cdot\boldsymbol{\beta}=(\boldsymbol{a}+2\boldsymbol{b})\cdot(\boldsymbol{a}+k\boldsymbol{b})=|\boldsymbol{a}|^2+2k|\boldsymbol{b}|^2=4+2k$$
因 $\boldsymbol{\alpha}\perp\boldsymbol{\beta}$,则 $\boldsymbol{\alpha}\cdot\boldsymbol{\beta}=0$,即 $4+2k=0$,于是 $k=-2$.

(2) 因为
$$6=|\boldsymbol{\alpha}\times\boldsymbol{\beta}|=|(\boldsymbol{a}+2\boldsymbol{b})\times(\boldsymbol{a}+k\boldsymbol{b})|$$
$$=|k-2||\boldsymbol{a}\times\boldsymbol{b}|=|2(k-2)|$$
解得 $k=-1$ 或 $5$.

**例3.2**(精选题) 求以点 $A(1,1,-2),B(2,0,1),C(1,1,3)$ 和 $D(0,1,0)$ 为顶点的四面体的体积.

**解析** 以 $A,B,C,D$ 为顶点的四面体体积为以 $\overrightarrow{AB},\overrightarrow{AC},\overrightarrow{AD}$ 为棱的平行六面体体积的 $\dfrac{1}{6}$,而 $\overrightarrow{AB}=(1,-1,3),\overrightarrow{AC}=(0,0,5),\overrightarrow{AD}=(-1,0,2)$,所以
$$V_{\text{四面体}ABCD}=\frac{1}{6}|[\overrightarrow{AB},\overrightarrow{AC},\overrightarrow{AD}]|=\frac{1}{6}\begin{Vmatrix} 1 & -1 & 3 \\ 0 & 0 & 5 \\ -1 & 0 & 2 \end{Vmatrix}=\frac{5}{6}$$

**例3.3**(精选题) 设动点与 $(4,0,0)$ 的距离等于这点到平面 $x=1$ 距离的两倍,试求动点的轨迹.

**解析** 设动点坐标为 $(x,y,z)$,则动点到 $(4,0,0)$ 的距离为

$$d_1 = \sqrt{(x-4)^2 + y^2 + z^2}$$

动点到平面 $x=1$ 的距离 $d_2 = |x-1|$,依题有 $d_1 = 2d_2$,整理即得动点轨迹为
$$3x^2 - y^2 - z^2 = 12$$

**例 3.4**(精选题)  已知点 $P(1,0,-1)$ 与 $Q(3,1,2)$,在平面 $x - 2y + z = 12$ 上求一点 $M$,使得 $|PM| + |QM|$ 最小.

**解析**  从 $P$ 作直线 $L$ 垂直于平面,其方程为 $x = 1+t, y = -2t, z = -1+t$,代入平面方程得 $t = 2$,所以 $L$ 与平面的交点为 $P_1(3,-4,1)$,于是点 $P$ 关于平面的对称点为 $P_2(5,-8,3)$.连接 $P_2Q$,其方程为 $x = 3+2t, y = 1-9t, z = 2+t$,代入平面方程得 $t = \dfrac{3}{7}$,于是所求的点 $M$ 为 $\left(\dfrac{27}{7}, -\dfrac{20}{7}, \dfrac{17}{7}\right)$.

**例 3.5**(精选题)  设直线 $L$ 与平面 $\Pi: 2x + y + z = 1$ 垂直,并且与已知直线
$$L_1: x-1 = y+2 = z-3 \quad \text{和} \quad L_2: \dfrac{x}{3} = \dfrac{y-2}{2} = z$$
都相交,求 $L$ 的方程.

**解析**  直线 $L_1$ 的参数式方程为 $x = 1+t, y = -2+t, z = 3+t$,直线 $L_2$ 的参数式方程为 $x = 3t, y = 2+2t, z = t$.记直线 $L$ 与直线 $L_1$ 和 $L_2$ 的交点分别为 $P(1+t_1, -2+t_1, 3+t_1)$ 和 $Q(3t_2, 2+2t_2, t_2)$,则有向量 $\overrightarrow{PQ}$ 平行于平面 $\Pi$ 的法向量 $\boldsymbol{n} = (2,1,1)$,所以
$$\dfrac{3t_2 - t_1 - 1}{2} = \dfrac{2t_2 - t_1 + 4}{1} = \dfrac{t_2 - t_1 - 3}{1}$$
解得 $t_1 = 2, t_2 = -7$.从而直线的方程为
$$\dfrac{x-3}{2} = \dfrac{y}{1} = \dfrac{z-5}{1}$$

**例 3.6**(精选题)  求与直线
$$L_1: \dfrac{x-1}{-1} = \dfrac{y}{2} = \dfrac{z+1}{1} \quad \text{及} \quad L_2: \dfrac{x+2}{0} = \dfrac{y-1}{1} = \dfrac{z-2}{-2}$$
都平行且与它们等距的平面方程.

**解析**  直线 $L_1$ 过点 $P_1(1,0,-1)$,其方向向量为 $\boldsymbol{l}_1 = (-1,2,1)$;直线 $L_2$ 过点 $P_2(-2,1,2)$,其方向向量为 $\boldsymbol{l}_2 = (0,1,-2)$.令 $\boldsymbol{n} = \boldsymbol{l}_1 \times \boldsymbol{l}_2 = (-5,-2,-1)$,则 $\boldsymbol{n}$ 为所求平面的法向量.因平面经过 $P_1, P_2$ 的中点 $P_0\left(-\dfrac{1}{2}, \dfrac{1}{2}, \dfrac{1}{2}\right)$,所以所求平面的方程为 $5x + 2y + z + 1 = 0$.

**例 3.7**(精选题)  (1) 求直线 $L: \begin{cases} -x + y + z + 2 = 0, \\ x - y + z - 1 = 0 \end{cases}$ 在平面 $\Pi: x + y + z = 2$ 上的投影 $L'$ 的方程,并给出 $L'$ 的标准方程;

(2) 求原点到直线 $L$ 的距离.

**解析** (1) 直线 $L:\begin{cases}-x+y+z+2=0,\\ x-y+z-1=0\end{cases}$ 过点 $P\left(\dfrac{3}{2},0,-\dfrac{1}{2}\right)$, 方向向量为 $\boldsymbol{l}=(-1,1,1)\times(1,-1,1)=2(1,1,0)$. 于是过 $L$ 垂直于 $\Pi$ 的平面 $\Pi'$ 的法向量为 $(1,1,0)\times(1,1,1)=(1,-1,0)$, 所以 $\Pi'$ 的方程为 $x-y=\dfrac{3}{2}$, 因此投影 $L'$ 的一般式方程为 $L':\begin{cases}x+y+z=2,\\ x-y=\dfrac{3}{2}.\end{cases}$ 在 $L'$ 上取点 $P'\left(\dfrac{7}{4},\dfrac{1}{4},0\right)$, $L'$ 的方向向量为 $\boldsymbol{l}'=(1,1,1)\times(1,-1,0)=(1,1,-2)$, 所以 $L'$ 的标准方程为

$$\frac{x-\dfrac{7}{4}}{1}=\frac{y-\dfrac{1}{4}}{1}=\frac{z}{-2}$$

(2) 原点到直线 $L$ 的距离为

$$d=\frac{|\overrightarrow{OP}\times\boldsymbol{l}|}{|\boldsymbol{l}|}=\frac{|(1,-1,3)|}{2\sqrt{2}}=\frac{\sqrt{11}}{2\sqrt{2}}=\frac{\sqrt{22}}{4}$$

**例 3.8**(精选题) 求直线 $L:\dfrac{x-1}{1}=\dfrac{y}{1}=\dfrac{z-1}{-1}$ 在平面 $\Pi:x-y+2z-1=0$ 上的投影直线 $L_0$ 的方程,并求 $L_0$ 绕 $y$ 轴旋转一周所成的曲面方程.

**解析** 直线 $L$ 过点 $P_0(1,0,1)$, 方向向量为 $\boldsymbol{l}=(1,1,-1)$, 平面 $\Pi$ 的法向量为 $\boldsymbol{n}=(1,-1,2)$, 所以投影平面过点 $P_0$, 法向量为 $\boldsymbol{n}_0=\boldsymbol{l}\times\boldsymbol{n}=(1,-3,-2)$, 得投影平面方程为 $\Pi_0:x-3y-2z+1=0$, 于是投影直线的一般式方程为

$$L_0:\begin{cases}x-3y-2z+1=0,\\ x-y+2z-1=0\end{cases}$$

化成点向式为 $L_0:\dfrac{x}{4}=\dfrac{y}{2}=\dfrac{z-\dfrac{1}{2}}{-1}$.

设 $L_0$ 绕 $y$ 轴旋转一周所成的曲面上的动点坐标为 $P(x,y,z)$, 该点到 $y$ 轴距离为 $d_1=\sqrt{x^2+z^2}$; 过点 $P(x,y,z)$ 作垂直于 $y$ 轴的平面, 其与 $L_0$ 交于点 $P_1\left(2y,y,\dfrac{1}{2}(1-y)\right)$, $P_1$ 到 $y$ 轴距离为 $d_2=\sqrt{4y^2+\dfrac{1}{4}(1-y)^2}$. 因 $d_1=d_2$, 所以旋转曲面方程为

$$x^2-\frac{17}{4}y^2+z^2+\frac{1}{2}y-\frac{1}{4}=0$$

**例 3.9**(精选题) 求椭球面 $x^2+2y^2+2z^2=1$ 的切平面,使其通过直线

$$\frac{x-1}{2}=\frac{y+1}{1}=\frac{z}{-1}$$

**解析** 设切点为 $P_0(x_0,y_0,z_0)$, 则

$$x_0^2 + 2y_0^2 + 2z_0^2 = 1 \tag{1}$$

又直线过点 $P_1(1,-1,0)$,方向向量为 $\boldsymbol{l} = (2,1,-1)$,椭球面在 $P_0(x_0,y_0,z_0)$ 处的法向量为 $\boldsymbol{n} = (x_0, 2y_0, 2z_0)$,因为 $\boldsymbol{n} \perp \boldsymbol{l}$,所以

$$x_0 + y_0 - z_0 = 0 \tag{2}$$

又 $\boldsymbol{n} \perp \overrightarrow{P_0P_1}$,所以

$$x_0 - 2y_0 = 1 \tag{3}$$

由 (1),(2),(3) 三式解得 $y_0 = -\dfrac{1}{6}$ 或 $y_0 = -\dfrac{1}{2}$,所以切平面有两个,切点分别为 $A\left(\dfrac{2}{3}, -\dfrac{1}{6}, \dfrac{1}{2}\right)$ 和 $B\left(0, -\dfrac{1}{2}, -\dfrac{1}{2}\right)$,切向量分别为 $\boldsymbol{n}_1 = \left(\dfrac{2}{3}, -\dfrac{1}{3}, 1\right)$ 和 $\boldsymbol{n}_2 = (0, -1, -1)$,对应的切平面为 $2x - y + 3z = 3$ 和 $y + z + 1 = 0$.

**例 3.10**(精选题) 求一平面 $\varPi$,使它通过空间曲线 $\varGamma : \begin{cases} y^2 = x, \\ z = 3(y-1) \end{cases}$ 在 $y = 1$ 处的切线,且与曲面 $\varSigma : x^2 + y^2 = 4z$ 相切.

**解析** 设平面 $\varPi$ 与曲面 $\varSigma : x^2 + y^2 = 4z$ 的切点为 $P_0(x_0, y_0, z_0)$,有

$$x_0^2 + y_0^2 = 4z_0 \tag{1}$$

曲面在该点处切平面的法向量为 $\boldsymbol{n} = (x_0, y_0, -2)$. 空间曲线 $\varGamma : \begin{cases} y^2 = x, \\ z = 3(y-1) \end{cases}$ 在 $y = 1$ 处点的坐标为 $P_1(1,1,0)$,曲线 $\varGamma$ 在点 $P_1$ 的切线的方向向量为

$$\boldsymbol{l} = (y^2, y, 3(y-1))'\big|_{P_1} = (2y, 1, 3)\big|_{P_1} = (2, 1, 3)$$

依题有 $\boldsymbol{n} \perp \boldsymbol{l}$,且 $\boldsymbol{n} \perp \overrightarrow{P_0P_1}$,则

$$\boldsymbol{n} \cdot \boldsymbol{l} = 2x_0 + y_0 - 6 = 0 \tag{2}$$

$$\boldsymbol{n} \cdot \overrightarrow{P_0P_1} = x_0(1-x_0) + y_0(1-y_0) + 2z_0 = 0 \tag{3}$$

联立 (1),(2),(3) 三式,解得切点为 $(2,2,2)$ 或 $\left(\dfrac{12}{5}, \dfrac{6}{5}, \dfrac{9}{5}\right)$,所以切平面方程为

$$x + y - z - 2 = 0 \quad \text{或} \quad 6x + 3y - 5z = 9$$

**例 3.11**(全国 2009) 椭球面 $S_1$ 是椭圆 $\dfrac{x^2}{4} + \dfrac{y^2}{3} = 1$ 绕 $x$ 轴旋转而成,圆锥面 $S_2$ 是由过点 $(4,0)$ 且与椭圆 $\dfrac{x^2}{4} + \dfrac{y^2}{3} = 1$ 相切的直线绕 $x$ 轴旋转而成.

(1) 求 $S_1$ 及 $S_2$ 的方程;

(2) 求 $S_1$ 与 $S_2$ 之间的立体体积.

**解析** (1) 椭圆 $\dfrac{x^2}{4} + \dfrac{y^2}{3} = 1$ 绕 $x$ 轴旋转时,方程中变量 $x$ 不变,将变量 $y^2$ 变为 $y^2 + z^2$,即得椭球面 $S_1$ 的方程为 $\dfrac{x^2}{4} + \dfrac{y^2 + z^2}{3} = 1$.

设切点为$(x_0, y_0)$,则$\frac{x^2}{4} + \frac{y^2}{3} = 1$在$(x_0, y_0)$处的切线方程为$\frac{x_0 x}{4} + \frac{y_0 y}{3} = 1$.
将$x = 4, y = 0$代入切线方程得$x_0 = 1$,从而$y_0 = \pm\frac{\sqrt{3}}{2}\sqrt{4 - x_0^2} = \pm\frac{3}{2}$.所以切线方程为$\frac{x}{4} \pm \frac{y}{2} = 1$,为求旋转曲面的方程,将它改写为$\left(\frac{x}{4} - 1\right)^2 = \frac{y^2}{4}$.绕$x$轴旋转时,方程中变量$x$不变,将变量$y^2$变为$y^2 + z^2$,即得圆锥面$S_2$的方程为

$$\left(\frac{x}{4} - 1\right)^2 = \frac{y^2 + z^2}{4}$$

即$(x - 4)^2 - 4y^2 - 4z^2 = 0$.

(2) 所求体积等于一个底面半径为$\frac{3}{2}$,高为3的锥体体积与部分椭球体体积之差,故所求体积为

$$V = \frac{1}{3}\pi \cdot \left(\frac{3}{2}\right)^2 \cdot 3 - \pi\int_1^2 \frac{3}{4}(4 - x^2)\mathrm{d}x = \frac{9}{4}\pi - \frac{5}{4}\pi = \pi$$

# 专题 8  多元函数微分学

## 8.1  重要概念与基本方法

### 1  二元函数的极限

(1) 二元函数极限的定义.

$\lim\limits_{\substack{x \to a \\ y \to b}} f(x,y) = A$ 的"$\varepsilon$-$\delta$"定义:$\forall \varepsilon > 0, \exists \delta > 0$,当 $0 < \sqrt{(x-a)^2 + (y-b)^2} < \delta$ 时,有 $|f(x,y) - A| < \varepsilon$.

(2) 求二元函数极限的方法.

① 应用一元函数求极限的等价无穷小替换法则、关于 e 的重要极限等方法求二元函数极限.

设 $\square = u(x,y)$,则 $\square \to 0$ 时,有

$$\square \sim \sin\square \sim \arcsin\square \sim \tan\square \sim \arctan\square \sim e^{\square} - 1 \sim \ln(1+\square)$$

$$1 - \cos\square \sim \frac{1}{2}\square^2, \quad (1+\square)^{\lambda} - 1 \sim \lambda\square, \quad \lim_{\square \to 0}(1+\square)^{\frac{1}{\square}} = e$$

注意:当不能化为一元函数极限处理时,求多元函数极限不能使用洛必达法则.

② 化为极坐标求极限. 如

$$\lim_{\substack{x \to 0 \\ y \to 0}} f(x,y) = \lim_{\rho \to 0^+} f(\rho\cos\theta, \rho\sin\theta)$$

③ 应用"多元无穷小量与多元有界变量的乘积仍是无穷小量"来求极限.

(3) 证明二元函数极限不存在的方法.

取两条通过点 $P(a,b)$ 的不同路径 $\varGamma_1$ 与 $\varGamma_2$,若

$$\lim_{\substack{(x,y) \in \varGamma_1 \\ x \to a, y \to b}} f(x,y) = A, \quad \lim_{\substack{(x,y) \in \varGamma_2 \\ x \to a, y \to b}} f(x,y) = B \quad (A \neq B)$$

则 $\lim\limits_{\substack{x \to a \\ y \to b}} f(x,y)$ 不存在.

### 2  二元函数的连续性

(1) 函数连续的定义:若 $\lim\limits_{\substack{x \to a \\ y \to b}} f(x,y) = f(a,b)$,则称 $f(x,y)$ 在 $(a,b)$ 处连续,

记为 $f(x,y) \in \mathscr{C}(a,b)$.

此定义含有三个要素,且三者缺一不可:

① 等式左边是考察$(x,y) \neq (a,b)$时,要求函数$f(x,y)$在$(x,y) \to (a,b)$时有极限,记为$A$;

② 等式右边考察$(x,y) = (a,b)$时,要求函数$f(x,y)$有定义,函数值为$f(a,b)$;

③ 要求函数值$f(a,b)$与极限值$A$相等,即$f(a,b) = A$.

(2) 多元初等函数的连续性定理.

**定理**(多元初等函数的连续性定理)  多元初等函数在其有定义的区域上连续.

(3) 间断点:连续性的定义中,三要素至少有一条不成立时,称$(x,y) = (a,b)$为间断点.

(4) 定义在有界闭域上的连续函数的重要性质:设$D$是平面上的有界闭域.

**定理1**(有界定理)  设$f(x,y) \in \mathscr{C}(D)$,则$f(x,y) \in \mathscr{B}(D)$.

**定理2**(最值定理)  设$f(x,y) \in \mathscr{C}(D)$,则$f(x,y)$在$D$上有最大值与最小值.

**定理3**(介值定理)  设$f(x,y) \in \mathscr{C}(D)$,$f(x,y)$在$D$上的最大值与最小值分别为$M,m$,$\forall \mu \in (m,M)$,则$\exists (\xi,\eta) \in D$,使得$f(\xi,\eta) = \mu$.

### 3  偏导数概念

(1) 函数$f(x,y)$在$(0,0)$处的两个偏导数定义为

$$f'_x(0,0) \stackrel{\text{def}}{=} \lim_{x \to 0} \frac{f(x,0) - f(0,0)}{x} = \lim_{\Box \to 0} \frac{f(\Box,0) - f(0,0)}{\Box}$$

$$f'_y(0,0) \stackrel{\text{def}}{=} \lim_{y \to 0} \frac{f(0,y) - f(0,0)}{y} = \lim_{\Box \to 0} \frac{f(0,\Box) - f(0,0)}{\Box}$$

(2) 函数$f(x,y)$在$(a,b)$处的两个偏导数定义为

$$f'_x(a,b) \stackrel{\text{def}}{=} \lim_{x \to a} \frac{f(x,b) - f(a,b)}{x - a} = \lim_{\Box \to 0} \frac{f(a+\Box,b) - f(a,b)}{\Box}$$

$$f'_y(a,b) \stackrel{\text{def}}{=} \lim_{y \to b} \frac{f(a,y) - f(a,b)}{y - b} = \lim_{\Box \to 0} \frac{f(a,b+\Box) - f(a,b)}{\Box}$$

(3) 函数$f(x,y)$在$(a,b)$处可偏导时,$f(x,y)$在$(a,b)$处不一定连续.例如

$$f(x,y) = \begin{cases} \dfrac{xy}{x^2 + y^2} & ((x,y) \neq (0,0)); \\ 0 & ((x,y) = (0,0)) \end{cases}$$

此函数在$(0,0)$处不连续,但是$f'_x(0,0) = f'_y(0,0) = 0$.

(4) 函数$f(x,y)$在$(a,b)$处连续时,$f(x,y)$在$(a,b)$处不一定可偏导.例如$f(x,y) = \sqrt{x^2 + y^2}$,此函数在$(0,0)$处连续,但是$f'_x(0,0)$与$f'_y(0,0)$皆不存在.

(5) 若$f(x,y)$是多元初等函数,则可像一元函数求导数一样求偏导数.

① 求 $f'_x(x,y)$ 时,可将 $f(x,y)$ 中的 $y$ 视为常数后对 $x$ 求导数;
② 求 $f'_y(x,y)$ 时,可将 $f(x,y)$ 中的 $x$ 视为常数后对 $y$ 求导数.

(6) 偏导数的几何意义.

① $f'_x(a,b)$ 表示曲线 $\begin{cases} z = f(x,y), \\ y = b \end{cases}$ 在 $x = a$ 处的切线对 $x$ 轴的斜率;

② $f'_y(a,b)$ 表示曲线 $\begin{cases} z = f(x,y), \\ x = a \end{cases}$ 在 $y = b$ 处的切线对 $y$ 轴的斜率.

### 4 微分概念

(1) 可微的定义.

① 若
$$f(x,y) - f(0,0) = Ax + By + o(\sqrt{x^2 + y^2})$$
则称 $f(x,y)$ 在 $(0,0)$ 处可微.

② 若
$$f(a+\Delta x, b+\Delta y) - f(a,b) = A(a,b)\Delta x + B(a,b)\Delta y + o(\rho)$$
其中 $\Delta x = x - a, \Delta y = y - b, \rho = \sqrt{(\Delta x)^2 + (\Delta y)^2}$,则称 $f(x,y)$ 在 $(a,b)$ 处可微.

③ 当 $f(x,y)$ 在 $(0,0)$ 处可微时,$f(x,y)$ 在 $(0,0)$ 处可偏导,且 $A = f'_x(0,0)$,$B = f'_y(0,0)$;当 $f(x,y)$ 在 $(a,b)$ 处可微时,$f(x,y)$ 在 $(a,b)$ 处可偏导,且
$$A(a,b) = f'_x(a,b), \quad B(a,b) = f'_y(a,b)$$

④ 当 $f(x,y)$ 在 $(a,b)$ 处可微时,$f(x,y) \in \mathscr{C}(a,b)$.

(2) 全微分的定义.

① 当 $f(x,y)$ 在 $(0,0)$ 处可微时,称
$$\mathrm{d}f(x,y)\Big|_{(0,0)} \stackrel{\text{def}}{=} f'_x(0,0)\mathrm{d}x + f'_y(0,0)\mathrm{d}y = f'_x(0,0)x + f'_y(0,0)y$$
为函数 $f(x,y)$ 在 $(0,0)$ 处的全微分.

② 当 $f(x,y)$ 在 $(a,b)$ 处可微时,称
$$\mathrm{d}f(x,y)\Big|_{(a,b)} \stackrel{\text{def}}{=} f'_x(a,b)\mathrm{d}x + f'_y(a,b)\mathrm{d}y$$
为函数 $f(x,y)$ 在 $(a,b)$ 处的全微分.

③ 当 $f(x,y)$ 在 $(x,y)$ 处可微时,称
$$\mathrm{d}f(x,y) \stackrel{\text{def}}{=} f'_x(x,y)\mathrm{d}x + f'_y(x,y)\mathrm{d}y$$
为函数 $f(x,y)$ 的全微分.

(3) 可微的一个充分条件:当 $f(x,y)$ 的两个偏导数 $f'_x(x,y)$ 和 $f'_y(x,y)$ 在 $(a,b)$ 处皆连续时,$f(x,y)$ 在 $(a,b)$ 处必可微.

(4) 由于多元初等函数的偏导数仍是初等函数,应用一元与多元初等函数的

连续性定理可得多元初等函数在其可偏导的区域上一定是可微的,故多元初等函数在其可偏导的区域上的全微分也一定存在.

**5 多元复合函数的偏导数**

(1) **定理**(链锁法则) 设 $z = f(u,v)$ 可微,$u = \varphi(x,y)$,$v = \psi(x,y)$ 可偏导,则 $z = z(x,y) = f(\varphi(x,y),\psi(x,y))$ 可偏导,且有

$$\frac{\partial z}{\partial x} = f'_u(u,v)\bigg|_{\substack{u=\varphi(x,y)\\v=\psi(x,y)}}\varphi'_x(x,y) + f'_v(u,v)\bigg|_{\substack{u=\varphi(x,y)\\v=\psi(x,y)}}\psi'_x(x,y)$$

$$\frac{\partial z}{\partial y} = f'_u(u,v)\bigg|_{\substack{u=\varphi(x,y)\\v=\psi(x,y)}}\varphi'_y(x,y) + f'_v(u,v)\bigg|_{\substack{u=\varphi(x,y)\\v=\psi(x,y)}}\psi'_y(x,y)$$

多元复合函数的自变量一般在两个以上,特殊时也可能是一个;中间变量可能是两个以上,也可能是一个,情况比较复杂.下面列举几个,有关函数的可微性或可导性略去,只写出求偏导数(或求全导数)的方法.这些方法的要点是首先画出变量结构图.例如上述定理的变量结构图如图 8.1 所示.

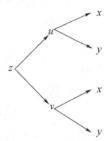

图 8.1

(2) $z = f(x,y,u,v)$,$u = \varphi(x,y)$,$v = \psi(x,y)$,则偏导数为

$$\frac{\partial z}{\partial x} = f'_x + f'_u\bigg|_{\substack{u=\varphi(x,y)\\v=\psi(x,y)}}\varphi'_x + f'_v\bigg|_{\substack{u=\varphi(x,y)\\v=\psi(x,y)}}\psi'_x$$

$$\frac{\partial z}{\partial y} = f'_y + f'_u\bigg|_{\substack{u=\varphi(x,y)\\v=\psi(x,y)}}\varphi'_y + f'_v\bigg|_{\substack{u=\varphi(x,y)\\v=\psi(x,y)}}\psi'_y$$

变量结构图如图 8.2 所示.

(3) $z = xf(u) + yg(v)$,$u = \varphi(x,y)$,$v = \psi(x,y)$,则偏导数为

$$\frac{\partial z}{\partial x} = f(u) + xf'(u)\bigg|_{u=\varphi(x,y)}\varphi'_x + yg'(v)\bigg|_{v=\psi(x,y)}\psi'_x$$

$$\frac{\partial z}{\partial y} = g(v) + xf'(u)\bigg|_{u=\varphi(x,y)}\varphi'_y + yg'(v)\bigg|_{v=\psi(x,y)}\psi'_y$$

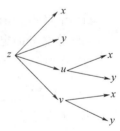

图 8.2

变量结构图如图 8.2 所示.

(4) $z = f(x,u,v)$,$u = \varphi(x)$,$v = \psi(x)$,则全导数为

$$\frac{\mathrm{d}z}{\mathrm{d}x} = f'_x + f'_u\bigg|_{\substack{u=\varphi(x)\\v=\psi(x)}}\varphi' + f'_v\bigg|_{\substack{u=\varphi(x)\\v=\psi(x)}}\psi'$$

变量结构图如图 8.3 所示.

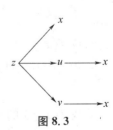

图 8.3

**6 多元隐函数的偏导数**

**定理 1**(隐函数存在定理 I) 设 $F(x,y)$ 的偏导数连续,$F'_y(x,y) \neq 0$,则存在唯一的 $y = y(x)$,使得 $F(x,y(x)) = 0$,且

$$y'(x) = -\frac{F'_x(x,y)}{F'_y(x,y)}$$

**定理 2**(隐函数存在定理 Ⅱ)  设 $F(x,y,z)$ 的偏导数连续,$F'_z(x,y,z) \neq 0$,则存在唯一的 $z = z(x,y)$,使得 $F(x,y,z(x,y)) = 0$,且

$$\frac{\partial z}{\partial x} = -\frac{F'_x(x,y,z)}{F'_z(x,y,z)}, \quad \frac{\partial z}{\partial y} = -\frac{F'_y(x,y,z)}{F'_z(x,y,z)}$$

### 7　高阶偏导数

(1) 当 $z = f(x,y)$ 的一阶偏导数 $f'_x(x,y), f'_y(x,y)$ 仍可偏导时,有四个二阶偏导数

$$\frac{\partial^2 z}{\partial x^2} = f''_{xx}(x,y), \quad \frac{\partial^2 z}{\partial x \partial y} = f''_{xy}(x,y), \quad \frac{\partial^2 z}{\partial y \partial x} = f''_{yx}(x,y), \quad \frac{\partial^2 z}{\partial y^2} = f''_{yy}(x,y)$$

(2) 四个二阶偏导数中,$\frac{\partial^2 z}{\partial x \partial y} = f''_{xy}(x,y)$ 与 $\frac{\partial^2 z}{\partial y \partial x} = f''_{yx}(x,y)$ 称为二阶混合偏导数,它们与对 $x$ 和 $y$ 求偏导的次序有关,不一定相等. 当 $f''_{xy}(x,y)$ 与 $f''_{yx}(x,y)$ 皆连续时,则它们一定相等,即与求偏导数的次序无关.

(3) 由于二元初等函数的二阶混合偏导数仍是初等函数,应用一元与多元初等函数的连续性定理可得二元初等函数的二阶混合偏导数在其二阶混合偏导数存在的区域上,一定与求偏导数的次序无关.

(4) 对于三元以上的多元函数有与上述三条类似的结论,不再赘述.

### 8　二元函数的极值

(1) 必要条件:设二元函数 $z = f(x,y)$ 在 $(a,b)$ 处可偏导,则 $f(a,b)$ 为函数 $z = f(x,y)$ 的极值的必要条件是 $f'_x(a,b) = f'_y(a,b) = 0$.

(2) 充分条件:设二元函数 $z = f(x,y)$ 在 $(a,b)$ 处的二阶偏导数连续,$f'_x(a,b) = f'_y(a,b) = 0$,记 $A = f''_{xx}(a,b), B = f''_{xy}(a,b), C = f''_{yy}(a,b), \Delta = B^2 - AC$,则

① $\Delta < 0, A > 0$ 时,$f(a,b)$ 为函数 $z = f(x,y)$ 的极小值;

② $\Delta < 0, A < 0$ 时,$f(a,b)$ 为函数 $z = f(x,y)$ 的极大值;

③ $\Delta > 0$ 时,$f(a,b)$ 不是函数 $z = f(x,y)$ 的极值;

④ $\Delta = 0$ 时,$f(a,b)$ 不一定是函数 $z = f(x,y)$ 的极值.

### 9　多元函数的条件极值(拉格朗日乘数法)

(1) 求二元函数 $z = f(x,y)$ 满足条件 $\varphi(x,y) = 0$ 的极值的步骤:

① 构造拉格朗日函数 $F(x,y,\lambda) = f(x,y) + \lambda \varphi(x,y)$.

② 求函数 $F(x,y,\lambda)$ 的驻点,即由 $\begin{cases} F'_x = f'_x + \lambda \varphi'_x = 0, \\ F'_y = f'_y + \lambda \varphi'_y = 0, \\ F'_\lambda = \varphi = 0 \end{cases}$,解得驻点

$$(x,y) = (x_0, y_0)$$

③ 根据问题的应用背景,说明 $f(x_0, y_0)$ 是所求的条件极值.

(2) 求三元函数 $u = f(x,y,z)$ 满足条件 $\varphi(x,y,z) = 0$ 的极值的步骤:

① 构造拉格朗日函数 $F(x,y,z,\lambda) = f(x,y,z) + \lambda \varphi(x,y,z)$.

② 求函数 $F(x,y,z,\lambda)$ 的驻点,即由 $\begin{cases} F'_x = f'_x + \lambda \varphi'_x = 0, \\ F'_y = f'_y + \lambda \varphi'_y = 0, \\ F'_z = f'_z + \lambda \varphi'_z = 0, \\ F'_\lambda = \varphi = 0 \end{cases}$ 解得驻点

$$(x,y,z) = (x_0, y_0, z_0)$$

③ 根据问题的应用背景,说明 $f(x_0, y_0, z_0)$ 是所求的条件极值.

(3) 求三元函数 $u = f(x,y,z)$ 满足两个条件 $\varphi(x,y,z) = 0, \psi(x,y,z) = 0$ 的极值的步骤:

① 构造拉格朗日函数
$$F(x,y,z,\lambda,\mu) = f(x,y,z) + \lambda \varphi(x,y,z) + \mu \psi(x,y,z)$$

② 求函数 $F(x,y,z,\lambda,\mu)$ 的驻点,即由 $\begin{cases} F'_x = f'_x + \lambda \varphi'_x + \mu \psi'_x = 0, \\ F'_y = f'_y + \lambda \varphi'_y + \mu \psi'_y = 0, \\ F'_z = f'_z + \lambda \varphi'_z + \mu \psi'_z = 0, \\ F'_\lambda = \varphi = 0, \\ F'_\mu = \psi = 0 \end{cases}$ 解得驻点

$$(x,y,z) = (x_0, y_0, z_0)$$

③ 根据问题的应用背景,说明 $f(x_0, y_0, z_0)$ 是所求的条件极值.

## 10 多元函数的最值

(1) 求二元函数 $z = f(x,y)$ 在平面的有界闭域 $D$ 上的最值的步骤:

① 求 $f(x,y)$ 在区域 $D$ 的内部的驻点 $(x_i, y_i)(i = 1, 2, \cdots, k)$.

② 设区域 $D$ 的边界曲线方程为 $\varphi(x,y) = 0$. 求拉格朗日函数
$$F(x,y,\lambda) = f(x,y) + \lambda \varphi(x,y)$$
的驻点 $(x_i, y_i)(i = k+1, k+2, \cdots, m)$. 当边界曲线是多条曲线围成时,这些曲线的交点为 $(x_i, y_i)(i = m+1, m+2, \cdots, n)$.

③ 所求的最值为
$$\max_{(x,y) \in D} f(x,y) = \max\{f(x_1, y_1), \cdots, f(x_k, y_k), \cdots, f(x_m, y_m), \cdots, f(x_n, y_n)\}$$
$$\min_{(x,y) \in D} f(x,y) = \min\{f(x_1, y_1), \cdots, f(x_k, y_k), \cdots, f(x_m, y_m), \cdots, f(x_n, y_n)\}$$

(2) 求三元函数 $u = f(x,y,z)$ 在空间的有界闭域 $\Omega$ 上的最值的步骤:

① 求 $f(x,y,z)$ 在区域 $\Omega$ 的内部的驻点 $(x_i, y_i, z_i)$.

② 设区域 $\Omega$ 的边界曲面方程为 $\varphi(x,y,z) = 0$. 求拉格朗日函数
$$F(x,y,z,\lambda) = f(x,y,z) + \lambda\varphi(x,y,z)$$
的驻点 $(x_j, y_j, z_j)$. 当边界曲面是多块曲面围成时, 在这些曲面的交线上再用拉格朗日乘数法求其驻点 $(x_k, y_k, z_k)$.

③ 所求的最值为
$$\max_{(x,y,z)\in\Omega} f(x,y,z) = \max\{f(x_i,y_i,z_i),\cdots,f(x_j,y_j,z_j),\cdots,f(x_k,y_k,z_k),\cdots\}$$
$$\min_{(x,y,z)\in\Omega} f(x,y,z) = \min\{f(x_i,y_i,z_i),\cdots,f(x_j,y_j,z_j),\cdots,f(x_k,y_k,z_k),\cdots\}$$

## 8.2 习题选解

**例 2.1**(习题 5.1 A 5)  判断函数
$$f(x,y) = \begin{cases} \dfrac{x^3+y^3}{x^2+y^2} & ((x,y) \neq (0,0)); \\ 0 & ((x,y) = (0,0)) \end{cases}$$
在点 $(0,0)$ 处的连续性.

**解析**  令 $x = \rho\cos\theta, y = \rho\sin\theta$, 则
$$\lim_{\substack{x\to 0 \\ y\to 0}} \frac{x^3+y^3}{x^2+y^2} = \lim_{\rho\to 0^+} \frac{\rho^3(\cos^3\theta + \sin^3\theta)}{\rho^2} = \lim_{\rho\to 0^+}\rho(\cos^3\theta + \sin^3\theta) = 0$$
即 $\lim\limits_{\substack{x\to 0 \\ y\to 0}} f(x,y) = f(0,0)$, 故函数 $f(x,y)$ 在 $(0,0)$ 连续.

**例 2.2**(习题 5.1 B 8)  求证: $\lim\limits_{\substack{x\to 0 \\ y\to 0}} \dfrac{x^2y^2}{x^2y^2 + (x-y^2)}$ 不存在.

**解析**  沿着直线 $y = x, (x,y) \to (0,0)$ 时, 有
$$\lim_{\substack{y=x \\ x\to 0}} \frac{x^2y^2}{x^2y^2 + (x-y^2)} = \lim_{x\to 0} \frac{x^4}{x^4 + (x-x^2)} = \lim_{x\to 0} \frac{x^3}{x^3 + (1-x)} = 0$$
沿着抛物线 $y = \sqrt{x}, (x,y) \to (0,0)$ 时, 有
$$\lim_{\substack{y=\sqrt{x} \\ x\to 0}} \frac{x^2y^2}{x^2y^2 + (x-y^2)} = \lim_{x\to 0} \frac{x^3}{x^3 + (x-x)} = 1$$
故当 $(x,y) \to (0,0)$ 时, 原式极限不存在.

**例 2.3**(习题 5.2 A 3)  设 $z = xy + x\mathrm{e}^{\frac{y}{x}}$, 求 $x\dfrac{\partial z}{\partial x} + y\dfrac{\partial z}{\partial y} - z$.

**解析**  将 $z = z(x,y)$ 中的 $y$ 视为常数, 对 $x$ 求导得
$$\frac{\partial z}{\partial x} = y + \mathrm{e}^{\frac{y}{x}} + x \cdot \mathrm{e}^{\frac{y}{x}} \cdot \left(-\frac{y}{x^2}\right) = y + \mathrm{e}^{\frac{y}{x}}\left(1 - \frac{y}{x}\right)$$
将 $z = z(x,y)$ 中的 $x$ 视为常数, 对 $y$ 求导得

$$\frac{\partial z}{\partial y} = x + x \cdot e^{\frac{y}{x}} \cdot \frac{1}{x} = x + e^{\frac{y}{x}}$$

因此

$$x\frac{\partial z}{\partial x} + y\frac{\partial z}{\partial y} - z = xy + e^{\frac{y}{x}}(x-y) + xy + ye^{\frac{y}{x}} - xy - xe^{\frac{y}{x}} = xy$$

**例 2.4**(习题 5.3 A 3.2)　设 $f(x,y,z) = \dfrac{z}{\sqrt{x^2+y^2}}$,求 $\mathrm{d}f(3,4,5)$.

**解析**　因为 $f(x,y,z) = z(x^2+y^2)^{-\frac{1}{2}}$,所以

$$f'_x(x,y,z) = -xz(x^2+y^2)^{-\frac{3}{2}}, \quad f'_y(x,y,z) = -yz(x^2+y^2)^{-\frac{3}{2}}$$

$$f'_z(x,y,z) = (x^2+y^2)^{-\frac{1}{2}}$$

在点$(3,4,5)$处,$f'_x(3,4,5) = -\dfrac{3}{25}$,$f'_y(3,4,5) = -\dfrac{4}{25}$,$f'_z(3,4,5) = \dfrac{1}{5}$,于是

$$\mathrm{d}f(3,4,5) = -\frac{3}{25}\mathrm{d}x - \frac{4}{25}\mathrm{d}y + \frac{1}{5}\mathrm{d}z$$

**例 2.5**(习题 5.3 B 7)　讨论函数

$$f(x,y) = \begin{cases} \dfrac{x^2y^2}{x^2+y^2} & ((x,y) \neq (0,0)); \\ 0 & ((x,y) = (0,0)) \end{cases}$$

在点$(0,0)$处的可微性与偏导数的连续性.

**解析**　应用偏导数的定义,有

$$f'_x(0,0) = \lim_{x \to 0} \frac{f(x,0) - f(0,0)}{x} = \lim_{x \to 0} \frac{\frac{0}{x^2} - 0}{x} = 0$$

$$f'_y(0,0) = \lim_{y \to 0} \frac{f(0,y) - f(0,0)}{y} = \lim_{y \to 0} \frac{\frac{0}{y^2} - 0}{y} = 0$$

$f(x,y)$在$(0,0)$的全增量为 $\Delta f(x,y) = f(x,y) - f(0,0) = \dfrac{x^2y^2}{x^2+y^2}$,记

$$\Delta f(x,y) = f'_x(0,0)\Delta x + f'_y(0,0)\Delta y + \omega$$
$$= f'_x(0,0)x + f'_y(0,0)y + \omega = \omega$$

则 $\omega = \dfrac{x^2y^2}{x^2+y^2}$. 令 $x = \rho\cos\theta, y = \rho\sin\theta$,得

$$\frac{\omega}{\rho} = \frac{\rho^4\cos^2\theta\sin^2\theta}{\rho^3} = \rho\cos^2\theta\sin^2\theta \to 0 \quad (\rho \to 0)$$

故 $\omega = o(\rho)$,于是 $f(x,y)$ 在点$(0,0)$处可微.

求 $f(x,y)$ 关于 $x$ 的偏导数得

$$f'_x(x,y) = \begin{cases} \dfrac{2xy^4}{(x^2+y^2)^2} & ((x,y) \neq (0,0)); \\ 0 & ((x,y) = (0,0)) \end{cases}$$

令 $x = \rho\cos\theta, y = \rho\sin\theta$,则

$$\lim_{\substack{x \to 0 \\ y \to 0}} f'_x(x,y) = \lim_{\substack{x \to 0 \\ y \to 0}} \frac{2xy^4}{(x^2+y^2)^2} = \lim_{\rho \to 0^+} \frac{2\rho^5 \cos\theta\sin^4\theta}{\rho^4} = 0 = f'_x(0,0)$$

所以 $f'_x(x,y)$ 在点 $(0,0)$ 处连续. 同理可得 $f'_y(x,y)$ 在点 $(0,0)$ 处也连续.

**例 2.6**(习题 5.4 A 5) 设由函数 $u = f(x,y,z), y = \varphi(x), z = \psi(x,y)$ 确定 $u = u(x)$,这里 $f, \psi$ 具有连续的偏导数,$\varphi$ 具有连续导数,求全导数 $\dfrac{\mathrm{d}u}{\mathrm{d}x}$.

**解析** 由于 $y = \varphi(x)$,则 $z = z(x)$ 是由 $z = \psi(x, \varphi(x))$ 确定的函数,所以

$$\frac{\mathrm{d}y}{\mathrm{d}x} = \varphi'(x), \quad \frac{\mathrm{d}z}{\mathrm{d}x} = \psi'_x + \psi'_y \cdot \varphi'(x)$$

应用多元复合函数求全导数公式得

$$\frac{\mathrm{d}u}{\mathrm{d}x} = f'_x + f'_y \frac{\mathrm{d}y}{\mathrm{d}x} + f'_z \frac{\mathrm{d}z}{\mathrm{d}x} = f'_x + \varphi'(x)f'_y + [\psi'_x + \varphi'(x) \cdot \psi'_y]f'_z$$

**例 2.7**(习题 5.4 B 15) 若 $\forall \lambda \in \mathbf{R}^+$,有 $f(\lambda x, \lambda y, \lambda z) = \lambda^n f(x,y,z)$,则称 $f$ 为 $n$ 次齐次函数. 设 $f \in \mathscr{C}^{(1)}$,求证:$f$ 为 $n$ 次齐次函数的必要条件是

$$xf'_x + yf'_y + zf'_z = nf$$

**解析** 设 $f$ 为 $n$ 次齐次函数,则 $f(\lambda x, \lambda y, \lambda z) = \lambda^n f(x,y,z)$,等式两边对 $\lambda$ 求导得

$$xf'_1(\lambda x, \lambda y, \lambda z) + yf'_2(\lambda x, \lambda y, \lambda z) + zf'_3(\lambda x, \lambda y, \lambda z) = n\lambda^{n-1} f(x,y,z)$$

由于 $\lambda \in \mathbf{R}^+$,故取 $\lambda = 1$,即得

$$xf'_x(x,y,z) + yf'_y(x,y,z) + zf'_z(x,y,z) = nf(x,y,z)$$

**例 2.8**(习题 5.4 B 16) 设由 $u = \dfrac{x+z}{y+z}, z\mathrm{e}^z = x\mathrm{e}^x + y\mathrm{e}^y$ 确定 $u = u(x,y)$,试求 $\mathrm{d}u$.

**解析** 由题知 $z = z(x,y)$ 是由 $z\mathrm{e}^z = x\mathrm{e}^x + y\mathrm{e}^y$ 确定的隐函数,令 $F(x,y,z) = x\mathrm{e}^x + y\mathrm{e}^y - z\mathrm{e}^z = 0$,则

$$F'_x = (1+x)\mathrm{e}^x, \quad F'_y = (1+y)\mathrm{e}^y, \quad F'_z = -(1+z)\mathrm{e}^z$$

故 $\dfrac{\partial z}{\partial x} = \dfrac{(1+x)\mathrm{e}^x}{(1+z)\mathrm{e}^z}, \dfrac{\partial z}{\partial y} = \dfrac{(1+y)\mathrm{e}^y}{(1+z)\mathrm{e}^z}$,且

$$\mathrm{d}z = \frac{(1+x)\mathrm{e}^x}{(1+z)\mathrm{e}^z}\mathrm{d}x + \frac{(1+y)\mathrm{e}^y}{(1+z)\mathrm{e}^z}\mathrm{d}y \tag{1}$$

利用一阶微分的形式不变性,有

$$\mathrm{d}u = \frac{\partial u}{\partial x}\mathrm{d}x + \frac{\partial u}{\partial y}\mathrm{d}y + \frac{\partial u}{\partial z}\mathrm{d}z = \frac{1}{y+z}\mathrm{d}x - \frac{x+z}{(y+z)^2}\mathrm{d}y + \frac{y-x}{(y+z)^2}\mathrm{d}z$$

将(1) 式代入得

$$\mathrm{d}u = \left(\frac{1}{y+z} + \frac{(y-x)(1+x)}{(y+z)^2(1+z)}\mathrm{e}^{x-z}\right)\mathrm{d}x + \left(\frac{(y-x)(1+y)}{(y+z)^2(1+z)}\mathrm{e}^{y-z} - \frac{x+z}{(y+z)^2}\right)\mathrm{d}y$$

**例 2.9**(习题 5.4 B 17)  设 $f(x,y) \in \mathscr{C}^{(2)}$,试求:

(1) $\lim\limits_{h\to 0}\dfrac{f(x+h,y)+f(x-h,y)-2f(x,y)}{h^2}$;

(2) $\lim\limits_{k\to 0}\dfrac{f(x,y+k)+f(x,y-k)-2f(x,y)}{k^2}$.

**解析**  (1) 两次应用洛必达法则与复合函数求偏导法则,则

$$\text{原式} = \lim_{h\to 0}\frac{f'_1(x+h,y)-f'_1(x-h,y)}{2h} = \lim_{h\to 0}\frac{f'_x(x+h,y)-f'_x(x-h,y)}{2h}$$

$$= \lim_{h\to 0}\frac{f''_{x1}(x+h,y)+f''_{x1}(x-h,y)}{2} = \lim_{h\to 0}\frac{f''_{xx}(x+h,y)+f''_{xx}(x-h,y)}{2}$$

$$= \frac{1}{2}[f''_{xx}(x,y)+f''_{xx}(x,y)] = f''_{xx}(x,y)$$

(2) 两次应用洛必达法则与复合函数求偏导法则,则

$$\text{原式} = \lim_{k\to 0}\frac{f'_2(x,y+k)-f'_2(x,y-k)}{2k} = \lim_{k\to 0}\frac{f'_y(x,y+k)-f'_y(x,y-k)}{2k}$$

$$= \lim_{k\to 0}\frac{f''_{y2}(x,y+k)+f''_{y2}(x,y-k)}{2} = \lim_{k\to 0}\frac{f''_{yy}(x,y+k)+f''_{yy}(x,y-k)}{2}$$

$$= \frac{1}{2}[f''_{yy}(x,y)+f''_{yy}(x,y)] = f''_{yy}(x,y)$$

**例 2.10**(习题 5.5 A 5)  若函数 $f(x,y)$ 在点 $P_0(2,0)$ 处沿指向点 $P_1(2,-2)$ 方向的方向导数等于 1,沿指向原点方向的方向导数等于 $-3$,求该函数 $f$ 在点 $P_0$ 处沿指向点 $P_2(2,1)$ 方向的方向导数.

**解析**  记 $\overrightarrow{P_0P_1} = \boldsymbol{l}_1, \overrightarrow{P_0O} = \boldsymbol{l}_2, \overrightarrow{P_0P_2} = \boldsymbol{l}_3$,则 $\boldsymbol{l}_1 = (0,-2), \boldsymbol{l}_2 = (-2,0)$, $\boldsymbol{l}_3 = (0,1); \boldsymbol{l}_1^0 = (0,-1), \boldsymbol{l}_2^0 = (-1,0), \boldsymbol{l}_3^0 = (0,1)$. 设 $f'_x(P_0) = m, f'_y(P_0) = n$,则有

$$\left.\frac{\partial f}{\partial \boldsymbol{l}_1}\right|_{P_0} = m\cdot 0 + n\cdot(-1) = -n = 1, \quad \left.\frac{\partial f}{\partial \boldsymbol{l}_2}\right|_{P_0} = m\cdot(-1) + n\cdot 0 = -m = -3$$

故 $m = 3, n = -1$. 从而

$$\left.\frac{\partial f}{\partial \boldsymbol{l}_3}\right|_{P_0} = m\cdot 0 + n\cdot 1 = -1$$

**例 2.11**(习题 5.5 B 8)  设 $P_0 \in \mathbf{R}^3$,函数 $f(x,y,z) \in \mathscr{C}^{(1)}(P_0)$,向量 $\boldsymbol{l}$ 的方向余弦为 $\cos\alpha, \cos\beta, \cos\gamma$,试用洛必达法则证明:

$$\left.\frac{\partial f}{\partial \boldsymbol{l}}\right|_{P_0} = f'_x(P_0)\cos\alpha + f'_y(P_0)\cos\beta + f'_z(P_0)\cos\gamma$$

**解析**  在 $P_0(x_0,y_0,z_0)$ 沿 $\boldsymbol{l}$ 方向取点 $P(x,y,z), |P_0P| = \rho$,则

$$x = x_0 + \rho\cos\alpha, \quad y = y_0 + \rho\cos\beta, \quad z = z_0 + \rho\cos\gamma$$

应用方向导数的定义与洛必达法则,有

$$\begin{aligned}\frac{\partial f}{\partial \boldsymbol{l}}\Big|_{P_0} &= \lim_{\rho \to 0^+} \frac{f(P) - f(P_0)}{|P_0 P|} \\ &= \lim_{\rho \to 0^+} \frac{f(x_0 + \rho\cos\alpha, y_0 + \rho\cos\beta, z_0 + \rho\cos\gamma) - f(x_0, y_0, z_0)}{\rho} \\ &= \lim_{\rho \to 0^+} [f'_x(x_0 + \rho\cos\alpha, y_0 + \rho\cos\beta, z_0 + \rho\cos\gamma)\cos\alpha \\ &\quad + f'_y(x_0 + \rho\cos\alpha, y_0 + \rho\cos\beta, z_0 + \rho\cos\gamma)\cos\beta \\ &\quad + f'_z(x_0 + \rho\cos\alpha, y_0 + \rho\cos\beta, z_0 + \rho\cos\gamma)\cos\gamma] \\ &= f'_x(x_0, y_0, z_0)\cos\alpha + f'_y(x_0, y_0, z_0)\cos\beta + f'_z(x_0, y_0, z_0)\cos\gamma \\ &= f'_x(P_0)\cos\alpha + f'_y(P_0)\cos\beta + f'_z(P_0)\cos\gamma\end{aligned}$$

**例 2.12**(习题 5.7 A 7.4) 求函数 $z = x^4 + y^4 - x^2 + 2xy - y^2$ 的极值.

**解析** 先求驻点,由

$$\begin{cases} z'_x = 4x^3 - 2x + 2y = 0, \\ z'_y = 4y^3 + 2x - 2y = 0 \end{cases}$$

解得驻点为 $P_1(1,-1), P_2(-1,1), P_3(0,0)$. 又

$$A = z''_{xx} = 2(6x^2 - 1), \quad B = z''_{xy} = 2, \quad C = z''_{yy} = 2(6y^2 - 1)$$

在点 $P_1(1,-1)$ 处, $A = 10 > 0, B^2 - AC = -96 < 0$, 所以 $z(1,-1) = -2$ 为极小值;在点 $P_2(-1,1)$ 处, $A = 10 > 0, B^2 - AC = -96 < 0$, 所以 $z(-1,1) = -2$ 为极小值;在点 $P_3(0,0)$ 处, $B^2 - AC = 0$, 取正数 $x$ 充分小, 由于在点 $P_3(0,0)$ 的任意邻域中, 有 $z(x,-x) = 2x^2(x^2 - 2) < 0, z(x,x) = 2x^4 > 0$, 所以 $z(0,0) = 0$ 不是极值.

**例 2.13**(习题 5.7 B 15) 试求空间曲面 $x^2 - y^2 = 3z$ 的切平面, 使之通过点 $(0,0,-1)$, 且与直线 $\dfrac{x-1}{2} = \dfrac{y+1}{1} = \dfrac{z}{2}$ 平行.

**解析** 设所求切平面在曲面 $x^2 - y^2 = 3z$ 上的切点为 $P(x_0, y_0, z_0)$, 则

$$x_0^2 - y_0^2 = 3z_0 \tag{1}$$

令 $F(x,y,z) = x^2 - y^2 - 3z$, 则 $F'_x = 2x, F'_y = -2y, F'_z = -3$, 所以法向量 $\boldsymbol{n} = (2x_0, -2y_0, -3)$, 于是所求切平面为

$$2x_0(x - x_0) - 2y_0(y - y_0) - 3(z - z_0) = 0$$

代入坐标 $(0,0,-1)$ 得

$$-2x_0^2 + 2y_0^2 + 3(1 + z_0) = 0 \tag{2}$$

又所求切平面与已知直线平行, 故法向量 $\boldsymbol{n}$ 与直线的方向向量 $\boldsymbol{l} = (2,1,2)$ 垂直, 即有

$$\boldsymbol{n} \cdot \boldsymbol{l} = 4x_0 - 2y_0 - 6 = 0 \tag{3}$$

联立(1),(2),(3)三式解得 $x_0=2, y_0=1, z_0=1$,故所求切平面为
$$4x-2y-3z=3$$

**例 2.14**(习题 5.7 B 16)  周长为 $2l$ 的三角形,绕其一边旋转,试设计三条边的长,使其旋转体体积最大.

**解析**  设三角形的三边长分别为 $x,y,z$,则 $x+y+z=2l$. 设绕 $x$ 边旋转,且 $x$ 边上的高为 $h$,则旋转体体积为 $V=\frac{\pi}{3}h^2 x$. 根据三角形面积公式,有 $S=\frac{1}{2}xh=\sqrt{l(l-x)(l-y)(l-z)}$,由此式解出 $h$,代入体积表达式得
$$V=\frac{4}{3}\pi l \cdot \frac{(l-x)(l-y)(l-z)}{x}$$

由于 $2l=x+y+z>z+z$,故 $0<z<l$,同理 $0<x<l, 0<y<l$. 考虑函数
$$U=\ln\frac{(l-x)(l-y)(l-z)}{x}$$

则 $U$ 与 $V$ 同时取到最大值,故只需求函数 $U(x,y,z)$ 在约束条件 $x+y+z=2l$ 下的最大值. 应用拉格朗日乘数法,令
$$F=\ln(l-x)+\ln(l-y)+\ln(l-z)-\ln x+\lambda(x+y+z-2l)$$

由
$$\begin{cases} F'_x=-\dfrac{1}{l-x}-\dfrac{1}{x}+\lambda=0, \\ F'_y=-\dfrac{1}{l-y}+\lambda=0, \\ F'_z=-\dfrac{1}{l-z}+\lambda=0, \\ F'_\lambda=x+y+z-2l=0 \end{cases}$$

解得 $x=\dfrac{l}{2}, y=z=\dfrac{3}{4}l$,此时旋转体体积为 $\dfrac{\pi}{12}l^3$.

由于 $x\to l, y\to\dfrac{l}{2}, z\to\dfrac{l}{2}$ 时,$V\to 0$,且驻点是唯一的,所以当三角形三边长分别为 $\dfrac{l}{2}, \dfrac{3}{4}l, \dfrac{3}{4}l$,且绕边长为 $\dfrac{l}{2}$ 的边旋转时,所得旋转体的体积最大.

**例 2.15**(复习题 5 题 1)  设开域 $G\subseteq \mathbf{R}^2$,函数 $f(x,y)$ 在 $G$ 上对 $x$ 连续,对 $y$ 满足李普希茨(Lipschitz)条件,即对 $\forall (x,y_1),(x,y_2)\in G$,有
$$|f(x,y_1)-f(x,y_2)|\leqslant L|y_1-y_2| \quad (L\in \mathbf{R}^+)$$

试证: $f\in \mathscr{C}(G)$.

**解析**  $\forall P_0(x_0,y_0)\in G$,若 $P(x,y)\in G$,则 $\forall \varepsilon>0$,因为 $f(x,y)$ 在 $G$ 上对 $x$ 连续,故对 $\dfrac{\varepsilon}{2}, \exists \delta_1>0$,当 $|x-x_0|<\delta_1$ 时,有 $|f(x,y_0)-f(x_0,y_0)|<\dfrac{\varepsilon}{2}$.

取 $\delta = \min\left\{\delta_1, \dfrac{\varepsilon}{2L}\right\}$,则 $\rho = \sqrt{(x-x_0)^2 + (y-y_0)^2} < \delta$ 时,$|x-x_0| \leqslant \rho < \delta \leqslant \delta_1$,$|y-y_0| \leqslant \rho < \delta \leqslant \dfrac{\varepsilon}{2L}$,于是有

$$|f(P) - f(P_0)| \leqslant |f(x,y) - f(x,y_0)| + |f(x,y_0) - f(x_0,y_0)|$$
$$< L|y-y_0| + \dfrac{\varepsilon}{2} < L\dfrac{\varepsilon}{2L} + \dfrac{\varepsilon}{2} = \varepsilon$$

所以 $f \in \mathscr{C}(P_0)$,由 $P_0$ 在 $G$ 上的任意性即得 $f \in \mathscr{C}(G)$.

**例 2.16**(复习题 5 题 2)  求下列极限:

(1) $\lim\limits_{\substack{x\to\infty\\y\to\infty}} \dfrac{x+y}{x^2 - xy + y^2}$;

(2) $\lim\limits_{\substack{x\to\infty\\y\to\infty}} \dfrac{x^2 + y^2}{x^4 + y^4}$;

(3) $\lim\limits_{\substack{x\to+\infty\\y\to+\infty}} (x^2 + y^2) e^{-(x+y)}$;

(4) $\lim\limits_{\substack{x\to 0\\y\to 0}} (x+y) \ln(x^2 + y^2)$.

**解析**  (1) 因为

$$0 \leqslant \left|\dfrac{x+y}{x^2 - xy + y^2}\right| \leqslant \dfrac{|x+y|}{x^2 + y^2 - |xy|} \leqslant \dfrac{|x| + |y|}{2|xy| - |xy|} = \dfrac{1}{|y|} + \dfrac{1}{|x|}$$

而 $\lim\limits_{\substack{x\to\infty\\y\to\infty}} \left(\dfrac{1}{|x|} + \dfrac{1}{|y|}\right) = 0$,应用夹逼准则即得 $\lim\limits_{\substack{x\to\infty\\y\to\infty}} \dfrac{x+y}{x^2 - xy + y^2} = 0$.

(2) 因为

$$0 < \left|\dfrac{x^2 + y^2}{x^4 + y^4}\right| \leqslant \dfrac{x^2 + y^2}{2x^2 y^2} = \dfrac{1}{2y^2} + \dfrac{1}{2x^2}$$

而 $\lim\limits_{\substack{x\to\infty\\y\to\infty}} \left(\dfrac{1}{2y^2} + \dfrac{1}{2x^2}\right) = 0$,应用夹逼准则即得 $\lim\limits_{\substack{x\to\infty\\y\to\infty}} \dfrac{x^2 + y^2}{x^4 + y^4} = 0$.

(3) 因为 $\lim\limits_{t\to +\infty} \dfrac{t}{e^t} = 0$,$\lim\limits_{t\to +\infty} \dfrac{t^2}{e^t} = 0$,所以

$$\lim\limits_{\substack{x\to+\infty\\y\to+\infty}} (x^2 + y^2) e^{-(x+y)} = \lim\limits_{\substack{x\to+\infty\\y\to+\infty}} \dfrac{(x+y)^2 - 2xy}{e^{x+y}}$$
$$= \lim\limits_{\substack{x\to+\infty\\y\to+\infty}} \left(\dfrac{(x+y)^2}{e^{x+y}} - 2\dfrac{x}{e^x}\dfrac{y}{e^y}\right) = 0$$

(4) 令 $x = \rho\cos\theta, y = \rho\sin\theta$,则

$$\lim\limits_{\substack{x\to 0\\y\to 0}} (x+y)\ln(x^2+y^2) = \lim\limits_{\rho\to 0^+} 2(\cos\theta + \sin\theta)\rho\ln\rho$$

因为 $\lim\limits_{\rho\to 0^+} \rho\ln\rho = \lim\limits_{\rho\to 0^+} \dfrac{\ln\rho}{\rho^{-1}} \stackrel{\frac{\infty}{\infty}}{=} \lim\limits_{\rho\to 0^+} (-\rho) = 0$,$|2(\cos\theta + \sin\theta)| \leqslant 2\sqrt{2}$,所以

$$\lim\limits_{\substack{x\to 0\\y\to 0}} (x+y)\ln(x^2+y^2) = \lim\limits_{\rho\to 0^+} 2(\cos\theta + \sin\theta)\rho\ln\rho = 0$$

**例 2.17**(复习题 5 题 3)  设 $f(a,a) = a$, $f'_x(a,a) = b$, $f'_y(a,a) = c$,其中 $a$, $b, c \in \mathbf{R}$. 如果函数 $F(x) = f(x, f(x,x))$,求 $F'(a)$.

**解析** 应用多元复合函数求全导数公式得

$$F'(x) = f'_x(x, f(x,x)) + f'_y(x, f(x,x)) \cdot (f'_x(x,x) + f'_y(x,x))$$

令 $x = a$ 得

$$F'(a) = f'_x(a, f(a,a)) + f'_y(a, f(a,a))(f'_x(a,a) + f'_y(a,a))$$
$$= f'_x(a,a) + f'_y(a,a)(f'_x(a,a) + f'_y(a,a)) = b + c(b+c)$$

**例 2.18**(复习题 5 题 5) 设由 $\sin(x-y) + \sin(y-z) = 1$ 确定 $z = f(x,y)$,试求 $\dfrac{\partial^2 f}{\partial x^2} + \dfrac{\partial^2 f}{\partial x \partial y}$.

**解析** 令 $F(x,y,z) = \sin(x-y) + \sin(y-z) - 1$,则

$$\frac{\partial f}{\partial x} = -\frac{F'_x}{F'_z} = \frac{\cos(x-y)}{\cos(y-z)}, \quad \frac{\partial f}{\partial y} = -\frac{F'_y}{F'_z} = -\frac{\cos(x-y)}{\cos(y-z)} + 1$$

两式相加得 $\dfrac{\partial f}{\partial x} + \dfrac{\partial f}{\partial y} = 1$,此式两边对 $x$ 求偏导数得

$$\frac{\partial}{\partial x}\left(\frac{\partial f}{\partial x} + \frac{\partial f}{\partial y}\right) = \frac{\partial^2 f}{\partial x^2} + \frac{\partial^2 f}{\partial y \partial x} = \frac{\partial^2 f}{\partial x^2} + \frac{\partial^2 f}{\partial x \partial y} = 0$$

**例 2.19**(复习题 5 题 6) 设 $y = f(x,z)$,其中 $z$ 由 $F(x,y,z) = 0$ 确定为 $x$, $y$ 的函数,若 $f, F \in \mathscr{C}^{(1)}$,试求全导数 $y'(x)$.

**解析** 由 $\begin{cases} F(x,y,z) = 0, \\ G(x,y,z) = f(x,z) - y = 0 \end{cases}$ 可确定 $y, z$ 为 $x$ 的函数,方程组两边对 $x$ 求导得

$$\begin{cases} F'_y \cdot y'(x) + F'_z \cdot z'(x) = -F'_x, \\ -y'(x) + f'_z \cdot z'(x) = -f'_x \end{cases}$$

应用克莱姆法则得

$$y'(x) = \begin{vmatrix} -F'_x & F'_z \\ -f'_x & f'_z \end{vmatrix} \bigg/ \begin{vmatrix} F'_y & F'_z \\ -1 & f'_z \end{vmatrix} = \frac{f'_x F'_z - f'_z F'_x}{f'_z F'_y + F'_z}$$

**例 2.20**(复习题 5 题 7) 试证曲面 $z = y \mathrm{e}^{\frac{x}{y}}$ 上任一点处的切平面通过一定点.

**解析** 令 $F(x,y,z) = y \mathrm{e}^{\frac{x}{y}} - z$,则 $F'_x = \mathrm{e}^{\frac{x}{y}}, F'_y = \mathrm{e}^{\frac{x}{y}}\left(1 - \dfrac{x}{y}\right), F'_z = -1$,所以曲面上任一点 $P_0(x_0, y_0, z_0)$ 处的法向量 $\boldsymbol{n} = \left(\mathrm{e}^{\frac{x_0}{y_0}}, \mathrm{e}^{\frac{x_0}{y_0}}\left(1 - \dfrac{x_0}{y_0}\right), -1\right)$,于是 $P_0$ 处的切平面为

$$\mathrm{e}^{\frac{x_0}{y_0}}(x - x_0) + \mathrm{e}^{\frac{x_0}{y_0}}\left(1 - \frac{x_0}{y_0}\right)(y - y_0) - (z - z_0) = 0$$

化简得

$$\mathrm{e}^{\frac{x_0}{y_0}} x + \mathrm{e}^{\frac{x_0}{y_0}}\left(1 - \frac{x_0}{y_0}\right) y - z = 0$$

对 $\forall P_0 \in \mathbf{R}^3(y_0 \neq 0)$,曲面 $z = y\mathrm{e}^{\frac{x}{y}}$ 在 $P_0$ 处的切平面通过定点 $(0,0,0)$.

**例 2.21**(复习题 5 题 8) 平面四边形的四边为 $a,b,c,d$,边长也记为 $a,b,c,d$,若 $a$ 和 $b$ 边的夹角为 $\alpha$,$c$ 和 $d$ 边的夹角为 $\beta$,试求该四边形面积的最大值.

**解析** 设平面四边形的面积为 $S$,则 $2S = ab\sin\alpha + cd\sin\beta$,问题转化为求函数 $ab\sin\alpha + cd\sin\beta$ 在约束条件 $a^2 + b^2 - 2ab\cos\alpha = c^2 + d^2 - 2cd\cos\beta$ 下的最大值. 应用拉格朗日乘数法,令

$$F = ab\sin\alpha + cd\sin\beta + \lambda(a^2 + b^2 - 2ab\cos\alpha - c^2 - d^2 + 2cd\cos\beta)$$

由方程组

$$\begin{cases} F'_\alpha = ab\cos\alpha + 2\lambda ab\sin\alpha = 0, & (1) \\ F'_\beta = cd\cos\beta - 2\lambda cd\sin\beta = 0, & (2) \\ F'_\lambda = a^2 + b^2 - 2ab\cos\alpha - c^2 - d^2 + 2cd\cos\beta = 0 & (3) \end{cases}$$

的(1),(2)两式,若 $\lambda = 0$,则 $\cos\alpha = \cos\beta = 0 \Rightarrow \alpha = \beta = \dfrac{\pi}{2} \Rightarrow \alpha + \beta = \pi$;若 $\lambda \neq 0$,消去 $\lambda$ 得

$$\sin\alpha\cos\beta + \cos\alpha\sin\beta = 0 \Leftrightarrow \sin(\alpha + \beta) = 0 \Leftrightarrow \alpha + \beta = \pi$$

再与方程组的第(3)式联立,解得

$$\alpha = \alpha_0 = \arccos\frac{a^2 + b^2 - c^2 - d^2}{2(ab + cd)}, \quad \beta = \beta_0 = \pi - \alpha$$

由于平面四边形面积的最大值存在,而可疑的条件极值点 $(\alpha_0,\beta_0)$ 又是唯一的,所以 $\alpha = \alpha_0, \beta = \beta_0$ 时平面四边形的面积最大,且最大值为

$$S = \frac{1}{2}(ab\sin\alpha_0 + cd\sin\beta_0) = \frac{1}{2}(ab + cd)\sin\alpha_0$$

$$= \frac{1}{2}(ab + cd)\sqrt{1 - \frac{(a^2 + b^2 - c^2 - d^2)^2}{4(ab + cd)^2}}$$

$$= \frac{1}{4}\sqrt{4(ab + cd)^2 - (a^2 + b^2 - c^2 - d^2)^2}$$

$$= \frac{1}{4}\sqrt{[(a+b)^2 - (c-d)^2][(c+d)^2 - (a-b)^2]}$$

**例 2.22**(复习题 5 题 9) 试用拉格朗日乘数法证明"AG 不等式":设 $x_i > 0(i = 1,2,\cdots,n)$,则有

$$(x_1 x_2 \cdots x_n)^{\frac{1}{n}} \leqslant \frac{x_1 + x_2 + \cdots + x_n}{n}$$

**解析** 先求函数 $f(x_1,x_2,\cdots,x_n) = x_1 x_2 \cdots x_n$ 在条件 $\sum\limits_{k=1}^{n} x_k = a(a > 0)$ 下的最大值. 应用拉格朗日乘数法,令 $F = x_1 x_2 \cdots x_n + \lambda(x_1 + x_2 + \cdots + x_n - a)$,由

$$\begin{cases} F'_{x_1} = x_2 x_3 \cdots x_n + \lambda = 0, \\ F'_{x_2} = x_1 x_3 \cdots x_n + \lambda = 0, \\ \vdots \\ F'_{x_n} = x_1 x_2 \cdots x_{n-1} + \lambda = 0, \\ F'_{\lambda} = x_1 + x_2 + \cdots + x_n - a = 0 \end{cases}$$

解得唯一驻点 $\left(\dfrac{a}{n}, \dfrac{a}{n}, \cdots, \dfrac{a}{n}\right)$. 由于在超平面 $\sum\limits_{k=1}^{n} x_k = a(a>0)$ 的边界 $x_i = 0(i = 1,2,\cdots,n)$ 上 $f(x_1, x_2, \cdots, x_n) = 0$, 故函数 $f(x_1, x_2, \cdots, x_n)$ 在点 $\left(\dfrac{a}{n}, \dfrac{a}{n}, \cdots, \dfrac{a}{n}\right)$ 处取最大值 $\left(\dfrac{a}{n}\right)^n$, 从而有

$$x_1 x_2 \cdots x_n \leqslant \left(\dfrac{a}{n}\right)^n = \left(\dfrac{x_1 + x_2 + \cdots + x_n}{n}\right)^n$$

两边开 $n$ 次方根,即得 $(x_1 x_2 \cdots x_n)^{\frac{1}{n}} \leqslant \dfrac{x_1 + x_2 + \cdots + x_n}{n}$.

**例 2.23**(复习题 5 题 10) 曲面 $2z = x^2 + y^2$ 被平面 $x + y + z = 1$ 截得一椭圆,求此椭圆的 4 个顶点的坐标,并求椭圆的面积.

**解析** 先求椭圆的中心. 由于曲面 $2z = x^2 + y^2$ 与平面 $x + y + z = 1$ 皆关于平面 $x = y$ 对称,所以它们的交线也就是题中的椭圆也关于平面 $x = y$ 对称,于是椭圆与平面 $x = y$ 的两个交点的中点即为椭圆的中心. 解方程组 $2z = x^2 + y^2$, $x + y + z = 1$, $x = y$ 得 $x_1 + x_2 = -2$, $y_1 + y_2 = -2$, $z_1 + z_1 = 6$,所以椭圆的中心为 $Q(-1, -1, 3)$.

椭圆的 4 个顶点分别是椭圆上到 $Q(-1, -1, 3)$ 的距离最大与距离最小的点,即求

$$d^2 = (x+1)^2 + (y+1)^2 + (z-3)^2$$

满足约束方程

$$2z = x^2 + y^2, \quad x + y + z = 1$$

的条件极值. 应用拉格朗日乘数法,令

$$F = (x+1)^2 + (y+1)^2 + (z-3)^2 + \lambda(2z - x^2 - y^2) + \mu(x + y + z - 1)$$

由方程组

$$\begin{cases} F'_x = 2(x+1) - 2\lambda x + \mu = 0, \\ F'_y = 2(y+1) - 2\lambda y + \mu = 0, \\ F'_z = 2(z-3) + 2\lambda + \mu = 0, \\ F'_\lambda = 2z - x^2 - y^2 = 0, \\ F'_\mu = x + y + z - 1 = 0 \end{cases}$$

若 $\lambda \neq 1$,则 $x=y$,解得驻点为

$$A(-1+\sqrt{2},-1+\sqrt{2},3-2\sqrt{2}), \quad B(-1-\sqrt{2},-1-\sqrt{2},3+2\sqrt{2})$$

若 $\lambda=1$,则 $\mu=-2$,解得驻点为

$$C(-1+\sqrt{2},-1-\sqrt{2},3), \quad D(-1-\sqrt{2},-1+\sqrt{2},3)$$

由于椭圆的 4 个顶点存在,所以上述 $A,B,C,D$ 即为所求的 4 个顶点.

又因为 $|AQ|=|BQ|=2\sqrt{3}$,$|CQ|=|DQ|=2$,所以椭圆的长半轴为 $2\sqrt{3}$,短半轴为 2,则椭圆的面积为 $4\sqrt{3}\pi$.

## 8.3 典型题选解

**例 3.1**(南大 2010)  用"$\varepsilon$-$\delta$"定义证明:$\lim\limits_{(x,y)\to(2,1)}(x^2+xy+y^2)=7$.

**解析**  因为

$$(x^2+xy+y^2)-7=(x-2)^2+(x-2)(y-1)+(y-1)^2+5(x-2)+4(y-1)$$

$$|(x^2+xy+y^2)-7| \leqslant (x-2)^2+(y-1)^2+\frac{1}{2}[(x-2)^2+(y-1)^2]$$
$$+5|x-2|+4|y-1|$$

记 $\rho=\sqrt{(x-2)^2+(y-1)^2}$,若 $0<\rho<1$,则

$$|(x^2+xy+y^2)-7| \leqslant \frac{3}{2}\rho^2+9\rho<11\rho$$

所以 $\forall \varepsilon>0$,存在 $\delta=\min\left\{1,\frac{\varepsilon}{11}\right\}$,当 $0<\rho<\delta$ 时,有

$$|(x^2+xy+y^2)-7|<\varepsilon$$

**例 3.2**(精选题)  求极限 $\lim\limits_{(x,y)\to(0^+,0^+)}\dfrac{\ln(1+x)+\ln(1+y)}{x+y}$.

**解析**  原式 $=\lim\limits_{(x,y)\to(0^+,0^+)}\dfrac{\ln(1+x+y+xy)}{x+y}=\lim\limits_{(x,y)\to(0^+,0^+)}\dfrac{x+y+xy}{x+y}$

$$=\lim\limits_{(x,y)\to(0^+,0^+)}\left(1+\dfrac{1}{\dfrac{1}{x}+\dfrac{1}{y}}\right)=1$$

**例 3.3**(精选题)  求极限 $\lim\limits_{(x,y)\to(0,0)}\dfrac{\sqrt{(1+4x^2)(1+6y^2)}-1}{2x^2+3y^2}$.

**解析**  原式 $=\lim\limits_{(x,y)\to(0,0)}\dfrac{\sqrt{1+4x^2+6y^2+24x^2y^2}-1}{2x^2+3y^2}$

$$=\lim\limits_{(x,y)\to(0,0)}\dfrac{2x^2+3y^2+12x^2y^2}{2x^2+3y^2}$$

$$= \lim_{(x,y)\to(0,0)} \left(1 + \frac{1}{\frac{1}{6y^2} + \frac{1}{4x^2}}\right) = 1$$

**例 3.4（精选题）** 设

$$f(x,y) = \frac{y}{1+xy} - \frac{1 - y\sin\frac{\pi x}{y}}{\arctan x} \quad (x > 0, y > 0)$$

求：(1) $g(x) = \lim\limits_{y\to+\infty} f(x,y)$；(2) $\lim\limits_{x\to 0^+} g(x)$.

**解析** (1) $g(x) = \lim\limits_{y\to+\infty} \left[\frac{y}{1+xy} - \frac{1 - y\sin\frac{\pi x}{y}}{\arctan x}\right]$

$$= \lim_{y\to+\infty} \frac{1}{\frac{1}{y}+x} - \frac{1}{\arctan x} + \frac{1}{\arctan x}\lim_{y\to+\infty} y\sin\frac{\pi x}{y}$$

$$= \frac{1}{x} - \frac{1}{\arctan x} + \frac{1}{\arctan x}\lim_{y\to+\infty} y \cdot \frac{\pi x}{y} = \frac{1}{x} - \frac{1-\pi x}{\arctan x}$$

(2) $\lim\limits_{x\to 0^+} g(x) = \lim\limits_{x\to 0^+}\left(\frac{1}{x} - \frac{1-\pi x}{\arctan x}\right) = \lim\limits_{x\to 0^+} \frac{\arctan x - x + \pi x^2}{x\arctan x}$

$$= \lim_{x\to 0^+} \frac{\arctan x - x + \pi x^2}{x^2} \stackrel{\frac{0}{0}}{=} \lim_{x\to 0^+} \frac{\frac{1}{1+x^2} - 1}{2x} + \pi$$

$$= \lim_{x\to 0^+} \frac{-x}{2(1+x^2)} + \pi = \pi$$

**例 3.5（精选题）** 设

$$f(x,y) = \begin{cases} \sqrt{x^2+y^2} + \dfrac{x^2 y}{x^4 + y^2} & ((x,y) \neq (0,0)); \\ 0 & ((x,y) = (0,0)) \end{cases}$$

试讨论 $f(x,y)$ 在点 $(0,0)$ 处的连续性、可偏导性与可微性.

**解析** 沿着 $x$ 轴，$(x,y) \to (0,0)$ 时，有

$$\lim_{\substack{y=0\\x\to 0}} f(x,y) = \lim_{x\to 0}\left(\sqrt{x^2} + \frac{0}{x^4}\right) = 0$$

沿着抛物线 $y = x^2$，$(x,y) \to (0,0)$ 时，有

$$\lim_{\substack{y=x^2\\x\to 0}} f(x,y) = \lim_{x\to 0}\left(\sqrt{x^2+x^4} + \frac{x^4}{2x^4}\right) = \frac{1}{2}$$

故 $\lim\limits_{(x,y)\to(0,0)} f(x,y)$ 不存在，于是 $f(x,y)$ 在点 $(0,0)$ 处不连续.

根据偏导数定义，可知

$$f'_x(0,0) = \lim_{x\to 0} \frac{f(x,0) - f(0,0)}{x} = \lim_{x\to 0} \frac{|x| + \frac{0}{x^4}}{x} = \lim_{x\to 0} \frac{|x|}{x}$$

不存在,由此 $f(x,y)$ 在点 $(0,0)$ 处不可偏导.

由于连续与可偏导是可微的必要条件,所以 $f(x,y)$ 在点 $(0,0)$ 处也不可微.

**例 3.6**(精选题) 设
$$f(x,y) = \begin{cases} \dfrac{x-y}{\sqrt{x^2+y^2}}\ln(1+\sqrt{x^2+y^2}) & ((x,y) \neq (0,0)); \\ 0 & ((x,y) = (0,0)) \end{cases}$$

试讨论 $f(x,y)$ 在点 $(0,0)$ 处的连续性、可偏导性与可微性.

**解析** 令 $x = \rho\cos\theta, y = \rho\sin\theta$,则
$$\lim_{(x,y)\to(0,0)} f(x,y) = \lim_{\rho\to 0^+} \frac{\rho(\cos\theta - \sin\theta)}{\rho}\ln(1+\rho) = 0 = f(0,0)$$

故函数 $f(x,y)$ 在点 $(0,0)$ 处连续.

根据偏导数定义,有
$$f'_x(0,0) = \lim_{x\to 0} \frac{f(x,0) - f(0,0)}{x} = \lim_{x\to 0} \frac{\dfrac{x}{|x|}\ln(1+|x|)}{x}$$
$$= \lim_{x\to 0} \frac{\ln(1+|x|)}{|x|} = 1$$

$$f'_y(0,0) = \lim_{y\to 0} \frac{f(0,y) - f(0,0)}{y} = \lim_{y\to 0} \frac{\dfrac{-y}{|y|}\ln(1+|y|)}{y}$$
$$= -\lim_{y\to 0} \frac{\ln(1+|y|)}{|y|} = -1$$

故 $f(x,y)$ 在点 $(0,0)$ 处可偏导.

$f(x,y)$ 在 $(0,0)$ 的全增量
$$\Delta f(x,y) = f(x,y) - f(0,0) = \frac{x-y}{\sqrt{x^2+y^2}}\ln(1+\sqrt{x^2+y^2})$$

记
$$\Delta f(x,y) = f'_x(0,0)\Delta x + f'_y(0,0)\Delta y + \omega$$
$$= f'_x(0,0)x + f'_y(0,0)y + \omega$$
$$= x - y + \omega$$

则
$$\omega = (x-y)\left[\frac{\ln(1+\sqrt{x^2+y^2})}{\sqrt{x^2+y^2}} - 1\right]$$

令 $x = \rho\cos\theta, y = \rho\sin\theta$,由于
$$\frac{\omega}{\rho} = \frac{\rho(\cos\theta - \sin\theta)}{\rho}\left(\frac{\ln(1+\rho)}{\rho} - 1\right) \to 0 \quad (\rho \to 0^+)$$

故 $\omega = o(\rho)$,于是 $f(x,y)$ 在点 $(0,0)$ 处可微.

**例 3.7**(全国 2007)　二元函数 $f(x,y)$ 在点 $(0,0)$ 处可微的一个充分条件是

(　　)

(A) $\lim\limits_{(x,y)\to(0,0)}(f(x,y)-f(0,0))=0$

(B) $\lim\limits_{x\to 0}\dfrac{f(x,0)-f(0,0)}{x}=0$ 且 $\lim\limits_{y\to 0}\dfrac{f(0,y)-f(0,0)}{y}=0$

(C) $\lim\limits_{(x,y)\to(0,0)}\dfrac{f(x,y)-f(0,0)}{\sqrt{x^2+y^2}}=0$

(D) $\lim\limits_{x\to 0}(f'_x(x,0)-f'_x(0,0))=0$ 且 $\lim\limits_{y\to 0}(f'_y(0,y)-f'_y(0,0))=0$

**解析**　(A) 错误. $\lim\limits_{(x,y)\to(0,0)}(f(x,y)-f(0,0))=0$ 只表明 $f(x,y)$ 在点 $(0,0)$ 连续.

(B) 错误. $\lim\limits_{x\to 0}\dfrac{f(x,0)-f(0,0)}{x}=0$ 与 $\lim\limits_{y\to 0}\dfrac{f(0,y)-f(0,0)}{y}=0$ 只能表明 $f'_x(0,0)=0$ 与 $f'_y(0,0)=0$.

(C) 正确. 由于

$$\lim_{(x,y)\to(0,0)}=\dfrac{f(x,y)-f(0,0)}{\sqrt{x^2+y^2}}=0$$

$\Rightarrow\quad f(x,y)-f(0,0)=0\cdot\sqrt{x^2+y^2}+o(\sqrt{x^2+y^2})$

$\Rightarrow\quad f(x,y)=f(0,0)+0\cdot x+0\cdot y+o(\rho)\quad(\rho=\sqrt{x^2+y^2}\to 0^+)$

于是 $f(x,y)$ 在点 $(0,0)$ 处可微.

(D) 错误. 反例:设 $f(x,y)=\begin{cases}\dfrac{xy}{x^2+y^2}&((x,y)\ne(0,0)),\\ 0&((x,y)=(0,0)).\end{cases}$ 这里函数 $f(x,y)$ 在 $(0,0)$ 处显然不连续,因此 $f(x,y)$ 在 $(0,0)$ 处不可微. 但是有 $f'_x(0,0)=f'_y(0,0)=0$,且

$$f'_x(x,0)=\lim_{h\to 0}\dfrac{f(x+h,0)-f(x,0)}{h}=\lim_{h\to 0}\dfrac{0/(x+h)^2-0/x^2}{h}=0$$

$$f'_y(0,y)=\lim_{h\to 0}\dfrac{f(0,y+h)-f(0,y)}{h}=\lim_{h\to 0}\dfrac{0/(y+h)^2-0/y^2}{h}=0$$

因此

$\lim\limits_{x\to 0}(f'_x(x,0)-f'_x(0,0))=\lim\limits_{x\to 0}0=0,\quad \lim\limits_{y\to 0}(f'_y(0,y)-f'_y(0,0))=\lim\limits_{y\to 0}0=0$

**例 3.8**(全国 2012)　如果函数 $f(x,y)$ 在点 $(0,0)$ 处连续,那么下列命题正确的是

(　　)

(A) 若极限 $\lim\limits_{\substack{x\to 0\\ y\to 0}}\dfrac{f(x,y)}{|x|+|y|}$ 存在,则 $f(x,y)$ 在点 $(0,0)$ 处可微

(B) 若极限 $\lim\limits_{\substack{x\to 0\\ y\to 0}}\dfrac{f(x,y)}{x^2+y^2}$ 存在,则 $f(x,y)$ 在点 $(0,0)$ 处可微

(C) 若 $f(x,y)$ 在点$(0,0)$处可微,则极限$\lim\limits_{\substack{x\to 0\\y\to 0}}\dfrac{f(x,y)}{|x|+|y|}$存在

(D) 若 $f(x,y)$ 在点$(0,0)$处可微,则极限$\lim\limits_{\substack{x\to 0\\y\to 0}}\dfrac{f(x,y)}{x^2+y^2}$存在

**解析** 若 $\lim\limits_{\substack{x\to 0\\y\to 0}}\dfrac{f(x,y)}{x^2+y^2}$ 存在,则

$$f(0,0)=\lim_{\substack{x\to 0\\y\to 0}}f(x,y)=\lim_{\substack{x\to 0\\y\to 0}}\frac{f(x,y)}{x^2+y^2}(x^2+y^2)=0$$

$$\lim_{\substack{x\to 0\\y\to 0}}\frac{f(x,y)-f(0,0)}{\sqrt{x^2+y^2}}=\lim_{\substack{x\to 0\\y\to 0}}\frac{f(x,y)}{\sqrt{x^2+y^2}}=\lim_{\substack{x\to 0\\y\to 0}}\frac{f(x,y)}{x^2+y^2}\cdot\sqrt{x^2+y^2}=0$$

即得

$$f(x,y)=f(0,0)+0\cdot x+0\cdot y+o(\rho)\quad(\rho=\sqrt{x^2+y^2}\to 0^+)$$

所以 $f(x,y)$ 在点$(0,0)$处可微. 故选(B).

(A) 的反例:$f(x,y)=|x|+|y|$;(C) 与(D) 的反例:$f(x,y)=x+y+1$.

**例 3.9**(全国 2012) 设连续函数 $z=f(x,y)$ 满足 $\lim\limits_{\substack{x\to 0\\y\to 1}}\dfrac{f(x,y)-2x+y-2}{\sqrt{x^2+(y-1)^2}}=0$,则 $\mathrm{d}z\big|_{(0,1)}=$ _____.

**解析** 因为 $f(x,y)\in\mathscr{C}(0,1)$,且 $\lim\limits_{\substack{x\to 0\\y\to 1}}\dfrac{f(x,y)-2x+y-2}{\sqrt{x^2+(y-1)^2}}=0$,所以

$$\lim_{\substack{x\to 0\\y\to 1}}(f(x,y)-2x+y-2)=0\Rightarrow\lim_{\substack{x\to 0\\y\to 1}}f(x,y)=f(0,1)=1$$

$$f(x,y)-2x+y-2=0\cdot\sqrt{x^2+(y-1)^2}+o(\sqrt{x^2+(y-1)^2})$$

$\Rightarrow\quad f(x,y)=f(0,1)+2x-(y-1)+o(\rho)\quad(\rho=\sqrt{x^2+(y-1)^2}\to 0^+)$

所以 $z=f(x,y)$ 在$(0,1)$处可微,且 $\mathrm{d}z\big|_{(0,1)}=2x-(y-1)=2\mathrm{d}x-\mathrm{d}y$.

**例 3.10**(全国 2011) 设函数 $z=\left(1+\dfrac{x}{y}\right)^{\frac{x}{y}}$,则 $\mathrm{d}z\big|_{(1,1)}=$ _____.

**解析** 原式变形为 $y\ln z=x(\ln(x+y)-\ln y)$,该式两边分别对 $x,y$ 求偏导数得

$$\frac{y}{z}\frac{\partial z}{\partial x}=\ln\left(1+\frac{x}{y}\right)+\frac{x}{x+y},\quad \ln z+\frac{y}{z}\frac{\partial z}{\partial y}=\frac{-x^2}{y(x+y)}$$

令 $x=1,y=1,z=2$ 得 $\dfrac{\partial z}{\partial x}\bigg|_{(1,1)}=2\ln 2+1,\dfrac{\partial z}{\partial y}\bigg|_{(1,1)}=-2\ln 2-1$,于是

$$\mathrm{d}z\big|_{(1,1)}=(2\ln 2+1)(\mathrm{d}x-\mathrm{d}y)$$

**例 3.11**(全国 2008) 设 $z=z(x,y)$ 是由方程 $x^2+y^2-z=\varphi(x+y+z)$ 所确定的函数,其中 $\varphi$ 具有二阶导数,并且 $\varphi'\neq -1$.

(1) 求 $dz$；

(2) 记 $u(x,y) = \dfrac{1}{x-y}\left(\dfrac{\partial z}{\partial x} - \dfrac{\partial z}{\partial y}\right)$，求 $\dfrac{\partial u}{\partial x}$.

**解析** （1）设 $F(x,y,z) = x^2 + y^2 - z - \varphi(x+y+z)$，应用隐函数求偏导数法则，有

$$\frac{\partial z}{\partial x} = -\frac{F'_x}{F'_z} = \frac{2x - \varphi'}{1+\varphi'}, \quad \frac{\partial z}{\partial y} = -\frac{F'_y}{F'_z} = \frac{2y - \varphi'}{1+\varphi'}$$

所以

$$dz = \frac{\partial z}{\partial x}dx + \frac{\partial z}{\partial y}dy = \frac{1}{1+\varphi'}[(2x - \varphi')dx + (2y - \varphi')dy]$$

(2) 由于 $u(x,y) = \dfrac{2}{1+\varphi'}$，所以

$$\frac{\partial u}{\partial x} = \frac{-2\varphi''}{(1+\varphi')^2}\left(1 + \frac{\partial z}{\partial x}\right) = -\frac{2(2x+1)\varphi''}{(1+\varphi')^3}$$

**例 3.12**（全国 2011） 已知函数 $f(u,v)$ 具有二阶连续偏导数，$f(1,1) = 2$ 是 $f(u,v)$ 的极值，$z = f(x+y, f(x,y))$，求 $\left.\dfrac{\partial^2 z}{\partial x \partial y}\right|_{(1,1)}$.

**解析** 根据题意，有

$$\frac{\partial z}{\partial x} = f'_1(x+y, f(x,y)) + f'_2(x+y, f(x,y)) \cdot f'_1(x,y)$$

$$\frac{\partial^2 z}{\partial x \partial y} = f''_{11}(x+y, f(x,y)) + f''_{12}(x+y, f(x,y)) \cdot f'_2(x,y)$$
$$+ f'_1(x,y)[f''_{21}(x+y, f(x,y)) + f''_{22}(x+y, f(x,y)) \cdot f'_2(x,y)]$$
$$+ f'_2(x+y, f(x,y)) \cdot f''_{12}(x,y)$$

由题意知 $f'_1(1,1) = 0$，$f'_2(1,1) = 0$，从而

$$\left.\frac{\partial^2 z}{\partial x \partial y}\right|_{(1,1)} = f''_{11}(2,2) + f'_2(2,2)f''_{12}(1,1)$$

**例 3.13**（全国 2011） 设 $F(x,y) = \displaystyle\int_0^{xy} \dfrac{\sin t}{1+t^2}dt$，则 $\left.\dfrac{\partial^2 F}{\partial x^2}\right|_{\substack{x=0 \\ y=2}} = $ _____.

**解析** 应用变上限积分的求导数法则，有

$$\frac{\partial F}{\partial x} = y \frac{\sin(xy)}{1+(xy)^2}, \quad \frac{\partial^2 F}{\partial x^2} = y \frac{y\cos(xy)(1+(xy)^2) - \sin(xy) \cdot 2xy^2}{(1+(xy)^2)^2}$$

所以 $\left.\dfrac{\partial^2 F}{\partial x^2}\right|_{\substack{x=0 \\ y=2}} = 4$.

**例 3.14**（南大 2008） 设 $z = z(x,y)$ 由 $z + \ln z - \displaystyle\int_y^x e^{-t^2}dt = 0$ 确定，求 $\dfrac{\partial^2 z}{\partial x \partial y}$.

**解析** 方程两边分别对 $x$，$y$ 求偏导数得

$$\frac{\partial z}{\partial x}\left(1 + \frac{1}{z}\right) - e^{-x^2} = 0, \quad \frac{\partial z}{\partial y}\left(1 + \frac{1}{z}\right) + e^{-y^2} = 0$$

$$\Rightarrow \frac{\partial z}{\partial x} = \frac{z\mathrm{e}^{-x^2}}{1+z}, \quad \frac{\partial z}{\partial y} = -\frac{z\mathrm{e}^{-y^2}}{1+z}$$

于是

$$\frac{\partial^2 z}{\partial x \partial y} = \frac{1}{(1+z)^2}\mathrm{e}^{-x^2} \frac{\partial z}{\partial y} = -\frac{z}{(1+z)^3}\mathrm{e}^{-(x^2+y^2)}$$

**例 3.15**（精选题） 设 $z = f(x+y, xy) + \int_{x+y}^{xy} \varphi(t)\mathrm{d}t$，其中 $f \in \mathscr{C}^{(2)}, \varphi \in \mathscr{C}^{(1)}$，计算 $\dfrac{\partial^2 z}{\partial x^2} - \dfrac{\partial^2 z}{\partial y^2}$.

**解析** 根据复合函数求偏导法则与变限定积分的求导法则，有

$$\frac{\partial z}{\partial x} = f'_1 + yf'_2 + y\varphi(xy) - \varphi(x+y)$$

$$\frac{\partial z}{\partial y} = f'_1 + xf'_2 + x\varphi(xy) - \varphi(x+y)$$

$$\frac{\partial^2 z}{\partial x^2} = f''_{11} + yf''_{12} + y(f''_{21} + yf''_{22}) + y^2\varphi'(xy) - \varphi'(x+y)$$

$$= f''_{11} + 2yf''_{12} + y^2 f''_{22} + y^2\varphi'(xy) - \varphi'(x+y)$$

$$\frac{\partial^2 z}{\partial y^2} = f''_{11} + xf''_{12} + x(f''_{21} + xf''_{22}) + x^2\varphi'(xy) - \varphi'(x+y)$$

$$= f''_{11} + 2xf''_{12} + x^2 f''_{22} + x^2\varphi'(xy) - \varphi'(x+y)$$

于是

$$\frac{\partial^2 z}{\partial x^2} - \frac{\partial^2 z}{\partial y^2} = 2(y-x)f''_{12} + (y^2 - x^2)(f''_{22} + \varphi'(xy))$$

**例 3.16**（精选题） 设 $z = \arctan\dfrac{y}{x} + f(x^2 - y^2, xy) + g\left(\dfrac{x^2}{y^2}\right)$，其中 $f \in \mathscr{C}^{(2)}$，$g \in \mathscr{C}^{(2)}$，求 $\dfrac{\partial^2 z}{\partial x \partial y}$.

**解析** 根据复合函数求偏导法则，有

$$\frac{\partial z}{\partial x} = \frac{1}{1+\left(\dfrac{y}{x}\right)^2} \cdot \left(-\frac{y}{x^2}\right) + f'_1 \cdot 2x + f'_2 \cdot y + g' \cdot \frac{2x}{y^2}$$

$$= \frac{-y}{x^2+y^2} + 2xf'_1 + yf'_2 + \frac{2x}{y^2}g'$$

$$\frac{\partial^2 z}{\partial x \partial y} = \frac{y^2-x^2}{(x^2+y^2)^2} + 2x(-2yf''_{11} + xf''_{12}) + f'_2$$

$$+ y(-2yf''_{21} + xf''_{22}) - \frac{4x}{y^3}g' + \frac{2x}{y^2}g'' \cdot \left(\frac{-2x^2}{y^3}\right)$$

$$= \frac{y^2-x^2}{(x^2+y^2)^2} + f'_2 - 4xyf''_{11} + 2(x^2-y^2)f''_{12}$$

$$+ xyf''_{22} - \frac{4x}{y^5}(y^2 g' + x^2 g'')$$

**例 3.17**(精选题)  已知函数 $z = f(x,y)$ 由方程
$$x^2(y+z) - 4\sqrt{x^2 + y^2 + z^2} = 0$$
确定,求 $z$ 在点 $P(-2,2,1)$ 处的全微分 $dz$.

**解析**  令 $F(x,y,z) = x^2(y+z) - 4\sqrt{x^2+y^2+z^2}$,则
$$F'_x\Big|_P = \left(2x(y+z) - \frac{4x}{\sqrt{x^2+y^2+z^2}}\right)\Big|_P = -\frac{28}{3}$$
$$F'_y\Big|_P = \left(x^2 - \frac{4y}{\sqrt{x^2+y^2+z^2}}\right)\Big|_P = \frac{4}{3}$$
$$F'_z\Big|_P = \left(x^2 - \frac{4z}{\sqrt{x^2+y^2+z^2}}\right)\Big|_P = \frac{8}{3}$$

应用隐函数求偏导数法则得
$$\frac{\partial z}{\partial x}\Big|_P = -\frac{F'_x\big|_P}{F'_z\big|_P} = \frac{7}{2}, \quad \frac{\partial z}{\partial y}\Big|_P = -\frac{F'_y\big|_P}{F'_z\big|_P} = -\frac{1}{2}$$

于是 $dz\Big|_{(-2,2,1)} = \frac{7}{2}dx - \frac{1}{2}dy$.

**例 3.18**(全国 2010)  设函数 $u = f(x,y)$ 具有二阶连续偏导数,且满足等式
$$4\frac{\partial^2 u}{\partial x^2} + 12\frac{\partial^2 u}{\partial x \partial y} + 5\frac{\partial^2 u}{\partial y^2} = 0$$
试确定 $a,b$ 的值,使该等式在变换 $\xi = x + ay, \eta = x + by$ 下简化为 $\frac{\partial^2 u}{\partial \xi \partial \eta} = 0$.

**解析**  应用复合函数求偏导数法则,有
$$\frac{\partial u}{\partial x} = \frac{\partial u}{\partial \xi} + \frac{\partial u}{\partial \eta}, \quad \frac{\partial^2 u}{\partial x^2} = \frac{\partial^2 u}{\partial \xi^2} + 2\frac{\partial^2 u}{\partial \xi \partial \eta} + \frac{\partial^2 u}{\partial \eta^2}$$
$$\frac{\partial^2 u}{\partial x \partial y} = a\frac{\partial^2 u}{\partial \xi^2} + (a+b)\frac{\partial^2 u}{\partial \xi \partial \eta} + b\frac{\partial^2 u}{\partial \eta^2}$$
$$\frac{\partial u}{\partial y} = a\frac{\partial u}{\partial \xi} + b\frac{\partial u}{\partial \eta}, \quad \frac{\partial^2 u}{\partial y^2} = a^2\frac{\partial^2 u}{\partial \xi^2} + 2ab\frac{\partial^2 u}{\partial \xi \partial \eta} + b^2\frac{\partial^2 u}{\partial \eta^2}$$

将以上各式代入原等式,得
$$(5a^2 + 12a + 4)\frac{\partial^2 u}{\partial \xi^2} + [10ab + 12(a+b) + 8]\frac{\partial^2 u}{\partial \xi \partial \eta} + (5b^2 + 12b + 4)\frac{\partial^2 u}{\partial \eta^2} = 0$$

由题意得 $5a^2 + 12a + 4 = 0, 5b^2 + 12b + 4 = 0, 10ab + 12(a+b) + 8 \neq 0$,解得
$$(a,b) = \left(-2, -\frac{2}{5}\right) \quad \text{或} \quad \left(-\frac{2}{5}, -2\right)$$

**例 3.19**(南大 2004)  设函数

$$f(x,y) = \begin{cases} \dfrac{xy(x^2-y^2)}{x^2+y^2} & ((x,y)\neq(0,0)); \\ 0 & ((x,y)=(0,0)) \end{cases}$$

证明：$f''_{xy}(0,0) \neq f''_{yx}(0,0)$.

**解析** $\quad f'_x(0,0) = \lim\limits_{x\to 0}\dfrac{f(x,0)-f(0,0)}{x} = \lim\limits_{x\to 0}\dfrac{0-0}{x} = 0$

$\qquad\qquad f'_y(0,0) = \lim\limits_{y\to 0}\dfrac{f(0,y)-f(0,0)}{y} = \lim\limits_{y\to 0}\dfrac{0-0}{y} = 0$

当 $y \neq 0$ 时，有

$$f'_x(0,y) = \lim_{x\to 0}\dfrac{f(x,y)-f(0,y)}{x} = \lim_{x\to 0}\dfrac{\dfrac{xy(x^2-y^2)}{x^2+y^2}-0}{x} = -y$$

当 $x \neq 0$ 时，有

$$f'_y(x,0) = \lim_{y\to 0}\dfrac{f(x,y)-f(x,0)}{y} = \lim_{y\to 0}\dfrac{\dfrac{xy(x^2-y^2)}{x^2+y^2}-0}{y} = x$$

故有

$$f''_{xy}(0,0) = \lim_{y\to 0}\dfrac{f'_x(0,y)-f'_x(0,0)}{y} = \lim_{y\to 0}\dfrac{-y-0}{y} = -1$$

$$f''_{yx}(0,0) = \lim_{x\to 0}\dfrac{f'_y(x,0)-f'_y(0,0)}{x} = \lim_{x\to 0}\dfrac{x-0}{x} = 1$$

所以 $f''_{xy}(0,0) \neq f''_{yx}(0,0)$.

**例 3.20**（南大 2007） 设 $\boldsymbol{n}$ 是曲面 $2x^2+3y^2+z^2=6$ 在点 $P(1,1,1)$ 处的外法线向量，计算函数 $u = \dfrac{\sqrt{6x^2+8y^2}}{z}$ 在点 $P(1,1,1)$ 处沿方向 $\boldsymbol{n}$ 的方向导数.

**解析** 向量 $\boldsymbol{n} = (2,3,1)$ 的方向余弦为

$$(\cos\alpha,\cos\beta,\cos\gamma) = \left(\dfrac{2}{\sqrt{14}},\dfrac{3}{\sqrt{14}},\dfrac{1}{\sqrt{14}}\right)$$

$$\left.\dfrac{\partial u}{\partial x}\right|_P = \dfrac{6}{\sqrt{14}},\quad \left.\dfrac{\partial u}{\partial y}\right|_P = \dfrac{8}{\sqrt{14}},\quad \left.\dfrac{\partial u}{\partial z}\right|_P = -\sqrt{14}$$

所以

$$\left.\dfrac{\partial u}{\partial \boldsymbol{n}}\right|_P = \left.\dfrac{\partial u}{\partial x}\right|_P\cos\alpha + \left.\dfrac{\partial u}{\partial y}\right|_P\cos\beta + \left.\dfrac{\partial u}{\partial z}\right|_P\cos\gamma = \dfrac{12}{14}+\dfrac{24}{14}-1 = \dfrac{11}{7}$$

**例 3.21**（精选题） 设函数

$$f(x,y) = \begin{cases} x^{\frac{4}{3}}\sin\dfrac{y}{x} & (x\neq 0); \\ 0 & (x=0) \end{cases}$$

(1) 求 $f(x,y)$ 在点 $(0,0)$ 处的沿所有方向的方向导数；

(2) 求 $f(x,y)$ 的偏导数；

(3) 证明 $f(x,y)$ 是平面上的可微函数.

**解析** (1) 取任意方向 $l=(\cos\alpha,\cos\beta)$，再取点 $P(x,y)$ 使 $\overrightarrow{OP}$ 与 $l$ 同方向，设 $|\overrightarrow{OP}|=\rho$，则 $x=\rho\cos\alpha, y=\rho\cos\beta$，得

$$\frac{\partial f}{\partial l}(0,0)=\lim_{P\to O}\frac{f(P)-f(O)}{|OP|}=\lim_{\rho\to 0^+}\frac{f(\rho\cos\alpha,\rho\cos\beta)-f(0,0)}{\rho}$$

当 $\cos\alpha\neq 0$ 时，有

$$\frac{\partial f}{\partial l}(0,0)=\lim_{\rho\to 0^+}\frac{(\rho\cos\alpha)^{\frac{4}{3}}\sin\frac{\cos\beta}{\cos\alpha}}{\rho}=\lim_{\rho\to 0^+}\rho^{\frac{1}{3}}\cos^{\frac{4}{3}}\alpha\sin\frac{\cos\beta}{\cos\alpha}=0$$

当 $\cos\alpha=0$ 时，有

$$\frac{\partial f}{\partial l}(0,0)=\lim_{\rho\to 0^+}\frac{0-0}{\rho}=0$$

综上，得 $\frac{\partial f}{\partial l}(0,0)=0$.

(2) 根据偏导数的定义，有

$$f'_x(0,y)=\lim_{x\to 0}\frac{f(x,y)-f(0,y)}{x}=\lim_{x\to 0}\frac{x^{\frac{4}{3}}\sin\frac{y}{x}-0}{x}=0$$

$$f'_y(0,y)=\lim_{\Delta y\to 0}\frac{f(0,y+\Delta y)-f(0,y)}{\Delta y}=\lim_{\Delta y\to 0}\frac{0-0}{\Delta y}=0$$

当 $x\neq 0$ 时，有 $f'_x(x,y)=\frac{4}{3}x^{\frac{1}{3}}\sin\frac{y}{x}-x^{-\frac{2}{3}}y\cos\frac{y}{x}$, $f'_y(x,y)=x^{\frac{1}{3}}\cos\frac{y}{x}$.

(3) $f(x,y)$ 在 $(0,y)$ 的全增量

$$\Delta f(0,y)=f(\Delta x,y+\Delta y)-f(0,y)=(\Delta x)^{\frac{4}{3}}\sin\frac{y+\Delta y}{\Delta x}$$

记

$$\Delta f(0,y)=f'_x(0,y)\Delta x+f'_y(0,y)\Delta y+\omega=\omega$$

则

$$\left|\frac{\omega}{\sqrt{(\Delta x)^2+(\Delta y)^2}}\right|=\left|\frac{(\Delta x)^{\frac{4}{3}}\sin\frac{y+\Delta y}{\Delta x}}{\sqrt{(\Delta x)^2+(\Delta y)^2}}\right|\leq\left|\frac{(\Delta x)^{\frac{4}{3}}}{\sqrt{(\Delta x)^2+(\Delta y)^2}}\right|$$

$$=\frac{|\Delta x|}{\sqrt{(\Delta x)^2+(\Delta y)^2}}|\Delta x|^{\frac{1}{3}}$$

$$\leq |\Delta x|^{\frac{1}{3}}\to 0 \quad (\Delta x\to 0,\Delta y\to 0)$$

故 $\omega=o(\sqrt{(\Delta x)^2+(\Delta y)^2})$，于是 $f(x,y)$ 在 $x=0$ 时可微. 当 $x\neq 0$ 时，由于 $f'_x(x,y), f'_y(x,y)$ 均连续，故 $f(x,y)$ 在 $x\neq 0$ 时可微.

综上,$f(x,y)$在平面上所有点处都是可微的.

**例 3.22**(精选题) 求函数 $u = \arctan(x^2 + 2y + z)$ 在点 $A(0,1,0)$ 处沿空间曲线 $\begin{cases} x^2 + y^2 + z^2 - 3x = 0, \\ 2x - y - 4 = 0 \end{cases}$ 在点 $B(2,0,\sqrt{2})$ 处的切向量的方向导数.

**解析** 令 $F(x,y,z) = x^2 + y^2 + z^2 - 3x$,$G(x,y,z) = 2x - y - 4$,则

$$(F'_x, F'_y, F'_z)\big|_B = (2x-3, 2y, 2z)\big|_B = (1, 0, 2\sqrt{2})$$

$$(G'_x, G'_y, G'_z)\big|_B = (2, -1, 0)$$

故所给空间曲线在点 $B$ 的切向量为

$$\boldsymbol{n} = (1, 0, 2\sqrt{2}) \times (2, -1, 0) = (2\sqrt{2}, 4\sqrt{2}, -1)$$

其方向余弦为

$$\cos\alpha = \frac{2\sqrt{2}}{\sqrt{41}}, \quad \cos\beta = \frac{4\sqrt{2}}{\sqrt{41}}, \quad \cos\gamma = -\frac{1}{\sqrt{41}}$$

又

$$u'_x\big|_A = \frac{2x}{1+(x^2+2y+z)^2}\bigg|_A = 0$$

$$u'_y\big|_A = \frac{2}{1+(x^2+2y+z)^2}\bigg|_A = \frac{2}{5}$$

$$u'_z\big|_A = \frac{1}{1+(x^2+2y+z)^2}\bigg|_A = \frac{1}{5}$$

故

$$\frac{\partial u}{\partial \boldsymbol{n}} = 0 \cdot \frac{2\sqrt{2}}{\sqrt{41}} + \frac{2}{5} \cdot \frac{4\sqrt{2}}{\sqrt{41}} - \frac{1}{5} \cdot \frac{1}{\sqrt{41}} = \frac{8\sqrt{2}-1}{5\sqrt{41}}$$

**例 3.23**(全国 2014) 若

$$\int_{-\pi}^{\pi}(x - a_1\cos x - b_1\sin x)^2 \mathrm{d}x = \min_{a,b\in\mathbf{R}}\left(\int_{-\pi}^{\pi}(x-a\cos x-b\sin x)^2\mathrm{d}x\right)$$

则 $a_1\cos x + b_1\sin x =$ ( )

(A) $2\sin x$ (B) $2\cos x$ (C) $2\pi\sin x$ (D) $2\pi\cos x$

**解析** 记 $f(a,b) = \int_{-\pi}^{\pi}(x - a\cos x - b\sin x)^2\mathrm{d}x$,求偏导后应用定积分的奇、偶对称性,有

$$f'_a(a,b) = 4a\int_0^{\pi}\cos^2 x\mathrm{d}x = 2a\int_0^{\pi}(1+\cos 2x)\mathrm{d}x = 2\pi a$$

$$f'_b(a,b) = 4\int_0^{\pi}(b\sin^2 x - x\sin x)\mathrm{d}x = 2b\int_0^{\pi}(1-\cos 2x)\mathrm{d}x + 4\int_0^{\pi}x\mathrm{d}\cos x$$

$$= 2b\left(x - \frac{1}{2}\sin 2x\right)\bigg|_0^{\pi} + 4\left(x\cos x\bigg|_0^{\pi} - \sin x\bigg|_0^{\pi}\right) = 2(b-2)\pi$$

由 $f'_a(a,b)=0, f'_b(a,b)=0$ 解得 $a=0, b=2$. 由于 $f(a,b)$ 的最小值存在,驻点 $(a,b)=(0,2)$ 又是唯一的,所以 $a_1\cos x+b_1\sin x=2\sin x$. 故选(A).

**例 3.24**(全国 2011)  若函数 $f(x)$ 具有二阶连续导数,则 $z=f(x)\ln f(y)$ 在点 $(0,0)$ 处取得极小值的一个充分条件是 (　　)

(A) $f(0)>1, f''(0)>0$　　　　(B) $f(0)>1, f''(0)<0$
(C) $f(0)<1, f''(0)>0$　　　　(D) $f(0)<1, f''(0)<0$

**解析**　函数 $z=f(x)\ln f(y)$ 在点 $(0,0)$ 处取得极小值的必要条件是
$$\left.\frac{\partial z}{\partial x}\right|_{(0,0)}=f'(0)\ln f(0)=0, \quad \left.\frac{\partial z}{\partial y}\right|_{(0,0)}=f(0)\frac{f'(0)}{f(0)}=f'(0)=0$$

为了求极值,计算三个二阶偏导数:
$$A=\left.\frac{\partial^2 z}{\partial x^2}\right|_{(0,0)}=f''(0)\ln f(0), \quad B=\left.\frac{\partial^2 z}{\partial x\partial y}\right|_{(0,0)}=\frac{(f'(0))^2}{f(0)}=0$$
$$C=\left.\frac{\partial^2 z}{\partial y^2}\right|_{(0,0)}=\frac{f(0)f''(0)-(f'(0))^2}{f(0)}=f''(0)$$

所以充分条件是 $A=f''(0)\ln f(0)>0$,且 $\Delta=B^2-AC=-(f''(0))^2\ln f(0)<0$,由此可得 $f(0)>1, f''(0)>0$. 故选(A).

**例 3.25**(全国 2015)  已知函数 $f(x,y)$ 满足
$$f''_{xy}(x,y)=2(y+1)e^x, \quad f'_x(x,0)=(x+1)e^x, \quad f(0,y)=y^2+2y$$
求 $f(x,y)$ 的极值.

**解析**　方程 $f''_{xy}(x,y)=2(y+1)e^x$ 两边对 $y$ 积分得
$$f'_x(x,y)=(y+1)^2 e^x+\varphi(x)$$
此式中令 $y=0$ 得
$$f'_x(x,0)=e^x+\varphi(x)=(x+1)e^x$$
故 $\varphi(x)=xe^x, f'_x(x,y)=[x+(y+1)^2]e^x$,此式两边对 $x$ 积分得
$$f(x,y)=(x+y^2+2y)e^x+\psi(y)$$
此式中令 $x=0$ 得
$$f(0,y)=y^2+2y+\psi(y)=y^2+2y \Rightarrow \psi(y)=0$$
于是 $f(x,y)=(x+y^2+2y)e^x$. 由 $\begin{cases} f'_x(x,y)=[x+(y+1)^2]e^x=0, \\ f'_y(x,y)=2(y+1)e^x=0 \end{cases}$ 解得驻点为 $P(0,-1)$,因为
$$f''_{xx}(x,y)=[1+x+(y+1)^2]e^x, \quad f''_{yy}(x,y)=2e^x$$
于是
$$A=f''_{xx}(P)=1>0, \quad B=f''_{xy}(P)=0, \quad C=f''_{yy}(P)=2>0$$
$$\Delta=B^2-AC=-2<0$$

所以函数 $f(x,y)$ 在点 $P(0,-1)$ 处取极小值 $f(0,-1)=-1$.

**例 3.26**(全国 2014)  设函数 $f(x,y)$ 满足 $\dfrac{\partial f}{\partial y}=2(y+1)$,且
$$f(y,y)=(y+1)^2-(2-y)\ln y$$
求曲线 $f(x,y)=0$ 所围图形绕 $y=-1$ 旋转一周的旋转体的体积.

**解析**  方程 $\dfrac{\partial f}{\partial y}=2(y+1)$ 两边对 $y$ 积分得 $f(x,y)=(y+1)^2+\varphi(x)$,在此式中令 $x=y$ 得
$$f(y,y)=(y+1)^2+\varphi(y)=(y+1)^2-(2-y)\ln y$$
所以 $\varphi(y)=-(2-y)\ln y$,得 $f(x,y)=(y+1)^2-(2-x)\ln x$. 由于曲线 $(y+1)^2=(2-x)\ln x$ 过点 $(1,-1),(2,-1)$,且关于 $y=-1$ 对称,故所求旋转体的体积为
$$V=\pi\int_1^2(y+1)^2\mathrm{d}x=-\dfrac{\pi}{2}\int_1^2\ln x\,\mathrm{d}(2-x)^2$$
$$=-\dfrac{\pi}{2}\left((2-x)^2\ln x\Big|_1^2-\int_1^2\dfrac{(2-x)^2}{x}\mathrm{d}x\right)$$
$$=\dfrac{\pi}{2}\left(4\ln x-4x+\dfrac{1}{2}x^2\right)\Big|_1^2=\left(2\ln 2-\dfrac{5}{4}\right)\pi$$

**例 3.27**(精选题)  求椭球面 $\dfrac{x^2}{2}+y^2+\dfrac{z^2}{4}=1$ 与平面 $2x+2y+z+5=0$ 之间的最长距离与最短距离.

**解析**  问题即求距离平方函数 $f=\dfrac{(2x+2y+z+5)^2}{9}$ 在约束条件 $\dfrac{x^2}{2}+y^2+\dfrac{z^2}{4}=1$ 下的条件极值. 令
$$F(x,y,z,\lambda)=(2x+2y+z+5)^2+\lambda\left(\dfrac{x^2}{2}+y^2+\dfrac{z^2}{4}-1\right)$$
得
$$\begin{cases} F'_x=4(2x+2y+z+5)+\lambda x=0, & (1) \\ F'_y=4(2x+2y+z+5)+2\lambda y=0, & (2) \\ F'_z=2(2x+2y+z+5)+\dfrac{1}{2}\lambda z=0, & (3) \\ F'_\lambda=\dfrac{x^2}{2}+y^2+\dfrac{z^2}{4}-1=0 & (4) \end{cases}$$

若 $\lambda=0$,则 $2x+2y+z+5=0$,此时所求点位于平面 $2x+2y+z+5=0$ 上,不合题意. 若 $\lambda\neq 0$,由(1),(2),(3)三式得 $x=z=2y$,代入(4)式便得 $y=\pm\dfrac{1}{2}$. 令 $P_1\left(1,\dfrac{1}{2},1\right),P_2\left(-1,-\dfrac{1}{2},-1\right)$,则 $d(P_1)=3$ 为所求最长距离,$d(P_2)=\dfrac{1}{3}$ 为所求最短距离.

**例 3.28**(精选题)  设常数 $a>0$，平面 $\Pi$ 通过点 $M(4a,-5a,3a)$，且在三个坐标轴上的截距相等. 在平面 $\Pi$ 位于第一卦限部分求一点 $P(x_0,y_0,z_0)$，使得函数 $u(x,y,z)=\dfrac{1}{\sqrt{x}\cdot\sqrt[3]{y}\cdot z^2}$ 在 $P$ 点处取最小值.

**解析**  设平面 $\Pi:\dfrac{x}{b}+\dfrac{y}{b}+\dfrac{z}{b}=1$，代入点 $M(4a,-5a,3a)$，得 $b=2a$，故其方程为 $x+y+z=2a$. 考虑函数
$$v=\ln u = -\frac{1}{2}\ln x - \frac{1}{3}\ln y - 2\ln z$$
则 $v$ 与 $u$ 同时取到最小值，故只需求 $v(x,y,z)$ 在约束条件 $x+y+z=2a(x>0,y>0,z>0)$ 下的最小值. 令
$$F(x,y,z,\lambda)=-\frac{1}{2}\ln x-\frac{1}{3}\ln y-2\ln z+\lambda(x+y+z-2a)$$
由
$$\begin{cases} F'_x=-\dfrac{1}{2x}+\lambda=0,\\ F'_y=-\dfrac{1}{3y}+\lambda=0,\\ F'_z=-\dfrac{2}{z}+\lambda=0,\\ F'_\lambda=x+y+z-2a=0 \end{cases}$$
解得驻点为 $\left(\dfrac{6}{17}a,\dfrac{4}{17}a,\dfrac{24}{17}a\right)$. 由于驻点是唯一的，故
$$u\left(\frac{6}{17}a,\frac{4}{17}a,\frac{24}{17}a\right)=17^{\frac{17}{6}}\cdot 3^{-\frac{5}{2}}\cdot 2^{-\frac{43}{6}}\cdot a^{-\frac{17}{6}}$$
即为所求的最小值.

**例 3.29**(全国 2008)  已知曲线 $C:\begin{cases} x^2+y^2-2z^2=0,\\ x+y+3z=5,\end{cases}$ 求 $C$ 上距离 $xOy$ 面最远的点和最近的点.

**解析**  点 $(x,y,z)$ 到 $xOy$ 面的距离为 $|z|$，故求 $C$ 上距离 $xOy$ 面最远点和最近点的坐标，等价于求函数 $H=z^2$ 在条件 $x^2+y^2-2z^2=0$ 与 $x+y+3z=5$ 下的最大值点和最小值点. 令
$$L(x,y,z,\lambda,\mu)=z^2+\lambda(x^2+y^2-2z^2)+\mu(x+y+3z-5)$$
由
$$\begin{cases} L'_x=2\lambda x+\mu=0,\\ L'_y=2\lambda y+\mu=0,\\ L'_z=2z-4\lambda z+3\mu=0,\\ x^2+y^2-2z^2=0,\\ x+y+3z=5 \end{cases}$$

得 $x=y$，从而 $2x^2-2z^2=0, 2x+3z=5$，解得驻点为 $(-5,-5,5),(1,1,1)$. 根据几何意义，曲线 $C$ 上存在距离 $xOy$ 面最远的点和最近的点，故所求点依次为 $(-5,-5,5)$ 和 $(1,1,1)$.

**例 3.31**（精选题） 求 $u=x+y+z$ 在 $x^2+y^2\leqslant z\leqslant 1$ 上的最大值和最小值.

**解析** 由于 $\dfrac{\partial u}{\partial x}=\dfrac{\partial u}{\partial y}=\dfrac{\partial u}{\partial z}=1$，所以 $u=x+y+z$ 在 $x^2+y^2<z<1$ 内无驻点，其最大值和最小值只能在区域 $x^2+y^2\leqslant z\leqslant 1$ 的边界上取得.

（1）在边界 $z=x^2+y^2(z<1)$ 上，令 $F=x+y+z+\lambda_1(x^2+y^2-z)$，则由

$$\begin{cases} F'_x=1+2\lambda_1 x=0, \\ F'_y=1+2\lambda_1 y=0, \\ F'_z=1-\lambda_1=0, \\ F'_{\lambda_1}=x^2+y^2-z=0 \end{cases}$$

解得驻点为 $P_1\left(-\dfrac{1}{2},-\dfrac{1}{2},\dfrac{1}{2}\right)$，此时 $u(P_1)=-\dfrac{1}{2}$.

（2）在边界 $z=1(x^2+y^2<1)$ 上，令 $G=x+y+z+\lambda_2(z-1)$，由于 $G'_x=G'_y=1\neq 0$，故此时无驻点.

（3）在边界 $\begin{cases} z=x^2+y^2, \\ z=1 \end{cases}$ 上，$u=x+y+1$，令

$$H=x+y+1+\lambda_3(x^2+y^2-1)$$

则由

$$\begin{cases} H'_x=1+2\lambda_3 x=0, \\ H'_y=1+2\lambda_3 y=0, \\ H'_{\lambda_3}=x^2+y^2-1=0 \end{cases}$$

解得驻点 $P_2\left(-\dfrac{1}{\sqrt{2}},-\dfrac{1}{\sqrt{2}},1\right), P_3\left(\dfrac{1}{\sqrt{2}},\dfrac{1}{\sqrt{2}},1\right)$，对应的函数值分别为

$$u(P_2)=1-\sqrt{2}, \quad u(P_3)=1+\sqrt{2}$$

比较上述三个驻点处的函数值，可得 $u_{\max}=1+\sqrt{2}, u_{\min}=-\dfrac{1}{2}$.

**例 3.31**（全国 2018） 已知一根绳长为 $2\mathrm{~m}$，现将其截为 3 段，分别折成圆、正三角形与正方形，这 3 段分别为多长时所得面积之和最小？并求出该最小值.

**解析** 假设圆的半径为 $x$，正三角形的边长为 $y$，正方形的边长为 $z$，则

$$2\pi x+3y+4z=2 \quad (x>0, y>0, z>0)$$

为求 3 个面积之和的最小值，应用拉格朗日乘数法，令

$$F(x,y,z)=\pi x^2+\dfrac{\sqrt{3}}{4}y^2+z^2+\lambda(2\pi x+3y+4z-2)$$

由

$$\begin{cases} F'_x = 2\pi x + 2\pi\lambda = 0, \\ F'_y = \dfrac{\sqrt{3}}{2}y + 3\lambda = 0, \\ F'_z = 2z + 4\lambda = 0, \\ F'_\lambda = 2\pi x + 3y + 4z - 2 = 0 \end{cases}$$

解得驻点 $(x_0, y_0, z_0) = \left(\dfrac{1}{\pi + 3\sqrt{3} + 4}, \dfrac{2\sqrt{3}}{\pi + 3\sqrt{3} + 4}, \dfrac{2}{\pi + 3\sqrt{3} + 4}\right)$，此时总面积

$$S(x_0, y_0, z_0) = \pi\left(\dfrac{1}{\pi + 3\sqrt{3} + 4}\right)^2 + \dfrac{\sqrt{3}}{4}\left(\dfrac{2\sqrt{3}}{\pi + 3\sqrt{3} + 4}\right)^2 + \left(\dfrac{2}{\pi + 3\sqrt{3} + 4}\right)^2$$

$$= \dfrac{1}{\pi + 3\sqrt{3} + 4}$$

由于 $x \to 0, y \to 0, z \to 0.5$ 时，$S \to 0.25 > S(x_0, y_0, z_0)$，且驻点唯一，所以三段长为

$$\dfrac{2\pi}{\pi + 3\sqrt{3} + 4}(\text{m}), \quad \dfrac{6\sqrt{3}}{\pi + 3\sqrt{3} + 4}(\text{m}), \quad \dfrac{8}{\pi + 3\sqrt{3} + 4}(\text{m})$$

分别折成圆、正三角形与正方形时，3 个面积之和取最小值 $\dfrac{1}{\pi + 3\sqrt{3} + 4}(\text{m}^2)$.

**例 3.32**（全国 2015） 已知函数 $f(x, y) = x + y + xy$，曲线 $C: x^2 + y^2 + xy = 3$，求 $f(x, y)$ 在曲线 $C$ 上的最大方向导数.

**解析** 由于函数 $f(x, y)$ 在点 $(x, y)$ 的方向导数的最大值等于函数 $f(x, y)$ 在点 $(x, y)$ 的梯度的模，即

$$\max \dfrac{\partial f}{\partial l} = |\mathbf{grad} f| = |(f'_x, f'_y)| = |(1+y, 1+x)|$$

$$= \sqrt{(1+x)^2 + (1+y)^2}$$

所以欲求函数 $f(x, y)$ 在曲线 $C$ 上的最大方向导数，只要求函数 $z(x, y) = \max \dfrac{\partial f}{\partial l}$ 满足条件 $\varphi(x, y) = x^2 + y^2 + xy - 3 = 0$ 的最大值. 注意到 $z(x, y) \geqslant 0$，应用拉格朗日乘数法，令

$$F(x, y, \lambda) = (1+x)^2 + (1+y)^2 + \lambda(x^2 + y^2 + xy - 3)$$

由

$$\begin{cases} F'_x = 2(1+x) + \lambda(2x+y) = 0, \\ F'_y = 2(1+y) + \lambda(2y+x) = 0, \\ F'_\lambda = x^2 + y^2 + xy - 3 = 0 \end{cases}$$

解得驻点为 $(1,1), (-1,-1), (-1,2), (2,-1)$. 于是函数 $f(x, y)$ 在曲线 $C$ 上的最大方向导数为

$$\max\{z(1,1), z(-1,-1), z(-1,2), z(2,-1)\} = \max\{2\sqrt{2}, 0, 3, 3\} = 3$$

# 专题 9  二重积分与三重积分

## 9.1  重要概念与基本方法

**1  二重积分的定义**

(1) 函数 $f(x,y)$ 定义在平面的有界闭域 $D$ 上,将 $D$ 分割为 $n$ 个小区域 $D_i(i=1,2,\cdots,n)$,记 $d_i$ 为 $D_i$ 的直径,$\lambda = \max\limits_{1\leqslant i\leqslant n}\{d_i\}$,$\Delta\sigma_i$ 为 $D_i$ 的面积,$\forall (x_i,y_i)\in D_i$,则二重积分

$$\iint\limits_D f(x,y)\mathrm{d}x\mathrm{d}y \stackrel{\text{def}}{=} \lim_{\lambda\to 0}\sum_{i=1}^n f(x_i,y_i)\Delta\sigma_i = A$$

这里常数 $A$ 与 $D$ 的分割无关,与点 $(x_i,y_i)$ 的选取无关. 并记为 $f\in \mathscr{I}(D)$.

(2) 利用二重积分的定义,可将下列形式的极限化为二重积分来计算其值:

$$\lim_{n\to\infty}\sum_{i=1}^n\sum_{j=1}^n f\left(a+i\frac{b-a}{n},c+j\frac{d-c}{n}\right)\frac{(b-a)(d-c)}{n^2} = \iint\limits_D f(x,y)\mathrm{d}x\mathrm{d}y$$

这里 $D = \{(x,y)\mid a\leqslant x\leqslant b, c\leqslant y\leqslant d\}$.

(3) 函数 $f(x,y)$ 满足下列条件之一时是可积的:

① $f(x,y)\in \mathscr{C}(D)$;

② $f(x,y)$ 在 $D$ 上有界,且只有有限个间断点.

(4) 函数 $f(x,y)$ 在有界闭域 $D$ 上可积的必要条件是 $f\in\mathscr{B}(D)$.

**2  二重积分的主要性质(假设下列二重积分的被积函数皆可积)**

**定理 1**(保号性)  若 $f(x,y)\leqslant g(x,y),\forall (x,y)\in D$,则

$$\iint\limits_D f(x,y)\mathrm{d}x\mathrm{d}y \leqslant \iint\limits_D g(x,y)\mathrm{d}x\mathrm{d}y$$

**定理 2**(可加性)  用曲线将积分区域 $D$ 分割为 $D_1\cup D_2$,则

$$\iint\limits_D f(x,y)\mathrm{d}x\mathrm{d}y = \iint\limits_{D_1} f(x,y)\mathrm{d}x\mathrm{d}y + \iint\limits_{D_2} f(x,y)\mathrm{d}x\mathrm{d}y$$

**定理 3**(积分中值定理)  设 $f(x,y)\in\mathscr{C}(D)$,则 $\exists (\xi,\eta)\in D$,使得

$$\iint\limits_{D} f(x,y) \mathrm{d}x \mathrm{d}y = f(\xi,\eta) S(D)$$

这里 $S(D)$ 表示区域 $D$ 的面积.

**定理 4**(奇偶、对称性)　设 $f(x,y)$ 关于 $x$ 是奇函数或偶函数,若积分区域 $D$ 关于 $x=0$ 对称,则

$$\iint\limits_{D} f(x,y)\mathrm{d}x\mathrm{d}y = \begin{cases} 0 & (f(x,y) \text{ 关于 } x \text{ 为奇函数}); \\ 2\iint\limits_{D(x \geqslant 0)} f(x,y)\mathrm{d}x\mathrm{d}y & (f(x,y) \text{ 关于 } x \text{ 为偶函数}) \end{cases}$$

**定理 5**(奇偶、对称性)　设 $f(x,y)$ 关于 $y$ 是奇函数或偶函数,若积分区域 $D$ 关于 $y=0$ 对称,则

$$\iint\limits_{D} f(x,y)\mathrm{d}x\mathrm{d}y = \begin{cases} 0 & (f(x,y) \text{ 关于 } y \text{ 为奇函数}); \\ 2\iint\limits_{D(y \geqslant 0)} f(x,y)\mathrm{d}x\mathrm{d}y & (f(x,y) \text{ 关于 } y \text{ 为偶函数}) \end{cases}$$

## 3　二重积分的基本计算方法

(1) 化为直角坐标下的二次积分.

首先画出积分区域 $D$ 的图形,我们把图形分为两种情况:

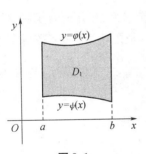
图 9.1

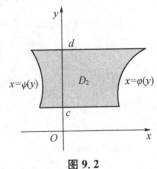
图 9.2

① 积分区域 $D_1$ 如图 9.1 所示,则有

$$\iint\limits_{D} f(x,y)\mathrm{d}x\mathrm{d}y = \int_a^b \mathrm{d}x \int_{\psi(x)}^{\varphi(x)} f(x,y)\mathrm{d}y$$

② 积分区域 $D_2$ 如图 9.2 所示,则有

$$\iint\limits_{D} f(x,y)\mathrm{d}x\mathrm{d}y = \int_c^d \mathrm{d}y \int_{\psi(y)}^{\varphi(y)} f(x,y)\mathrm{d}x$$

(2) 化为极坐标下的二次积分.

首先画出积分区域 $D$ 的图形,我们把图形分为两种情况:

① 积分区域 $D_3$ 如图 9.3 所示,则有

$$\iint\limits_{D} f(x,y)\mathrm{d}x\mathrm{d}y = \int_\alpha^\beta \mathrm{d}\theta \int_{\psi(\theta)}^{\varphi(\theta)} f(\rho\cos\theta,\rho\sin\theta)\rho\mathrm{d}\rho$$

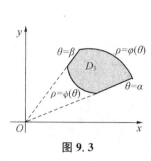
图 9.3

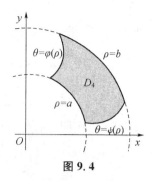
图 9.4

② 积分区域 $D_4$ 如图 9.4 所示,则有
$$\iint\limits_{D} f(x,y)\mathrm{d}x\mathrm{d}y = \int_a^b \mathrm{d}\rho \int_{\psi(\rho)}^{\varphi(\rho)} f(\rho\cos\theta,\rho\sin\theta)\rho\mathrm{d}\theta$$

### 4  交换二次积分的积分次序

首先将二次积分还原为二重积分,根据二次积分的四个上、下限画出积分区域 $D$,再改变积分次序,化为另一次序的二次积分.

### 5  三重积分的定义

(1) 函数 $f(x,y,z)$ 定义在空间的有界闭域 $\Omega$ 上,将 $\Omega$ 分割为 $n$ 个小区域 $\Omega_i$ $(i=1,2,\cdots,n)$,记 $d_i$ 为 $\Omega_i$ 的直径,$\lambda = \max\limits_{1 \leqslant i \leqslant n}\{d_i\}$,$\Delta v_i$ 为 $\Omega_i$ 的体积,$\forall (x_i,y_i,z_i) \in \Omega_i$,则三重积分
$$\iiint\limits_{\Omega} f(x,y,z)\mathrm{d}x\mathrm{d}y\mathrm{d}z \stackrel{\text{def}}{=} \lim_{\lambda \to 0} \sum_{i=1}^{n} f(x_i,y_i,z_i)\Delta v_i = A$$
这里常数 $A$ 与 $\Omega$ 的分割无关,与点 $(x_i,y_i,z_i)$ 的选取无关. 并记为 $f \in \mathscr{I}(\Omega)$.

(2) 利用三重积分的定义,可将下列形式的极限化为三重积分来计算其值:
$$\lim_{n \to \infty} \sum_{i=1}^{n} \sum_{j=1}^{n} \sum_{k=1}^{n} f\left(a+i\frac{b-a}{n}, c+j\frac{d-c}{n}, p+k\frac{q-p}{n}\right) \frac{(b-a)(d-c)(q-p)}{n^3}$$
$$= \iiint\limits_{\Omega} f(x,y,z)\mathrm{d}x\mathrm{d}y\mathrm{d}z$$
这里 $\Omega = \{(x,y,z) \mid a \leqslant x \leqslant b, c \leqslant y \leqslant d, p \leqslant z \leqslant q\}$.

(3) 函数 $f(x,y,z)$ 满足下列条件之一时是可积的:

① $f(x,y,z) \in \mathscr{C}(\Omega)$;

② $f(x,y,z)$ 在 $\Omega$ 上有界,且只有有限个间断点.

(4) 函数 $f(x,y,z)$ 在有界闭域 $\Omega$ 上可积的必要条件是 $f(x,y,z)$ 在 $\Omega$ 上有界.

## 6  三重积分的主要性质(假设下列三重积分的被积函数皆可积)

**定理 1**(保号性)  若 $f(x,y,z) \leqslant g(x,y,z), \forall (x,y,z) \in \Omega$,则

$$\iiint\limits_{\Omega} f(x,y,z)\mathrm{d}x\mathrm{d}y\mathrm{d}z \leqslant \iiint\limits_{\Omega} g(x,y,z)\mathrm{d}x\mathrm{d}y\mathrm{d}z$$

**定理 2**(可加性)  用曲面将积分区域 $\Omega$ 分割为 $\Omega_1 \cup \Omega_2$,则

$$\iiint\limits_{\Omega} f(x,y,z)\mathrm{d}x\mathrm{d}y\mathrm{d}z = \iiint\limits_{\Omega_1} f(x,y,z)\mathrm{d}x\mathrm{d}y\mathrm{d}z + \iiint\limits_{\Omega_2} f(x,y,z)\mathrm{d}x\mathrm{d}y\mathrm{d}z$$

**定理 3**(积分中值定理)  设 $f(x,y,z) \in \mathscr{C}(\Omega)$,则 $\exists (\xi,\eta,\zeta) \in \Omega$,使得

$$\iiint\limits_{\Omega} f(x,y,z)\mathrm{d}x\mathrm{d}y\mathrm{d}z = f(\xi,\eta,\zeta)V(\Omega)$$

这里 $V(\Omega)$ 表示区域 $\Omega$ 的体积.

**定理 4**(奇偶、对称性)  设 $f(x,y,z)$ 关于 $x$ 是奇函数或偶函数,积分区域 $\Omega$ 关于 $x=0$ 对称,则

$$\iiint\limits_{\Omega} f(x,y,z)\mathrm{d}x\mathrm{d}y\mathrm{d}z = \begin{cases} 0 & (f(x,y,z) \text{ 关于 } x \text{ 为奇函数}); \\ 2\iiint\limits_{\Omega(x\geqslant 0)} f(x,y,z)\mathrm{d}x\mathrm{d}y\mathrm{d}z & (f(x,y,z) \text{ 关于 } x \text{ 为偶函数}) \end{cases}$$

**定理 5**(奇偶、对称性)  设 $f(x,y,z)$ 关于 $y$ 是奇函数或偶函数,积分区域 $\Omega$ 关于 $y=0$ 对称,则

$$\iiint\limits_{\Omega} f(x,y,z)\mathrm{d}x\mathrm{d}y\mathrm{d}z = \begin{cases} 0 & (f(x,y,z) \text{ 关于 } y \text{ 为奇函数}); \\ 2\iiint\limits_{\Omega(y\geqslant 0)} f(x,y,z)\mathrm{d}x\mathrm{d}y\mathrm{d}z & (f(x,y,z) \text{ 关于 } y \text{ 为偶函数}) \end{cases}$$

**定理 6**(奇偶、对称性)  设 $f(x,y,z)$ 关于 $z$ 是奇函数或偶函数,积分区域 $\Omega$ 关于 $z=0$ 对称,则

$$\iiint\limits_{\Omega} f(x,y,z)\mathrm{d}x\mathrm{d}y\mathrm{d}z = \begin{cases} 0 & (f(x,y,z) \text{ 关于 } z \text{ 为奇函数}); \\ 2\iiint\limits_{\Omega(z\geqslant 0)} f(x,y,z)\mathrm{d}x\mathrm{d}y\mathrm{d}z & (f(x,y,z) \text{ 关于 } z \text{ 为偶函数}) \end{cases}$$

## 7  三重积分的基本计算方法

(1) 在直角坐标下将三重积分化为先计算一个定积分,再计算一个二重积分.

首先画出积分区域 $\Omega$ 的图形(见图 9.5),适合此方法的 $\Omega$ 在 $xOy$ 平面上的投影为有界闭域 $D$,区域 $\Omega$ 夹在两曲面 $z = \psi(x,y)$ 与 $z = \varphi(x,y)$ 之间,其中 $(x,y) \in D$. 则

$$\iiint\limits_{\Omega} f(x,y,z)\mathrm{d}x\mathrm{d}y\mathrm{d}z = \iint\limits_{D} \mathrm{d}x\mathrm{d}y \int_{\psi(x,y)}^{\varphi(x,y)} f(x,y,z)\mathrm{d}z$$

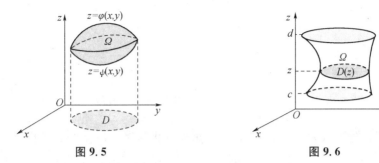

图 9.5                图 9.6

(2) 在直角坐标下将三重积分化为先计算一个二重积分,再计算一个定积分.

首先画出积分区域 $\Omega$ 的图形(见图 9.6),适合此方法的 $\Omega$ 在 $z$ 轴上的投影为闭区间 $[c,d]$,$\forall z \in [c,d]$,过 $(0,0,z)$ 作平面 $\Pi$ 平行于 $xOy$ 平面,平面 $\Pi$ 与立体 $\Omega$ 相截,截面为 $D(z)$. 则

$$\iiint\limits_{\Omega} f(x,y,z) \mathrm{d}x\mathrm{d}y\mathrm{d}z = \int_c^d \mathrm{d}z \iint\limits_{D(z)} f(x,y,z) \mathrm{d}x\mathrm{d}y$$

(3) 柱坐标计算法.

在上述情况(1)和情况(2)中,若投影域 $D$ 或截面 $D(z)$ 是圆或扇形,则可用极坐标 $(\rho,\theta)$ 计算. 我们把三重积分化为这种对 $z,\rho,\theta$ 积分的方法叫做柱坐标计算.

(4) 球坐标计算法.

令

$$x = r\sin\varphi\cos\theta, \quad y = r\sin\varphi\sin\theta, \quad z = r\cos\varphi$$

则三重积分可化为球坐标下的三重积分,即

$$\iiint\limits_{\Omega} f(x,y,z) \mathrm{d}x\mathrm{d}y\mathrm{d}z = \iiint\limits_{\Omega} f(r\sin\varphi\cos\theta, r\sin\varphi\sin\theta, r\cos\varphi) r^2 \sin\varphi \mathrm{d}r\mathrm{d}\varphi\mathrm{d}\theta$$

再在球坐标下化为三次积分.

**8　重积分的应用**

(1) 求平面图形的面积,有

$$S(D) = \iint\limits_{D} 1 \mathrm{d}x\mathrm{d}y = \iint\limits_{D} \rho \mathrm{d}\rho\mathrm{d}\theta$$

(2) 求空间立体的体积,有

$$V(\Omega) = \iiint\limits_{\Omega} 1 \mathrm{d}x\mathrm{d}y\mathrm{d}z = \iiint\limits_{\Omega} r^2 \sin\varphi \mathrm{d}r\mathrm{d}\varphi\mathrm{d}\theta$$

(3) 求空间曲面的面积. 设空间曲面 $\Sigma$ 在 $xOy$ 平面上的投影为 $D$,则

$$S(\Sigma) = \iint\limits_{D} \sqrt{1+(z'_x)^2+(z'_y)^2} \mathrm{d}x\mathrm{d}y$$

(4) 应用二重积分可求平面薄片的质量与质量中心,应用三重积分可求空间

立体的质量与质量中心等.

## 9.2 习题选解

**例 2.1**(习题 6.1 A 4.3) 计算二重积分 $\iint\limits_{D}\dfrac{\sin y}{y}\mathrm{d}x\mathrm{d}y,D:y\geqslant x,x\geqslant y^2.$

**解析** 积分区域如图 9.7 所示,将二重积分化为先 $x$ 后 $y$ 的二次积分,则

$$原式=\int_0^1\mathrm{d}y\int_{y^2}^y\dfrac{\sin y}{y}\mathrm{d}x=\int_0^1(1-y)\sin y\mathrm{d}y$$

$$=(-\cos y+y\cos y-\sin y)\Big|_0^1=1-\sin 1$$

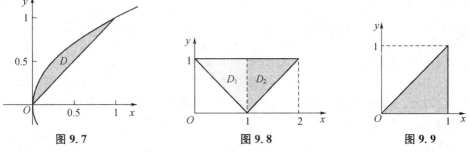

图 9.7　　　　　图 9.8　　　　　图 9.9

**例 2.2**(习题 6.1 A 5.2) 改变累次积分 $\int_0^1\mathrm{d}y\int_{1-y}^{1+y}f(x,y)\mathrm{d}x$ 的次序.

**解析** 累次积分所对应的积分区域如图 9.8 所示,则

$$原式=\iint\limits_{D_1}f(x,y)\mathrm{d}x\mathrm{d}y+\iint\limits_{D_2}f(x,y)\mathrm{d}x\mathrm{d}y$$

$$=\int_0^1\mathrm{d}x\int_{1-x}^1f(x,y)\mathrm{d}y+\int_1^2\mathrm{d}x\int_{x-1}^1f(x,y)\mathrm{d}y$$

**例 2.3**(习题 6.1 A 6) 计算累次积分 $\int_0^1\mathrm{d}y\int_y^1\sin x^2\mathrm{d}x.$

**解析** 累次积分所对应的积分区域如图 9.9 所示,先改变累次积分的次序再计算,则

$$原式=\int_0^1\mathrm{d}x\int_0^x\sin x^2\mathrm{d}y=\int_0^1 x\sin x^2\mathrm{d}x$$

$$=-\dfrac{1}{2}\cos x^2\Big|_0^1=\dfrac{1}{2}(1-\cos 1)$$

**例 2.4**(习题 6.1 A 7.3) 计算二重积分 $\iint\limits_{D}(x+y)\mathrm{d}x\mathrm{d}y,D:x^2+y^2\leqslant 2y.$

**解析** 积分区域如图 9.10 所示,$D$ 关于 $x=0$ 对称.应用奇偶、对称性,再采

用极坐标计算,$D$ 的边界的极坐标方程为 $\rho = 2\sin\theta$,于是

$$\text{原式} = 2\iint\limits_{D(x\geqslant 0)} y\mathrm{d}x\mathrm{d}y = 2\int_0^{\frac{\pi}{2}}\mathrm{d}\theta\int_0^{2\sin\theta}\rho^2\sin\theta\mathrm{d}\rho$$

$$= \frac{16}{3}\int_0^{\frac{\pi}{2}}\sin^4\theta\mathrm{d}\theta$$

$$= \frac{4}{3}\int_0^{\frac{\pi}{2}}\left(\frac{3}{2} - 2\cos 2\theta + \frac{1}{2}\cos 4\theta\right)\mathrm{d}\theta = \pi$$

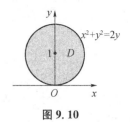

图 9.10

**例 2.5**(习题 6.1 A 8) 将二重积分

$$\iint\limits_D f(x,y)\mathrm{d}x\mathrm{d}y \quad (D: x^2 + y^2 \leqslant 2a^2, x^2 + y^2 \leqslant 2ax, y \geqslant 0)$$

化为极坐标系下两种次序的二次积分.

**解析** 积分区域如图 9.11 所示.区域的边界 $L_1$ 段极坐标方程为 $\rho = 2a\cos\theta\left(\frac{\pi}{4} \leqslant \theta \leqslant \frac{\pi}{2}\right)$,$L_2$ 段的极坐标方程为 $\rho = \sqrt{2}a\left(0 \leqslant \theta \leqslant \frac{\pi}{4}\right)$.所以二重积分化为先对 $\theta$ 后对 $\rho$ 的二次积分为

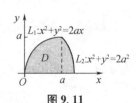

图 9.11

$$\text{原式} = \int_0^{\sqrt{2}a}\mathrm{d}\rho\int_0^{\arccos\frac{\rho}{2a}}f(\rho\cos\theta, \rho\sin\theta)\rho\mathrm{d}\theta$$

将二重积分化为先对 $\rho$ 后对 $\theta$ 的二次积分为

$$\text{原式} = \int_0^{\frac{\pi}{4}}\mathrm{d}\theta\int_0^{\sqrt{2}a}f(\rho\cos\theta,\rho\sin\theta)\rho\mathrm{d}\rho + \int_{\frac{\pi}{4}}^{\frac{\pi}{2}}\mathrm{d}\theta\int_0^{2a\cos\theta}f(\rho\cos\theta,\rho\sin\theta)\rho\mathrm{d}\rho$$

**例 2.6**(习题 6.1 B 12) 求二重积分 $\iint\limits_D(|x| + |y|)\mathrm{d}x\mathrm{d}y$,$D: |x| + |y| \leqslant 1$.

**解析** 积分区域如图 9.12 所示,$D$ 关于 $x = 0$ 对称,又关于 $y = 0$ 对称,应用奇偶、对称性,设 $D_1$ 为 $D$ 在第一象限部分,则

$$\text{原式} = 4\iint\limits_{D_1}(x+y)\mathrm{d}x\mathrm{d}y = 4\int_0^1\mathrm{d}x\int_0^{1-x}(x+y)\mathrm{d}y$$

$$= 2\int_0^1(1-x^2)\mathrm{d}x = \frac{4}{3}$$

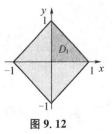

图 9.12

**例 2.7**(习题 6.1 B 13) 求二重积分

$$\iint\limits_D \sqrt{a^2 - x^2 - y^2}\mathrm{d}x\mathrm{d}y \quad (D: (x^2 + y^2)^2 \leqslant a^2(x^2 - y^2))$$

**解析** 积分区域如图 9.13 所示,$D$ 关于 $x = 0$ 对称,又关于 $y = 0$ 对称,应用奇偶、对称性,设 $D_1$ 为 $D$ 在第一象限部分,并采用极坐标系计算.$D_1$ 边界的极坐标方程

为 $\rho = a\sqrt{\cos^2\theta - \sin^2\theta}, \theta \in \left[0, \dfrac{\pi}{4}\right]$，所以

$$\text{原式} = 4\int_0^{\frac{\pi}{4}} d\theta \int_0^{a\sqrt{\cos^2\theta-\sin^2\theta}} \rho \sqrt{a^2 - \rho^2}\, d\rho$$

$$= \dfrac{4a^3}{3} \int_0^{\frac{\pi}{4}} (1 - 2^{\frac{3}{2}} \sin^3\theta)\, d\theta$$

$$= \dfrac{\pi a^3}{3} - \dfrac{8\sqrt{2}}{3} a^3 \int_0^{\frac{\pi}{4}} \sin^3\theta\, d\theta$$

$$= a^3 \left[ \dfrac{\pi}{3} - \dfrac{1}{9}(16\sqrt{2} - 20) \right]$$

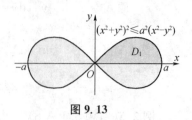

图 9.13

**例 2.8**（习题 6.1 B 14） 计算二重积分 $\iint\limits_D \left(\dfrac{x^2}{a^2} + \dfrac{y^2}{b^2}\right) dxdy, D: \dfrac{x^2}{a^2} + \dfrac{y^2}{b^2} \leqslant 1$。

**解析** 积分区域是椭圆，采用广义极坐标系计算. 令

$$x = a\rho\cos\theta, \quad y = b\rho\sin\theta$$

则 $dxdy = ab\rho d\rho d\theta$，积分区域 $D$ 化为单位圆域 $0 \leqslant \rho \leqslant 1$. 于是

$$\text{原式} = \int_0^{2\pi} d\theta \int_0^1 \rho^2 ab\rho\, d\rho = 2\pi ab \cdot \dfrac{1}{4}\rho^4 \Big|_0^1 = \dfrac{1}{2}\pi ab$$

**例 2.9**（习题 6.2 A 2.4） 计算三重积分 $\iiint\limits_\Omega \dfrac{y\sin x}{x} dxdydz$，其中 $\Omega$ 是由 $y = \sqrt{x}, x + z = \dfrac{\pi}{2}, y = 0, z = 0$ 所围区域.

**解析** 积分区域如图 9.14 所示. 将三重积分化为先对 $z$、次对 $y$、再对 $x$ 的累次积分，有

$$\text{原式} = \int_0^{\frac{\pi}{2}} dx \int_0^{\sqrt{x}} dy \int_0^{\frac{\pi}{2}-x} \dfrac{y\sin x}{x} dz$$

$$= \int_0^{\frac{\pi}{2}} dx \int_0^{\sqrt{x}} \dfrac{y\left(\dfrac{\pi}{2} - x\right)\sin x}{x} dy$$

$$= \int_0^{\frac{\pi}{2}} \dfrac{1}{2}\left(\dfrac{\pi}{2} - x\right)\sin x\, dx = \dfrac{1}{2}\left(\dfrac{\pi}{2} - 1\right)$$

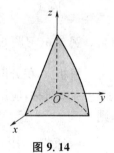

图 9.14

**例 2.10**（习题 6.2 A 3） 改变累次积分

$$\int_0^1 dx \int_0^x dy \int_0^{x-y} f(x,y,z) dz$$

的积分次序，使得先对 $y$，次对 $x$，最后对 $z$ 积分.

**解析** 采用逐次交换积分次序的方法. 先交换对 $y$ 和对 $z$ 的次序（见图 9.15），可得

$$\int_0^x dy \int_0^{x-y} f(x,y,z) dz = \int_0^x dz \int_0^{x-z} f(x,y,z) dy$$

于是
$$原式 = \int_0^1 dx \int_0^x dz \int_0^{x-z} f(x,y,z) dy$$

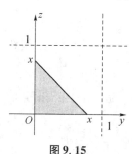

图 9.15

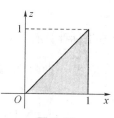

图 9.16

再交换对 $x$ 和对 $z$ 的积分次序(见图 9.16),可得 $\int_0^1 dx \int_0^x dz = \int_0^1 dz \int_z^1 dx$,于是
$$原式 = \int_0^1 dz \int_z^1 dx \int_0^{x-z} f(x,y,z) dy$$

**例 2.11**(习题 6.2 A 4.2) 计算三重积分 $\iiint_\Omega x\,dxdydz$,其中 $\Omega$ 是由 $x^2+y^2=2x, z=0, z=h(h>0)$ 所围区域.

**解析** 积分区域如图 9.17 所示,为柱体. 选用柱面坐标系计算,设 $D: x^2+y^2 \leqslant 2x$,则

$$原式 = \iint_D x\,dxdy \int_0^h dz$$
$$= h \int_{-\frac{\pi}{2}}^{\frac{\pi}{2}} d\theta \int_0^{2\cos\theta} \rho^2 \cos\theta\,d\rho$$
$$= \frac{16}{3} h \int_0^{\frac{\pi}{2}} \cos^4\theta\,d\theta = \pi h$$

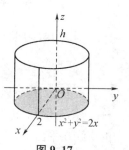

图 9.17

**例 2.12**(习题 6.2 A 4.5) 计算三重积分 $\iiint_\Omega \dfrac{1}{\sqrt{x^2+y^2+z^2}} dxdydz$,其中 $\Omega$ 是由 $x^2+y^2+z^2 \leqslant 2z, x \geqslant 0, y \geqslant 0$ 所围区域.

**解析** 积分区域如图 9.18 所示,为球体在第一卦限的部分,选用球坐标系计算. 球面 $x^2+y^2+z^2=2z$ 的球坐标方程为 $r=2\cos\varphi$,于是

$$原式 = \int_0^{\frac{\pi}{2}} d\theta \int_0^{\frac{\pi}{2}} d\varphi \int_0^{2\cos\varphi} r\sin\varphi\,dr$$
$$= \int_0^{\frac{\pi}{2}} d\theta \int_0^{\frac{\pi}{2}} 2\cos^2\varphi \sin\varphi\,d\varphi = \frac{\pi}{3}$$

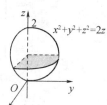

图 9.18

**例 2.13**(习题 6.2 A 5.2)  将累次积分
$$\int_{-R}^{R} dx \int_{-\sqrt{R^2-x^2}}^{\sqrt{R^2-x^2}} dy \int_{0}^{\sqrt{R^2-x^2-y^2}} (x^2+y^2) dz$$
变换为柱坐标或球坐标计算.

**解析**  累次积分所对应的积分的区域 $\Omega$ 如图 9.19 所示, 为 $xOy$ 平面上方的半球体, 采用球坐标计算有

$$原式 = \iiint_{\Omega} (x^2+y^2) dxdydz = \int_0^{2\pi} d\theta \int_0^{\frac{\pi}{2}} d\varphi \int_0^R r^4 \sin^3\varphi \, dr$$

$$= \frac{2}{5}\pi R^5 \left(\frac{1}{3}\cos^3\varphi - \cos\varphi\right)\Big|_0^{\frac{\pi}{2}} = \frac{4}{15}\pi R^5$$

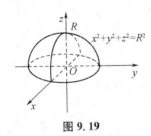

图 9.19

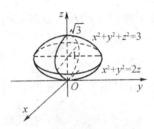

图 9.20

**例 2.14**(习题 6.2 B 7)  计算三重积分 $\iiint_{\Omega}(x+y+z)^2 dxdydz$, 其中 $\Omega$ 是由 $x^2+y^2 \leqslant 2z, x^2+y^2+z^2 \leqslant 3$ 所围区域.

**解析**  积分区域 $\Omega$ 如图 9.20 所示, 可知 $\Omega$ 既关于 $x=0$ 对称, 又关于 $y=0$ 对称. 应用奇偶、对称性, 并采用柱坐标系计算, 又曲面 $x^2+y^2=2z$ 与 $x^2+y^2+z^2=3$ 的交线在平面 $z=1$ 上, 则

$$原式 = \int_0^{\sqrt{3}} dz \iint_{D(z)} (x^2+y^2+z^2+2xy+2yz+2xz) dxdy$$

$$= \int_0^{\sqrt{3}} dz \iint_{D(z)} (x^2+y^2+z^2) dxdy$$

$$= \int_0^1 dz \int_0^{2\pi} d\theta \int_0^{\sqrt{2z}} (\rho^2+z^2)\rho d\rho + \int_1^{\sqrt{3}} dz \int_0^{2\pi} d\theta \int_0^{\sqrt{3-z^2}} (\rho^2+z^2)\rho d\rho$$

$$= \frac{7}{6}\pi + \frac{2}{5}(-11+9\sqrt{3})\pi = \frac{\pi}{5}\left(18\sqrt{3} - \frac{97}{6}\right)$$

**例 2.15**(习题 6.2 B 8)  设 $\Omega: x^2+y^2+z^2 \leqslant 2tz, f \in \mathscr{C}(\Omega), f(0)=0, f'(0)=1$, 求 $\lim\limits_{t \to 0^+} \frac{1}{t^4} \iiint_{\Omega} f(\sqrt{x^2+y^2+z^2}) dxdydz$.

**解析**  首先采用球坐标计算三重积分, 有

$$\iiint_\Omega f(\sqrt{x^2+y^2+z^2})\mathrm{d}x\mathrm{d}y\mathrm{d}z = \int_0^{2\pi}\mathrm{d}\theta\int_0^{2t}\mathrm{d}r\int_0^{\arccos\frac{r}{2t}} f(r)r^2\sin\varphi\mathrm{d}\varphi$$
$$= 2\pi\int_0^{2t} f(r)r^2\left(1-\frac{r}{2t}\right)\mathrm{d}r$$

代入原式,则

$$原式 = \lim_{t\to 0+}\frac{2\pi\int_0^{2t} f(r)r^2\left(1-\frac{r}{2t}\right)\mathrm{d}r}{t^4} = 2\pi\lim_{t\to 0+}\left(\frac{\int_0^{2t} f(r)r^2\mathrm{d}r}{t^4} - \frac{\int_0^{2t} f(r)r^3\mathrm{d}r}{2t^5}\right)$$

再应用洛必达法则,有

$$原式 = 2\pi\lim_{t\to 0+}\left(\frac{2\cdot f(2t)\cdot 4t^2}{4t^3} - \frac{2\cdot f(2t)\cdot 8t^3}{10t^4}\right) = 2\pi\left(4f'(0)-\frac{16}{5}f'(0)\right) = \frac{8}{5}\pi$$

**例 2.16**(习题 6.3 A 1.3)  求曲面 $x^2+y^2=a^2, x^2+z^2=a^2$(其中 $a>0$)所围立体区域的体积.

**解析**  立体为两个同半径的柱体垂直相交的公共部分,该立体关于三个坐标平面皆对称. 设位于第一卦限部分的立体体积为 $V_1$,其在 $xOy$ 平面上的投影为 $D_{xy}=\{(x,y)\mid x^2+y^2\leqslant a^2, x\geqslant 0, y\geqslant 0\}$,采用极坐标系计算,则所求体积为

$$V = 8V_1 = 8\iint_{D_{xy}}\sqrt{a^2-x^2}\mathrm{d}x\mathrm{d}y = 8\int_0^{\frac{\pi}{2}}\mathrm{d}\theta\int_0^a \sqrt{a^2-(\rho\cos\theta)^2}\rho\mathrm{d}\rho$$
$$= \frac{8}{3}a^3\int_0^{\frac{\pi}{2}}\frac{1}{\cos^2\theta}(1-\sin^3\theta)\mathrm{d}\theta = \frac{8}{3}a^3\left(\frac{\sin\theta-1}{\cos\theta}-\cos\theta\right)\Big|_0^{(\frac{\pi}{2})^-}$$
$$= \frac{8}{3}a^3\left(\lim_{x\to(\frac{\pi}{2})^-}\frac{\sin\theta-1}{\cos\theta}+2\right) = \frac{8}{3}a^3\left(\lim_{x\to(\frac{\pi}{2})^-}\frac{\cos\theta}{-\sin\theta}+2\right) = \frac{16}{3}a^3$$

**例 2.17**(习题 6.3 A 2.2)  求 $z=xy$ 被 $x^2+y^2=a^2(a>0)$ 割下的部分曲面的面积.

**解析**  所求部分曲面在 $xOy$ 平面上的投影为 $D: x^2+y^2\leqslant a^2$,故所求面积为

$$S = \iint_D \sqrt{1+(z'_x)^2+(z'_y)^2}\mathrm{d}x\mathrm{d}y = \iint_D \sqrt{1+y^2+x^2}\mathrm{d}x\mathrm{d}y$$
$$= \int_0^{2\pi}\mathrm{d}\theta\int_0^a \sqrt{1+\rho^2}\rho\mathrm{d}\rho = \frac{2\pi}{3}[(1+a^2)^{\frac{3}{2}}-1]$$

**例 2.18**(习题 6.3 A 2.4)  求 $x^2+y^2=ax(a>0)$ 位于 $xOy$ 平面与 $z=\sqrt{x^2+y^2}$ 之间的部分曲面的面积.

**解析**  **方法 I**  所求曲面关于 $y=0$ 对称,$y\geqslant 0$ 时的曲面方程为 $y=\sqrt{ax-x^2}$,它在 $xOz$ 平面上的投影为

$$D_{xx} = \{(z,x)\mid 0\leqslant z\leqslant \sqrt{ax}, 0\leqslant x\leqslant a\}$$

(如图 9.21 所示),于是

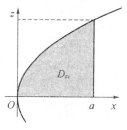

图 9.21

$$S = 2\iint\limits_{D_{zx}} \sqrt{1+(y'_z)^2+(y'_x)^2}\,dzdx = a\iint\limits_{D_{zx}} \frac{1}{\sqrt{ax-x^2}}\,dzdx$$

$$= a\int_0^a dx \int_0^{\sqrt{ax}} \frac{1}{\sqrt{ax-x^2}}\,dz = a\sqrt{a}\int_0^a \frac{1}{\sqrt{a-x}}\,dx$$

$$= -2a\sqrt{a}\cdot\sqrt{a-x}\Big|_0^a = 2a^2$$

**方法 II** 所求曲面为柱面的一部分. 柱面在 $xOy$ 平面上的投影为 $\Gamma: x^2+y^2 = ax$,采用对弧长的曲线积分计算,$\Gamma$ 的极坐标方程为 $\rho = a\cos\theta\left(-\frac{\pi}{2} \leqslant \theta \leqslant \frac{\pi}{2}\right)$,弧长微元 $ds = \sqrt{r^2+(r')^2}\,d\theta = a\,d\theta$,面积微元为 $dS = zds$. 于是

$$S = \int_\Gamma z\,ds = \int_\Gamma \sqrt{x^2+y^2}\,ds = \int_{-\frac{\pi}{2}}^{\frac{\pi}{2}} a^2\cos\theta\,d\theta = 2a^2$$

**例 2.19**(复习题 6 题 2)  计算二重积分 $\iint\limits_D ||y|-|x||\,dxdy$,其中 $D: |x|\leqslant 1, |y|\leqslant 1$.

**解析**  记 $D_1: 0\leqslant x\leqslant 1, x\leqslant y\leqslant 1; D_2: 0\leqslant x\leqslant 1, -1\leqslant y\leqslant x$. 应用奇偶、对称性得

$$\iint\limits_D ||y|-|x||\,dxdy = 2\iint\limits_{D(x\geqslant 0)} |y-x|\,dxdy$$

$$= 2\iint\limits_{D_1}(y-x)\,dxdy + 2\iint\limits_{D_2}(x-y)\,dxdy$$

$$= 2\int_0^1 dx\int_x^1 (y-x)\,dy + 2\int_0^1 dx\int_{-1}^x (x-y)\,dy$$

$$= 2\int_0^1\left(\frac{1}{2}-x+\frac{1}{2}x^2\right)dx + 2\int_0^1\left(\frac{1}{2}+x+\frac{1}{2}x^2\right)dx$$

$$= 2\int_0^1(1+x^2)\,dx = \frac{8}{3}$$

**例 2.20**(复习题 6 题 3)  计算下列二次积分:

(1) $\int_0^1 dy\int_{\sqrt[3]{y}}^1 x^2\exp(x^2)\,dx$;

(2) $\int_0^{\frac{a}{\sqrt{2}}} e^{-x^2}dx\int_0^x e^{-y^2}dy + \int_{\frac{a}{\sqrt{2}}}^a e^{-x^2}dx\int_0^{\sqrt{a^2-x^2}} e^{-y^2}dy$.

**解析**  (1) 交换二次积分次序得

$$原式 = \int_0^1 dx\int_0^{x^3} x^2\exp(x^2)\,dy = \int_0^1 x^5\exp(x^2)\,dx \quad (令\ x^2 = u)$$

$$= \frac{1}{2}\int_0^1 u^2 e^u\,du = \frac{1}{2}\int_0^1 u^2\,de^u = \frac{1}{2}\left(u^2 e^u\Big|_0^1 - 2\int_0^1 u\,de^u\right)$$

$$= \frac{1}{2}\mathrm{e} - (u\mathrm{e}^u - \mathrm{e}^u)\Big|_0^1 = \frac{\mathrm{e}}{2} - 1$$

(2) 二次积分对应的积分区域如图 9.22 所示,采用极坐标计算,则

$$\text{原式} = \int_0^{\frac{\pi}{4}} \mathrm{d}\theta \int_0^a \rho \exp(-\rho^2) \mathrm{d}\rho$$

$$= -\frac{\pi}{8} \exp(-\rho^2)\Big|_0^a$$

$$= \frac{\pi}{8}(1 - \exp(-a^2))$$

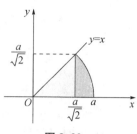

图 9.22

**例 2.21**(复习题 6 题 4)  计算 $\iint\limits_D (x^2 + y^2)\mathrm{d}x\mathrm{d}y$,其中 $D: y^2 \leqslant x^2(x^2 + y^2), 1 \leqslant x^2 + y^2 \leqslant 3, x \geqslant 0, y \geqslant 0$.

**解析**  曲线 $y^2 = x^2(x^2 + y^2)$ 的极坐标方程为 $\rho = \tan\theta$,积分区域 $D$ 如图 9.23 所示. 采用极坐标计算二重积分,则

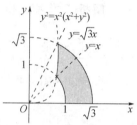

$$\iint\limits_D (x^2 + y^2)\mathrm{d}x\mathrm{d}y = \int_1^{\sqrt{3}} \mathrm{d}\rho \int_0^{\arctan\rho} \rho^3 \mathrm{d}\theta = \int_1^{\sqrt{3}} \rho^3 \arctan\rho \mathrm{d}\rho$$

图 9.23

$$= \frac{1}{4}\left(\rho^4 \arctan\rho \Big|_1^{\sqrt{3}} - \int_1^{\sqrt{3}} \frac{\rho^4 - 1 + 1}{1 + \rho^2}\mathrm{d}\rho\right)$$

$$= \frac{11}{16}\pi - \frac{1}{4}\left(\frac{1}{3}\rho^3 - \rho + \arctan\rho\right)\Big|_1^{\sqrt{3}}$$

$$= \frac{2}{3}\pi - \frac{1}{6}$$

**例 2.22**(复习题 6 题 5)  求直角坐标系中四条曲线 $y = 1, y = \sqrt{3}, y = \tan x, y = \tan 2x \left(0 \leqslant x \leqslant \frac{\pi}{2}\right)$ 所围平面区域的面积.

**解析**  四条曲线所围平面区域如图 9.24 所示,则区域的面积为

$$S = \int_1^{\sqrt{3}} \mathrm{d}y \int_{\frac{1}{2}\arctan y}^{\arctan y} \mathrm{d}x = \frac{1}{2}\int_1^{\sqrt{3}} \arctan y \mathrm{d}y$$

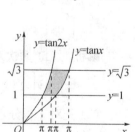

$$= \frac{1}{2}y\arctan y \Big|_1^{\sqrt{3}} - \frac{1}{2}\int_1^{\sqrt{3}} \frac{y}{1+y^2}\mathrm{d}y$$

图 9.24

$$= \frac{1}{24}(4\sqrt{3} - 3)\pi - \frac{1}{4}\ln 2$$

**例 2.23**(复习题 6 题 6)  求极坐标系中四条曲线 $\rho = 1, \rho = \sqrt{3}, \rho = \tan\theta, \rho = \tan 2\theta \left(0 \leqslant \theta \leqslant \frac{\pi}{2}\right)$ 所围平面区域的面积.

**解析** 应用极坐标计算,区域的面积为

$$S = \int_1^{\sqrt{3}} d\rho \int_{\frac{1}{2}\arctan\rho}^{\arctan\rho} \rho d\theta = \frac{1}{2}\int_1^{\sqrt{3}} \rho \arctan\rho d\rho = \frac{1}{4}\int_1^{\sqrt{3}} \arctan\rho d\rho^2$$

$$= \frac{1}{4}\left(\rho^2 \arctan\rho \Big|_1^{\sqrt{3}} - \int_1^{\sqrt{3}} \frac{1+\rho^2-1}{1+\rho^2}d\rho\right)$$

$$= \frac{5}{24}\pi + \frac{1}{4}(1-\sqrt{3})$$

**例 2.24**(复习题 6 题 7) 计算 $\iint_D \cos(x+y)dxdy$,其中 $D: |x|+|y| \leqslant \frac{\pi}{2}$.

**解析** 作积分换元变换: $x+y=u, x-y=v$, 则 $|J|=\frac{1}{2}, D': |u| \leqslant \frac{\pi}{2}$, $|v| \leqslant \frac{\pi}{2}$. 于是

$$\iint_D \cos(x+y)dxdy = \iint_{D'} |J|\cos u du dv = \frac{1}{2}\int_{-\frac{\pi}{2}}^{\frac{\pi}{2}}dv\int_{-\frac{\pi}{2}}^{\frac{\pi}{2}}\cos u du$$

$$= \frac{\pi}{2}\sin u \Big|_{-\frac{\pi}{2}}^{\frac{\pi}{2}} = \pi$$

**例 2.25**(复习题 6 题 8) 求由 $(x-2y-1)^2+(3x+4y-1)^2=100$ 所围平面区域的面积.

**解析** 作积分换元变换: $x-2y-1=u, 3x+4y-1=v$, 则 $|J|=\frac{1}{10}, D': u^2+v^2 \leqslant 10^2$, 区域 $D'$ 的面积为 $\sigma(D')=100\pi$. 于是所求平面区域的面积为

$$S = \iint_{D'} |J| du dv = \frac{1}{10}\iint_{D'} 1 du dv = \frac{1}{10}\sigma(D') = 10\pi$$

**例 2.26**(复习题 6 题 9) 设 $f \in \mathscr{C}[a,b]$, 将下列三次积分化为定积分:

(1) $\int_a^b dx \int_a^x dy \int_a^y f(x)dz$;  (2) $\int_a^b dx \int_a^x dy \int_a^y f(y)dz$.

**解析** (1) 顺次对 $z, y$ 积分,有

$$\int_a^b dx \int_a^x dy \int_a^y f(x)dz = \int_a^b dx \int_a^x f(x)(y-a)dy = \frac{1}{2}\int_a^b (x-a)^2 f(x)dx$$

(2) 先对 $z$ 积分,再交换对 $y, x$ 的积分次序,有

$$\int_a^b dx \int_a^x dy \int_a^y f(y)dz = \int_a^b dx \int_a^x (y-a)f(y)dy = \int_a^b dy \int_y^b (y-a)f(y)dx$$

$$= \int_a^b (y-a)(b-y)f(y)dy = \int_a^b (b-x)(x-a)f(x)dx$$

**例 2.27**(复习题 6 题 10) 设 $\Omega$ 为一段柱体: $x^2+y^2 \leqslant t^2, 0 \leqslant z \leqslant 1$, 如果 $f \in \mathscr{D}(\Omega)$, 且 $f(0)=0$, 计算 $\lim_{t \to 0^+} \frac{1}{\pi t^4}\iiint_\Omega f(x^2+y^2)dxdydz$.

**解析** 先采用柱坐标计算三重积分,可得

$$\iiint_\Omega f(x^2+y^2)\mathrm{d}x\mathrm{d}y\mathrm{d}z = \int_0^{2\pi}\mathrm{d}\theta\int_0^t \rho\mathrm{d}\rho\int_0^1 f(\rho^2)\mathrm{d}z$$

$$= 2\pi\int_0^t \rho f(\rho^2)\mathrm{d}\rho$$

再应用洛必达法则得

$$\lim_{t\to 0^+}\frac{1}{\pi t^4}\iiint_\Omega f(x^2+y^2)\mathrm{d}x\mathrm{d}y\mathrm{d}z = \lim_{t\to 0^+}\frac{2\int_0^t f(\rho^2)\rho\mathrm{d}\rho}{t^4} \stackrel{\frac{0}{0}}{=} \lim_{t\to 0^+}\frac{2f(t^2)t}{4t^3}$$

$$= \frac{1}{2}\lim_{t\to 0}\frac{f(t^2)-f(0)}{t^2} = \frac{1}{2}f'(0)$$

**例 2.28**(复习题 6 题 11) 计算三重积分 $\iiint_\Omega |\sqrt{x^2+y^2+z^2}-1|\mathrm{d}x\mathrm{d}y\mathrm{d}z$,其中 $\Omega: \sqrt{x^2+y^2} \leqslant z \leqslant 1$.

**解析** 用球面 $x^2+y^2+z^2=1$ 将 $\Omega$ 分为两部分,位于球面内的部分记为 $\Omega_1$,位于球面外的部分记为 $\Omega_2$,则

$$原式 = \iiint_{\Omega_1}(1-r)r^2\sin\varphi\mathrm{d}r\mathrm{d}\varphi\mathrm{d}\theta + \iiint_{\Omega_2}(r-1)r^2\sin\varphi\mathrm{d}r\mathrm{d}\varphi\mathrm{d}\theta$$

$$\stackrel{\text{def}}{=} I_1 + I_2$$

其中

$$I_1 = \int_0^{2\pi}\mathrm{d}\theta\int_0^{\frac{\pi}{4}}\mathrm{d}\varphi\int_0^1 r^2(1-r)\sin\varphi\mathrm{d}r = \frac{1}{6}\pi\int_0^{\frac{\pi}{4}}\sin\varphi\mathrm{d}\varphi = \frac{\pi}{6}\left(1-\frac{\sqrt{2}}{2}\right)$$

$$I_2 = \int_0^{2\pi}\mathrm{d}\theta\int_0^{\frac{\pi}{4}}\mathrm{d}\varphi\int_1^{\frac{1}{\cos\varphi}} r^2(r-1)\sin\varphi\mathrm{d}r$$

$$= 2\pi\int_0^{\frac{\pi}{4}}\left(\frac{1}{4\cos^4\varphi}-\frac{1}{3\cos^3\varphi}+\frac{1}{12}\right)\sin\varphi\mathrm{d}\varphi$$

$$= \pi\left(\frac{1}{6\cos^3\varphi}-\frac{1}{3\cos^2\varphi}-\frac{1}{6}\cos\varphi\right)\Big|_0^{\pi/4} = \frac{\pi}{6}\left(\frac{3\sqrt{2}}{2}-2\right)$$

所以

$$原式 = \frac{\pi}{6}\left(1-\frac{\sqrt{2}}{2}\right) + \frac{\pi}{6}\left(\frac{3\sqrt{2}}{2}-2\right) = \frac{\pi}{6}(\sqrt{2}-1)$$

## 9.3 典型题选解

**例 3.1**(全国 2012) 设区域 $D$ 由曲线 $y=\sin x, x=\pm\frac{\pi}{2}, y=1$ 围成,则

$$\iint\limits_{D}(x^5y-1)\mathrm{d}x\mathrm{d}y = \qquad\qquad(\quad)$$

(A) $\pi$  (B) 2  (C) $-2$  (D) $-\pi$

**解析** 用曲线 $y=-\sin x\left(-\dfrac{\pi}{2}\leqslant x\leqslant 0\right)$将区域 $D$ 分为 $D_1+D_2$(如图9.25所示),$D_1$ 关于 $y=0$ 对称,$D_2$ 关于 $x=0$ 对称,于是

$$\text{原式}=\iint\limits_{D_1}x^5y\mathrm{d}x\mathrm{d}y+\iint\limits_{D_2}x^5y\mathrm{d}x\mathrm{d}y-\iint\limits_{D}1\mathrm{d}x\mathrm{d}y$$

$$=0+0-\iint\limits_{D}1\mathrm{d}x\mathrm{d}y$$

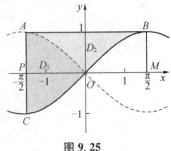

图 9.25

由于曲边三角形 $OMB$ 的面积等于曲边三角形 $OPC$ 的面积,所以区域 $D$ 的面积等于矩形 $PMBA$ 的面积,所以 $\iint\limits_{D}1\mathrm{d}x\mathrm{d}y=\pi$,即原式 $=-\iint\limits_{D}1\mathrm{d}x\mathrm{d}y=-\pi$,故选(D).

**例 3.2**(南大 2008) 设 $f(u)$ 为连续函数,$D$ 是由 $y=x^3,y=1,x=-1$ 所围成的区域,则 $\iint\limits_{D}x[1+yf(x^2+y^2)]\mathrm{d}x\mathrm{d}y=$ _____.

**解析** 用 $y=-x^3$ 将区域 $D$ 分为 $D_1+D_2$(如图 9.26 所示),其中 $D_1$ 关于 $x=0$ 对称,$D_2$ 关于 $y=0$ 对称.则

$$\iint\limits_{D}x[1+yf(x^2+y^2)]\mathrm{d}x\mathrm{d}y$$

$$=\iint\limits_{D_1}x\mathrm{d}x\mathrm{d}y+\iint\limits_{D_2}x\mathrm{d}x\mathrm{d}y+\iint\limits_{D_1}xyf(x^2+y^2)\mathrm{d}x\mathrm{d}y$$

$$+\iint\limits_{D_2}xyf(x^2+y^2)\mathrm{d}x\mathrm{d}y$$

$$=0+\iint\limits_{D_2}x\mathrm{d}x\mathrm{d}y+0+0=\int_{-1}^{0}\mathrm{d}x\int_{x^3}^{-x^3}x\mathrm{d}y=-\dfrac{2}{5}$$

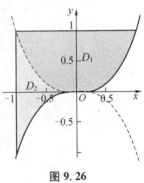

图 9.26

**例 3.3**(全国 2010) $\lim\limits_{n\to\infty}\sum\limits_{i=1}^{n}\sum\limits_{j=1}^{n}\dfrac{n}{(n+i)(n^2+j^2)}=$ $\qquad(\quad)$

(A) $\int_{0}^{1}\mathrm{d}x\int_{0}^{x}\dfrac{1}{(1+x)(1+y^2)}\mathrm{d}y$  (B) $\int_{0}^{1}\mathrm{d}x\int_{0}^{x}\dfrac{1}{(1+x)(1+y)}\mathrm{d}y$

(C) $\int_{0}^{1}\mathrm{d}x\int_{0}^{1}\dfrac{1}{(1+x)(1+y)}\mathrm{d}y$  (D) $\int_{0}^{1}\mathrm{d}x\int_{0}^{1}\dfrac{1}{(1+x)(1+y^2)}\mathrm{d}y$

**解析** 应用二重积分的定义,设 $D=\{(x,y)\mid 0\leqslant x\leqslant 1,0\leqslant y\leqslant 1\}$,则

原式 $= \lim_{n\to\infty} \sum_{i=1}^{n} \sum_{j=1}^{n} \dfrac{1}{1+\dfrac{i}{n}} \cdot \dfrac{1}{1+\left(\dfrac{j}{n}\right)^2} \cdot \dfrac{1}{n^2}$

$= \iint_D \dfrac{1}{1+x} \cdot \dfrac{1}{1+y^2} dxdy = \int_0^1 dx \int_0^1 \dfrac{1}{(1+x)(1+y^2)} dy$

故选(D).

**例 3.4**(精选题)  计算累次积分 $\int_0^1 dy \int_{\arcsin y}^{\pi-\arcsin y} \sin^3 x \, dx$.

**解析**  累次积分的积分区域如图 9.27 所示,交换累次积分次序后积分,则

$$\text{原式} = \int_0^\pi dx \int_0^{\sin x} \sin^3 x \, dy = \int_0^\pi \sin^4 x \, dx$$

$$= \dfrac{1}{8} \int_0^\pi (3 - 4\cos 2x + \cos 4x) dx = \dfrac{3}{8}\pi$$

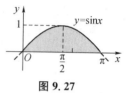

图 9.27

**例 3.5**(精选题)  设 $f(x) = \int_1^x e^{-y^2} dy$,求定积分 $\int_0^1 xf(x^2) dx$.

**解析**  根据题意,有

$$\int_0^1 xf(x^2) dx = \int_0^1 dx \int_1^{x^2} xe^{-y^2} dy = -\int_0^1 dx \int_{x^2}^1 xe^{-y^2} dy$$

累次积分的积分区域如图 9.28 所示,交换累次积分的次序后积分,则

$$\text{原式} = -\int_0^1 dy \int_0^{\sqrt{y}} xe^{-y^2} dx = -\dfrac{1}{2} \int_0^1 ye^{-y^2} dy = \dfrac{1}{4}(e^{-1} - 1)$$

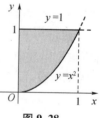

图 9.28

**例 3.6**(南大 1995)  交换二次积分 $\int_0^1 dy \int_{-\sqrt{y}}^{e^y} f(x,y) dx$ 的次序.

**解析**  积分区域 $D$ 如图 9.29 所示,用 $x = 0, x = 1$ 将区域 $D$ 分为 $D_1, D_2, D_3$ 三块,则

$$\text{原式} = \int_{-1}^0 dx \int_{x^2}^1 f(x,y) dy + \int_0^1 dx \int_0^1 f(x,y) dy$$

$$+ \int_1^e dx \int_{\ln x}^1 f(x,y) dy$$

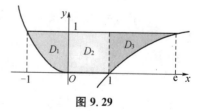

图 9.29

**例 3.7**(精选题)  求 $\lim_{t\to 0^+} \dfrac{1}{t^4} \int_0^t dx \int_x^t \sin(xy) dy$.

**解析**  交换累次积分的次序,有

$$\int_0^t dx \int_x^t \sin(xy) dy = \int_0^t dy \int_0^y \sin(xy) dx$$

由变上限积分求导公式有

$$\left(\int_0^t dy \int_0^y \sin(xy) dx\right)' = \int_0^t \sin(xt) dx \xrightarrow{\text{令 } xt = u} \frac{1}{t} \int_0^{t^2} \sin u\, du$$

应用洛必达法则,有

$$原式 = \lim_{t \to 0^+} \frac{\int_0^{t^2} \sin u\, du}{4t^4} = \lim_{t \to 0^+} \frac{2t \sin(t^2)}{16t^3} = \lim_{t \to 0^+} \frac{t^3}{8t^3} = \frac{1}{8}$$

**例 3.8**(全国 2008)  计算 $\iint_D \max\{xy, 1\} dx dy$,其中

$$D = \{(x, y) \mid 0 \leqslant x \leqslant 2, 0 \leqslant y \leqslant 2\}$$

**解析**  用曲线 $xy = 1$ 将区域 $D$ 分成两个区域 $D_1$ 和 $D_2$(见图 9.30),$D_1$ 是其面积小的一块,则

$$原式 = \iint_{D_1} xy\, dx dy + \iint_{D_2} dx dy$$

$$= \int_{\frac{1}{2}}^2 dx \int_{\frac{1}{x}}^2 xy\, dy + \int_0^{\frac{1}{2}} dx \int_0^2 dy + \int_{\frac{1}{2}}^2 dx \int_0^{\frac{1}{x}} dy$$

$$= \frac{15}{4} - \ln 2 + 1 + 2\ln 2 = \frac{19}{4} + \ln 2$$

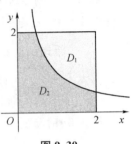

图 9.30

**例 3.9**(全国 2010)  计算二重积分 $\iint_D (x+y)^3 dx dy$,其中 $D$ 由曲线 $x = \sqrt{1+y^2}$ 与直线 $x + \sqrt{2} y = 0$ 及 $x - \sqrt{2} y = 0$ 围成.

**解析**  积分区域如图 9.31 所示. 区域 $D$ 关于 $y = 0$ 对称,被积函数中 $3x^2 y + y^3$ 关于 $y$ 为奇函数,$x^3 + 3xy^2$ 关于 $y$ 为偶函数,设 $D_1$ 是 $D$ 的 $y \geqslant 0$ 的部分,则

$$原式 = \iint_D (x^3 + 3x^2 y + 3xy^2 + y^3) dx dy$$

$$= 2 \iint_{D_1} (x^3 + 3xy^2) dx dy$$

$$= 2 \int_0^1 dy \int_{\sqrt{2}y}^{\sqrt{1+y^2}} (x^3 + 3xy^2) dx$$

$$= \frac{1}{2} \int_0^1 (1 + 2y^2 - 3y^4) dy + 3 \int_0^1 (y^2 - y^4) dy = \frac{14}{15}$$

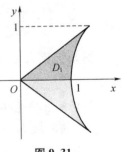

图 9.31

**例 3.10**(南大 2007)  设 $f(x, y)$ 连续,且 $f(x, y) = x + \iint_D y f(u, v) du dv$,其中 $D$ 是由 $v = \frac{1}{u}, u = 1, v = 2$ 所围成的区域,则 $f(x, y) = $ _____.

**解析**  积分区域如图 9.32 所示,令 $\iint_D f(u, v) du dv = a$,则 $f(x, y) = x + ay$,于

是
$$a = \iint\limits_{D}(u+av)\mathrm{d}u\mathrm{d}v = \int_{\frac{1}{2}}^{1}\mathrm{d}u\int_{\frac{1}{u}}^{2}(u+av)\mathrm{d}v$$
$$= \int_{\frac{1}{2}}^{1}\left(2u+(2a-1)-\frac{a}{2u^2}\right)\mathrm{d}u$$
$$= \left(u^2+(2a-1)u+\frac{a}{2u}\right)\Big|_{\frac{1}{2}}^{1} = \frac{1}{4}+\frac{a}{2}$$

于是 $a = \dfrac{1}{2}$,故 $f(x,y) = x + \dfrac{1}{2}y$.

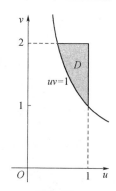

图 9.32

**例 3.11**(精选题)  计算 $I = \iint\limits_{D}\sqrt{x^2+y^2}\,\mathrm{d}x\mathrm{d}y$,其中 $Rx \leqslant x^2+y^2 \leqslant R^2$.

**解析**  积分区域如图 9.33 所示,应用奇偶、对称性,并采用极坐标计算,则

$$原式 = 2\iint\limits_{D(y\geqslant 0)}\sqrt{x^2+y^2}\,\mathrm{d}x\mathrm{d}y = 2\iint\limits_{D(y\geqslant 0)}\rho^2\,\mathrm{d}\rho\mathrm{d}\theta$$
$$= 2\int_{0}^{\pi}\mathrm{d}\theta\int_{0}^{R}\rho^2\,\mathrm{d}\rho - 2\int_{0}^{\frac{\pi}{2}}\mathrm{d}\theta\int_{0}^{R\cos\theta}\rho^2\,\mathrm{d}\rho$$
$$= \frac{2}{3}\pi R^3 - \frac{2}{3}R^3\left(\sin\theta-\frac{1}{3}\sin^3\theta\right)\Big|_{0}^{\frac{\pi}{2}}$$
$$= \frac{2R^3}{3}\left(\pi-\frac{2}{3}\right)$$

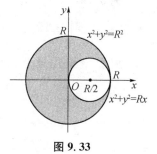

图 9.33

**例 3.12**(精选题)  求 $\iint\limits_{D}(x^2+y^2)\mathrm{d}x\mathrm{d}y$,$D: x^2+y^2 \leqslant 2x, y \geqslant x^2$.

**解析**  积分区域边界 $x^2+y^2 = 2x$ 的极坐标方程为 $\rho = 2\cos\theta$,边界 $y = x^2$ 的极坐标方程为 $\sin\theta = \rho\cos^2\theta$. 用直线 $y = x$ 将 $D$ 分为 $D_1$ 与 $D_2$(如图 9.34 所示),在 $D_1$ 和 $D_2$ 分别用直角坐标与极坐标计算,则

$$原式 = \iint\limits_{D_1}(x^2+y^2)\mathrm{d}x\mathrm{d}y + \iint\limits_{D_2}\rho^3\,\mathrm{d}\rho\mathrm{d}\theta$$
$$= \int_{0}^{1}\mathrm{d}x\int_{x^2}^{x}(x^2+y^2)\mathrm{d}y + \int_{\frac{\pi}{4}}^{\frac{\pi}{2}}\mathrm{d}\theta\int_{0}^{2\cos\theta}\rho^3\,\mathrm{d}\rho$$
$$= \int_{0}^{1}\left(\frac{4}{3}x^3 - x^4 - \frac{1}{3}x^6\right)\mathrm{d}x + 4\int_{\frac{\pi}{4}}^{\frac{\pi}{2}}\cos^4\theta\,\mathrm{d}\theta$$
$$= \frac{3}{35} + \left(\frac{3}{2}\theta + \sin 2\theta + \frac{1}{8}\sin 4\theta\right)\Big|_{\pi/4}^{\pi/2}$$
$$= \frac{3}{35} + \frac{3}{8}\pi - 1 = -\frac{32}{35} + \frac{3}{8}\pi$$

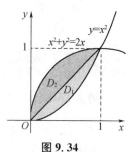

图 9.34

**例 3.13**(全国 2012)　计算二重积分$\iint\limits_{D} xy\mathrm{d}\sigma$,其中区域 $D$ 由曲线 $\rho = 1 + \cos\theta$ ($0 \leqslant \theta \leqslant \pi$)与极轴围成.

**解析**　采用极坐标计算,有
$$\iint\limits_{D} xy\mathrm{d}\sigma = \int_0^\pi \mathrm{d}\theta \int_0^{1+\cos\theta} \rho^3 \sin\theta\cos\theta\mathrm{d}\rho = \frac{1}{4}\int_0^\pi (1+\cos\theta)^4 \sin\theta\cos\theta\mathrm{d}\theta$$

应用换元积分法,令 $\cos\theta = t$,则
$$\iint\limits_{D} xy\mathrm{d}\sigma = \frac{1}{4}\int_{-1}^1 (1+t)^4 t\mathrm{d}t = \frac{1}{4}\int_{-1}^1 (1 + 4t + 6t^2 + 4t^3 + t^4)t\mathrm{d}t$$
$$= \frac{1}{4}\int_{-1}^1 (4t + 4t^3)t\mathrm{d}t = \frac{1}{2}\left(\frac{4}{3}t^3 + \frac{4}{5}t^5\right)\bigg|_0^1 = \frac{16}{15}$$

**例 3.14**(全国 2014)　设平面区域 $D = \{(x,y) \mid 1 \leqslant x^2 + y^2 \leqslant 4, x \geqslant 0, y \geqslant 0\}$,计算 $I = \iint\limits_{D} \dfrac{x\sin(\pi\sqrt{x^2+y^2})}{x+y}\mathrm{d}x\mathrm{d}y$.

**解析**　利用极坐标计算,得
$$I = \int_0^{\frac{\pi}{2}} \frac{\cos\theta}{\cos\theta + \sin\theta}\mathrm{d}\theta \int_1^2 \rho\sin(\pi\rho)\mathrm{d}\rho$$

由于
$$\int_0^{\frac{\pi}{2}} \frac{\cos\theta}{\cos\theta+\sin\theta}\mathrm{d}\theta = \frac{1}{2}\int_0^{\frac{\pi}{2}} \frac{\cos\theta+\sin\theta}{\cos\theta+\sin\theta}\mathrm{d}\theta + \frac{1}{2}\int_0^{\frac{\pi}{2}} \frac{\cos\theta-\sin\theta}{\cos\theta+\sin\theta}\mathrm{d}\theta$$
$$= \frac{\pi}{4} + \frac{1}{2}\ln|\cos\theta+\sin\theta|\bigg|_0^{\frac{\pi}{2}} = \frac{\pi}{4}$$
$$\int_1^2 \rho\sin(\pi\rho)\mathrm{d}\rho = -\frac{1}{\pi}\int_1^2 \rho\mathrm{d}\cos(\pi\rho) = -\frac{1}{\pi}\left(\rho\cos(\pi\rho)\bigg|_1^2 - \int_1^2 \cos(\pi\rho)\mathrm{d}\rho\right)$$
$$= -\frac{3}{\pi} + 0 = -\frac{3}{\pi}$$

于是 $I = \dfrac{\pi}{4}\left(-\dfrac{3}{\pi}\right) = -\dfrac{3}{4}$.

**例 3.15**(南大 2009)　求二重积分$\iint\limits_{D} |\sqrt{x^2+y^2}-1|\mathrm{d}x\mathrm{d}y$,其中
$$D = \{(x,y) \mid x^2+y^2 \leqslant \sqrt{2}x, 0 \leqslant y \leqslant x\}$$

**解析**　积分区域如图 9.35 所示,用 $\rho = 1$ 的圆将 $D$ 分为 $D_1 \bigcup D_2$($D_1$ 为 $\rho = 1$ 的圆内部分),则
$$\text{原式} = \iint\limits_{D_1}(1-\rho)\rho\mathrm{d}\rho\mathrm{d}\theta - \iint\limits_{D_2}(1-\rho)\rho\mathrm{d}\rho\mathrm{d}\theta$$
$$= \iint\limits_{D_1}(1-\rho)\rho\mathrm{d}\rho\mathrm{d}\theta - \iint\limits_{D-D_1}(1-\rho)\rho\mathrm{d}\rho\mathrm{d}\theta$$

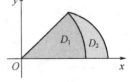

图 9.35

$$= 2\iint_{D_1}(1-\rho)\rho\mathrm{d}\rho\mathrm{d}\theta - \iint_{D}(1-\rho)\rho\mathrm{d}\rho\mathrm{d}\theta$$

$$= 2\int_0^{\frac{\pi}{4}}\mathrm{d}\theta\int_0^1(1-\rho)\rho\mathrm{d}\rho - \int_0^{\frac{\pi}{4}}\mathrm{d}\theta\int_0^{\sqrt{2}\cos\theta}(1-\rho)\rho\mathrm{d}\rho$$

$$= \frac{\pi}{12} - \int_0^{\frac{\pi}{4}}\left(\cos^2\theta - \frac{2\sqrt{2}}{3}\cos^3\theta\right)\mathrm{d}\theta$$

$$= \frac{\pi}{12} + \left(\frac{11}{36} - \frac{\pi}{8}\right) = \frac{11}{36} - \frac{\pi}{24}$$

**例 3.16**（全国 2009） 计算二重积分 $\iint_D (x-y)\mathrm{d}x\mathrm{d}y$，其中

$$D = \{(x,y) \mid (x-1)^2 + (y-1)^2 \leqslant 2, y \geqslant x\}$$

**解析** **方法 I** 积分区域如图 9.36 中浅色阴影所示.
在极坐标下 $D: 0 \leqslant \rho \leqslant 2(\sin\theta + \cos\theta), \frac{\pi}{4} \leqslant \theta \leqslant \frac{3\pi}{4}$. 故

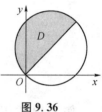

图 9.36

$$原式 = \int_{\frac{\pi}{4}}^{\frac{3\pi}{4}}\mathrm{d}\theta\int_0^{2(\sin\theta+\cos\theta)}\rho^2(\cos\theta - \sin\theta)\mathrm{d}\rho$$

$$= \frac{8}{3}\int_{\frac{\pi}{4}}^{\frac{3\pi}{4}}(\sin\theta + \cos\theta)^3\mathrm{d}(\sin\theta + \cos\theta)$$

$$= \frac{2}{3}(\sin\theta + \cos\theta)^4\Big|_{\frac{\pi}{4}}^{\frac{3\pi}{4}} = -\frac{8}{3}$$

**方法 II** 作变换 $x = 1 + \rho\cos\theta, y = 1 + \rho\sin\theta$，则 $0 \leqslant \rho \leqslant \sqrt{2}, \frac{\pi}{4} \leqslant \theta \leqslant \frac{5\pi}{4}$，故

$$原式 = \int_{\frac{\pi}{4}}^{\frac{5\pi}{4}}\mathrm{d}\theta\int_0^{\sqrt{2}}\rho^2(\cos\theta - \sin\theta)\mathrm{d}\rho = \int_{\frac{\pi}{4}}^{\frac{5\pi}{4}}(\cos\theta - \sin\theta)\mathrm{d}\theta\int_0^{\sqrt{2}}\rho^2\mathrm{d}\rho$$

$$= (\sin\theta + \cos\theta)\Big|_{\frac{\pi}{4}}^{\frac{5\pi}{4}} \cdot \frac{\rho^3}{3}\Big|_0^{\sqrt{2}} = -\frac{8}{3}$$

**例 3.17**（全国 2016） 设 $D$ 是由直线 $y=1, y=x, y=-x$ 围成的有界区域，计算二重积分 $\iint_D \dfrac{x^2-xy-y^2}{x^2+y^2}\mathrm{d}x\mathrm{d}y$.

**解析** 由于 $D$ 关于 $x=0$ 对称，应用奇偶、对称性，则

$$原式 = 2\iint_{D(x\geqslant 0)}\frac{x^2-y^2}{x^2+y^2}\mathrm{d}x\mathrm{d}y = 2\int_{\pi/4}^{\pi/2}\mathrm{d}\theta\int_0^{\csc\theta}\frac{\rho^2(\cos^2\theta - \sin^2\theta)}{\rho^2}\rho\mathrm{d}\rho$$

$$= \int_{\pi/4}^{\pi/2}(\cot^2\theta - 1)\mathrm{d}\theta = \int_{\pi/4}^{\pi/2}(\csc^2\theta - 2)\mathrm{d}\theta$$

$$= -\cot\theta\Big|_{\pi/4}^{\pi/2} - \frac{\pi}{2} = 1 - \frac{\pi}{2}$$

**例 3.18**(精选题) 计算二重积分 $\iint\limits_{D} f(x,y)\mathrm{d}x\mathrm{d}y$,其中

$$f(x,y) = \begin{cases} \dfrac{1}{\sqrt{x^2+y^2}} & (0 \leqslant y \leqslant x, 1 \leqslant x \leqslant 2); \\ 0 & (\text{其他}) \end{cases}$$

积分区域 $D: \sqrt{2x-x^2} \leqslant y \leqslant 2, 0 \leqslant x \leqslant 2$.

**解析** 积分区域与函数值非零的定义域重叠部分 $D'$ 如图 9.37 阴影部分所示,采用极坐标计算,则

$$\text{原式} = \iint\limits_{D'} \frac{1}{\sqrt{x^2+y^2}}\mathrm{d}x\mathrm{d}y = \int_0^{\frac{\pi}{4}}\mathrm{d}\theta \int_{2\cos\theta}^{\frac{2}{\cos\theta}}\mathrm{d}\rho$$

$$= 2\int_0^{\frac{\pi}{4}} \left(\frac{1}{\cos\theta} - \cos\theta\right)\mathrm{d}\theta$$

$$= 2(\ln|\sec\theta + \tan\theta| - \sin\theta)\Big|_0^{\frac{\pi}{4}}$$

$$= 2\ln(\sqrt{2}+1) - \sqrt{2}$$

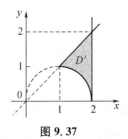

图 9.37

**例 3.19**(全国 2018) 设 $D$ 为 $\begin{cases} x = t - \sin t, \\ y = 1 - \cos t \end{cases} (0 \leqslant t \leqslant 2\pi)$ 与 $x$ 轴所围区域,计算二重积分 $\iint\limits_{D}(x+2y)\mathrm{d}x\mathrm{d}y$.

**解析** 设曲线 $\begin{cases} x = t - \sin t, \\ y = 1 - \cos t \end{cases} (0 \leqslant t \leqslant 2\pi)$ 的直角坐标方程为 $y = y(x)$,则

$$\text{原式} = \int_0^{2\pi}\mathrm{d}x \int_0^{y(x)}(x+2y)\mathrm{d}y$$

$$= \int_0^{2\pi}(xy(x) + y^2(x))\mathrm{d}x \quad (\text{令 } x = t - \sin t, \text{则 } y = 1 - \cos t)$$

$$= \int_0^{2\pi}((t-\sin t)(1-\cos t) + (1-\cos t)^2)(1-\cos t)\mathrm{d}t \quad (\text{令 } t = u + \pi)$$

$$= \int_{-\pi}^{\pi}((\pi+u+\sin u)(1+\cos u)^2 + (1+\cos u)^3)\mathrm{d}u \quad (\text{应用奇偶、对称性})$$

$$= 2\int_0^{\pi}(\pi(1+\cos u)^2 + (1+\cos u)^3)\mathrm{d}u$$

$$= 2\int_0^{\pi}\left(\pi\left(\frac{3}{2} + 2\cos u + \frac{1}{2}\cos 2u\right) + \left(\frac{5}{2} + 3\cos u + \frac{3\cos 2u}{2} + \cos^3 u\right)\right)\mathrm{d}u$$

$$= 2\pi\left(\frac{3}{2}\pi + 0 + 0\right) + 2\left(\frac{5}{2}\pi + 0 + 0 + \left(\sin u - \frac{1}{3}\sin^3 u\right)\Big|_0^{\pi}\right)$$

$$= 3\pi^2 + 5\pi$$

**例 3.20**（全国 2007） 设
$$f(x,y)=\begin{cases} x^2 & (|x|+|y|\leqslant 1); \\ \dfrac{1}{\sqrt{x^2+y^2}} & (1\leqslant|x|+|y|\leqslant 2) \end{cases}$$

求 $\iint\limits_{D} f(x,y)\mathrm{d}x\mathrm{d}y$，其中 $D:\{|x|+|y|\leqslant 2\}$.

**解析** 积分区域如图 9.38 所示. 由于区域 $D$ 关于 $x=0$ 对称，$f(x,y)$ 关于 $x$ 为偶函数，又区域 $D$ 关于 $y=0$ 对称，$f(x,y)$ 关于 $y$ 为偶函数，所以

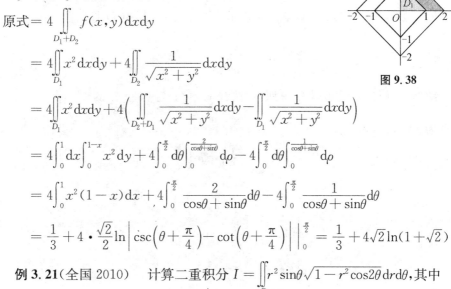

图 9.38

$$\begin{aligned}
\text{原式} &= 4\iint\limits_{D_1+D_2} f(x,y)\mathrm{d}x\mathrm{d}y \\
&= 4\iint\limits_{D_1} x^2\mathrm{d}x\mathrm{d}y + 4\iint\limits_{D_2}\frac{1}{\sqrt{x^2+y^2}}\mathrm{d}x\mathrm{d}y \\
&= 4\iint\limits_{D_1} x^2\mathrm{d}x\mathrm{d}y + 4\left(\iint\limits_{D_2+D_1}\frac{1}{\sqrt{x^2+y^2}}\mathrm{d}x\mathrm{d}y - \iint\limits_{D_1}\frac{1}{\sqrt{x^2+y^2}}\mathrm{d}x\mathrm{d}y\right) \\
&= 4\int_0^1\mathrm{d}x\int_0^{1-x} x^2\mathrm{d}y + 4\int_0^{\frac{\pi}{2}}\mathrm{d}\theta\int_0^{\frac{2}{\cos\theta+\sin\theta}}\mathrm{d}\rho - 4\int_0^{\frac{\pi}{2}}\mathrm{d}\theta\int_0^{\frac{1}{\cos\theta+\sin\theta}}\mathrm{d}\rho \\
&= 4\int_0^1 x^2(1-x)\mathrm{d}x + 4\int_0^{\frac{\pi}{2}}\frac{2}{\cos\theta+\sin\theta}\mathrm{d}\theta - 4\int_0^{\frac{\pi}{2}}\frac{1}{\cos\theta+\sin\theta}\mathrm{d}\theta \\
&= \frac{1}{3} + 4\cdot\frac{\sqrt{2}}{2}\ln\left|\csc\left(\theta+\frac{\pi}{4}\right)-\cot\left(\theta+\frac{\pi}{4}\right)\right|\Big|_0^{\frac{\pi}{2}} = \frac{1}{3}+4\sqrt{2}\ln(1+\sqrt{2})
\end{aligned}$$

**例 3.21**（全国 2010） 计算二重积分 $I=\iint\limits_{D} r^2\sin\theta\sqrt{1-r^2\cos 2\theta}\,\mathrm{d}r\mathrm{d}\theta$，其中
$$D=\left\{(r,\theta)\,\Big|\,0\leqslant r\leqslant\sec\theta, 0\leqslant\theta\leqslant\frac{\pi}{4}\right\}$$

**解析** 区域 $D$ 化为直角坐标系为 $D'=\{(x,y)\,|\,0\leqslant y\leqslant x, 0\leqslant x\leqslant 1\}$，于是
$$\begin{aligned}
I &= \iint\limits_{D} r^2\sin\theta\sqrt{1-r^2\cos^2\theta+r^2\sin^2\theta}\,\mathrm{d}r\mathrm{d}\theta = \iint\limits_{D'} y\sqrt{1-x^2+y^2}\,\mathrm{d}x\mathrm{d}y \\
&= \frac{1}{2}\int_0^1\mathrm{d}x\int_0^x\sqrt{1-x^2+y^2}\,\mathrm{d}(1-x^2+y^2) \\
&= \frac{1}{3}\int_0^1(1-x^2+y^2)^{\frac{3}{2}}\Big|_0^x\mathrm{d}x = \frac{1}{3}\int_0^1\left(1-(1-x^2)^{\frac{3}{2}}\right)\mathrm{d}x
\end{aligned}$$

令 $x=\sin t$，则
$$I=\frac{1}{3}-\frac{1}{3}\int_0^{\frac{\pi}{2}}\cos^4 t\,\mathrm{d}t = \frac{1}{3}-\frac{1}{3}\cdot\frac{3}{8}\cdot\frac{\pi}{2} = \frac{1}{3}-\frac{\pi}{16}$$

**例 3.22**（全国 2017） 设 $D$ 是第一象限中以曲线 $y=\sqrt{x}$ 与 $x$ 轴为边界的无界

区域,计算二重积分$\iint\limits_{D}\dfrac{y^3}{(1+x^2+y^4)^2}dxdy$.

**解析** 这是广义二重积分,化为二次积分得

$$原式=\int_0^{+\infty}dx\int_0^{\sqrt{x}}\dfrac{y^3}{(1+x^2+y^4)^2}dy=-\dfrac{1}{4}\int_0^{+\infty}\dfrac{1}{1+x^2+y^4}\bigg|_0^{\sqrt{x}}dx$$

$$=\dfrac{1}{4}\int_0^{+\infty}\left(\dfrac{1}{1+x^2}-\dfrac{1}{1+2x^2}\right)dx=\dfrac{1}{4}\left(\arctan x-\dfrac{\sqrt{2}}{2}\arctan(\sqrt{2}x)\right)\bigg|_0^{+\infty}$$

$$=\dfrac{1}{8}\left(1-\dfrac{\sqrt{2}}{2}\right)\pi$$

**例 3.23**(全国 2012) 计算二重积分$\iint\limits_{D}e^x xy dxdy$,其中 $D$ 是以曲线 $y=\sqrt{x}$, $y=\dfrac{1}{\sqrt{x}}$ 及 $y$ 轴为边界的无界区域.

**解析** 积分区域如图 9.39 所示,曲线 $y=\sqrt{x}$ 与 $y=\dfrac{1}{\sqrt{x}}$ 的交点为 $A(1,1)$,则

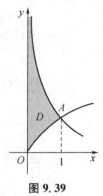

图 9.39

$$\iint\limits_{D}e^x xy dxdy=\int_0^1 dx\int_{\sqrt{x}}^{\frac{1}{\sqrt{x}}}e^x xy dy=\dfrac{1}{2}\int_0^1 e^x x\left(\dfrac{1}{x}-x\right)dx$$

$$=\dfrac{1}{2}\int_0^1 e^x(1-x^2)dx=\dfrac{1}{2}\int_0^1(1-x^2)de^x$$

$$=\dfrac{1}{2}(1-x^2)e^x\bigg|_0^1+\int_0^1 e^x x dx$$

$$=-\dfrac{1}{2}+e^x(x-1)\bigg|_0^1=\dfrac{1}{2}$$

**例 3.24**(全国 2015) 设 $\Omega$ 是由平面 $x+y+z=1$ 与三个坐标平面围成的空间区域,计算三重积分$\iiint\limits_{\Omega}(x+2y+3z)dxdydz$.

**解析** 根据题意可知

$$\iiint\limits_{\Omega}x dxdydz=\iiint\limits_{\Omega}y dxdydz=\iiint\limits_{\Omega}z dxdydz$$

于是

$$原式=6\iiint\limits_{\Omega}x dxdydz=6\int_0^1 dx\int_0^{1-x}dy\int_0^{1-x-y}x dz$$

$$=6\int_0^1 dx\int_0^{1-x}x(1-x-y)dy=3\int_0^1 x(1-x)^2 dx$$

$$=3\left(\dfrac{1}{2}-\dfrac{2}{3}+\dfrac{1}{4}\right)=\dfrac{1}{4}$$

**例 3.25**(精选题) 已知空间区域 $\Omega: x^2+y^2 \leqslant z \leqslant 1$,且 $f \in \mathscr{C}$,试将三重积分 $\iiint\limits_{\Omega} f(x,y,z)\mathrm{d}V$ 表示成球坐标下的三次积分(先对 $r$ 进行积分).

**解析** 用圆锥面 $z=\sqrt{x^2+y^2}$ 将积分区域 $\Omega$ 分成两块,曲面 $z=\sqrt{x^2+y^2}$ 的球坐标方程为 $\varphi=\dfrac{\pi}{4}$,曲面 $z=1$ 的球坐标方程为 $r=\sec\varphi$,曲面 $z=x^2+y^2$ 的球坐标方程为 $r=\cos\varphi\csc^2\varphi$,则

$$\text{原式}=\int_0^{2\pi}\mathrm{d}\theta\int_0^{\frac{\pi}{4}}\mathrm{d}\varphi\int_0^{\sec\varphi}f(r\sin\varphi\cos\theta,r\sin\varphi\sin\theta,r\cos\varphi)r^2\sin\varphi\mathrm{d}r$$
$$+\int_0^{2\pi}\mathrm{d}\theta\int_{\frac{\pi}{4}}^{\frac{\pi}{2}}\mathrm{d}\varphi\int_0^{\cos\varphi\csc^2\varphi}f(r\sin\varphi\cos\theta,r\sin\varphi\sin\theta,r\cos\varphi)r^2\sin\varphi\mathrm{d}r$$

**例 3.26**(南大 2002) 计算积分

$$\iiint\limits_{\Omega}z^3\mathrm{d}x\mathrm{d}y\mathrm{d}z \quad (\Omega: x^2+y^2+z^2\leqslant 1, z+1\geqslant\sqrt{x^2+y^2})$$

**解析** 设 $D: x^2+y^2\leqslant 1$,采用柱坐标计算,有

$$\text{原式}=\iint\limits_{D}\mathrm{d}x\mathrm{d}y\int_{-1+\sqrt{x^2+y^2}}^{\sqrt{1-x^2-y^2}}z^3\mathrm{d}z=\frac{1}{4}\int_0^{2\pi}\mathrm{d}\theta\int_0^1\rho(4\rho^3-8\rho^2+4\rho)\mathrm{d}\rho$$
$$=\frac{\pi}{2}\left(\frac{4}{5}-2+\frac{4}{3}\right)=\frac{\pi}{15}$$

**例 3.27**(南大 2004) 设 $\Omega: a^2\leqslant x^2+y^2+z^2\leqslant 2az$,求 $\iiint\limits_{\Omega}(x^2+y^2+z^2)\mathrm{d}V$.

**解析** 采用球坐标计算,则

$$\text{原式}=\int_0^{2\pi}\mathrm{d}\theta\int_0^{\frac{\pi}{3}}\mathrm{d}\varphi\int_a^{2a\cos\varphi}r^4\sin\varphi\mathrm{d}r=\frac{2\pi a^5}{5}\int_0^{\frac{\pi}{3}}\sin\varphi\cdot(32\cos^5\varphi-1)\mathrm{d}\varphi$$
$$=\frac{2\pi a^5}{5}\left(-\frac{32}{6}\cos^6\varphi+\cos\varphi\right)\Big|_0^{\frac{\pi}{3}}=\frac{2\pi a^5}{5}\left(\frac{21}{4}-\frac{1}{2}\right)=\frac{19}{10}\pi a^5$$

**例 3.28**(精选题) 设函数 $f(u)$ 连续,$\Omega_t: 0\leqslant z\leqslant h, x^2+y^2\leqslant t^2$,而

$$F(t)=\iiint\limits_{\Omega_t}[z^2+f(x^2+y^2)+\sin x+\sin y]\mathrm{d}V$$

求 $\dfrac{\mathrm{d}F}{\mathrm{d}t}$ 及 $\lim\limits_{t\to 0^+}\dfrac{\int_0^1 F(xt)\mathrm{d}x}{t^2}$.

**解析** 由于 $\sin x$ 关于 $x$ 为奇函数,$\sin y$ 关于 $y$ 为奇函数,应用三重积分的奇偶、对称性,采用柱坐标计算有

$$F(t)=\iiint\limits_{\Omega_t}[z^2+f(x^2+y^2)]\mathrm{d}V=\int_0^{2\pi}\mathrm{d}\theta\int_0^t\rho\mathrm{d}\rho\int_0^h(z^2+f(\rho^2))\mathrm{d}z$$

$$= 2\pi \int_0^t \left(\frac{h^3}{3} + hf(\rho^2)\right)\rho\,d\rho$$

于是
$$\frac{dF}{dt} = 2\pi th\left(\frac{h^2}{3} + f(t^2)\right)$$

又
$$\int_0^1 F(xt)\,dx \xrightarrow{\text{令 } xt = u} \frac{1}{t}\int_0^t F(u)\,du$$

则
$$\lim_{t\to 0^+} \frac{\int_0^1 F(xt)\,dx}{t^2} = \lim_{t\to 0^+} \frac{\int_0^t F(u)\,du}{t^3} = \lim_{t\to 0^+} \frac{F(t)}{3t^2} = \lim_{t\to 0^+} \frac{F'(t)}{6t}$$
$$= \lim_{t\to 0^+} \frac{2\pi th\left(\frac{h^2}{3} + f(t^2)\right)}{6t} = \frac{\pi h}{3}\left(\frac{h^2}{3} + f(0)\right)$$

# 专题 10   曲线积分与曲面积分

## 10.1   重要概念与基本方法

### 1   空间曲线的弧长

设空间曲线 $\Gamma$ 的方程为 $x = \varphi(t), y = \psi(t), z = \omega(t)$,这里 $\varphi, \psi, \omega \in \mathscr{C}^{(1)}[\alpha, \beta]$,则曲线 $\Gamma$ 的弧长为

$$s(\Gamma) = \int_\alpha^\beta \sqrt{(\varphi'(t))^2 + (\psi'(t))^2 + (\omega'(t))^2}\, \mathrm{d}t$$

其中 $\mathrm{d}s = \sqrt{(\varphi'(t))^2 + (\psi'(t))^2 + (\omega'(t))^2}\, \mathrm{d}t$ 称为弧长微元.

### 2   对弧长的曲线积分的定义与性质

(1) 函数 $f(x, y, z)$ 定义在空间可求弧长的曲线 $\Gamma$ 上,将 $\Gamma$ 分割为 $n$ 个小弧段 $\Gamma_i(i = 1, 2, \cdots, n)$,记 $d_i$ 为 $\Gamma_i$ 的直径, $\lambda = \max\limits_{1 \leqslant i \leqslant n}\{d_i\}$, $\forall (x_i, y_i, z_i) \in \Gamma_i$, $\Delta s_i$ 为 $\Gamma_i$ 的弧长,则对弧长的曲线积分

$$\int_\Gamma f(x, y, z)\mathrm{d}s \stackrel{\text{def}}{=} \lim_{\lambda \to 0} \sum_{i=1}^n f(x_i, y_i, z_i) \Delta s_i = A$$

这里常数 $A$ 与 $\Gamma$ 的分割无关,与点 $(x_i, y_i, z_i)$ 的选取无关.

(2) 对弧长的曲线积分的主要性质(假设下列曲线积分的被积函数皆可积).

**定理 1**(保号性)   若 $f(x, y, z) \leqslant g(x, y, z)$,则

$$\int_\Gamma f(x, y, z)\mathrm{d}s \leqslant \int_\Gamma g(x, y, z)\mathrm{d}s$$

**定理 2**(可加性)   将积分曲线 $\Gamma$ 分割为 $\Gamma_1 \cup \Gamma_2$,则

$$\int_\Gamma f(x, y, z)\mathrm{d}s = \int_{\Gamma_1} f(x, y, z)\mathrm{d}s + \int_{\Gamma_2} f(x, y, z)\mathrm{d}s$$

**定理 3**(奇偶、对称性)   设 $f(x, y, z)$ 关于 $x$ 是奇函数或偶函数,积分曲线 $\Gamma$ 关于 $x = 0$ 对称,则

$$\int_\Gamma f(x, y, z)\mathrm{d}s = \begin{cases} 0 & (f(x, y, z) \text{ 关于 } x \text{ 为奇函数}); \\ 2\int_{\Gamma(x \geqslant 0)} f(x, y, z)\mathrm{d}s & (f(x, y, z) \text{ 关于 } x \text{ 为偶函数}) \end{cases}$$

**定理 4**(奇偶、对称性)　设 $f(x,y,z)$ 关于 $y$ 是奇函数或偶函数,积分曲线 $\Gamma$ 关于 $y = 0$ 对称,则

$$\int_\Gamma f(x,y,z)\mathrm{d}s = \begin{cases} 0 & (f(x,y,z) \text{ 关于 } y \text{ 为奇函数}); \\ 2\int_{\Gamma(y\geq 0)} f(x,y,z)\mathrm{d}s & (f(x,y,z) \text{ 关于 } y \text{ 为偶函数}) \end{cases}$$

**定理 5**(奇偶、对称性)　设 $f(x,y,z)$ 关于 $z$ 是奇函数或偶函数,积分曲线 $\Gamma$ 关于 $z = 0$ 对称,则

$$\int_\Gamma f(x,y,z)\mathrm{d}s = \begin{cases} 0 & (f(x,y,z) \text{ 关于 } z \text{ 为奇函数}); \\ 2\int_{\Gamma(z\geq 0)} f(x,y,z)\mathrm{d}s & (f(x,y,z) \text{ 关于 } z \text{ 为偶函数}) \end{cases}$$

## 3　对弧长的曲线积分的基本计算方法

设空间曲线 $\Gamma$ 的方程为 $x = \varphi(t), y = \psi(t), z = \omega(t)$,这里 $\varphi, \psi, \omega \in \mathscr{C}^{(1)}[\alpha,\beta]$, $f(x,y,z) \in \mathscr{C}(\Gamma)$,则

$$\int_\Gamma f(x,y,z)\mathrm{d}s = \int_\alpha^\beta f(\varphi(t),\psi(t),\omega(t))\sqrt{(\varphi'(t))^2 + (\psi'(t))^2 + (\omega'(t))^2}\,\mathrm{d}t$$

值得注意的是,应用此公式时,沿着曲线 $\Gamma$,参数 $t$ 从 $\alpha$ 一定要单调增加到 $\beta$.

## 4　对坐标的曲线积分的定义与性质

(1) 函数 $P(x,y,z), Q(x,y,z), R(x,y,z)$ 定义在空间有向曲线 $\widehat{AB}$ 上,将 $\widehat{AB}$ 分割为 $n$ 个小弧段 $\Gamma_i(i=1,2,\cdots,n)$,$d_i$ 为 $\Gamma_i$ 的直径,$\lambda = \max\limits_{1\leq i \leq n}\{d_i\}$,$\Delta s_i$ 为 $\Gamma_i$ 的弧长,在 $\Gamma_i$ 上任取点 $M_i(x_i,y_i,z_i)$,设曲线 $\widehat{AB}$ 在点 $M_i$ 处沿着从 $A$ 到 $B$ 方向的单位切向量为 $(\cos\alpha_i, \cos\beta_i, \cos\gamma_i)$,记

$$\Delta x_i = \Delta s_i \cos\alpha_i, \quad \Delta y_i = \Delta s_i \cos\beta_i, \quad \Delta z_i = \Delta s_i \cos\gamma_i$$

则对坐标的曲线积分

$$\int_{\widehat{AB}} P(x,y,z)\mathrm{d}x + Q(x,y,z)\mathrm{d}y + R(x,y,z)\mathrm{d}z$$

$$\stackrel{\text{def}}{=} \lim_{\lambda\to 0}\sum_{i=1}^n P(x_i,y_i,z_i)\Delta x_i + \lim_{\lambda\to 0}\sum_{i=1}^n Q(x_i,y_i,z_i)\Delta y_i$$

$$+ \lim_{\lambda\to 0}\sum_{i=1}^n R(x_i,y_i,z_i)\Delta z_i$$

这里右端的三个极限都存在,且都与 $\widehat{AB}$ 的分割无关,与点 $(x_i,y_i,z_i)$ 的选取无关.

(2) 对坐标的曲线积分 $\int_{\widehat{AB}} P(x,y,z)\mathrm{d}x + Q(x,y,z)\mathrm{d}y + R(x,y,z)\mathrm{d}z$ 在物理上表示变力 $\boldsymbol{F} = (P,Q,R)$ 将质点沿着曲线 $\widehat{AB}$ 从 $A$ 运动到 $B$ 所做的功.

(3) 对坐标的曲线积分的主要性质(假设下列曲线积分的被积函数皆可积).

**定理 1**(有向性)
$$\int_{\widehat{BA}} P\mathrm{d}x + Q\mathrm{d}y + R\mathrm{d}z = -\int_{\widehat{AB}} P\mathrm{d}x + Q\mathrm{d}y + R\mathrm{d}z$$

**定理 2**(可加性) 若点 $C \in \widehat{AB}$,则
$$\int_{\widehat{AB}} P\mathrm{d}x + Q\mathrm{d}y + R\mathrm{d}z = \int_{\widehat{AC}} P\mathrm{d}x + Q\mathrm{d}y + R\mathrm{d}z + \int_{\widehat{CB}} P\mathrm{d}x + Q\mathrm{d}y + R\mathrm{d}z$$

**定理 3**(可分性)
$$\int_{\widehat{AB}} P\mathrm{d}x + Q\mathrm{d}y + R\mathrm{d}z = \int_{\widehat{AB}} P\mathrm{d}x + \int_{\widehat{AB}} Q\mathrm{d}y + \int_{\widehat{AB}} R\mathrm{d}z$$

注意:由于积分曲线 $\widehat{AB}$ 是有向曲线,所以计算对坐标的曲线积分时不能像计算对弧长的曲线积分那样使用奇偶、对称性.

## 5 对坐标的曲线积分的基本计算方法

设空间曲线 $\widehat{AB}$ 的方程为 $x = \varphi(t), y = \psi(t), z = \omega(t)$,这里 $\varphi, \psi, \omega \in \mathscr{C}^{(1)}[\alpha, \beta]$,当动点沿着曲线 $\widehat{AB}$ 从点 $A$ 运动到点 $B$ 时,参数 $t$ 从 $\alpha$ 单调增加到 $\beta$,$P(x,y,z)$, $Q(x,y,z), R(x,y,z) \in \mathscr{C}(\Gamma)$,记
$$P(\varphi(t), \psi(t), \omega(t)) = P(t), \quad Q(\varphi(t), \psi(t), \omega(t)) = Q(t)$$
$$R(\varphi(t), \psi(t), \omega(t)) = R(t)$$
则
$$\int_{\widehat{AB}} P(x,y,z)\mathrm{d}x + Q(x,y,z)\mathrm{d}y + R(x,y,z)\mathrm{d}z$$
$$= \int_\alpha^\beta (P(t)\varphi'(t) + Q(t)\psi'(t) + R(t)\omega'(t))\mathrm{d}t$$

## 6 对面积的曲面积分的定义与性质

(1) 函数 $f(x,y,z)$ 定义在空间可求面积的曲面 $\Sigma$ 上,将 $\Sigma$ 分割为 $n$ 块小曲面 $\Sigma_i (i = 1, 2, \cdots, n)$,$d_i$ 为 $\Sigma_i$ 的直径,$\lambda = \max\limits_{1 \leqslant i \leqslant n}\{d_i\}$,$\forall (x_i, y_i, z_i) \in \Sigma_i$,$\Delta S_i$ 为 $\Sigma_i$ 的面积,则对面积的曲面积分
$$\iint_\Sigma f(x,y,z)\mathrm{d}S \stackrel{\text{def}}{=} \lim_{\lambda \to 0} \sum_{i=1}^n f(x_i, y_i, z_i)\Delta S_i = A$$
这里常数 $A$ 与 $\Sigma$ 的分割无关,与点 $(x_i, y_i, z_i)$ 的选取无关.

(2) 对面积的曲面积分的主要性质(假设下列曲面积分的被积函数皆可积).

**定理 1**(保号性) 若 $f(x,y,z) \leqslant g(x,y,z)$,则
$$\iint_\Sigma f(x,y,z)\mathrm{d}S \leqslant \iint_\Sigma g(x,y,z)\mathrm{d}S$$

**定理 2**(可加性)　将积分曲面 $\Sigma$ 分割为 $\Sigma_1 \cup \Sigma_2$,则
$$\iint_\Sigma f(x,y,z)\mathrm{d}S = \iint_{\Sigma_1} f(x,y,z)\mathrm{d}S + \iint_{\Sigma_2} f(x,y,z)\mathrm{d}S$$

**定理 3**(奇偶、对称性)　设 $f(x,y,z)$ 关于 $x$ 是奇函数或偶函数,积分曲面 $\Sigma$ 关于 $x=0$ 对称,则
$$\iint_\Sigma f(x,y,z)\mathrm{d}S = \begin{cases} 0 & (f(x,y,z) \text{ 关于 } x \text{ 为奇函数}); \\ 2\iint_{\Sigma(x\geqslant 0)} f(x,y,z)\mathrm{d}S & (f(x,y,z) \text{ 关于 } x \text{ 为偶函数}) \end{cases}$$

**定理 4**(奇偶、对称性)　设 $f(x,y,z)$ 关于 $y$ 是奇函数或偶函数,积分曲面 $\Sigma$ 关于 $y=0$ 对称,则
$$\iint_\Sigma f(x,y,z)\mathrm{d}S = \begin{cases} 0 & (f(x,y,z) \text{ 关于 } y \text{ 为奇函数}); \\ 2\iint_{\Sigma(y\geqslant 0)} f(x,y,z)\mathrm{d}S & (f(x,y,z) \text{ 关于 } y \text{ 为偶函数}) \end{cases}$$

**定理 5**(奇偶、对称性)　设 $f(x,y,z)$ 关于 $z$ 是奇函数或偶函数,积分曲面 $\Sigma$ 关于 $z=0$ 对称,则
$$\iint_\Sigma f(x,y,z)\mathrm{d}S = \begin{cases} 0 & (f(x,y,z) \text{ 关于 } z \text{ 为奇函数}); \\ 2\iint_{\Sigma(z\geqslant 0)} f(x,y,z)\mathrm{d}S & (f(x,y,z) \text{ 关于 } z \text{ 为偶函数}) \end{cases}$$

**7　对面积的曲面积分的基本计算方法**

设空间曲面 $\Sigma$ 的方程为 $z=z(x,y),(x,y)\in D$,这里 $D$ 为 $xOy$ 平面上的有界闭域,$f(x,y,z)\in \mathscr{C}(\Sigma)$,则
$$\iint_\Sigma f(x,y,z)\mathrm{d}S = \iint_D f(x,y,z(x,y))\sqrt{1+(z'_x(x,y))^2+(z'_y(x,y))^2}\mathrm{d}x\mathrm{d}y$$

注意:与此公式对应的对面积的曲面积分也可化为 $yOz$ 平面上的或 $zOx$ 平面上的二重积分,对应的公式这里不赘.

**8　对坐标的曲面积分的定义与性质**

(1) 函数 $P(x,y,z),Q(x,y,z),R(x,y,z)$ 定义在空间有向曲面 $\Sigma$ 上,将 $\Sigma$ 分割为 $n$ 个小曲面 $\Sigma_i(i=1,2,\cdots,n)$,$d_i$ 为 $\Sigma_i$ 的直径,$\lambda = \max_{1\leqslant i \leqslant n}\{d_i\}$,$\Delta S_i$ 为 $\Sigma_i$ 的面积,在 $\Sigma_i$ 上任取点 $M_i(x_i,y_i,z_i)$,设有向曲面 $\Sigma$ 在点 $M_i$ 处沿着给定法向的单位法向量为 $(\cos\alpha_i,\cos\beta_i,\cos\gamma_i)$,记
$$\Delta y_i \Delta z_i = \Delta S_i \cos\alpha_i, \quad \Delta z_i \Delta x_i = \Delta S_i \cos\beta_i, \quad \Delta x_i \Delta y_i = \Delta S_i \cos\gamma_i$$
则对坐标的曲面积分
$$\iint_\Sigma P(x,y,z)\mathrm{d}y\mathrm{d}z + Q(x,y,z)\mathrm{d}z\mathrm{d}x + R(x,y,z)\mathrm{d}x\mathrm{d}y$$

$$\stackrel{\text{def}}{=} \lim_{\lambda \to 0} \sum_{i=1}^{n} P(x_i, y_i, z_i) \Delta y_i \Delta z_i + \lim_{\lambda \to 0} \sum_{i=1}^{n} Q(x_i, y_i, z_i) \Delta z_i \Delta x_i$$
$$+ \lim_{\lambda \to 0} \sum_{i=1}^{n} R(x_i, y_i, z_i) \Delta x_i \Delta y_i$$

这里右端的三个极限都存在,且都与 $\Sigma$ 的分割无关,与点 $(x_i, y_i, z_i)$ 的选取无关.

(2) 对坐标的曲面积分的主要性质(假设下列曲面积分的被积函数皆可积).

**定理1**(有向性)  设与曲面 $\Sigma$ 的定侧 $\Sigma^+$ 的法向量反向的另一侧为 $\Sigma^-$,则
$$\iint_{\Sigma^-} P \mathrm{d}y\mathrm{d}z + Q \mathrm{d}z\mathrm{d}x + R \mathrm{d}x\mathrm{d}y = -\iint_{\Sigma^+} P \mathrm{d}y\mathrm{d}z + Q \mathrm{d}z\mathrm{d}x + R \mathrm{d}x\mathrm{d}y$$

**定理2**(可加性)  若积分曲面 $\Sigma$ 分割为 $\Sigma = \Sigma_1 \cup \Sigma_2$,则
$$\iint_{\Sigma} P \mathrm{d}y\mathrm{d}z + Q \mathrm{d}z\mathrm{d}x + R \mathrm{d}x\mathrm{d}y$$
$$= \iint_{\Sigma_1} P \mathrm{d}y\mathrm{d}z + Q \mathrm{d}z\mathrm{d}x + R \mathrm{d}x\mathrm{d}y + \iint_{\Sigma_2} P \mathrm{d}y\mathrm{d}z + Q \mathrm{d}z\mathrm{d}x + R \mathrm{d}x\mathrm{d}y$$

**定理3**(可分性)
$$\iint_{\Sigma} P \mathrm{d}y\mathrm{d}z + Q \mathrm{d}z\mathrm{d}x + R \mathrm{d}x\mathrm{d}y = \iint_{\Sigma} P \mathrm{d}y\mathrm{d}z + \iint_{\Sigma} Q \mathrm{d}z\mathrm{d}x + \iint_{\Sigma} R \mathrm{d}x\mathrm{d}y$$

注意:由于积分曲面 $\Sigma$ 是有向曲面,所以计算对坐标的曲面积分时,不要像计算对面积的曲面积分那样使用奇偶、对称性.

## 9  对坐标的曲面积分的基本计算方法

设空间曲面 $\Sigma$ 的方程为 $z = z(x,y), (x,y) \in D$,取上侧,这里 $D$ 为 $xOy$ 平面上的有界闭域,$P(x,y,z), Q(x,y,z), R(x,y,z) \in \mathscr{C}(\Sigma), z(x,y) \in \mathscr{C}^{(1)}(\Sigma)$,则
$$\iint_{\Sigma} P(x,y,z) \mathrm{d}y\mathrm{d}z + Q(x,y,z) \mathrm{d}z\mathrm{d}x + R(x,y,z) \mathrm{d}x\mathrm{d}y$$
$$= \iint_{D} \left[ P(x,y,z(x,y)) \left( -\frac{\partial z}{\partial x} \right) + Q(x,y,z(x,y)) \left( -\frac{\partial z}{\partial y} \right) \right.$$
$$\left. + R(x,y,z(x,y)) \right] \mathrm{d}x\mathrm{d}y$$

注意:与此公式对应的对坐标的曲面积分也可化为 $yOz$ 平面上的或 $zOx$ 平面上的二重积分,对应的公式这里不赘.

## 10  格林公式、高斯公式、斯托克斯公式

(1) 格林公式

**定理1**(格林公式)  设 $D$ 是 $xOy$ 平面上的有界闭域,$D$ 的边界曲线 $\Gamma$ 取正向(外边界取逆时针方向,内边界取顺时针方向),$P(x,y), Q(x,y) \in \mathscr{C}^{(1)}(D)$,则

$$\oint_\Gamma P(x,y)\mathrm{d}x + Q(x,y)\mathrm{d}y = \iint_D \left(\frac{\partial Q}{\partial x} - \frac{\partial P}{\partial y}\right)\mathrm{d}x\mathrm{d}y$$

**定理 2**  设 $D$ 是 $xOy$ 平面上的单连通域（即中间没有洞）,$P(x,y),Q(x,y) \in \mathscr{C}^{(1)}(D)$,则下列四条陈述相互等价：

① $\dfrac{\partial Q}{\partial x} = \dfrac{\partial P}{\partial y}, \forall (x,y) \in D$；

② $\displaystyle\int_A^B P(x,y)\mathrm{d}x + Q(x,y)\mathrm{d}y$ 与路线无关,$\forall A,B \in D$；

③ $\displaystyle\oint_\Gamma P(x,y)\mathrm{d}x + Q(x,y)\mathrm{d}y = 0$,其中 $\Gamma$ 为 $D$ 中任一单闭曲线；

④ 存在可微函数 $u(x,y)$,使得 $\mathrm{d}u(x,y) = P(x,y)\mathrm{d}x + Q(x,y)\mathrm{d}y$.

**定理 3**  若可微函数 $u(x,y)$ 满足 $\mathrm{d}u(x,y) = P(x,y)\mathrm{d}x + Q(x,y)\mathrm{d}y$,则

$$u(x,y) = \int_a^x P(x,y)\mathrm{d}x + \int_b^y Q(a,y)\mathrm{d}y + C$$

或

$$u(x,y) = \int_a^x P(x,b)\mathrm{d}x + \int_b^y Q(x,y)\mathrm{d}y + C$$

（这里的函数 $u(x,y)$ 被称为 $P\mathrm{d}x + Q\mathrm{d}y$ 的原函数或向量 $\boldsymbol{F} = (P,Q)$ 的势函数）

(2) 高斯公式

**定理 1**（高斯公式）  设 $\Omega$ 是空间的有界闭域,$\Omega$ 的边界曲面 $\Sigma^*$ 取外侧（外边界取外侧,内边界取内侧）,$P(x,y,z),Q(x,y,z),R(x,y,z) \in \mathscr{C}^{(1)}(\Omega)$,则

$$\oiint_{\Sigma^*} P(x,y,z)\mathrm{d}y\mathrm{d}z + Q(x,y,z)\mathrm{d}z\mathrm{d}x + R(x,y,z)\mathrm{d}x\mathrm{d}y = \iiint_\Omega \left(\frac{\partial P}{\partial x} + \frac{\partial Q}{\partial y} + \frac{\partial R}{\partial z}\right)\mathrm{d}x\mathrm{d}y\mathrm{d}z$$

**定理 2**  设 $\Omega$ 是空间的体单连通域（即立体中间没有洞）,$P(x,y,z),Q(x,y,z),R(x,y,z) \in \mathscr{C}^{(1)}(\Omega)$,则下列三条陈述相互等价：

① $\dfrac{\partial P}{\partial x} + \dfrac{\partial Q}{\partial y} + \dfrac{\partial R}{\partial z} = 0, \forall (x,y,z) \in \Omega$；

② $\forall \Sigma_1^* \subset \Omega, \displaystyle\iint_{\Sigma_1^*} P(x,y,z)\mathrm{d}y\mathrm{d}z + Q(x,y,z)\mathrm{d}z\mathrm{d}x + R(x,y,z)\mathrm{d}x\mathrm{d}y$ 与曲面无关(这里 $\Sigma_1^*$ 的边界固定)；

③ $\displaystyle\oiint_{\Sigma^*} P(x,y,z)\mathrm{d}y\mathrm{d}z + Q(x,y,z)\mathrm{d}z\mathrm{d}x + R(x,y,z)\mathrm{d}x\mathrm{d}y = 0$,其中 $\Sigma^*$ 为 $\Omega$ 中任一封闭曲面.

(3) 斯托克斯公式

**定理 1**（斯托克斯公式）  设 $\Sigma^*$ 是空间非封闭的有向曲面的某侧,$\Sigma^*$ 的边界闭曲线 $\Gamma^+$ 的方向按右手法则确定,$P(x,y,z),Q(x,y,z),R(x,y,z) \in \mathscr{C}^{(1)}(\Sigma)$,则

$$\oint_{\Gamma^+} P\mathrm{d}x + Q\mathrm{d}y + R\mathrm{d}z = \iint_{\Sigma^*} \left(\frac{\partial R}{\partial y} - \frac{\partial Q}{\partial z}\right)\mathrm{d}y\mathrm{d}z + \left(\frac{\partial P}{\partial z} - \frac{\partial R}{\partial x}\right)\mathrm{d}z\mathrm{d}x + \left(\frac{\partial Q}{\partial x} - \frac{\partial P}{\partial y}\right)\mathrm{d}x\mathrm{d}y$$

**定理 2** 设 $\Omega$ 是空间的面单连通域(即曲面上没有洞),$P(x,y,z)$,$Q(x,y,z)$,$R(x,y,z) \in \mathscr{C}^{(1)}(\Omega)$,则下列四条陈述相互等价:

① $\frac{\partial R}{\partial y} = \frac{\partial Q}{\partial z}, \frac{\partial P}{\partial z} = \frac{\partial R}{\partial x}, \frac{\partial Q}{\partial x} = \frac{\partial P}{\partial y}, \forall (x,y,z) \in \Omega$;

② $\int_A^B P(x,y,z)\mathrm{d}x + Q(x,y,z)\mathrm{d}y + R(x,y,z)\mathrm{d}z$ 与路线无关,$\forall A, B \in \Omega$;

③ $\oint_\Gamma P(x,y,z)\mathrm{d}x + Q(x,y,z)\mathrm{d}y + R(x,y,z)\mathrm{d}z = 0$,其中 $\Gamma$ 为 $\Omega$ 中任一单闭曲线;

④ 存在可微函数 $u(x,y,z)$,使得
$$\mathrm{d}u(x,y,z) = P(x,y,z)\mathrm{d}x + Q(x,y,z)\mathrm{d}y + R(x,y,z)\mathrm{d}z$$

**定理 3** 若可微函数 $u(x,y,z)$,满足
$$\mathrm{d}u(x,y) = P(x,y,z)\mathrm{d}x + Q(x,y,z)\mathrm{d}y + R(x,y,z)\mathrm{d}z$$

则
$$u(x,y,z) = \int_a^x P(x,y,z)\mathrm{d}x + \int_b^y Q(a,y,z)\mathrm{d}y + \int_c^z R(a,b,z)\mathrm{d}z + C$$

或
$$u(x,y,z) = \int_a^x P(x,b,c)\mathrm{d}x + \int_b^y Q(x,y,c)\mathrm{d}y + \int_c^z R(x,y,z)\mathrm{d}z + C$$

(这里的函数 $u(x,y,z)$ 被称为 $P\mathrm{d}x + Q\mathrm{d}y + R\mathrm{d}z$ 的原函数或向量 $\boldsymbol{F} = (P,Q,R)$ 的势函数)

**11 梯度、散度、旋度**

(1) 那布拉算子:$\nabla \stackrel{\text{def}}{=} \left(\frac{\partial}{\partial x}, \frac{\partial}{\partial y}, \frac{\partial}{\partial z}\right)$.

(2) 梯度:$\mathbf{grad} f(x,y,z) \stackrel{\text{def}}{=} \nabla f = \left(\frac{\partial f}{\partial x}, \frac{\partial f}{\partial y}, \frac{\partial f}{\partial z}\right)$.

(3) 散度:$\mathrm{div} \boldsymbol{F} \stackrel{\text{def}}{=} \nabla \cdot \boldsymbol{F} = \frac{\partial P}{\partial x} + \frac{\partial Q}{\partial y} + \frac{\partial R}{\partial z}$ (这里 $\boldsymbol{F} = (P,Q,R)$).

(4) 旋度:设 $\boldsymbol{F} = (P,Q,R)$,则
$$\mathbf{rot}\boldsymbol{F} \stackrel{\text{def}}{=} \nabla \times \boldsymbol{F} = \left(\frac{\partial R}{\partial y} - \frac{\partial Q}{\partial z}, \frac{\partial P}{\partial z} - \frac{\partial R}{\partial x}, \frac{\partial Q}{\partial x} - \frac{\partial P}{\partial y}\right)$$

(5) 无旋场:设 $\boldsymbol{F} = (P,Q,R)$,则 $\mathbf{rot}\boldsymbol{F} = \boldsymbol{0} \Leftrightarrow \exists$ 可微函数 $u(x,y,z)$,使得
$$\mathrm{d}u(x,y,z) = P\mathrm{d}x + Q\mathrm{d}y + R\mathrm{d}z \Leftrightarrow \mathbf{grad}u(x,y,z) = \boldsymbol{F}$$

## 10.2 习题选解

**例 2.1**(习题 7.1 A 1.2)　求下列空间曲线的弧长：
$$x = e^{-t}\cos t, \quad y = e^{-t}\sin t, \quad z = e^{-t} \quad (0 \leqslant t \leqslant +\infty)$$

**解析**　由空间曲线弧长计算公式有
$$s = \int_\alpha^\beta \sqrt{(x'(t))^2 + (y'(t))^2 + (z'(t))^2}\,dt$$
$$= \int_0^{+\infty} \sqrt{(-e^{-t}\cos t - e^{-t}\sin t)^2 + (-e^{-t}\sin t + e^{-t}\cos t)^2 + e^{-2t}}\,dt$$
$$= \sqrt{3}\int_0^{+\infty} e^{-t}\,dt = -\sqrt{3}\,e^{-t}\Big|_0^{+\infty} = \sqrt{3}$$

**例 2.2**(习题 7.1 A 2.4)　求对弧长的曲线积分 $\int_\Gamma \dfrac{z^2}{x^2+y^2}\,ds$，$\Gamma: x = a\cos t, y = a\sin t, z = at (a > 0)$ 上自点 $(a,0,0)$ 到点 $(a,0,2a\pi)$ 的一段.

**解析**　将曲线积分化为对参数 $t$ 的定积分，有
$$\int_\Gamma \frac{z^2}{x^2+y^2}\,ds = \int_0^{2\pi} \frac{z^2(t)}{x^2(t)+y^2(t)}\sqrt{(x'(t))^2+(y'(t))^2+(z'(t))^2}\,dt$$
$$= \int_0^{2\pi} \frac{a^2 t^2}{a^2}\sqrt{(-a\sin t)^2+(a\cos t)^2+a^2}\,dt$$
$$= \sqrt{2}\int_0^{2\pi} a t^2\,dt = \frac{8\sqrt{2}}{3}\pi^3 a$$

**例 2.3**(习题 7.1 A 3.2)　求对坐标的曲线积分 $\oint_\Gamma y^2\,dx - x^2\,dy$，$\Gamma:(x-1)^2 + (y-1)^2 = 1$，取逆时针方向.

**解析**　取曲线 $\Gamma$ 的参数方程 $x = 1 + \cos t, y = 1 + \sin t$，$t$ 从 $-\pi$ 变到 $\pi$，则
$$原式 = \int_{-\pi}^\pi [(1+\sin t)^2(-\sin t) - (1+\cos t)^2\cos t]\,dt$$
$$= -\int_{-\pi}^\pi (2 + \sin t + \cos t + \sin^3 t + \cos^3 t)\,dt$$
$$= -4\pi - 2\int_0^\pi (2 - \sin^2 t)\,d\sin t$$
$$= -4\pi - 2\left(2\sin t - \frac{1}{3}\sin^3 t\right)\Big|_0^\pi = -4\pi$$

**例 2.4**(习题 7.2 A 1.5)　应用格林公式计算曲线积分 $\oint_\Gamma \dfrac{x\,dy - y\,dx}{x^2+y^2}$，$\Gamma: x^{\frac{2}{3}} + y^{\frac{2}{3}} = a^{\frac{2}{3}}$，取正向.

**解析**　记 $P = \dfrac{-y}{x^2+y^2}, Q = \dfrac{x}{x^2+y^2}$，则 $\dfrac{\partial Q}{\partial x} = \dfrac{\partial P}{\partial y} = \dfrac{y^2 - x^2}{(x^2+y^2)^2}$. 在 $\Gamma$ 的内部

取圆 $\Gamma_1:x^2+y^2=\dfrac{a^2}{4}$，顺时针方向. $\Gamma$ 与 $\Gamma_1$ 所围区域记为 $D$，则 $\Gamma\bigcup\Gamma_1$ 是 $D$ 的边界的正向，$P,Q$ 在 $D$ 上有连续的一阶偏导数，应用格林公式得

$$\oint_{\Gamma\cup\Gamma_1}\frac{x\mathrm{d}y-y\mathrm{d}x}{x^2+y^2}=\iint_D\left(\frac{\partial Q}{\partial x}-\frac{\partial P}{\partial y}\right)\mathrm{d}x\mathrm{d}y=0$$

于是

$$\oint_\Gamma\frac{x\mathrm{d}y-y\mathrm{d}x}{x^2+y^2}=-\oint_{\Gamma_1}\frac{x\mathrm{d}y-y\mathrm{d}x}{x^2+y^2}=-\int_{2\pi}^0(\cos^2\theta+\sin^2\theta)\mathrm{d}\theta=2\pi$$

**例 2.5**（习题 7.2 A 3.3） 计算曲线积分 $\int_\Gamma\dfrac{x\mathrm{d}y-y\mathrm{d}x}{x^2+y^2}$，$\Gamma:x=a(t-\sin t)-a\pi,y=a(1-\cos t)(a>0)$ 上自 $t=0$ 到 $t=2\pi$ 的一段弧.

**解析** 记 $P=\dfrac{-y}{x^2+y^2}$，$Q=\dfrac{x}{x^2+y^2}$，则 $\dfrac{\partial Q}{\partial x}=\dfrac{\partial P}{\partial y}=\dfrac{y^2-x^2}{(x^2+y^2)^2}$，所以在不含原点的单连通域上曲线积分与积分路径无关. 曲线 $\Gamma$ 的起点为 $M_1(-a\pi,0)$，终点为 $M_2(a\pi,0)$，取曲线 $\Gamma_1:x=-a\pi\cos\theta,y=a\pi\sin\theta(0\leqslant\theta\leqslant\pi)$，则当 $\theta=0$ 时点为 $M_1(-a\pi,0)$，当 $\theta=\pi$ 时点为 $M_2(a\pi,0)$. 于是

$$\int_\Gamma\frac{x\mathrm{d}y-y\mathrm{d}x}{x^2+y^2}=\int_{\Gamma_1}\frac{x\mathrm{d}y-y\mathrm{d}x}{x^2+y^2}=-\int_0^\pi(\cos^2\theta+\sin^2\theta)\mathrm{d}\theta=-\pi$$

**例 2.6**（习题 7.2 B 4） 设 $\Gamma$ 是 $xOy$ 平面上逐段光滑的单闭曲线并取正向，$f\in\mathscr{C}$，求证：$\oint_\Gamma f(x^2+y^2)(x\mathrm{d}x+y\mathrm{d}y)=0$.

**解析** 记 $f(u)$ 的一个原函数为 $F(u)$，又 $x\mathrm{d}x+y\mathrm{d}y=\dfrac{1}{2}\mathrm{d}(x^2+y^2)$，所以

$$\oint_\Gamma f(x^2+y^2)(x\mathrm{d}x+y\mathrm{d}y)=\frac{1}{2}\oint_\Gamma f(x^2+y^2)\mathrm{d}(x^2+y^2)$$

$$=\frac{1}{2}\oint_\Gamma f(u)\mathrm{d}(u)=\frac{1}{2}F(u)\Big|_{u_0}^{u_0}=0$$

其中 $u=x^2+y^2$，$(x_0,y_0)$ 为曲线 $\Gamma$ 上任一点，$u_0=x_0^2+y_0^2$.

**例 2.7**（习题 7.2 B 6） 设 $\Gamma$ 为 $xOy$ 平面上的光滑曲线，$P,Q\in\mathscr{C}(\Gamma)$，求证：

$$\left|\int_\Gamma P(x,y)\mathrm{d}x+Q(x,y)\mathrm{d}y\right|\leqslant sM$$

其中 $s$ 是曲线 $\Gamma$ 的弧长，$M=\max\limits_{(x,y)\in\Gamma}\sqrt{P^2+Q^2}$.

**解析** 设曲线 $\Gamma$ 的顺向的单位切向量为 $\boldsymbol{\tau}^0=(\cos\alpha,\cos\beta)$，将原式中的对坐标的曲线积分化为对弧长的曲线积分，有

$$\left|\int_\Gamma P(x,y)\mathrm{d}x+Q(x,y)\mathrm{d}y\right|=\left|\int_\Gamma(P(x,y)\cos\alpha+Q(x,y)\cos\beta)\mathrm{d}s\right|$$

对上式的被积函数应用柯西-施瓦兹不等式得

$$\left|\iint_\Gamma (P(x,y)\cos\alpha + Q(x,y)\cos\beta)\mathrm{d}s\right|$$

$$\leqslant \int_\Gamma \sqrt{P^2+Q^2}\sqrt{\cos^2\alpha+\cos^2\beta}\mathrm{d}s = \int_\Gamma \sqrt{P^2+Q^2}\,\mathrm{d}s$$

$$\leqslant \max_{(x,y)\in\Gamma}\sqrt{P^2+Q^2}\int_\Gamma \mathrm{d}s = sM$$

于是

$$\left|\int_\Gamma P(x,y)\mathrm{d}x + Q(x,y)\mathrm{d}y\right| \leqslant sM$$

**例 2.8**(习题 7.3 A 1.3)  计算曲面积分$\iint_\Sigma(x^2+y^2+z^2)\mathrm{d}S$, $\Sigma: x^2+y^2+z^2 = 2az(a\leqslant z\leqslant 2a)$.

**解析**  $\Sigma$ 在 $xOy$ 平面上的投影为 $D_{xy}=\{(x,y)\mid x^2+y^2\leqslant a^2\}$, $\Sigma$ 的方程为 $z=a+\sqrt{a^2-x^2-y^2}$, $(x,y)\in D_{xy}$, 于是

$$\iint_\Sigma(x^2+y^2+z^2)\mathrm{d}S = \iint_{D_{xy}} 2az\sqrt{1+(z'_x)^2+(z'_y)^2}\,\mathrm{d}x\mathrm{d}y$$

$$= 2a^2\iint_{D_{xy}}\left(\frac{a}{\sqrt{a^2-x^2-y^2}}+1\right)\mathrm{d}x\mathrm{d}y$$

$$= 2a^2\int_0^{2\pi}\mathrm{d}\theta\int_0^a \frac{a}{\sqrt{a^2-\rho^2}}\rho\mathrm{d}\rho + 2\pi a^4$$

$$= 4\pi a^2(-a\sqrt{a^2-\rho^2})\Big|_0^a + 2\pi a^4 = 6\pi a^4$$

**例 2.9**(习题 7.3 A 2.2)  计算$\iint_\Sigma(2x+z)\mathrm{d}y\mathrm{d}z+z\mathrm{d}x\mathrm{d}y$, $\Sigma: z=x^2+y^2(0\leqslant z\leqslant 1)$, 法向量与 $z$ 轴正向夹角为锐角.

**解析**  采用统一投影法. 因为 $\dfrac{\mathrm{d}y\mathrm{d}z}{-2x}=\dfrac{\mathrm{d}z\mathrm{d}x}{-2y}=\dfrac{\mathrm{d}x\mathrm{d}y}{1}$, $\Sigma$ 在 $xOy$ 平面上的投影为 $D_{xy}=\{(x,y)\mid x^2+y^2\leqslant 1\}$. 于是

$$\iint_\Sigma(2x+z)\mathrm{d}y\mathrm{d}z+z\mathrm{d}x\mathrm{d}y$$

$$= \iint_\Sigma(-2x(2x+z)+z)\mathrm{d}x\mathrm{d}y$$

$$= \iint_{D_{xy}}(-4x^2-2x(x^2+y^2)+x^2+y^2)\mathrm{d}x\mathrm{d}y = \iint_{D_{xy}}(-3x^2+y^2)\mathrm{d}x\mathrm{d}y$$

$$= \int_0^{2\pi}\mathrm{d}\theta\int_0^1(-3\rho^2\cos^2\theta+\rho^2\sin^2\theta)\rho\mathrm{d}\rho = \int_0^{2\pi}\left(-\frac{3}{4}\cos^2\theta+\frac{1}{4}\sin^2\theta\right)\mathrm{d}\theta$$

$$= \int_0^{2\pi}\left(-\frac{1}{4}-\frac{1}{2}\cos 2\theta\right)\mathrm{d}\theta = -\frac{\pi}{2}$$

**例 2.10**(习题 7.3 A 2.4) 计算 $\iint\limits_{\Sigma}\dfrac{x\mathrm{d}y\mathrm{d}z+z^2\mathrm{d}x\mathrm{d}y}{x^2+y^2+z^2}$, $\Sigma: x^2+y^2=a^2(-a\leqslant z\leqslant a)$,取外侧.

**解析** 曲面 $\Sigma$ 的 $x\geqslant 0$ 部分取前侧,$\Sigma$ 的 $x\leqslant 0$ 部分取后侧. 采用分项投影法计算,因 $\Sigma$ 在 $xOy$ 平面上的投影面积为 0,在 $yOz$ 平面上的投影为 $D_{yz}=\{(y,z)\mid -a\leqslant y\leqslant a,-a\leqslant z\leqslant a\}$,于是

$$\iint\limits_{\Sigma}\dfrac{x\mathrm{d}y\mathrm{d}z+z^2\mathrm{d}x\mathrm{d}y}{x^2+y^2+z^2}=\iint\limits_{\Sigma}\dfrac{x\mathrm{d}y\mathrm{d}z}{x^2+y^2+z^2}$$

$$=\iint\limits_{\Sigma(x\geqslant 0)}\dfrac{x\mathrm{d}y\mathrm{d}z}{x^2+y^2+z^2}+\iint\limits_{\Sigma(x\leqslant 0)}\dfrac{x\mathrm{d}y\mathrm{d}z}{x^2+y^2+z^2}$$

$$=\iint\limits_{D_{yz}}\dfrac{\sqrt{a^2-y^2}}{a^2+z^2}\mathrm{d}y\mathrm{d}z-\iint\limits_{D_{yz}}\dfrac{-\sqrt{a^2-y^2}}{a^2+z^2}\mathrm{d}y\mathrm{d}z$$

$$=2\iint\limits_{D_{yz}}\dfrac{\sqrt{a^2-y^2}}{a^2+z^2}\mathrm{d}y\mathrm{d}z=8\int_0^a\sqrt{a^2-y^2}\mathrm{d}y\cdot\int_0^a\dfrac{1}{a^2+z^2}\mathrm{d}z$$

$$=8\cdot\dfrac{\pi}{4}a^2\cdot\dfrac{1}{a}\arctan\dfrac{z}{a}\Big|_0^a=\dfrac{1}{2}\pi^2 a$$

**例 2.11**(习题 7.3 B 3) 计算曲面积分 $\iint\limits_{\Sigma}\dfrac{\mathrm{e}^z\mathrm{d}x\mathrm{d}y}{\sqrt{x^2+y^2}}$,$\Sigma: z=\sqrt{x^2+y^2}$ 与 $z=1$,$z=2$ 所围立体的表面的外侧.

**解析** 设曲面 $\Sigma=\Sigma_1+\Sigma_2+\Sigma_3$,其中 $\Sigma_1=\{(x,y,z)\mid z=\sqrt{x^2+y^2},1\leqslant z\leqslant 2\}$ 为立体的侧面,在 $xOy$ 平面上的投影为 $D_1=\{(x,y)\mid 1\leqslant x^2+y^2\leqslant 4\}$,取下侧;$\Sigma_2=\{(x,y,z)\mid x^2+y^2\leqslant 4,z=2\}$ 为立体的上底面,在 $xOy$ 平面上的投影为 $D_2=\{(x,y)\mid x^2+y^2\leqslant 4\}$,取上侧;$\Sigma_3=\{(x,y,z)\mid x^2+y^2\leqslant 1,z=1\}$ 为立体的下底面,在 $xOy$ 平面上的投影为 $D_3=\{(x,y)\mid x^2+y^2\leqslant 1\}$,取下侧. 故

$$\iint\limits_{\Sigma}\dfrac{\mathrm{e}^z\mathrm{d}x\mathrm{d}y}{\sqrt{x^2+y^2}}=\iint\limits_{\Sigma_1}\dfrac{\mathrm{e}^z\mathrm{d}x\mathrm{d}y}{\sqrt{x^2+y^2}}+\iint\limits_{\Sigma_2}\dfrac{\mathrm{e}^z\mathrm{d}x\mathrm{d}y}{\sqrt{x^2+y^2}}+\iint\limits_{\Sigma_3}\dfrac{\mathrm{e}^z\mathrm{d}x\mathrm{d}y}{\sqrt{x^2+y^2}}$$

$$=-\iint\limits_{D_1}\dfrac{\mathrm{e}^{\sqrt{x^2+y^2}}\mathrm{d}x\mathrm{d}y}{\sqrt{x^2+y^2}}+\iint\limits_{D_2}\dfrac{\mathrm{e}^2\mathrm{d}x\mathrm{d}y}{\sqrt{x^2+y^2}}-\iint\limits_{D_3}\dfrac{\mathrm{e}\mathrm{d}x\mathrm{d}y}{\sqrt{x^2+y^2}}$$

$$=-\int_0^{2\pi}\mathrm{d}\theta\int_1^2\mathrm{e}^\rho\mathrm{d}\rho+\int_0^{2\pi}\mathrm{d}\theta\int_0^2\mathrm{e}^2\mathrm{d}\rho-\int_0^{2\pi}\mathrm{d}\theta\int_0^1\mathrm{e}\mathrm{d}\rho=2\pi\mathrm{e}^2$$

**例 2.12**(习题 7.3 B 4) 设 $\Sigma$ 为椭球面 $\dfrac{x^2}{2}+\dfrac{y^2}{2}+z^2=1(z\geqslant 0)$,$P\in\Sigma$,$\Pi$ 为 $\Sigma$ 在点 $P$ 处的切平面,$\rho(x,y,z)$ 为原点到平面 $\Pi$ 的距离,求 $\iint\limits_{\Sigma}\dfrac{z}{\rho(x,y,z)}\mathrm{d}S$.

**解析** $\Sigma$ 上侧的单位法向量为

$$\pmb{n}^0 = (\cos\alpha, \cos\beta, \cos\gamma) = \frac{1}{\sqrt{x^2+y^2+4z^2}}(x,y,2z) = \frac{1}{\sqrt{2}\sqrt{1+z^2}}(x,y,2z)$$

设点 $P$ 的坐标为 $(x,y,z)$,则切平面的方程为 $x(X-x)+y(Y-y)+2z(Z-z)=0$,从而可得 $\rho(x,y,z) = \dfrac{x^2+y^2+2z^2}{\sqrt{x^2+y^2+4z^2}} = \dfrac{\sqrt{2}}{\sqrt{1+z^2}}$. 椭球面在 $xOy$ 上的投影为 $D_{xy} = \{(x,y) \mid x^2+y^2 \leqslant 2\}$,于是

$$\iint_\Sigma \frac{z}{\rho(x,y,z)}\mathrm{d}S = \iint_\Sigma \frac{z}{\rho(x,y,z)}\frac{1}{\cos\gamma}\mathrm{d}x\mathrm{d}y = \frac{1}{2}\iint_\Sigma (1+z^2)\mathrm{d}x\mathrm{d}y$$

$$= \frac{1}{2}\iint_{D_{xy}} \left(2 - \frac{x^2}{2} - \frac{y^2}{2}\right)\mathrm{d}x\mathrm{d}y$$

$$= \frac{1}{2}\int_0^{2\pi}\mathrm{d}\theta \int_0^{\sqrt{2}} \left(2 - \frac{\rho^2}{2}\right)\rho\,\mathrm{d}\rho = \frac{3}{2}\pi$$

**例 2.13**(习题 7.3 B 5)  设 $\Sigma$ 为下半球面 $z = -\sqrt{a^2-x^2-y^2}$ 的上侧,求

$$\iint_\Sigma \frac{ax\,\mathrm{d}y\mathrm{d}z + (z+a)^2\mathrm{d}x\mathrm{d}y}{\sqrt{x^2+y^2+z^2}}$$

**解析**  **方法 Ⅰ**  采用分项投影法. $\Sigma$ 在 $yOz$ 平面上的投影为

$$D_{yz} = \{(y,z) \mid y^2+z^2 \leqslant a^2, z \leqslant 0\}$$

当 $x \geqslant 0$ 时取后侧,当 $x \leqslant 0$ 时取前侧;$\Sigma$ 在 $xOy$ 平面上的投影为

$$D_{xy} = \{(x,y) \mid x^2+y^2 \leqslant a^2\}$$

取上侧. 于是

$$\iint_\Sigma \frac{ax\,\mathrm{d}y\mathrm{d}z}{\sqrt{x^2+y^2+z^2}} = \iint_{\Sigma(x \geqslant 0)} x\,\mathrm{d}y\mathrm{d}z + \iint_{\Sigma(x \leqslant 0)} x\,\mathrm{d}y\mathrm{d}z$$

$$= -\iint_{D_{yz}} \sqrt{a^2-y^2-z^2}\,\mathrm{d}y\mathrm{d}z + \iint_{D_{yz}} (-\sqrt{a^2-y^2-z^2})\,\mathrm{d}y\mathrm{d}z$$

$$= -2\iint_{D_{yz}} \sqrt{a^2-y^2-z^2}\,\mathrm{d}y\mathrm{d}z = -2\int_\pi^{2\pi}\mathrm{d}\theta \int_0^a \sqrt{a^2-\rho^2}\,\rho\,\mathrm{d}\rho$$

$$= \frac{2}{3}\int_\pi^{2\pi} (a^2-\rho^2)^{\frac{3}{2}}\bigg|_0^a \mathrm{d}\theta = -\frac{2}{3}\pi a^3$$

$$\iint_\Sigma \frac{(z+a)^2}{\sqrt{x^2+y^2+z^2}}\mathrm{d}x\mathrm{d}y = \frac{1}{a}\iint_{D_{xy}} (a - \sqrt{a^2-x^2-y^2})^2\mathrm{d}x\mathrm{d}y$$

$$= \frac{1}{a}\int_0^{2\pi}\mathrm{d}\theta \int_0^a (a-\sqrt{a^2-\rho^2})^2 \rho\,\mathrm{d}\rho$$

$$= \frac{2\pi}{a}\int_0^a (2a^2 - 2a\sqrt{a^2-\rho^2} - \rho^2)\rho\,\mathrm{d}\rho$$

$$= \frac{2\pi}{a}\left(a^4 - \frac{2}{3}a^4 - \frac{1}{4}a^4\right) = \frac{1}{6}\pi a^3$$

所以

$$\iint_{\Sigma} \frac{ax\mathrm{d}y\mathrm{d}z + (z+a)^2\mathrm{d}x\mathrm{d}y}{\sqrt{x^2+y^2+z^2}} = -\frac{2}{3}\pi a^3 + \frac{1}{6}\pi a^3 = -\frac{1}{2}\pi a^3$$

**方法 Ⅱ** 采用统一投影法. 因为 $\dfrac{\mathrm{d}y\mathrm{d}z}{x} = \dfrac{\mathrm{d}z\mathrm{d}x}{y} = \dfrac{\mathrm{d}x\mathrm{d}y}{z}$,$\Sigma$ 在 $xOy$ 平面上的投影为 $D_{xy} = \{(x,y) \mid x^2+y^2 \leqslant a^2\}$,取上侧,于是

$$原式 = \frac{1}{a}\iint_{\Sigma}\left(a\frac{x^2}{z} + (z+a)^2\right)\mathrm{d}x\mathrm{d}y$$

$$= \iint_{D_{xy}} \frac{x^2}{-\sqrt{a^2-x^2-y^2}}\mathrm{d}x\mathrm{d}y + \frac{1}{a}\iint_{D_{xy}}(a-\sqrt{a^2-x^2-y^2})^2\mathrm{d}x\mathrm{d}y \quad (1)$$

$$\iint_{D_{xy}} \frac{x^2}{-\sqrt{a^2-x^2-y^2}}\mathrm{d}x\mathrm{d}y = -\int_0^{2\pi}\cos^2\theta\mathrm{d}\theta \cdot \int_0^a \frac{\rho^2}{\sqrt{a^2-\rho^2}}\rho\mathrm{d}\rho \quad (令\ \rho = a\sin t)$$

$$= -\pi a^3 \int_0^{\frac{\pi}{2}}\sin^3 t\mathrm{d}t = -\pi a^3\left(\frac{1}{3}\cos^3 t - \cos t\right)\Big|_0^{\frac{\pi}{2}}$$

$$= -\frac{2}{3}\pi a^3$$

(1) 式中第二个积分同方法 1,即 $\dfrac{1}{a}\displaystyle\iint_{D_{xy}}(a-\sqrt{a^2-x^2-y^2})^2\mathrm{d}x\mathrm{d}y = \dfrac{1}{6}\pi a^3$,所以

$$\iint_{\Sigma} \frac{ax\mathrm{d}y\mathrm{d}z + (z+a)^2\mathrm{d}x\mathrm{d}y}{\sqrt{x^2+y^2+z^2}} = -\frac{2}{3}\pi a^3 + \frac{1}{6}\pi a^3 = -\frac{1}{2}\pi a^3$$

**例 2.14**(习题 7.4 A 1.2) 试用高斯公式计算曲面积分

$$\oiint_{\Sigma} xz\mathrm{d}y\mathrm{d}z + yz\mathrm{d}z\mathrm{d}x + z\sqrt{x^2+y^2}\mathrm{d}x\mathrm{d}y$$

其中 $\Sigma$ 为 $x^2+y^2+z^2 = a^2$,$x^2+y^2+z^2 = 4a^2$,$x^2+y^2 = z^2(z \geqslant 0)$ 所围立体的表面的外侧.

**解析** 记 $\Sigma$ 所围的立体为 $\Omega$,其为锥体 $x^2+y^2 = z^2$ 上半部分被两球面所截部分. 记 $P = xz$,$Q = yz$,$R = z\sqrt{x^2+y^2}$,应用高斯公式,并采用球坐标计算,则

$$原式 = \iiint_{\Omega}\left(\frac{\partial P}{\partial x} + \frac{\partial Q}{\partial y} + \frac{\partial R}{\partial z}\right)\mathrm{d}x\mathrm{d}y\mathrm{d}z = \iiint_{\Omega}(2z + \sqrt{x^2+y^2})\mathrm{d}x\mathrm{d}y\mathrm{d}z$$

$$= \int_0^{2\pi}\mathrm{d}\theta\int_0^{\frac{\pi}{4}}\mathrm{d}\varphi\int_a^{2a}(2r\cos\varphi + r\sin\varphi)r^2\sin\varphi\mathrm{d}r$$

$$= \frac{15\pi}{2}a^4\int_0^{\frac{\pi}{4}}(2\sin\varphi\cos\varphi + \sin^2\varphi)\mathrm{d}\varphi$$

$$= \frac{15\pi}{2}a^4\left(\sin^2\varphi + \frac{1}{2}\varphi - \frac{1}{4}\sin 2\varphi\right)\Big|_0^{\pi/4} = \frac{15}{16}\pi(\pi+2)a^4$$

**例 2.15**(习题 7.4 A 2) 设 $\Sigma$ 是光滑的封闭曲面,$n$ 是 $\Sigma$ 的外法向量,$e$ 是固定

的非零向量,求 $\oiint_{\Sigma}\cos\langle \boldsymbol{n},\boldsymbol{e}\rangle \mathrm{d}S$.

**解析** 设 $\boldsymbol{n}^0=(\cos\alpha,\cos\beta,\cos\gamma)$, $\boldsymbol{e}=(e_1,e_2,e_3)$,这里 $e_1,e_2,e_3$ 为常数. 记封闭曲面 $\Sigma$ 所围的立体为 $\Omega$,则

$$\cos\langle \boldsymbol{n},\boldsymbol{e}\rangle = \frac{\boldsymbol{n}\cdot \boldsymbol{e}}{|\boldsymbol{n}||\boldsymbol{e}|} = \boldsymbol{n}^0 \cdot \frac{\boldsymbol{e}}{|\boldsymbol{e}|} = \frac{e_1}{|\boldsymbol{e}|}\cos\alpha + \frac{e_2}{|\boldsymbol{e}|}\cos\beta + \frac{e_3}{|\boldsymbol{e}|}\cos\gamma$$

应用高斯公式,则

$$\text{原式} = \frac{1}{|\boldsymbol{e}|}\oiint_{\Sigma}(e_1\cos\alpha + e_2\cos\beta + e_3\cos\gamma)\mathrm{d}S$$
$$= \frac{1}{|\boldsymbol{e}|}\oiint_{\Sigma}e_1\mathrm{d}y\mathrm{d}z + e_2\mathrm{d}z\mathrm{d}x + e_3\mathrm{d}x\mathrm{d}y$$
$$= \frac{1}{|\boldsymbol{e}|}\iiint_{\Omega}\left(\frac{\partial e_1}{\partial x} + \frac{\partial e_2}{\partial y} + \frac{\partial e_3}{\partial z}\right)\mathrm{d}x\mathrm{d}y\mathrm{d}z = 0$$

**例 2.16**(习题 7.4 B 5) 设曲面 $\Sigma: \frac{x^2}{a^2}+\frac{y^2}{b^2}+\frac{z^2}{c^2}=1$ 上点 $(x,y,z)$ 处的切平面为 $\Pi$,原点到平面 $\Pi$ 的距离为 $\rho(x,y,z)$,求 $\oiint_{\Sigma}\rho(x,y,z)\mathrm{d}S$.

**解析** 由题意可知曲面 $\Sigma: \frac{x^2}{a^2}+\frac{y^2}{b^2}+\frac{z^2}{c^2}=1$ 上点 $(x,y,z)$ 处的外法向量 $\boldsymbol{n}=\left(\frac{x}{a^2},\frac{y}{b^2},\frac{z}{c^2}\right)$,故点 $(x,y,z)$ 处切平面 $\Pi$ 的方程为

$$\frac{x}{a^2}X + \frac{y}{b^2}Y + \frac{z}{c^2}Z = 1$$

记 $\boldsymbol{n}^0 = \frac{\boldsymbol{n}}{|\boldsymbol{n}|} = (\cos\alpha,\cos\beta,\cos\gamma)$,则原点到平面 $\Pi$ 的距离为

$$\rho(x,y,z) = \frac{1}{|\boldsymbol{n}|} = \frac{\frac{x^2}{a^2}+\frac{y^2}{b^2}+\frac{z^2}{c^2}}{|\boldsymbol{n}|} = \frac{(x,y,z)\cdot \boldsymbol{n}}{|\boldsymbol{n}|}$$
$$= (x,y,z)\cdot \boldsymbol{n}^0 = x\cos\alpha + y\cos\beta + z\cos\gamma$$

所以

$$\oiint_{\Sigma}\rho(x,y,z)\mathrm{d}S = \oiint_{\Sigma}(x\cos\alpha + y\cos\beta + z\cos\gamma)\mathrm{d}S$$
$$= \oiint_{\Sigma}x\mathrm{d}y\mathrm{d}z + y\mathrm{d}z\mathrm{d}x + z\mathrm{d}x\mathrm{d}y$$
$$= 3\iiint_{\Omega}\mathrm{d}x\mathrm{d}y\mathrm{d}z = 3V = 4\pi abc$$

**例 2.17**(习题 7.5 B 5) 计算曲线积分

$$\oint_{\Gamma}(x^2+y^2-z^2)\mathrm{d}x + (y^2+z^2-x^2)\mathrm{d}y + (z^2+x^2-y^2)\mathrm{d}z$$

其中 $\Gamma$ 为 $x^2+y^2+z^2=6y$ 与 $x^2+y^2=4y(z\geqslant 0)$ 的交线,从 $z$ 轴正向看去为逆时针方向.

**解析** 记 $P=x^2+y^2-z^2, Q=y^2+z^2-x^2, R=z^2+x^2-y^2, \Sigma$ 为球面 $x^2+y^2+z^2=6y$ 位于交线 $\Gamma$ 上方的部分,取上侧(见图 10.1), $D: x^2+y^2\leqslant 4y$. 利用斯托克斯公式得

$$原式 = \iint_{\Sigma}\left(\frac{\partial R}{\partial y}-\frac{\partial Q}{\partial z}\right)\mathrm{d}y\mathrm{d}z + \left(\frac{\partial P}{\partial z}-\frac{\partial R}{\partial x}\right)\mathrm{d}z\mathrm{d}x + \left(\frac{\partial Q}{\partial x}-\frac{\partial P}{\partial y}\right)\mathrm{d}x\mathrm{d}y$$

$$= -2\iint_{\Sigma}(y+z)\mathrm{d}y\mathrm{d}z + (z+x)\mathrm{d}z\mathrm{d}x + (x+y)\mathrm{d}x\mathrm{d}y$$

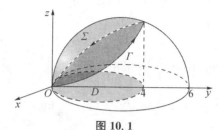

图 10.1

采用统一投影法,因为 $\dfrac{\mathrm{d}y\mathrm{d}z}{x}=\dfrac{\mathrm{d}z\mathrm{d}x}{y-3}=\dfrac{\mathrm{d}x\mathrm{d}y}{z}$,可得

$$原式 = -2\iint_{\Sigma}\left((y+z)\frac{x}{z}+(z+x)\frac{y-3}{z}+(x+y)\right)\mathrm{d}x\mathrm{d}y$$

$$= -2\iint_{\Sigma}\frac{1}{z}(2xy+2yz+2zx-3z-3x)\mathrm{d}x\mathrm{d}y$$

$$= -2\iint_{D}\frac{x(2y-3)}{\sqrt{6y-x^2-y^2}}\mathrm{d}x\mathrm{d}y - 2\iint_{D}(2y+2x-3)\mathrm{d}x\mathrm{d}y$$

由于区域 $D$ 关于 $x=0$ 对称, $\dfrac{x(2y-3)}{\sqrt{6y-x^2-y^2}}$ 关于 $x$ 是奇函数, $2x$ 关于 $x$ 也是奇函数,所以

$$\iint_{D}\frac{x(2y-3)}{\sqrt{6y-x^2-y^2}}\mathrm{d}x\mathrm{d}y = 0, \quad \iint_{D}2x\mathrm{d}x\mathrm{d}y = 0$$

于是

$$原式 = -2\iint_{D}(2y-3)\mathrm{d}x\mathrm{d}y = -8\int_{0}^{\frac{\pi}{2}}\mathrm{d}\theta\int_{0}^{4\sin\theta}\rho^2\sin\theta\mathrm{d}\rho + 6\pi\cdot 2^2$$

$$= -\frac{8}{3}\cdot 64\int_{0}^{\frac{\pi}{2}}\sin^4\theta\mathrm{d}\theta + 24\pi = -32\pi + 24\pi = -8\pi$$

**例 2.18**(复习题 7 题 1) 求曲线积分 $\displaystyle\int_{\Gamma}\frac{x\mathrm{d}y-y\mathrm{d}x}{|x|+|y|}$,其中 $\Gamma$ 为半圆 $x^2+y^2=$

$1(y \geqslant 0)$ 上从 $A(1,0)$ 到 $B(-1,0)$ 的一段弧.

**解析** 记曲线 $\Gamma$ 在第一和第二象限的部分分别为 $\Gamma_1, \Gamma_2$，且 $\Gamma$ 的参数方程为 $x = \cos\theta, y = \sin\theta$，所以

$$\text{原式} = \int_{\Gamma_1} \frac{x\mathrm{d}y - y\mathrm{d}x}{|x| + |y|} + \int_{\Gamma_2} \frac{x\mathrm{d}y - y\mathrm{d}x}{|x| + |y|}$$

$$= \int_{\Gamma_1} \frac{x\mathrm{d}y - y\mathrm{d}x}{x + y} + \int_{\Gamma_2} \frac{x\mathrm{d}y - y\mathrm{d}x}{y - x}$$

$$= \int_0^{\frac{\pi}{2}} \frac{1}{\sqrt{2}\sin\left(\theta + \frac{\pi}{4}\right)} \mathrm{d}\theta + \int_{\frac{\pi}{2}}^{\pi} \frac{-1}{\sqrt{2}\cos\left(\theta + \frac{\pi}{4}\right)} \mathrm{d}\theta$$

$$= \frac{1}{\sqrt{2}} \ln\left|\csc\left(\theta + \frac{\pi}{4}\right) - \cot\left(\theta + \frac{\pi}{4}\right)\right| \Big|_0^{\frac{\pi}{2}}$$

$$\quad - \frac{1}{\sqrt{2}} \ln\left|\sec\left(\theta + \frac{\pi}{4}\right) + \tan\left(\theta + \frac{\pi}{4}\right)\right| \Big|_{\frac{\pi}{2}}^{\pi}$$

$$= \frac{1}{\sqrt{2}} \ln(\sqrt{2} + 1) - \frac{1}{\sqrt{2}} \ln(\sqrt{2} - 1) - \frac{1}{\sqrt{2}} \ln(\sqrt{2} - 1) + \frac{1}{\sqrt{2}} \ln(\sqrt{2} + 1)$$

$$= 2\sqrt{2} \ln(1 + \sqrt{2})$$

**例 2.19**（复习题 7 题 2） 设 $D$ 是光滑的单闭曲线 $l$ 围成的平面区域，$u(x,y)$, $v(x,y) \in \mathscr{C}^{(2)}(D)$，若 $\boldsymbol{n}$ 为 $l$ 的外法向量，试证：

$$\oint_{l^+} v \frac{\partial u}{\partial \boldsymbol{n}} \mathrm{d}s = \iint_D \left[ v \left( \frac{\partial^2 u}{\partial x^2} + \frac{\partial^2 u}{\partial y^2} \right) + \left( \frac{\partial u}{\partial x} \frac{\partial v}{\partial x} + \frac{\partial u}{\partial y} \frac{\partial v}{\partial y} \right) \right] \mathrm{d}x\mathrm{d}y$$

**解析** 设 $l^+$ 的切向量的方向余弦为 $\boldsymbol{\tau} = (\cos\alpha, \cos\beta)$，则 $l^+$ 的外法向量的方向余弦为 $\boldsymbol{n} = (\cos\beta, -\cos\alpha)$，应用方向导数计算公式得

$$\oint_{l^+} v \frac{\partial u}{\partial \boldsymbol{n}} \mathrm{d}s = \oint_{l^+} v \left( \frac{\partial u}{\partial x} \cos\beta - \frac{\partial u}{\partial y} \cos\alpha \right) \mathrm{d}s = \oint_{l^+} v \frac{\partial u}{\partial x} \mathrm{d}y - v \frac{\partial u}{\partial y} \mathrm{d}x$$

再应用格林公式得

$$\oint_{l^+} v \frac{\partial u}{\partial \boldsymbol{n}} \mathrm{d}s = \iint_D \left[ \frac{\partial}{\partial x}\left(v \frac{\partial u}{\partial x}\right) - \frac{\partial}{\partial y}\left(-v \frac{\partial u}{\partial y}\right) \right] \mathrm{d}x\mathrm{d}y$$

$$= \iint_D \left[ v \left( \frac{\partial^2 u}{\partial x^2} + \frac{\partial^2 u}{\partial y^2} \right) + \left( \frac{\partial u}{\partial x} \frac{\partial v}{\partial x} + \frac{\partial u}{\partial y} \frac{\partial v}{\partial y} \right) \right] \mathrm{d}x\mathrm{d}y$$

**例 2.20**（复习题 7 题 3） 设 $f \in \mathscr{C}(-\infty, +\infty), f \neq 0, \Gamma: (x-1)^2 + (y-1)^2 = 1$，取正向，证明：

$$\oint_\Gamma x f^2(y) \mathrm{d}y - \frac{y}{f^2(x)} \mathrm{d}x \geqslant 2\pi$$

**解析** 设 $D$ 为曲线 $\Gamma$ 所围平面区域，应用格林公式和对称性得

$$\oint_\Gamma x f^2(y) \mathrm{d}y - \frac{y}{f^2(x)} \mathrm{d}x = \iint_D \left( f^2(y) + \frac{1}{f^2(x)} \right) \mathrm{d}\sigma$$

$$= \frac{1}{2}\iint_D \left(f^2(x) + \frac{1}{f^2(x)} + f^2(y) + \frac{1}{f^2(y)}\right)d\sigma$$

$$\geq 2\iint_D d\sigma = 2\pi$$

**例 2.21**（复习题 7 题 5）  计算 $\iint_\Sigma \frac{1}{\sqrt{x^2+z^2}}e^{\sqrt{y}}dzdx$，其中 $\Sigma$ 为 $y = x^2 + z^2$ 与 $y = 1, y = 2$ 所围立体的外侧表面．

**解析**  记 $\Sigma$ 包围的区域为 $\Omega$（见图 10.2）．先应用高斯公式将原式化为三重积分，再在垂直于 $y$ 轴的截面上用极坐标计算二重积分，可得

$$\iint_\Sigma \frac{1}{\sqrt{x^2+z^2}}e^{\sqrt{y}}dzdx$$

$$= \iiint_\Omega \frac{1}{2\sqrt{y}}\frac{1}{\sqrt{x^2+z^2}}e^{\sqrt{y}}dxdydz$$

$$= \int_1^2 dy \iint_{x^2+z^2 \leq y} \frac{1}{2\sqrt{y}}\frac{1}{\sqrt{x^2+z^2}}e^{\sqrt{y}}dzdx$$

$$= \int_1^2 dy \int_0^{2\pi} d\theta \int_0^{\sqrt{y}} \frac{1}{2\sqrt{y}}e^{\sqrt{y}}d\rho$$

$$= \pi \int_1^2 e^{\sqrt{y}} dy \quad (\diamondsuit \sqrt{y} = t)$$

$$= 2\pi \int_1^{\sqrt{2}} te^t dt = 2\pi e^t(t-1)\Big|_1^{\sqrt{2}}$$

$$= 2\pi e^{\sqrt{2}}(\sqrt{2}-1)$$

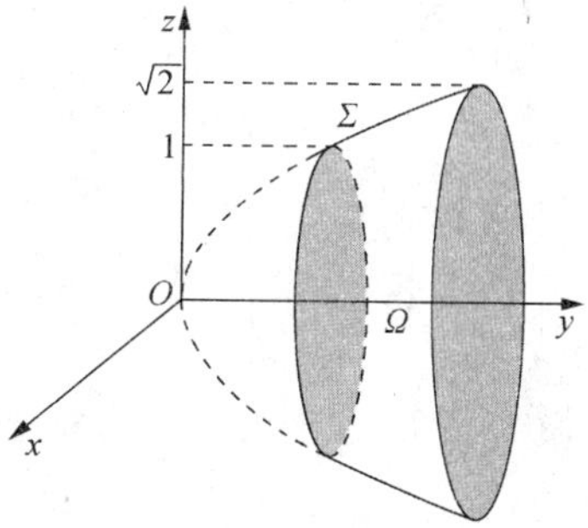

图 10.2

**例 2.22**（复习题 7 题 6）  计算 $\iint_\Sigma z\left(\frac{x}{a^2}\cos\alpha + \frac{y}{b^2}\cos\beta + \frac{z}{c^2}\cos\gamma\right)dS$，其中 $\Sigma$ 为上半椭球面 $\frac{x^2}{a^2} + \frac{y^2}{b^2} + \frac{z^2}{c^2} = 1(z \geq 0)$，$\cos\alpha, \cos\beta, \cos\gamma$ 为其外侧法向量的方向余弦．

**解析**  记 $\Sigma' = \left\{(x,y,z) \Big| \frac{x^2}{a^2} + \frac{y^2}{b^2} \leq 1, z = 0\right\}$ 并取下侧，$\Sigma + \Sigma'$ 所围立体为 $\Omega$．应用高斯公式，有

$$\text{原式} = \iint_\Sigma \frac{xz}{a^2}dydz + \frac{yz}{b^2}dzdx + \frac{z^2}{c^2}dxdy$$

$$= \iint_{\Sigma+\Sigma'} \frac{xz}{a^2}dydz + \frac{yz}{b^2}dzdx + \frac{z^2}{c^2}dxdy - \iint_{\Sigma'} \frac{xz}{a^2}dydz + \frac{yz}{b^2}dzdx + \frac{z^2}{c^2}dxdy$$

$$= \iiint_\Omega z\left(\frac{1}{a^2} + \frac{1}{b^2} + \frac{2}{c^2}\right)dxdydz - 0 = \left(\frac{1}{a^2} + \frac{1}{b^2} + \frac{2}{c^2}\right)\iiint_\Omega z dxdydz$$

采用广义球坐标变换 $x = ar\sin\varphi\cos\theta, y = br\sin\varphi\sin\theta, z = cr\cos\varphi$，则

$$\iiint_\Omega z\mathrm{d}x\mathrm{d}y\mathrm{d}z = abc^2\int_0^{2\pi}\mathrm{d}\theta\int_0^{\frac{\pi}{2}}\mathrm{d}\varphi\int_0^1 r^3\cos\varphi\sin\varphi\mathrm{d}r = \frac{\pi}{4}abc^2$$

所以,原式 $= \dfrac{\pi}{4}abc^2\left(\dfrac{1}{a^2}+\dfrac{1}{b^2}+\dfrac{2}{c^2}\right)$.

**例 2.23**(复习题 7 题 7)  设 $\Sigma$ 为 $x^2+y^2+z^2=1(z\geqslant 0)$,取外侧,求连续函数 $f(x,y)$,使其满足:

$$f(x,y) = 2(x-y)^2 + \iint_\Sigma x(z^2+\mathrm{e}^z)\mathrm{d}y\mathrm{d}z + y(z^2+\mathrm{e}^z)\mathrm{d}z\mathrm{d}x$$
$$+ (zf(x,y)-2\mathrm{e}^z)\mathrm{d}x\mathrm{d}y$$

**解析**  记

$$\iint_\Sigma x(z^2+\mathrm{e}^z)\mathrm{d}y\mathrm{d}z + y(z^2+\mathrm{e}^z)\mathrm{d}z\mathrm{d}x + (zf(x,y)-2\mathrm{e}^z)\mathrm{d}x\mathrm{d}y = A$$

则 $f(x,y) = 2(x-y)^2 + A$. 设 $\Sigma' = \{(x,y,z)\mid x^2+y^2\leqslant 1,z=0\}$,取下侧,则

$$\iint_{\Sigma'} x(z^2+\mathrm{e}^z)\mathrm{d}y\mathrm{d}z + y(z^2+\mathrm{e}^z)\mathrm{d}z\mathrm{d}x + (zf(x,y)-2\mathrm{e}^z)\mathrm{d}x\mathrm{d}y = -2\iint_{\Sigma'}\mathrm{d}x\mathrm{d}y = 2\pi$$

设 $\Sigma$ 与 $\Sigma'$ 包围的区域为 $\Omega$,应用高斯公式得

$$A + 2\pi = \iint_{\Sigma+\Sigma'} x(z^2+\mathrm{e}^z)\mathrm{d}y\mathrm{d}z + y(z^2+\mathrm{e}^z)\mathrm{d}z\mathrm{d}x + (zf(x,y)-2\mathrm{e}^z)\mathrm{d}x\mathrm{d}y$$
$$= \iiint_\Omega (z^2+\mathrm{e}^z+z^2+\mathrm{e}^z+f(x,y)-2\mathrm{e}^z)\mathrm{d}V$$
$$= 2\iiint_\Omega (z^2+x^2+y^2)\mathrm{d}V - 4\iiint_\Omega xy\mathrm{d}V + \frac{2}{3}\pi A$$
$$= 2\int_0^{2\pi}\mathrm{d}\theta\int_0^{\frac{\pi}{2}}\mathrm{d}\varphi\int_0^1 r^4\sin\varphi\mathrm{d}r - 0 + \frac{2}{3}\pi A = \frac{4}{5}\pi + \frac{2}{3}\pi A$$

由此解得 $A = \dfrac{18\pi}{5(2\pi-3)}$,所以

$$f(x,y) = 2(x-y)^2 + \frac{18\pi}{5(2\pi-3)}$$

## 10.3 典型题选解

**例 3.1**(全国 2013)  设
$L_1: x^2+y^2=1$, $L_2: x^2+y^2=2$, $L_3: x^2+2y^2=2$, $L_4: 2x^2+y^2=2$
为四条逆时针方向的平面曲线. 记

$$I_i = \oint_{L_i}\left(y+\frac{y^3}{6}\right)\mathrm{d}x + \left(2x-\frac{x^3}{3}\right)\mathrm{d}y \quad (i=1,2,3,4)$$

则 $\max\{I_1,I_2,I_3,I_4\} = $  ( )

(A) $I_1$　　(B) $I_2$　　(C) $I_3$　　(D) $I_4$

**解析**　如图 10.3 所示，应用格林公式，并应用奇偶、对称性，得

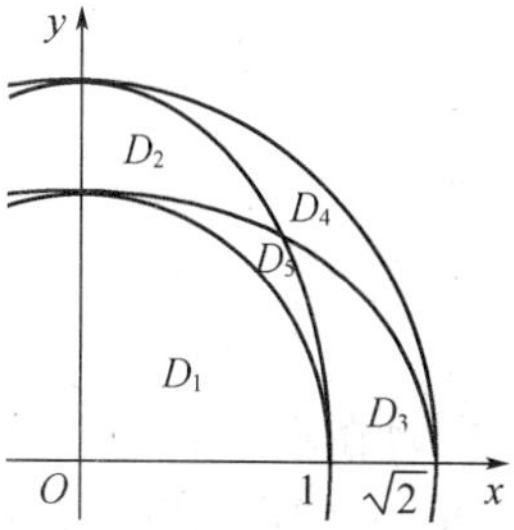


**图 10.3**

$$I_1 = 4\iint_{D_1}\left(1 - x^2 - \frac{1}{2}y^2\right)\mathrm{d}x\mathrm{d}y$$

$$I_2 = 4\iint_{D_1+D_2+D_3+D_4+D_5}\left(1 - x^2 - \frac{1}{2}y^2\right)\mathrm{d}x\mathrm{d}y$$

$$I_3 = 4\iint_{D_1+D_3+D_5}\left(1 - x^2 - \frac{1}{2}y^2\right)\mathrm{d}x\mathrm{d}y$$

$$I_4 = 4\iint_{D_1+D_2+D_5}\left(1 - x^2 - \frac{1}{2}y^2\right)\mathrm{d}x\mathrm{d}y$$

记 $f(x,y) = 1 - x^2 - \frac{1}{2}y^2$，由于在区域 $D_1, D_2, D_5$ 内，$f(x,y) > 0$，所以 $I_4 > I_1$；在区域 $D_3, D_4$ 内，$f(x,y) < 0$，所以 $I_4 > I_2, I_4 > I_3$. 于是 $\max\{I_1, I_2, I_3, I_4\} = I_4$，因此选(D).

**例 3.2**(精选题)　求 $I = \oint_C (x^2 + x)\mathrm{d}s$，其中 $C$：$\begin{cases} x^2 + y^2 + z^2 = a^2, \\ x + y + z = 0. \end{cases}$

**解析**　由于对称性，有

$$\oint_C x^2\mathrm{d}s = \oint_C y^2\mathrm{d}s = \oint_C z^2\mathrm{d}s, \qquad \oint_C x\mathrm{d}s = \oint_C y\mathrm{d}s = \oint_C z\mathrm{d}s$$

所以

$$I = \oint_C (x^2 + x)\mathrm{d}s = \frac{1}{3}\oint_C (x^2 + y^2 + z^2 + x + y + z)\mathrm{d}s = \frac{a^2}{3}\oint_C \mathrm{d}s = \frac{2\pi a^3}{3}$$

**例 3.3**(全国 2008)　计算曲线积分 $\int_L \sin 2x\mathrm{d}x + 2(x^2 - 1)y\mathrm{d}y$，其中 $L$ 是曲线 $y = \sin x$ 上从点 $(0,0)$ 到点 $(\pi,0)$ 的一段.

**解析**　化为定积分计算，则

$$\begin{aligned} \text{原式} &= \int_0^\pi [\sin 2x + 2(x^2 - 1)\sin x \cdot \cos x]\mathrm{d}x = \int_0^\pi x^2 \sin 2x\mathrm{d}x \\ &= -\frac{x^2}{2}\cos 2x\Big|_0^\pi + \int_0^\pi x\cos 2x\mathrm{d}x \\ &= -\frac{\pi^2}{2} + \frac{x}{2}\sin 2x\Big|_0^\pi - \frac{1}{2}\int_0^\pi \sin 2x\mathrm{d}x = -\frac{\pi^2}{2} \end{aligned}$$

**例 3.4**(精选题)　计算 $I = \int_{\widehat{AB}} \frac{(x - c)\mathrm{d}x + y\mathrm{d}y}{[(x - c)^2 + y^2]^{\frac{3}{2}}}(c > 0)$，其中 $\widehat{AB}$ 是沿椭圆 $\frac{x^2}{a^2} + \frac{y^2}{b^2} = 1(a \neq c)$ 的正向从 $A(a,0)$ 到 $B(0,b)$ 的一段弧.

**解析** 令
$$P(x,y) = \frac{x-c}{[(x-c)^2+y^2]^{\frac{3}{2}}}, \quad Q(x,y) = \frac{y}{[(x-c)^2+y^2]^{\frac{3}{2}}}$$

则
$$Q'_x = P'_y = -\frac{3(x-c)y}{[(x-c)^2+y^2]^{\frac{5}{2}}}$$

所以在不含点$(c,0)$的单连通域内原式的曲线积分与路径无关. 改变积分路径为$\overline{AC}+\overline{CB}$,这里点$C$的坐标为$C(a,b)$,则

$$原式 = \int_{\overline{AC}} P(x,y)\mathrm{d}x + Q(x,y)\mathrm{d}y + \int_{\overline{CB}} P(x,y)\mathrm{d}x + Q(x,y)\mathrm{d}y$$

$$= \int_0^b \frac{y}{[(a-c)^2+y^2]^{\frac{3}{2}}}\mathrm{d}y + \int_a^0 \frac{x-c}{[(x-c)^2+b^2]^{\frac{3}{2}}}\mathrm{d}x$$

$$= \frac{-1}{\sqrt{(a-c)^2+y^2}}\bigg|_0^b + \frac{-1}{\sqrt{(x-c)^2+b^2}}\bigg|_a^0$$

$$= \frac{-1}{\sqrt{(a-c)^2+b^2}} + \frac{1}{|a-c|} + \frac{-1}{\sqrt{c^2+b^2}} - \frac{-1}{\sqrt{(a-c)^2+b^2}}$$

$$= \frac{1}{|a-c|} - \frac{1}{\sqrt{c^2+b^2}}$$

**注意**:由于$0<c<a$时,$P(x,y)$沿$\overline{AO}$不可积,所以上述解法中改变积分路径时,不能取为$\overline{AO}+\overline{OB}$.

**例 3.5**(全国 2016) 设函数$f(x,y)$满足$\dfrac{\partial f(x,y)}{\partial x} = (2x+1)\mathrm{e}^{2x-y}$,且$f(0,y) = y+1$,$L_t$是从点$(0,0)$到点$(1,t)$的光滑曲线,计算曲线积分

$$I(t) = \int_{L_t} \frac{\partial f(x,y)}{\partial x}\mathrm{d}x + \frac{\partial f(x,y)}{\partial y}\mathrm{d}y$$

并求$I(t)$的最小值.

**解析** 将$\dfrac{\partial f(x,y)}{\partial x} = (2x+1)\mathrm{e}^{2x-y}$两边对$x$求积分得

$$f(x,y) = \int (2x+1)\mathrm{e}^{2x-y}\mathrm{d}x = \frac{1}{2}\int (2x+1)\mathrm{d}\mathrm{e}^{2x-y} = \frac{1}{2}(2x+1)\mathrm{e}^{2x-y} - \int \mathrm{e}^{2x-y}\mathrm{d}x$$

$$= \frac{1}{2}(2x+1)\mathrm{e}^{2x-y} - \frac{1}{2}\mathrm{e}^{2x-y} + \varphi(y) = x\mathrm{e}^{2x-y} + \varphi(y)$$

由$f(0,y) = y+1$可得$\varphi(y) = y+1$,故$f(x,y) = x\mathrm{e}^{2x-y} + y + 1$. 显然$f \in \mathscr{C}^{(1)}$,所以$f(x,y)$可微,且有

$$\mathrm{d}f(x,y) = \frac{\partial f(x,y)}{\partial x}\mathrm{d}x + \frac{\partial f(x,y)}{\partial y}\mathrm{d}y$$

因此原式曲线积分与路径无关,于是

$$I(t) = \int_{L_t} \frac{\partial f(x,y)}{\partial x}\mathrm{d}x + \frac{\partial f(x,y)}{\partial y}\mathrm{d}y = f(x,y)\Big|_{(0,0)}^{(1,t)}$$
$$= (x\mathrm{e}^{2x-y} + y + 1)\Big|_{(0,0)}^{(1,t)} = t + \mathrm{e}^{2-t}$$

由 $I'(t) = 1 - \mathrm{e}^{2-t} = 0$ 可知 $t = 2$，又因为 $I''(2) = \mathrm{e}^{2-t}\big|_{t=2} = 1 > 0$，所以 $t = 2$ 时 $I(t)$ 有最小值

$$\min I(t) = I(2) = 2 + \mathrm{e}^{2-2} = 2 + 1 = 3$$

**例 3.6**（南大 2005） 设曲线 $y = x(t-x)(t > 0)$ 与 $x$ 轴的交点为原点 $O$ 与 $A$，$\overset{\frown}{OA}$ 为自原点 $O$ 经 $y = x(t-x)$ 到 $A$ 的路线，若

$$I(t) = \int_{\overset{\frown}{OA}}\left(1 - y - \frac{\cos y}{1+x}\right)\mathrm{d}x + (2 + x + \sin y \cdot \ln(1+x))\mathrm{d}y$$

求 $t$ 值，使 $I(t)$ 取最大值.

**解析** 记 $P = 1 - y - \dfrac{\cos y}{1+x}, Q = 2 + x + \sin y \cdot \ln(1+x)$，则 $Q'_x - P'_y = 2$，且 $\overset{\frown}{OA} + \overline{AO}$ 是顺时针方向，应用格林公式，得

$$I(t) = \oint_{\overset{\frown}{OA}+\overline{AO}} P\mathrm{d}x + Q\mathrm{d}y - \int_{\overline{AO}} P\mathrm{d}x + Q\mathrm{d}y = -\iint_D 2\mathrm{d}x\mathrm{d}y + \int_0^t\left(1 - \frac{1}{1+x}\right)\mathrm{d}x$$
$$= -2\int_0^t x(t-x)\mathrm{d}x + t - \ln(1+t) = -\frac{1}{3}t^3 + t - \ln(1+t) \quad (t > 0)$$

由 $I'(t) = \dfrac{-t^3 - t^2 + t}{1+t} = 0 \Rightarrow t_0 = \dfrac{1}{2}(-1+\sqrt{5})$（驻点唯一），因为 $I''(t_0) = -2t_0 + \dfrac{1}{(1+t_0)^2} = \dfrac{5 - 3\sqrt{5}}{2} < 0$，所以 $t = \dfrac{1}{2}(-1+\sqrt{5})$ 时 $I(t)$ 取极大值，即最大值.

**例 3.7**（全国 2012） 已知 $L$ 是第一象限中从点 $(0,0)$ 沿圆周 $x^2 + y^2 = 2x$ 到点 $(2,0)$，再沿圆周 $x^2 + y^2 = 4$ 到点 $(0,2)$ 的曲线段，计算曲线积分

$$J = \int_L 3x^2 y\mathrm{d}x + (x^3 + x - 2y)\mathrm{d}y$$

**解析** 积分路径 $L$ 如图 10.4 所示. 记 $L_1: x = 0$ 上从 $A(0,2)$ 到 $O(0,0)$ 的一段，设 $L$ 与 $L_1$ 所围的平面区域为 $D$，令 $P = 3x^2 y, Q = x^3 + x - 2y$，在区域 $D$ 上应用格林公式，并应用定积分的几何意义，则

$$J = \oint_{L+L_1} P\mathrm{d}x + Q\mathrm{d}y - \int_{L_1} P\mathrm{d}x + Q\mathrm{d}y$$
$$= \iint_D (Q'_x - P'_y)\mathrm{d}x\mathrm{d}y + \int_0^2 Q(0,y)\mathrm{d}y$$

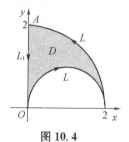

图 10.4

$$= \iint_D (3x^2 + 1 - 3x^2)\mathrm{d}x\mathrm{d}y + \int_0^2 (-2y)\mathrm{d}y$$

$$= \frac{1}{4}\pi \cdot 2^2 - \frac{1}{2}\pi \cdot 1^2 - 4 = \frac{\pi}{2} - 4$$

**例 3.8**（南大 2006） 设 $\Gamma$ 为曲线 $(x-1)^2 + (y-1)^2 = a^2 (a \neq \sqrt{2})$，取逆时针方向，计算 $\oint_\Gamma \dfrac{x\mathrm{d}y - y\mathrm{d}x}{9x^2 + y^2}$.

**解析** 记 $P = \dfrac{-y}{9x^2 + y^2}, Q = \dfrac{x}{9x^2 + y^2}$，则 $\dfrac{\partial Q}{\partial x} = \dfrac{\partial P}{\partial y} = \dfrac{y^2 - 9x^2}{(9x^2 + y^2)^2}$.

(1) 当 $0 < a < \sqrt{2}$ 时，在 $\Gamma$ 所包围的区域 $D$ 内，$P, Q \in C^{(1)}$，应用格林公式，则

$$\text{原式} = \iint_D \left( \frac{\partial Q}{\partial x} - \frac{\partial P}{\partial y} \right) \mathrm{d}x\mathrm{d}y = 0$$

(2) 当 $a > \sqrt{2}$ 时，作椭圆 $\Gamma_\varepsilon : 9x^2 + y^2 = \varepsilon^2$（取逆时针方向），$\varepsilon$ 充分小，使得 $\Gamma_\varepsilon$ 所包围的区域 $D_\varepsilon$ 包含在区域 $D$ 内，则

$$\text{原式} = \oint_{\Gamma_\varepsilon} \frac{x\mathrm{d}y - y\mathrm{d}x}{9x^2 + y^2} = \frac{1}{\varepsilon^2} \oint_{\Gamma_\varepsilon} x\mathrm{d}y - y\mathrm{d}x$$

$$= \frac{1}{\varepsilon^2} \iint_{D_\varepsilon} 2\mathrm{d}x\mathrm{d}y = \frac{1}{\varepsilon^2} \cdot \frac{2\pi}{3}\varepsilon^2 = \frac{2\pi}{3}$$

**例 3.9**（精选题） 已知曲线积分 $\int_L \dfrac{x\mathrm{d}y - y\mathrm{d}x}{f(x) + 8y^2}$ 恒等于常数 $A$，其中 $f(x) \in \mathscr{C}^{(1)}$，且 $f(1) = 1$，$L$ 为任意包含原点 $(0,0)$ 的简单封闭曲线，取正向.

(1) 若 $G$ 为不含原点的单连通区域，证明：$\int_C \dfrac{x\mathrm{d}y - y\mathrm{d}x}{f(x) + 8y^2}$ 与路径无关，其中 $C$ 为完全位于 $G$ 内的曲线；

(2) 求函数 $f(x)$ 和常数 $A$.

**解析** (1) 如图 10.5 所示，在 $G$ 中任取两点 $A, B$，从 $A$ 到 $B$ 任取路线 $\Gamma_1$ 与 $\Gamma_2$，从 $B$ 作曲线 $L_1$，使得 $L_1 + \Gamma_1$ 是包含原点 $(0,0)$ 的简单封闭曲线，$L_1 + \Gamma_2$ 也是包含原点 $(0,0)$ 的简单封闭曲线，则

$$\int_{L_1 + \Gamma_1} \frac{x\mathrm{d}y - y\mathrm{d}x}{f(x) + 8y^2} = \int_{L_1 + \Gamma_2} \frac{x\mathrm{d}y - y\mathrm{d}x}{f(x) + 8y^2} = A$$

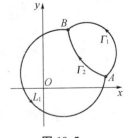

图 10.5

由此可得

$$\int_{\Gamma_1} \frac{x\mathrm{d}y - y\mathrm{d}x}{f(x) + 8y^2} = \int_{\Gamma_2} \frac{x\mathrm{d}y - y\mathrm{d}x}{f(x) + 8y^2} = A - \int_{L_1} \frac{x\mathrm{d}y - y\mathrm{d}x}{f(x) + 8y^2}$$

由 $G$ 中点 $A, B$ 的任意性，以及路线 $\Gamma_1$ 与 $\Gamma_2$ 的任意性，所以在单连通区域 $G$ 中，曲线积分 $\int_C \dfrac{x\mathrm{d}y - y\mathrm{d}x}{f(x) + 8y^2}$ 与路径无关.

(2) 由(1) 曲线积分 $\int_C \dfrac{x\mathrm{d}y - y\mathrm{d}x}{f(x) + 8y^2}$ 与路径无关有 $Q'_x = P'_y$,其中

$$P(x,y) = -\dfrac{y}{f(x) + 8y^2}, \quad Q(x,y) = \dfrac{x}{f(x) + 8y^2}$$

所以 $2f(x) = xf'(x)$,结合 $f(1) = 1$ 解得 $f(x) = x^2$.

取封闭曲线 $L: x^2 + 8y^2 = 1$,取正向,应用格林公式得

$$A = \int_L \dfrac{x\mathrm{d}y - y\mathrm{d}x}{f(x) + 8y^2} = \int_L x\mathrm{d}y - y\mathrm{d}x = \iint_D 2\mathrm{d}x\mathrm{d}y = \dfrac{\pi}{\sqrt{2}}$$

**例 3.10**(精选题)  设 $D$ 是 $\mathbf{R}^2$ 的有界闭域,$D$ 的边界是逐段光滑的单闭曲线 $l$(取正向),函数 $P, Q \in \mathscr{C}^{(1)}(D)$. 若 $D'$ 是 $uOv$ 平面上的有界闭域,$D'$ 的边界是逐段光滑的单闭曲线 $L$(取正向),函数 $x = \varphi(u,v), y = \psi(u,v)$ 使得 $D'$ 与 $D$ 上的点一一对应,$\varphi, \psi \in \mathscr{C}^{(2)}(D')$,且 $J = \begin{vmatrix} \varphi'_u & \varphi'_v \\ \psi'_u & \psi'_v \end{vmatrix} > 0$,求证:

$$\oint_l P(x,y)\mathrm{d}x + Q(x,y)\mathrm{d}y$$
$$= \oint_L P(\varphi(u,v), \psi(u,v))(\varphi'_u \mathrm{d}u + \varphi'_v \mathrm{d}v) + Q(\varphi(u,v), \psi(u,v))(\psi'_u \mathrm{d}u + \psi'_v \mathrm{d}v) \tag{1}$$

**证明**  对(1)式左端应用格林公式得

$$\text{左式} = \oint_l P(x,y)\mathrm{d}x + Q(x,y)\mathrm{d}y = \iint_D (Q'_x - P'_y)\mathrm{d}x\mathrm{d}y$$

再对上式右端应用二重积分的换元公式,令 $x = \varphi(u,v), y = \psi(u,v)$,则

$$\text{左式} = \iint_{D'} (Q'_x - P'_y)\Big|_{\substack{x = \varphi(u,v) \\ y = \psi(u,v)}} |J| \mathrm{d}u\mathrm{d}v$$
$$= \iint_{D'} (Q'_x - P'_y)\Big|_{\substack{x = \varphi(u,v) \\ y = \psi(u,v)}} (\varphi'_u \psi'_v - \varphi'_v \psi'_u)\mathrm{d}u\mathrm{d}v \tag{2}$$

另一方面,对(1)式右端化简后应用格林公式得

$$\text{右式} = \oint_L [P(x,y)\varphi'_u + Q(x,y)\psi'_u]\Big|_{\substack{x = \varphi(u,v) \\ y = \psi(u,v)}} \mathrm{d}u$$
$$\quad + [P(x,y)\varphi'_v + Q(x,y)\psi'_v]\Big|_{\substack{x = \varphi(u,v) \\ y = \psi(u,v)}} \mathrm{d}v$$
$$= \iint_{D'} \Big(\dfrac{\partial}{\partial u}[P(x,y)\varphi'_v + Q(x,y)\psi'_v]\Big|_{\substack{x = \varphi(u,v) \\ y = \psi(u,v)}}$$
$$\quad - \dfrac{\partial}{\partial v}[P(x,y)\varphi'_u + Q(x,y)\psi'_u]\Big|_{\substack{x = \varphi(u,v) \\ y = \psi(u,v)}}\Big)\mathrm{d}u\mathrm{d}v$$

由于

$$\dfrac{\partial}{\partial u}[P(x,y)\varphi'_v + Q(x,y)\psi'_v]\Big|_{\substack{x = \varphi(u,v) \\ y = \psi(u,v)}} - \dfrac{\partial}{\partial v}[P(x,y)\varphi'_u + Q(x,y)\psi'_u]\Big|_{\substack{x = \varphi(u,v) \\ y = \psi(u,v)}}$$

$$= \left[(P'_x\varphi'_u + P'_y\psi'_u)\varphi'_v + P\varphi''_{vu} + (Q'_x\varphi'_u + Q'_y\psi'_u)\psi'_v + Q\psi''_{vu}\right]\Big|_{\substack{x=\varphi(u,v)\\y=\psi(u,v)}}$$

$$- \left[(P'_x\varphi'_v + P'_y\psi'_v)\varphi'_u + P\varphi''_{uv} + (Q'_x\varphi'_v + Q'_y\psi'_v)\psi'_u + Q\psi''_{uv}\right]\Big|_{\substack{x=\varphi(u,v)\\y=\psi(u,v)}}$$

$$= \left[P'_y\psi'_u\varphi'_v + Q'_x\varphi'_u\psi'_v - P'_y\psi'_v\varphi'_u - Q'_x\varphi'_v\psi'_u\right]\Big|_{\substack{x=\varphi(u,v)\\y=\psi(u,v)}}$$

$$= (Q'_x - P'_y)\Big|_{\substack{x=\varphi(u,v)\\y=\psi(u,v)}} (\varphi'_u\psi'_v - \varphi'_v\psi'_u)$$

所以

$$\text{右式} = \iint_{D'}(Q'_x - P'_y)\Big|_{\substack{x=\varphi(u,v)\\y=\psi(u,v)}} (\varphi'_u\psi'_v - \varphi'_v\psi'_u)\mathrm{d}u\mathrm{d}v \tag{3}$$

比较(2),(3)两式,即得(1)式成立.

**例 3.11**(全国 2015) 已知曲线 $L$ 的方程为 $\begin{cases} z = \sqrt{2-x^2-y^2}, \\ z = x, \end{cases}$ 并设起点为 $(0,\sqrt{2},0)$, 终点为 $(0,-\sqrt{2},0)$, 计算曲线积分

$$I = \int_L (y+z)\mathrm{d}x + (z^2 - x^2 + y)\mathrm{d}y + (x^2 + y^2)\mathrm{d}z$$

**解析** 首先利用曲线 $L$ 的方程将上式化简得

$$I = \int_L (y+x)\mathrm{d}x + y\mathrm{d}y + (2-z^2)\mathrm{d}z = \int_L x\mathrm{d}x + y\mathrm{d}y + (2-z^2)\mathrm{d}z + y\mathrm{d}x$$

上式右端含四项,前三项用原函数计算,第四项用参数方程计算. 因曲线 $L$ 的参数方程为 $x = \cos t, y = \sqrt{2}\sin t, z = \cos t, t$ 从 $\frac{\pi}{2}$ 到 $-\frac{\pi}{2}$, 所以

$$I = \left(\frac{1}{2}x^2 + \frac{1}{2}y^2 + 2z - \frac{1}{3}z^3\right)\Big|_{(0,\sqrt{2},0)}^{(0,\sqrt{2},0)} - \int_{\frac{\pi}{2}}^{-\frac{\pi}{2}}\sqrt{2}\sin^2 t\,\mathrm{d}t$$

$$= 0 - \frac{\sqrt{2}}{2}\left(t - \frac{1}{2}\sin 2t\right)\Big|_{\frac{\pi}{2}}^{-\frac{\pi}{2}} = \frac{\sqrt{2}}{2}\pi$$

**例 3.12**(精选题) 计算积分 $\oint_C (y-z)\mathrm{d}x + (z-x)\mathrm{d}y + (x-y)\mathrm{d}z$, 其中曲线 $C$ 为 $x^2 + y^2 = a^2$ 与 $\frac{x}{a} + \frac{z}{h} = 1(a>0, h>0)$ 的交线,从 $x$ 轴正向看去,此曲线为逆时针方向.

**解析** 记平面 $\frac{x}{a} + \frac{z}{h} = 1$ 上 $C$ 所包围的区域为 $\Sigma$, 取上侧,则 $\Sigma$ 的法向量为 $(h, 0, a)$. 记 $P = y-z, Q = z-x, R = x-y$, 应用斯托克斯公式,则

$$\text{原式} = \iint_\Sigma \left(\frac{\partial R}{\partial y} - \frac{\partial Q}{\partial z}\right)\mathrm{d}y\mathrm{d}z + \left(\frac{\partial P}{\partial z} - \frac{\partial R}{\partial x}\right)\mathrm{d}z\mathrm{d}x + \left(\frac{\partial Q}{\partial x} - \frac{\partial P}{\partial y}\right)\mathrm{d}x\mathrm{d}y$$

$$= -2\iint_\Sigma \mathrm{d}y\mathrm{d}z + \mathrm{d}x\mathrm{d}z + \mathrm{d}x\mathrm{d}y = -2(\cos\alpha + \cos\beta + \cos\gamma)\iint_\Sigma \mathrm{d}S$$

$$=-2\left(\frac{h}{\sqrt{a^2+h^2}}+0+\frac{a}{\sqrt{a^2+h^2}}\right)\cdot\pi a\sqrt{a^2+h^2}=-2\pi a(a+h)$$

**例 3.13**（精选题） 求曲面 $\Sigma: x^2+y^2+z^2-2ax-2ay-2az+2a^2=0$ 距平面 $x+y+z=0$ 的最近点与最远点，其中 $a>0$，并证明

$$\oiint_\Sigma (x+y+z+\sqrt{3}a)^2 dS \geqslant 36\pi a^4$$

**解析** 曲面 $\Sigma$ 即为球面 $(x-a)^2+(y-a)^2+(z-a)^2=a^2$，过其球心 $(a,a,a)$ 作平面 $x+y+z=0$ 的法线 $x=a+t, y=a+t, z=a+t$，它与球面的两个交点

$$P\left(a\left(1-\frac{\sqrt{3}}{3}\right), a\left(1-\frac{\sqrt{3}}{3}\right), a\left(1-\frac{\sqrt{3}}{3}\right)\right), \quad Q\left(a\left(1+\frac{\sqrt{3}}{3}\right), a\left(1+\frac{\sqrt{3}}{3}\right), a\left(1+\frac{\sqrt{3}}{3}\right)\right)$$

就是所求的最近与最远的点. 球面上的点 $M(x,y,z)$ 到平面 $x+y+z=0$ 的距离

$$d=\frac{x+y+z}{\sqrt{3}} \geqslant |OP|=\sqrt{3}a\left(1-\frac{\sqrt{3}}{3}\right) \Leftrightarrow x+y+z+\sqrt{3}a \geqslant 3a$$

于是

$$\oiint_\Sigma (x+y+z+\sqrt{3}a)^2 dS \geqslant \oiint_\Sigma 9a^2 dS = 36\pi a^4$$

**例 3.14**（全国 2007） 设曲面 $\Sigma$ 为 $|x|+|y|+|z|=1$，求 $\oiint_\Sigma (x+|y|)dS$.

**解析** 设 $\Sigma_1$ 为 $x+y+z=1(x\geqslant 0, y\geqslant 0, z\geqslant 0)$，$D$ 为 $xOy$ 平面上由 $x=0, y=0, x+y=1$ 所围区域，应用对面积的曲面积分的奇偶、对称性，得

$$\text{原式}=8\iint_{\Sigma_1} y dS = 8\iint_D y\sqrt{1+\left(\frac{\partial z}{\partial x}\right)^2+\left(\frac{\partial z}{\partial y}\right)^2}dxdy$$

$$=8\sqrt{3}\iint_D y dxdy = 8\sqrt{3}\int_0^1 dy\int_0^{1-y} y dx$$

$$=8\sqrt{3}\int_0^1 y(1-y)dy = \frac{4}{3}\sqrt{3}$$

**例 3.15**（全国 2010） 设 $P$ 为椭球面 $S: x^2+y^2+z^2-yz=1$ 上的动点，若 $S$ 在点 $P$ 处的切平面与 $xOy$ 面垂直，求点 $P$ 的轨迹 $C$，并计算曲面积分

$$I=\iint_\Sigma \frac{(x+\sqrt{3})|y-2z|}{\sqrt{4+y^2+z^2-4yz}}dS$$

其中 $\Sigma$ 是椭球面 $S$ 位于曲线 $C$ 上方的部分.

**解析** 椭球面 $S$ 在点 $P(x,y,z)$ 处的法向量为 $\mathbf{n}=(2x, 2y-z, 2z-y)$，记 $\mathbf{k}=(0,0,1)$，则 $\mathbf{n}\cdot\mathbf{k}=0$，所以 $2z-y=0$. 于是点 $P$ 的轨迹 $C$ 的方程为

$$\begin{cases}2z-y=0,\\ x^2+y^2-yz=1,\end{cases} \quad \text{即} \quad \begin{cases}2z-y=0,\\ 4x^2+3y^2=4\end{cases}$$

取 $D = \{(x,y) \mid 4x^2 + 3y^2 \leqslant 4\}$，记 $\Sigma$ 的方程为 $z = z(x,y), (x,y) \in D$，由于

$$\sqrt{1 + \left(\frac{\partial z}{\partial x}\right)^2 + \left(\frac{\partial z}{\partial y}\right)^2} = \sqrt{1 + \left(\frac{2x}{y-2z}\right)^2 + \left(\frac{2y-z}{y-2z}\right)^2} = \frac{\sqrt{4+y^2+z^2-4yz}}{\mid y-2z \mid}$$

所以

$$I = \iint_D \frac{(x+\sqrt{3})\mid y-2z \mid}{\sqrt{4+y^2+z^2-4yz}}\sqrt{1+\left(\frac{\partial z}{\partial x}\right)^2+\left(\frac{\partial z}{\partial y}\right)^2}\mathrm{d}x\mathrm{d}y$$

$$= \iint_D (x+\sqrt{3})\mathrm{d}x\mathrm{d}y = \sqrt{3}\iint_D \mathrm{d}x\mathrm{d}y = 2\pi$$

**例 3.16**（全国 2007） 设 $\Sigma$ 为 $z = 1 - x^2 - \dfrac{y^2}{4}(0 \leqslant z \leqslant 1)$ 的上侧，计算曲面积分 $\iint\limits_{\Sigma} xz\mathrm{d}y\mathrm{d}z + 2zy\mathrm{d}z\mathrm{d}x + 3xy\mathrm{d}x\mathrm{d}y$.

**解析** 设 $\Sigma_1$ 为 $xOy$ 平面上 $x^2 + \dfrac{y^2}{4} \leqslant 1$ 的下侧，$P = xz, Q = 2yz, R = 3xy$，应用高斯公式，则

$$原式 = \oiint\limits_{\Sigma+\Sigma_1} P\mathrm{d}y\mathrm{d}z + Q\mathrm{d}z\mathrm{d}x + R\mathrm{d}x\mathrm{d}y - \iint\limits_{\Sigma_1} P\mathrm{d}y\mathrm{d}z + Q\mathrm{d}z\mathrm{d}x + R\mathrm{d}x\mathrm{d}y$$

$$= \iiint\limits_{\Omega}\left(\frac{\partial P}{\partial x} + \frac{\partial Q}{\partial y} + \frac{\partial R}{\partial z}\right)\mathrm{d}x\mathrm{d}y\mathrm{d}z + \iint\limits_D 3xy\mathrm{d}x\mathrm{d}y \quad \left(D: x^2 + \frac{y^2}{4} \leqslant 1\right)$$

$$= 3\iiint\limits_{\Omega} z\mathrm{d}x\mathrm{d}y\mathrm{d}z + 0 = 3\int_0^1 \mathrm{d}z\iint\limits_{D(z)} z\mathrm{d}x\mathrm{d}y \quad \left(D(z): x^2 + \frac{y^2}{4} \leqslant 1-z\right)$$

$$= 3\int_0^1 z\pi(2(1-z))\mathrm{d}z = \pi$$

**例 3.17**（全国 2009） 计算曲面积分 $I = \oiint\limits_{\Sigma} \dfrac{x\mathrm{d}y\mathrm{d}z + y\mathrm{d}z\mathrm{d}x + z\mathrm{d}x\mathrm{d}y}{(x^2+y^2+z^2)^{\frac{3}{2}}}$，其中 $\Sigma$ 是曲面 $2x^2 + 2y^2 + z^2 = 4$ 的外侧.

**解析** 取 $\Sigma_1: x^2 + y^2 + z^2 = 1$ 的内侧，$\Omega$ 为 $\Sigma$ 与 $\Sigma_1$ 之间的立体区域，应用高斯公式，则

$$I = \oiint\limits_{\Sigma+\Sigma_1} \frac{x\mathrm{d}y\mathrm{d}z + y\mathrm{d}z\mathrm{d}x + z\mathrm{d}x\mathrm{d}y}{(x^2+y^2+z^2)^{\frac{3}{2}}} - \oiint\limits_{\Sigma_1} \frac{x\mathrm{d}y\mathrm{d}z + y\mathrm{d}z\mathrm{d}x + z\mathrm{d}x\mathrm{d}y}{(x^2+y^2+z^2)^{\frac{3}{2}}}$$

$$= \iiint\limits_{\Omega} 0\mathrm{d}x\mathrm{d}y\mathrm{d}z - \oiint\limits_{\Sigma_1} x\mathrm{d}y\mathrm{d}z + y\mathrm{d}z\mathrm{d}x + z\mathrm{d}x\mathrm{d}y$$

$$= 0 + \iiint\limits_{x^2+y^2+z^2\leqslant 1} 3\mathrm{d}x\mathrm{d}y\mathrm{d}z = 4\pi$$

**例 3.18**（精选题） 设 $\Omega: x^2 + y^2 + z^2 \leqslant 2z, \Sigma$ 为立体 $\Omega$ 的表面，求

$$\oiint\limits_{\Sigma} (x^4 + y^4 + z^4 - z^3)\mathrm{d}S$$

**解析** 由题可知 $\Sigma$ 的外侧单位法向量为 $\boldsymbol{n}^0 = (x, y, z-1)$, 又
$$\frac{\mathrm{d}y\mathrm{d}z}{x} = \frac{\mathrm{d}z\mathrm{d}x}{y} = \frac{\mathrm{d}x\mathrm{d}y}{z-1} = \mathrm{d}S$$

所以
$$\text{原式} = \oiint_{\Sigma}(x^3\cos\alpha + y^3\cos\beta + z^3\cos\gamma)\mathrm{d}S = \oiint_{\Sigma} x^3\mathrm{d}y\mathrm{d}z + y^3\mathrm{d}z\mathrm{d}x + z^3\mathrm{d}x\mathrm{d}y$$
$$= 3\iiint_{\Omega}(x^2 + y^2 + z^2)\mathrm{d}x\mathrm{d}y\mathrm{d}z = 3\int_0^{2\pi}\mathrm{d}\theta\int_0^{\frac{\pi}{2}}\mathrm{d}\varphi\int_0^{2\cos\varphi} r^4\sin\varphi\mathrm{d}r$$
$$= -\pi\frac{32}{5}\cos^6\varphi\Big|_0^{\frac{\pi}{2}} = \frac{32}{5}\pi$$

**例 3.19**(全国 2017) 设薄片型物体 $S$ 是圆锥面 $z = \sqrt{x^2 + y^2}$ 被柱面 $z^2 = 2x$ 割下的有限部分,其上任一点的密度为 $\mu = 9\sqrt{x^2 + y^2 + z^2}$, 记圆锥面与柱面的交线为 $C$.

(1) 求 $C$ 在 $xOy$ 平面上的投影曲线的方程;

(2) 求 $S$ 的质量 $M$.

**解析** (1) 由方程组 $\begin{cases} z = \sqrt{x^2 + y^2} \\ z^2 = 2x \end{cases}$, 消去 $z$, 可得交线 $C$ 在 $xOy$ 平面上的投影方程为 $\begin{cases} x^2 + y^2 = 2x, \\ z = 0. \end{cases}$

(2) 记 $D: x^2 + y^2 \leqslant 2x$, 则 $S$ 的质量为
$$M = \iint_{\Sigma}\mu\mathrm{d}S = 9\sqrt{2}\iint_D \sqrt{x^2 + y^2}\sqrt{1 + (z'_x)^2 + (z'_y)^2}\,\mathrm{d}x\mathrm{d}y$$
$$= 36\int_0^{\pi/2}\mathrm{d}\theta\int_0^{2\cos\theta}\rho^2\mathrm{d}\rho = 12 \times 8\int_0^{\pi/2}\cos^3\theta\mathrm{d}\theta$$
$$= 96\left(\sin\theta - \frac{1}{3}\sin^3\theta\right)\Big|_0^{\pi/2} = 64$$

**例 3.20**(全国 2018) 设 $\Sigma$ 是 $x = \sqrt{1 - 3y^2 - 3z^2}$, 取正面, 求
$$\iint_{\Sigma} x\mathrm{d}y\mathrm{d}z + (y^3 + z)\mathrm{d}z\mathrm{d}x + z^3\mathrm{d}x\mathrm{d}y$$

**解析** 取 $\Sigma_1: x = 0(3y^2 + 3z^2 \leqslant 1)$, 并取后侧, 记 $\Sigma$ 与 $\Sigma_1$ 包围的区域为 $\Omega$, 应用高斯公式得
$$\iint_{\Sigma + \Sigma_1} x\mathrm{d}y\mathrm{d}z + (y^3 + z)\mathrm{d}z\mathrm{d}x + z^3\mathrm{d}x\mathrm{d}y$$
$$= \iiint_{\Omega}(1 + 3y^2 + 3z^2)\mathrm{d}V = \frac{2}{9}\pi + 3\int_0^1\mathrm{d}x\int_0^{2\pi}\mathrm{d}\theta\int_0^{\sqrt{\frac{1-x^2}{3}}}\rho^3\mathrm{d}\rho$$

$$= \frac{2}{9}\pi + \frac{\pi}{6}\int_0^1 (1-2x^2+x^4)\mathrm{d}x = \frac{2}{9}\pi + \frac{\pi}{6} \cdot \frac{8}{15} = \frac{14}{45}\pi$$

由于 $\Sigma_1$ 的方程为 $x=0$, 其法向量的方向余弦为 $(\cos\alpha, \cos\beta, \cos\gamma) = (-1,0,0)$, 故

原式 $= \iint\limits_{\Sigma+\Sigma_1} x\mathrm{d}y\mathrm{d}z + (y^3+z)\mathrm{d}z\mathrm{d}x + z^3\mathrm{d}x\mathrm{d}y - \iint\limits_{\Sigma_1} x\mathrm{d}y\mathrm{d}z + (y^3+z)\mathrm{d}z\mathrm{d}x + z^3\mathrm{d}x\mathrm{d}y$

$$= \frac{14}{45}\pi - 0 = \frac{14}{45}\pi$$

**例 3.21**(南大 2009)　设数量场
$$u(x,y,z) = \ln\sqrt{x^2+y^2+z^2}$$
计算 $\mathrm{div}(\mathbf{grad}\, u)$.

**解析**　应用梯度和散度的定义, 则

$$\mathbf{grad}\, u = \left(\frac{\partial u}{\partial x}, \frac{\partial u}{\partial y}, \frac{\partial u}{\partial z}\right) = \left(\frac{x}{x^2+y^2+z^2}, \frac{y}{x^2+y^2+z^2}, \frac{z}{x^2+y^2+z^2}\right)$$

$$\mathrm{div}(\mathbf{grad}\, u) = \mathrm{div}\left(\frac{x}{x^2+y^2+z^2}, \frac{y}{x^2+y^2+z^2}, \frac{z}{x^2+y^2+z^2}\right)$$

$$= \frac{\partial}{\partial x}\left(\frac{x}{x^2+y^2+z^2}\right) + \frac{\partial}{\partial y}\left(\frac{y}{x^2+y^2+z^2}\right) + \frac{\partial}{\partial z}\left(\frac{z}{x^2+y^2+z^2}\right)$$

$$= \frac{y^2+z^2-x^2}{(x^2+y^2+z^2)^2} + \frac{x^2+z^2-y^2}{(x^2+y^2+z^2)^2} + \frac{x^2+y^2-z^2}{(x^2+y^2+z^2)^2}$$

$$= \frac{1}{x^2+y^2+z^2}$$

# 专题 11 数项级数与幂级数

## 11.1 重要概念与基本方法

**1 数项级数的敛散性定义与重要性质**

(1) 设 $S_n = \sum_{i=1}^{n} a_i$,称数列 $\{S_n\}$ 为级数 $\sum_{n=1}^{\infty} a_n$ 的部分和数列. 若数列 $\{S_n\}$ 收敛于 $A$,则称级数 $\sum_{n=1}^{\infty} a_n$ 收敛,称 $A$ 为级数 $\sum_{n=1}^{\infty} a_n$ 的和;否则称级数 $\sum_{n=1}^{\infty} a_n$ 发散.

(2) 级数 $\sum_{n=1}^{\infty} a_n$ 收敛的必要条件是 $\lim_{n\to\infty} a_n = 0$. 即当 $\lim_{n\to\infty} a_n \neq 0$ 时,级数 $\sum_{n=1}^{\infty} a_n$ 发散. 但当 $\lim_{n\to\infty} a_n = 0$ 时,级数 $\sum_{n=1}^{\infty} a_n$ 可能收敛,也可能发散.

(3) 若级数 $\sum_{n=1}^{\infty} a_n$ 与 $\sum_{n=1}^{\infty} b_n$ 都收敛,则级数 $\sum_{n=1}^{\infty} (a_n \pm b_n)$ 也收敛.

(4) 若级数 $\sum_{n=1}^{\infty} a_n$ 收敛,级数 $\sum_{n=1}^{\infty} b_n$ 发散,则级数 $\sum_{n=1}^{\infty} (a_n \pm b_n)$ 发散.

(5) 若级数 $\sum_{n=1}^{\infty} a_n$ 收敛,则任意加括号后的新级数也收敛,且其和不变;反之,若将级数按某一方法加括号后的新级数发散,则原级数也发散.

(6) 两个基本级数.

① 当 $|q| < 1$ 时,几何级数 $\sum_{n=k}^{\infty} aq^n$ 收敛,且 $\sum_{n=k}^{\infty} aq^n = \dfrac{aq^k}{1-q}$;当 $|q| \geqslant 1$ 时,几何级数 $\sum_{n=k}^{\infty} aq^n$ 发散.

② $p$ 级数 $\sum_{n=1}^{\infty} \dfrac{1}{n^p}$:当 $p > 1$ 时收敛;当 $p \leqslant 1$ 时发散.

**2 正项级数的敛散性判别法**

(1) 正项级数 $\sum_{n=1}^{\infty} a_n (a_n \geqslant 0)$ 收敛的充要条件是其部分和数列 $\{S_n\}$ 有界.

(2) 积分判别法：若 $a_n > 0$，且 $\{a_n\}$ 单调减少，令 $f(n) = a_n$.

① 当反常积分 $\int_1^{+\infty} f(x)dx$ 收敛时，级数 $\sum_{n=1}^{\infty} a_n$ 收敛；

② 当反常积分 $\int_1^{+\infty} f(x)dx$ 发散时，级数 $\sum_{n=1}^{\infty} a_n$ 发散.

(3) 比较判别法 Ⅰ：若 $0 \leqslant a_n \leqslant b_n$，则当 $\sum_{n=1}^{\infty} b_n$ 收敛时，$\sum_{n=1}^{\infty} a_n$ 收敛；当 $\sum_{n=1}^{\infty} a_n$ 发散时，$\sum_{n=1}^{\infty} b_n$ 发散.

(4) 比较判别法 Ⅱ：若 $a_n \geqslant 0, b_n > 0$，且 $\lim\limits_{n \to \infty} \dfrac{a_n}{b_n} = \lambda$.

① 当 $0 < \lambda < +\infty$ 时，$\sum_{n=1}^{\infty} a_n$ 与 $\sum_{n=1}^{\infty} b_n$ 有相同的敛散性；

② 当 $\lambda = 0$ 时，若 $\sum_{n=1}^{\infty} b_n$ 收敛，则 $\sum_{n=1}^{\infty} a_n$ 收敛；

③ 当 $\lambda = +\infty$ 时，若 $\sum_{n=1}^{\infty} b_n$ 发散，则 $\sum_{n=1}^{\infty} a_n$ 发散.

(5) 比值判别法：若 $a_n > 0$，且 $\lim\limits_{n \to \infty} \dfrac{a_{n+1}}{a_n} = \lambda$.

① 当 $0 \leqslant \lambda < 1$ 时，级数 $\sum_{n=1}^{\infty} a_n$ 收敛；

② 当 $\lambda > 1$ 时，级数 $\sum_{n=1}^{\infty} a_n$ 发散；

③ 当 $\lambda = 1$ 时，级数 $\sum_{n=1}^{\infty} a_n$ 可能收敛，也可能发散.

(6) 根值判别法：若 $a_n > 0$，且 $\lim\limits_{n \to \infty} \sqrt[n]{a_n} = \lambda$.

① 当 $0 \leqslant \lambda < 1$ 时，级数 $\sum_{n=1}^{\infty} a_n$ 收敛；

② 当 $\lambda > 1$ 时，级数 $\sum_{n=1}^{\infty} a_n$ 发散；

③ 当 $\lambda = 1$ 时，级数 $\sum_{n=1}^{\infty} a_n$ 可能收敛，也可能发散.

### 3  任意项级数的敛散性判别法

(1) 若级数 $\sum_{n=1}^{\infty} |a_n|$ 收敛，则级数 $\sum_{n=1}^{\infty} a_n$ 收敛，且此时称级数 $\sum_{n=1}^{\infty} a_n$ 绝对收敛.

(2) 若级数 $\sum_{n=1}^{\infty}|a_n|$ 发散,但级数 $\sum_{n=1}^{\infty}a_n$ 收敛,此时称级数 $\sum_{n=1}^{\infty}a_n$ 条件收敛.

(3) **定理**(比值判别法)   对于任意项级数 $\sum_{n=1}^{\infty}a_n$,若 $\lim\limits_{n\to\infty}\left|\dfrac{a_{n+1}}{a_n}\right|=\lambda$.

① 当 $0\leqslant\lambda<1$ 时,级数 $\sum_{n=1}^{\infty}a_n$ 绝对收敛;

② 当 $\lambda>1$ 时,级数 $\sum_{n=1}^{\infty}a_n$ 发散.

(4) **定理**(莱布尼茨判别法)   若数列 $\{a_n\}$ 单调减少,且 $\lim\limits_{n\to\infty}a_n=0$,则交错级数 $\sum_{n=1}^{\infty}(-1)^{n+1}a_n$ 收敛.

注意:① 判别任意项级数的敛散性的步骤,一般先判别是否绝对收敛;在非绝对收敛时,再使用莱布尼茨判别法,判别是否是条件收敛.若级数不满足莱布尼兹判别法,可应用级数的运算性质,将级数拆分为两个级数的和(或差),若这两个级数皆收敛,则原级数收敛;若两个级数中,一个收敛,另一个发散,则原级数发散.

② 对于交错级数 $\sum_{n=1}^{\infty}(-1)^{n+1}a_n$,当 $\lim\limits_{n\to\infty}a_n=0$,数列 $\{a_n\}$ 非单调减少(即莱布尼茨判别法的条件不满足)时,原级数可能收敛,也可能发散.

## 4  幂级数的收敛半径、收敛区间、收敛域与和函数

(1) 幂级数 $\sum_{n=0}^{\infty}a_nx^n$ 的收敛点的集合称为收敛域.幂级数的收敛性可分为三种情况:① 仅当 $x=0$ 时收敛;② 对一切实数 $x$ 收敛;③ 存在一非零实数 $R$,当 $|x|<R$ 时收敛,当 $|x|>R$ 时发散.这里的 $R$ 称为幂级数 $\sum_{n=0}^{\infty}a_nx^n$ 的收敛半径,称 $(-R,R)$ 为幂级数 $\sum_{n=0}^{\infty}a_nx^n$ 的收敛区间.当 $x=\pm R$ 时,需讨论级数 $\sum_{n=0}^{\infty}a_n(\pm R)^n$ 的收敛发散性,由此可得到幂级数 $\sum_{n=0}^{\infty}a_nx^n$ 的收敛域.这里将上述情况①记为 $R=0$,将上述情况②记为 $R=+\infty$.

(2) 如果极限 $\lim\limits_{n\to\infty}\left|\dfrac{a_n}{a_{n+1}}\right|=R$ 或 $\lim\limits_{n\to\infty}\dfrac{1}{\sqrt[n]{|a_n|}}=R$,则幂级数 $\sum_{n=0}^{\infty}a_nx^n$ 的收敛半径为 $R$.

(3) 幂级数 $\sum_{n=0}^{\infty}a_nx^n$ 在其收敛区间内,可逐项求导数,可逐项求积分,收敛区间

不变,但在收敛区间端点处的收敛发散性可能改变. 利用这一性质,可求幂级数 $\sum_{n=0}^{\infty} a_n x^n$ 的和函数.

(4) 常用的幂级数的和函数公式:

$$\sum_{n=0}^{\infty} \frac{1}{n!} x^n = e^x \quad (|x| < +\infty)$$

$$\sum_{n=0}^{\infty} \frac{(-1)^n}{(2n+1)!} x^{2n+1} = \sin x \quad (|x| < +\infty)$$

$$\sum_{n=0}^{\infty} \frac{(-1)^n}{(2n)!} x^{2n} = \cos x \quad (|x| < +\infty)$$

$$\sum_{n=1}^{\infty} \frac{1}{n} x^n = -\ln(1-x) \quad (-1 \leqslant x < 1)$$

$$\sum_{n=k}^{\infty} x^n = \frac{x^k}{1-x} \quad (k = 0, 1, \cdots; |x| < 1)$$

(5) 幂级数的应用:利用幂级数求和函数得 $\sum_{n=0}^{\infty} a_n x^n = f(x)$,则可求

$$\lim_{n \to \infty} (a_0 + a_1 + a_2 + \cdots + a_n)$$

这里只要 $x = 1$ 在幂级数的收敛域中,且此极限为 $f(1)$.

### 5　初等函数关于 $x$ 的幂级数展开式

(1) 公式法:将上述幂级数的和函数公式反过来使用,即得常用函数的关于 $x$ 的幂级数展开式.

(2) 对函数 $f(x)$ 求导数,将 $f'(x)$ 用公式法求幂级数展开式,再逐项积分求出 $f(x)$ 的关于 $x$ 的幂级数展开式.

(3) 对函数 $f(x)$ 求积分,将 $\int_0^x f(x) dx$ 用公式法求幂级数展开式,再逐项求导数求出 $f(x)$ 的关于 $x$ 的幂级数展开式.

### 6　傅氏级数

(1) 设 $f(x)$ 是周期为 $2\pi$ 的可积函数,则 $f(x)$ 的傅氏级数展开式为

$$f(x) \sim \frac{a_0}{2} + \sum_{n=1}^{\infty} (a_n \cos nx + b_n \sin nx)$$

其中

$$a_n = \frac{1}{\pi} \int_{-\pi}^{\pi} f(x) \cos nx \, dx \quad (n = 0, 1, 2, \cdots)$$

$$b_n = \frac{1}{\pi} \int_{-\pi}^{\pi} f(x) \sin nx \, dx \quad (n = 1, 2, 3, \cdots)$$

(2) 设 $f(x)$ 是可积的周期为 $2\pi$ 的奇函数,则 $f(x)$ 可展开为正弦级数为
$$f(x) \sim \sum_{n=1}^{\infty} b_n \sin nx$$
其中
$$b_n = \frac{2}{\pi}\int_0^\pi f(x)\sin nx\, dx \quad (n=1,2,3,\cdots)$$

(3) 设 $f(x)$ 是可积的周期为 $2\pi$ 的偶函数,则 $f(x)$ 可展开为余弦级数为
$$f(x) \sim \frac{a_0}{2} + \sum_{n=1}^{\infty} a_n \cos nx$$
其中
$$a_n = \frac{2}{\pi}\int_0^\pi f(x)\cos nx\, dx \quad (n=0,1,2,\cdots)$$

(4) 对于定义在区间 $[0,\pi]$ 上的可积函数 $f(x)$,既可以对 $f(x)$ 作奇延拓,将 $f(x)$ 展为正弦级数;也可以将 $f(x)$ 作偶延拓,将 $f(x)$ 展为余弦级数.

(5) 傅氏级数的和函数:在函数 $f(x)$ 的连续点 $x_1$ 处,傅氏级数收敛于 $f(x_1)$;在函数 $f(x)$ 的第一类间断点 $x_2$ 处,傅氏级数收敛于 $\frac{1}{2}(f(x_2^-)+f(x_2^+))$.

## 11.2 习题选解

**例 2.1**(习题 8.1 A 8.8) 判别正项级数 $\sum_{n=2}^{\infty} \frac{1}{\ln(n!)}$ 的敛散性.

**解析** $a_n = \frac{1}{\ln(n!)} > \frac{1}{\ln(n^n)} = \frac{1}{n\ln n}(n \geq 2)$,令 $f(x) = \frac{1}{x\ln x}$ $(x \geq 2)$,由于
$$\int_2^{+\infty} \frac{1}{x\ln x}dx = \ln(\ln x)\Big|_2^{+\infty} = +\infty$$
应用积分判别法可得级数 $\sum_{n=2}^{\infty} \frac{1}{n\ln n}$ 发散,由比较判别法可得原级数发散.

**例 2.2**(习题 8.1 A 8.10) 判别正项级数 $\sum_{n=1}^{\infty} \frac{e^n n!}{n^n}$ 的敛散性.

**解析** 设 $a_n = \frac{e^n n!}{n^n}$,由于
$$\frac{a_{n+1}}{a_n} = e\left(\frac{n}{n+1}\right)^n = \frac{e}{\left(1+\frac{1}{n}\right)^n}$$
而数列 $\left\{\left(1+\frac{1}{n}\right)^n\right\}$ 单调递增趋于 $e$,因此,$\forall n \in \mathbf{N}^*$,$\left(1+\frac{1}{n}\right)^n < e$,故 $a_{n+1} > a_n$,

于是 $\lim\limits_{n\to\infty} a_n \neq 0$，因此，原级数发散.

**例 2.3**(习题 8.1 A 8.12)　判别正项级数 $\sum\limits_{n=1}^{\infty} \dfrac{\sin\dfrac{1}{n}}{\ln(1+n)}$ 的敛散性.

**解析**　令 $f(x) = \dfrac{1}{(1+x)\ln(1+x)}(x \geq 1)$，显然 $f(x) > 0$ 且单调减小. 由于

$$\int_1^{+\infty} f(x)\mathrm{d}x = \ln(\ln(1+x))\Big|_1^{+\infty} = +\infty$$

应用积分判别法可得级数 $\sum\limits_{n=1}^{\infty} \dfrac{1}{(1+n)\ln(1+n)}$ 发散. 因为

$$\lim_{n\to\infty} \dfrac{\dfrac{\sin\dfrac{1}{n}}{\ln(1+n)}}{\dfrac{1}{(1+n)\ln(1+n)}} = \lim_{n\to\infty} \dfrac{\dfrac{1}{n}}{\dfrac{1}{n+1}} = 1$$

应用比较判别法得原级数发散.

**例 2.4**(习题 8.1 A 10.4)　判别级数 $\sum\limits_{n=1}^{\infty} \dfrac{(-1)^{n+1}}{n+\ln n}$ 的敛散性.

**解析**　令 $a_n = \dfrac{(-1)^{n+1}}{n+\ln n}$，则 $|a_n| = \dfrac{1}{n+\ln n}$，因为

$$\lim_{n\to\infty} \dfrac{\dfrac{1}{n+\ln n}}{\dfrac{1}{n}} = \lim_{n\to\infty} \dfrac{1}{1+\dfrac{\ln n}{n}} = \dfrac{1}{1+0} = 1$$

且 $\sum\limits_{n=1}^{\infty} \dfrac{1}{n}$ 发散，由比较判别法可知原级数非绝对收敛. 因 $|a_n| = \dfrac{1}{n+\ln n}$ 显然单调递减，且

$$\lim_{n\to\infty} |a_n| = \lim_{n\to\infty} \dfrac{1}{n+\ln n} = 0$$

所以原级数为莱布尼茨型级数，因此原级数条件收敛.

**例 2.5**(习题 8.1 A 10.6)　判别级数 $\sum\limits_{n=2}^{\infty} \sin\left(n\pi + \dfrac{1}{\ln n}\right)$ 的敛散性.

**解析**　原级数为 $\sum\limits_{n=2}^{\infty} (-1)^n \sin\dfrac{1}{\ln n}$，设 $x_n = (-1)^n \sin\dfrac{1}{\ln n}$，则 $|x_n| = \sin\dfrac{1}{\ln n}$. 因为 $n \to \infty$ 时，$\sin\dfrac{1}{\ln n} \sim \dfrac{1}{\ln n}$，而 $\dfrac{1}{\ln n} > \dfrac{1}{n}$，由比较判别法，原级数非绝对收敛. 因为 $0 < \dfrac{1}{\ln n} < \dfrac{\pi}{2}$，$\left\{\sin\dfrac{1}{\ln n}\right\}$ 单调递减且趋于 0，应用莱布尼茨判别法可知原级数收敛，于是原级数为条件收敛.

**例 2.6**(习题 8.1 A 10.8)  判别级数 $\sum_{n=1}^{\infty}(-1)^{n+1}\left(1-n\sin\dfrac{1}{n}\right)$ 的敛散性.

**解析**  设 $f(x)=1-\dfrac{1}{x}\sin x$,由于

$$\lim_{x\to 0}\frac{f(x)}{x^2}=\lim_{x\to 0}\frac{x-\sin x}{x^3}=\lim_{x\to 0}\frac{1-\cos x}{3x^2}=\lim_{x\to 0}\frac{\frac{1}{2}x^2}{3x^2}=\frac{1}{6}$$

因此 $f(x)\sim\dfrac{1}{6}x^2(x\to 0)$. 取 $x=\dfrac{1}{n}$,可得 $f\left(\dfrac{1}{n}\right)=1-n\sin\dfrac{1}{n}\sim\dfrac{1}{6n^2}$,而 $\sum_{n=1}^{\infty}\dfrac{1}{n^2}$ 收敛,所以原级数绝对收敛.

**例 2.7**(习题 8.1 A 11)  设 $a_n>0$,且 $a_n$ 单调递减,$\sum_{n=1}^{\infty}(-1)^{n+1}a_n$ 发散,判别级数 $\sum_{n=1}^{\infty}\left(\dfrac{1}{1+a_n}\right)^n$ 的敛散性.

**解析**  因 $\{a_n\}$ 单调递减,且 $a_n>0$,所以 $\exists a\geqslant 0$,使得 $\lim_{n\to\infty}a_n=a$. 若 $a=0$,则由莱布尼茨判别法得原级数收敛,此与条件矛盾,所以 $a>0$. 令 $x_n=\left(\dfrac{1}{1+a_n}\right)^n$,由于

$$\lim_{n\to\infty}\sqrt[n]{x_n}=\lim_{n\to\infty}\frac{1}{1+a_n}=\frac{1}{1+a}<1$$

应用根值判别法得原级数收敛.

**例 2.8**(习题 8.1 A 12)  设 $a_n=\int_0^{\frac{\pi}{4}}\tan^n x\,\mathrm{d}x\ (n\in\mathbf{N}^*)$.

(1) 求级数 $\sum_{n=1}^{\infty}\dfrac{a_n+a_{n+2}}{n}$ 的和;

(2) 设 $\lambda>0$,证明:$\sum_{n=1}^{\infty}\dfrac{a_n}{n^\lambda}$ 收敛.

**解析**  (1) 由题意,有

$$a_n+a_{n+2}=\int_0^{\frac{\pi}{4}}(\tan^n x+\tan^{n+2} x)\mathrm{d}x=\int_0^{\frac{\pi}{4}}\tan^n x\sec^2 x\,\mathrm{d}x$$

$$=\int_0^{\frac{\pi}{4}}\tan^n x\,\mathrm{d}\tan x=\frac{1}{n+1}\tan^{n+1}x\Big|_0^{\frac{\pi}{4}}=\frac{1}{n+1}$$

因此

$$\sum_{n=1}^{\infty}\frac{a_n+a_{n+2}}{n}=\sum_{n=1}^{\infty}\frac{1}{n(n+1)}=\sum_{n=1}^{\infty}\left(\frac{1}{n}-\frac{1}{n+1}\right)=\lim_{n\to\infty}\left(1-\frac{1}{n+1}\right)=1$$

(2) 由于 $\lambda>0$,又

$$a_n=\int_0^{\frac{\pi}{4}}\tan^n x\,\mathrm{d}x\xrightarrow{\diamondsuit\,t=\tan x}\int_0^1 t^n\,\mathrm{d}\arctan t=\int_0^1\frac{t^n}{1+t^2}\mathrm{d}t\leqslant\int_0^1 t^n\,\mathrm{d}t=\frac{1}{n+1}$$

所以

$$\frac{a_n}{n^\lambda} < \frac{1}{n^{\lambda+1}}$$

这里 $p = \lambda + 1 > 1$，应用 $p$ 级数的敛散性和比较判别法可知 $\sum\limits_{n=1}^{\infty} \frac{a_n}{n^\lambda}$ 收敛.

**例 2.9**（习题 8.1 A 13） 已知 $a_1 = 2$，且 $a_{n+1} = \frac{1}{2}\left(a_n + \frac{1}{a_n}\right)$，试证明：级数 $\sum\limits_{n=1}^{\infty}\left(\frac{a_n}{a_{n+1}} - 1\right)$ 收敛.

**解析** **方法 I** 由题意 $a_n > 0$，且

$$a_{n+1} \geqslant \frac{1}{2} \times 2\sqrt{a_n \cdot \frac{1}{a_n}} = 1, \quad \frac{a_{n+1}}{a_n} = \frac{1}{2}\left(1 + \frac{1}{a_n^2}\right) \leqslant 1$$

根据单调有界定理，存在 $A \in \mathbf{R}$，使得 $\lim\limits_{n\to\infty} a_n = A$，故 $A = \frac{1}{2}\left(A + \frac{1}{A}\right)$，可得 $A = 1$，即 $\lim\limits_{n\to\infty} a_n = 1$. 令 $b_n = \frac{a_n}{a_{n+1}} - 1$，则 $0 \leqslant b_n = \frac{a_n - a_{n+1}}{a_{n+1}} < a_n - a_{n+1}$. 由于

$$S_n = \sum_{i=1}^{n}(a_i - a_{i+1}) = a_1 - a_{n+1} < a_1$$

即级数 $\sum\limits_{i=1}^{\infty}(a_i - a_{i+1})$ 的部分和有上界，所以该级数收敛，因此应用比较判别法得级数 $\sum\limits_{n=1}^{\infty} b_n = \sum\limits_{n=1}^{\infty}\left(\frac{a_n}{a_{n+1}} - 1\right)$ 收敛.

**方法 II** $\lim\limits_{n\to\infty} a_n = 1$ 的证明同方法 I. 令 $b_n = \frac{a_n}{a_{n+1}} - 1 = \frac{a_n^2 - 1}{a_n^2 + 1}$，因 $b_n > 0$，且

$$\frac{b_{n+1}}{b_n} = \frac{a_{n+1}^2 - 1}{a_{n+1}^2 + 1} \cdot \frac{a_n^2 + 1}{a_n^2 - 1} = \frac{a_n^2 + 1}{a_{n+1}^2 + 1} \cdot \frac{1}{a_n^2 - 1}(a_{n+1}^2 - 1)$$

$$= \frac{a_n^2 + 1}{a_{n+1}^2 + 1} \cdot \frac{1}{a_n^2 - 1} \cdot \frac{(a_n^2 - 1)^2}{4a_n^2}$$

$$= \frac{a_n^2 + 1}{a_{n+1}^2 + 1} \cdot \frac{a_n^2 - 1}{4a_n^2} \to 0 \quad (n \to \infty)$$

应用比值判别法得级数 $\sum\limits_{n=1}^{\infty}\left(\frac{a_n}{a_{n+1}} - 1\right)$ 收敛.

**例 2.10**（习题 8.1 B 16） 已知级数 $\sum\limits_{n=1}^{\infty} a_n, \sum\limits_{n=1}^{\infty} b_n$ 均为收敛的正项级数，试证明：$\sum\limits_{n=1}^{\infty} a_n^2, \sum\limits_{n=1}^{\infty} \sqrt{a_n b_n}, \sum\limits_{n=1}^{\infty} a_n b_n$ 皆收敛.

**解析** （1）因为 $\sum\limits_{n=1}^{\infty} a_n$ 收敛，所以 $a_n \to 0 (n \to \infty)$，于是 $n$ 充分大时 $a_n < 1$. 又

$a_n^2 < a_n$,由比较判别法可知 $\sum_{n=1}^{\infty} a_n^2$ 收敛.

(2) 因为 $\sqrt{a_n b_n} \leqslant \frac{1}{2}(a_n + b_n)$,由比较判别法可知 $\sum_{n=1}^{\infty} \sqrt{a_n b_n}$ 收敛.

(3) 因为 $a_n b_n = (\sqrt{a_n b_n})^2$,应用上述(2)与(1)可得 $\sum_{n=1}^{\infty} a_n b_n$ 收敛.

**例 2.11**(习题 8.1 B 17)  设 $a_n > 0, S_n = \sum_{i=1}^{n} a_i$,试判别级数 $\sum_{n=1}^{\infty} \frac{a_n}{S_n^2}$ 的敛散性.

**解析**  $\frac{a_n}{S_n^2} = \frac{S_n - S_{n-1}}{S_n^2} < \frac{S_n - S_{n-1}}{S_n S_{n-1}} = \frac{1}{S_{n-1}} - \frac{1}{S_n}$,令 $b_n = \frac{1}{S_{n-1}} - \frac{1}{S_n} (n \geqslant 2)$,则

$$S_n' = \sum_{i=2}^{n} b_i = \sum_{i=2}^{n} \left( \frac{1}{S_{i-1}} - \frac{1}{S_i} \right) = \frac{1}{a_1} - \frac{1}{S_n} < \frac{1}{a_1}$$

于是级数 $\sum_{n=2}^{\infty} b_n$ 的部分和有上界,所以级数 $\sum_{n=2}^{\infty} b_n$ 收敛,因此应用比较判别法得级数 $\sum_{n=1}^{\infty} \frac{a_n}{S_n^2}$ 收敛.

**例 2.12**(习题 8.2 A 3.2)  求函数 $\frac{1}{(1+x)^2}$ 在 $x = 1$ 处的幂级数展式.

**解析**  设 $f(x) = \frac{1}{(1+x)^2}$,令 $t = x - 1$,则 $f(x) = \frac{1}{(2+t)^2} = \varphi(t)$,由于

$$\int_0^t \varphi(t) \mathrm{d}t = \int_0^t \frac{1}{(2+t)^2} \mathrm{d}t = -\frac{1}{2+t} + \frac{1}{2}$$

$$\frac{1}{2+t} = \frac{1}{2} \cdot \frac{1}{1 + \frac{t}{2}} = \frac{1}{2} \sum_{n=0}^{\infty} \left( -\frac{t}{2} \right)^n = \sum_{n=0}^{\infty} \frac{(-1)^n}{2^{n+1}} t^n \quad (|t| < 2)$$

所以

$$\int_0^t \varphi(t) \mathrm{d}t = \frac{1}{2} + \sum_{n=0}^{\infty} \frac{(-1)^{n+1}}{2^{n+1}} t^n \quad (|t| < 2)$$

逐项求导得 $\varphi(t) = \sum_{n=1}^{\infty} \frac{(-1)^{n+1} n}{2^{n+1}} t^{n-1}$. 当 $t = \pm 2$ 时,此级数显然发散,所以此级数的收敛域为 $|t| < 2$. 由此可得

$$f(x) = \frac{1}{(1+x)^2} = \sum_{n=0}^{\infty} (-1)^n \frac{n+1}{4 \cdot 2^n} (x-1)^n \quad (-1 < x < 3)$$

**例 2.13**(习题 8.2 A 4.7)  求幂级数 $\sum_{n=2}^{\infty} \frac{(-1)^n}{n(n-1)} x^n$ 的和函数.

**解析**  设 $S(x) = \sum_{n=2}^{\infty} \frac{(-1)^n}{n(n-1)} x^n$,逐项求导再积分,可得

$$S'(x) = \sum_{n=2}^{\infty} \frac{(-1)^n}{n-1} x^{n-1} = \sum_{n=1}^{\infty} \frac{(-1)^{n+1}}{n} x^n = \ln(1+x) \quad (-1 < x \leqslant 1)$$

$$S(x) = S(0) + \int_0^x \ln(1+x) \mathrm{d}x = x\ln(1+x) - x + \ln(1+x)$$

由于 $x = -1$ 时,$S(-1) = \lim_{n \to \infty} \sum_{k=2}^{n} \left( \frac{1}{k-1} - \frac{1}{k} \right) = 1$,因此所求和函数为

$$S(x) = \begin{cases} (1+x)\ln(1+x) - x & (-1 < x \leqslant 1); \\ 1 & (x = -1) \end{cases}$$

**例 2.14**(习题 8.2 B 7) 求幂级数 $\sum_{n=1}^{\infty} (-1)^{n+1} \frac{x^{2n-1}}{(2n+1)(2n-1)}$ 的和函数.

**解析** 将原幂级数拆成两个幂级数,即

$$\sum_{n=1}^{\infty} (-1)^{n+1} \frac{x^{2n-1}}{(2n+1)(2n-1)} = \frac{1}{2} \sum_{n=1}^{\infty} (-1)^{n+1} \frac{x^{2n-1}}{2n-1} - \frac{1}{2x^2} \sum_{n=1}^{\infty} (-1)^{n+1} \frac{x^{2n+1}}{2n+1}$$

令 $f(x) = \sum_{n=1}^{\infty} (-1)^{n+1} \frac{x^{2n-1}}{2n-1}, g(x) = \sum_{n=1}^{\infty} (-1)^{n+1} \frac{x^{2n+1}}{2n+1}$,则

$$f'(x) = \sum_{n=1}^{\infty} (-1)^{n+1} x^{2n-2} = \frac{1}{1+x^2} \quad (|x| < 1)$$

$$f(x) = f(0) + \int_0^x \frac{1}{1+x^2} \mathrm{d}x = \arctan x \quad (|x| \leqslant 1)$$

$$g'(x) = \sum_{n=1}^{\infty} (-1)^{n+1} x^{2n} = \frac{x^2}{1+x^2} \quad (|x| < 1)$$

$$g(x) = g(0) + \int_0^x \frac{x^2}{1+x^2} \mathrm{d}x = x - \arctan x \quad (|x| \leqslant 1)$$

于是原幂级数的和函数为

$$S(x) = \frac{1}{2} f(x) - \frac{1}{2x^2} g(x) = \begin{cases} \frac{1}{2}\left(1 + \frac{1}{x^2}\right)\arctan x - \frac{1}{2x} & (|x| \leqslant 1, x \neq 0); \\ 0 & (x = 0) \end{cases}$$

**例 2.15**(习题 8.2 B 8) 求级数 $\sum_{n=0}^{\infty} \frac{(-1)^n (n^2 - n + 1)}{2^n}$ 的和.

**解析** 将原级数拆分为两个级数的和,即

$$\sum_{n=0}^{\infty} \frac{(-1)^n (n^2 - n + 1)}{2^n} = \sum_{n=2}^{\infty} \frac{(-1)^n (n^2 - n)}{2^n} + \sum_{n=0}^{\infty} \frac{(-1)^n}{2^n}$$

其中第二个级数为几何级数,有 $\sum_{n=0}^{\infty} \frac{(-1)^n}{2^n} = \frac{2}{3}$. 下面求第一个级数的和,为此,令

$$f(x) = \sum_{n=2}^{\infty} n(n-1) x^{n-2}, 逐项积分两次得$$

$$\int_0^x f(x)\mathrm{d}x = \sum_{n=2}^{\infty} nx^{n-1}, \quad \int_0^x \left(\int_0^x f(x)\mathrm{d}x\right)\mathrm{d}x = \sum_{n=2}^{\infty} x^n = \frac{x^2}{1-x} \quad (|x|<1)$$

将右式逐项求导两次得

$$\int_0^x f(x)\mathrm{d}x = \left(\frac{x^2}{1-x}\right)' = \frac{2x-x^2}{(1-x)^2}, \quad f(x) = \left(\frac{2x-x^2}{(1-x)^2}\right)' = \frac{2}{(1-x)^3} \quad (|x|<1)$$

取 $x=-\frac{1}{2}$,得 $f\left(-\frac{1}{2}\right) = \sum_{n=2}^{\infty} 4(-1)^n \frac{n(n-1)}{2^n} = \frac{16}{27}$,由此可得

$$\sum_{n=2}^{\infty} \frac{(-1)^n(n^2-n)}{2^n} = (x^2 f(x))\bigg|_{x=-\frac{1}{2}} = \frac{4}{27}$$

于是,原式 $= \frac{4}{27} + \frac{2}{3} = \frac{22}{27}$.

**例 2.16**(复习题 8 题 1)  讨论级数 $\sum_{n=1}^{\infty} \frac{\beta^n}{n^\alpha} (\alpha, \beta \in \mathbf{R})$ 的敛散性,并在收敛时判别是绝对收敛还是条件收敛.

**解析**  记 $a_n = \frac{\beta^n}{n^\alpha}$,由于

$$\lim_{n\to\infty}\left|\frac{a_{n+1}}{a_n}\right| = \lim_{n\to\infty} \frac{|\beta|}{\left(1+\frac{1}{n}\right)^\alpha} = |\beta|$$

运用任意项级数的比值判别法可知:当 $|\beta|<1$ 时原级数绝对收敛,当 $|\beta|>1$ 时原级数发散.

当 $\beta=1$ 时,由 $p$ 级数的敛散性可知:当 $\alpha>1$ 时原级数收敛,当 $\alpha\leqslant 1$ 时原级数发散.

当 $\beta=-1$ 时,若 $\alpha>1$,原级数绝对收敛;若 $0<\alpha\leqslant 1$,原级数为莱布尼茨型级数,故条件收敛;若 $\alpha\leqslant 0$,因 $\lim_{n\to\infty}a_n \neq 0$,故原级数发散.

**例 2.17**(复习题 8 题 2)  证明下列各题:

(1) 设级数 $\sum_{n=1}^{\infty} a_n$ 收敛,级数 $\sum_{n=1}^{\infty} b_n$ 绝对收敛,则级数 $\sum_{n=1}^{\infty} a_n b_n$ 绝对收敛;

(2) 设级数 $\sum_{n=1}^{\infty} a_n$ 收敛 $(a_n>0)$,级数 $\sum_{n=2}^{\infty}(b_n-b_{n-1})$ 收敛,则级数 $\sum_{n=1}^{\infty} a_n b_n$ 绝对收敛;

(3) 设 $\lim_{n\to\infty} a_n = 0$,$\sum_{n=1}^{\infty}(a_{2n-1}+a_{2n})$ 收敛,则级数 $\sum_{n=1}^{\infty} a_n$ 收敛.

**解析**  (1) 由 $\sum_{n=1}^{\infty} a_n$ 收敛可知 $a_n \to 0 (n\to\infty)$,所以 $\exists M>0$,使得

$$|a_n| \leqslant M \quad (\forall n \in \mathbf{N}^*)$$

于是 $|a_n b_n| \leqslant M|b_n|$. 又因为级数 $\sum_{n=1}^{\infty} b_n$ 绝对收敛,根据比较判别法即得 $\sum_{n=1}^{\infty} a_n b_n$ 绝对收敛.

(2) 由级数 $\sum_{n=2}^{\infty}(b_n - b_{n-1})$ 收敛可知,$\exists S \in \mathbf{R}$,使得

$$S_n = \sum_{i=2}^{n}(b_i - b_{i-1}) = b_n - b_1 \to S \quad (n \to \infty)$$

从而 $\lim_{n \to \infty} b_n = b_1 + S$,故 $\exists M > 0$,使得 $|b_n| \leqslant M(\forall n \in \mathbf{N}^*)$,则 $|a_n b_n| \leqslant M a_n$. 又因为级数 $\sum_{n=1}^{\infty} a_n$ 收敛$(a_n > 0)$,根据比较判别法即得 $\sum_{n=1}^{\infty} a_n b_n$ 绝对收敛.

(3) 由 $\sum_{n=1}^{\infty}(a_{2n-1} + a_{2n})$ 收敛,不妨设 $\sum_{n=1}^{\infty}(a_{2n-1} + a_{2n}) = \alpha$,记 $S_n = \sum_{i=1}^{n} a_i$,因为

$$S_{2n} = \sum_{i=1}^{2n} a_i = \sum_{i=1}^{n}(a_{2i-1} + a_{2i}) \to \alpha, \quad S_{2n+1} = \sum_{i=1}^{2n} a_i + a_{2n+1} \to \alpha \quad (n \to \infty)$$

所以 $S_n \to \alpha (n \to \infty)$,于是级数 $\sum_{n=1}^{\infty} a_n$ 收敛.

**例 2.18**(复习题 8 题 3) 讨论级数 $\sum_{n=2}^{\infty}(\ln n)^p \ln\left(1 + \dfrac{1}{n^q}\right)$(其中 $p, q \in \mathbf{R}$)的敛散性.

**解析** 设 $a_n = (\ln n)^p \ln\left(1 + \dfrac{1}{n^q}\right)$,则 $a_n > 0$.

(1) 当 $q > 1$ 时,$\forall p \in \mathbf{R}, a_n \sim (\ln n)^p \dfrac{1}{n^q} (n \to \infty)$,取 $\lambda \in (1, q)$,因为

$$\lim_{n \to \infty} \dfrac{(\ln n)^p \dfrac{1}{n^q}}{\dfrac{1}{n^\lambda}} = \lim_{n \to \infty} \dfrac{(\ln n)^p}{n^{q-\lambda}} = 0$$

运用比较判别法可知原级数收敛.

(2) 当 $q = 1$ 时,$\forall p \in \mathbf{R}, a_n \sim \dfrac{(\ln n)^p}{n} (n \to \infty)$,由于

$$\int_{2}^{+\infty} \dfrac{(\ln x)^p}{x} dx = \begin{cases} \left.\dfrac{(\ln x)^{1+p}}{1+p}\right|_{2}^{+\infty} = \begin{cases} \text{有限数} & (p < -1), \\ +\infty & (p > -1), \end{cases} \\ \left.\ln\ln x\right|_{2}^{+\infty} = +\infty & (p = -1) \end{cases}$$

由积分判别法可知:当 $q = 1, p < -1$ 时,原级数收敛;当 $q = 1, p \geqslant -1$ 时,原级数发散.

(3) 当 $q < 1$ 时,$\forall p \in \mathbf{R}$,由于

$$\lim_{n\to\infty}\frac{a_n}{\frac{1}{n}}=\begin{cases}\lim_{n\to\infty}(\ln n)^p n^{1-q}=+\infty & (0<q<1),\\ \lim_{n\to\infty} n(\ln n)^p \ln 2=+\infty & (q=0),\\ \lim_{n\to\infty} n(\ln n)^p \ln(1+n^{-q})=+\infty & (q<0)\end{cases}$$

且 $\sum_{n=1}^{\infty}\frac{1}{n}$ 发散,运用比较判别法可知:当 $q<1$ 时,原级数发散.

**例 2.19**(复习题 8 题 4) 求证:幂级数 $\sum_{n=1}^{\infty}\frac{a_n}{n}x^n$ 与 $\sum_{n=1}^{\infty}\frac{a_n}{\sqrt{n}}x^n$ 有相同的收敛半径.

**解析** 设幂级数 $\sum_{n=1}^{\infty}\frac{a_n}{n}x^n$ 与 $\sum_{n=1}^{\infty}\frac{a_n}{\sqrt{n}}x^n$ 的收敛半径分别为 $R_1$ 和 $R_2$. 对于 $\forall x_0 \in (-R_2, R_2)$, $\sum_{n=1}^{\infty}\frac{a_n}{\sqrt{n}}x_0^n$ 绝对收敛,由于 $\left|\frac{a_n}{n}x_0^n\right| \leqslant \left|\frac{a_n}{\sqrt{n}}x_0^n\right|$,根据比较判别法可知 $\sum_{n=1}^{\infty}\frac{a_n}{n}x_0^n$ 绝对收敛,因此 $R_1 \geqslant R_2$.

下面用反证法证明 $R_1 = R_2$. 假设 $R_1 > R_2$,可取 $x_1, x_2$ 使得 $R_2 < x_2 < x_1 < R_1$,因而 $\sum_{n=1}^{\infty}\frac{a_n}{\sqrt{n}}x_2^n$ 发散, $\sum\frac{a_n}{n}x_1^n$ 收敛. 但是,由于

$$\left|\frac{a_n}{\sqrt{n}}x_2^n\right| = \left|\frac{a_n}{n}x_1^n\right|\left|\frac{\sqrt{n}}{(x_1/x_2)^n}\right| \leqslant K\left|\frac{a_n}{n}x_1^n\right|$$

应用比较判别法可知 $\sum_{n=1}^{\infty}\frac{a_n}{\sqrt{n}}x_2^n$ 收敛,导出矛盾,所以 $R_1 = R_2$.

**例 2.20**(复习题 8 题 5) 求下列级数的和:

(1) $\sum_{n=0}^{\infty}\frac{n^2+1}{2^n n!}$;  (2) $\sum_{n=1}^{\infty}\frac{1}{n(n+1)(n+2)}$;

(3) $\sum_{n=1}^{\infty}\frac{(-1)^{n+1}n^2}{(2n)!}$;  (4) $\sum_{n=1}^{\infty}\frac{(-1)^{n+1}}{n(2n-1)3^n}$.

**解析** (1) 设

$$f(x) = \sum_{n=0}^{\infty}\frac{n^2+1}{n!}x^n = \sum_{n=0}^{\infty}\frac{n(n-1)+n+1}{n!}x^n$$

$$= \sum_{n=2}^{\infty}\frac{1}{(n-2)!}x^n + \sum_{n=1}^{\infty}\frac{1}{(n-1)!}x^n + \sum_{n=0}^{\infty}\frac{1}{n!}x^n$$

$$= x^2\sum_{n=0}^{\infty}\frac{1}{n!}x^n + x\sum_{n=0}^{\infty}\frac{1}{n!}x^n + \sum_{n=0}^{\infty}\frac{1}{n!}x^n$$

$$= e^x(x^2+x+1) \quad (|x|<+\infty)$$

令 $x=\frac{1}{2}$,得原式 $= f\left(\frac{1}{2}\right) = \frac{7}{4}\sqrt{e}$.

(2) 由于 $\dfrac{1}{n(n+1)(n+2)} = \dfrac{1}{2}\left(\dfrac{1}{n} - \dfrac{1}{n+1}\right) - \dfrac{1}{2}\left(\dfrac{1}{n+1} - \dfrac{1}{n+2}\right)$, 因此

$$原式 = \lim_{n\to\infty} S_n = \lim_{n\to\infty} \sum_{i=1}^{n} \dfrac{1}{i(i+1)(i+2)}$$

$$= \lim_{n\to\infty} \dfrac{1}{2}\left(1 - \dfrac{1}{2} - \dfrac{1}{n+1} + \dfrac{1}{n+2}\right) = \dfrac{1}{4}$$

(3) 设

$$f(x) = \sum_{n=1}^{\infty} \dfrac{(-1)^{n+1} n^2}{(2n)!} x^{2n} = \dfrac{1}{4} \sum_{n=1}^{\infty} \dfrac{(-1)^{n+1}((2n)(2n-1)+2n)}{(2n)!} x^{2n}$$

$$= \dfrac{1}{4} \sum_{n=1}^{\infty} \dfrac{(-1)^{n+1}}{(2n-2)!} x^{2n} + \dfrac{1}{4} \sum_{n=1}^{\infty} \dfrac{(-1)^{n+1}}{(2n-1)!} x^{2n}$$

$$= \dfrac{x^2}{4} \sum_{n=0}^{\infty} \dfrac{(-1)^n}{(2n)!} x^{2n} + \dfrac{x}{4} \sum_{n=0}^{\infty} \dfrac{(-1)^n}{(2n+1)!} x^{2n+1}$$

$$= \dfrac{x^2}{4} \cos x + \dfrac{x}{4} \sin x \quad (|x| < +\infty)$$

令 $x = 1$, 得原式 $= f(1) = \dfrac{1}{4}(\sin 1 + \cos 1)$.

(4) 令 $f(x) = \sum_{n=1}^{\infty} \dfrac{2(-1)^{n+1}}{2n(2n-1)} x^{2n} \ (|x| \leqslant 1)$, 逐项求导两次得

$$f'(x) = \sum_{n=1}^{\infty} \dfrac{2(-1)^{n+1}}{2n-1} x^{2n-1} \quad (|x| \leqslant 1)$$

$$f''(x) = \sum_{n=1}^{\infty} 2(-1)^{n+1} x^{2n-2} = 2\sum_{n=1}^{\infty} (-x^2)^{n-1} = \dfrac{2}{1+x^2} \quad (|x| < 1)$$

由于 $f'(0) = 0, f(0) = 0$, 逐项积分两次得

$$f'(x) = f'(0) + 2\int_0^x \dfrac{1}{1+x^2} dx = 2\arctan x \quad (|x| \leqslant 1)$$

$$f(x) = f(0) + 2\int_0^x \arctan x \, dx = 2x \arctan x - \ln(1+x^2) \quad (|x| \leqslant 1)$$

令 $x = \dfrac{1}{\sqrt{3}}$, 得原式 $= f\left(\dfrac{1}{\sqrt{3}}\right) = \dfrac{\sqrt{3}}{9}\pi - \ln\dfrac{4}{3}$.

**例 2.21**(复习题 8 题 6) 求函数 $f(x)$, 使得 $\int_x^{2x} f(x) dx = e^x - 1$.

**解析** 令 $f(x) = \sum_{n=0}^{\infty} a_n x^n$, 逐项积分得

$$\int_x^{2x} f(x) dx = \sum_{n=0}^{\infty} a_n \dfrac{2^{n+1} - 1}{n+1} x^{n+1}$$

由于 $e^x - 1 = \sum_{n=1}^{\infty} \dfrac{1}{n!} x^n = \sum_{n=0}^{\infty} \dfrac{1}{(n+1)!} x^{n+1}$, 故

$$a_n \frac{2^{n+1}-1}{n+1} = \frac{1}{(n+1)!} \Rightarrow a_n = \frac{1}{n!(2^{n+1}-1)}$$

于是 $f(x) = \sum_{n=0}^{\infty} \frac{1}{n!(2^{n+1}-1)} x^n$.

## 11.3　典型题选解

**例 3.1**(全国 2004)　若 $\sum_{n=1}^{\infty} a_n$ 是正项级数，则　　　　　　　　　　( )

(A) 若 $\lim\limits_{n\to\infty} na_n = 0$，则 $\sum_{n=1}^{\infty} a_n$ 收敛　　(B) 若 $\lim\limits_{n\to\infty} na_n = \lambda \neq 0$，则 $\sum_{n=1}^{\infty} a_n$ 发散

(C) 若 $\sum_{n=1}^{\infty} a_n$ 收敛，则 $\lim\limits_{n\to\infty} n^2 a_n = 0$　　(D) 若 $\sum_{n=1}^{\infty} a_n$ 发散，则 $\lim\limits_{n\to\infty} na_n = \lambda \neq 0$

**解析**　(A) 错误. 反例：$a_n = \frac{1}{n\ln n}$，$\lim\limits_{n\to\infty} na_n = 0$，但是 $\sum_{n=2}^{\infty} \frac{1}{n\ln n}$ 发散.

(B) 正确. 因 $\lim\limits_{n\to\infty} \frac{a_n}{\frac{1}{n}} = \lim\limits_{n\to\infty} na_n = \lambda \neq 0$，$\sum_{n=1}^{\infty} \frac{1}{n}$ 发散，由比较判别法得 $\sum_{n=1}^{\infty} a_n$ 发散.

(C) 错误. 反例：设 $a_n = \frac{1}{n^2}$，则 $\sum_{n=1}^{\infty} \frac{1}{n^2}$ 收敛，但是 $\lim\limits_{n\to\infty} n^2 a_n = 1 \neq 0$.

(D) 错误. 反例：设 $a_n = \frac{1}{n\ln n}$，则 $\sum_{n=2}^{\infty} \frac{1}{n\ln n}$ 发散，但是 $\lim\limits_{n\to\infty} na_n = \lim\limits_{n\to\infty} \frac{1}{\ln n} = 0$.

**例 3.2**(全国 2000)　设 $\sum_{n=1}^{\infty} a_n$ 收敛，则下列级数中，_____必收敛. ( )

(A) $\sum_{n=1}^{\infty} (-1)^{n+1} \frac{a_n}{n}$　　　　　　　(B) $\sum_{n=1}^{\infty} a_n^2$

(C) $\sum_{n=1}^{\infty} (a_{2n-1} - a_{2n})$　　　　　　(D) $\sum_{n=1}^{\infty} (a_n - a_{n+1})$

**解析**　(A) 错误. 反例：$a_n = \frac{(-1)^{n+1}}{\ln(n+1)}$，但 $\sum_{n=1}^{\infty} (-1)^{n+1} \frac{a_n}{n} = \sum_{n=1}^{\infty} \frac{1}{n\ln(n+1)}$ 发散.

(B) 错误. 反例：$a_n = \frac{(-1)^{n+1}}{\sqrt{n}}$，但 $\sum_{n=1}^{\infty} a_n^2 = \sum_{n=1}^{\infty} \frac{1}{n}$ 发散.

(C) 错误. 反例：$a_n = \frac{(-1)^{n+1}}{n}$，但 $\sum_{n=1}^{\infty} (a_{2n-1} - a_{2n}) = \sum_{n=1}^{\infty} \left(\frac{1}{2n-1} - \frac{-1}{2n}\right)$ 发散.

(D) 正确. 因 $\sum_{n=1}^{\infty} a_n$ 收敛，故 $\sum_{n=1}^{\infty} a_{n+1}$ 收敛，则逐项相减的级数 $\sum_{n=1}^{\infty} (a_n - a_{n+1})$ 收敛.

**例 3.3**(全国 2009)  设有两个数列 $\{a_n\}$, $\{b_n\}$, 若 $\lim\limits_{n\to\infty}a_n = 0$, 则 (   )

(A) 当 $\sum\limits_{n=1}^{\infty}b_n$ 收敛时, $\sum\limits_{n=1}^{\infty}a_nb_n$ 收敛     (B) 当 $\sum\limits_{n=1}^{\infty}b_n$ 发散时, $\sum\limits_{n=1}^{\infty}a_nb_n$ 发散

(C) 当 $\sum\limits_{n=1}^{\infty}|b_n|$ 收敛时, $\sum\limits_{n=1}^{\infty}a_n^2b_n^2$ 收敛   (D) 当 $\sum\limits_{n=1}^{\infty}|b_n|$ 发散时, $\sum\limits_{n=1}^{\infty}a_n^2b_n^2$ 发散

**解析**   (A) 错误. 反例: $\lim\limits_{n\to\infty}a_n = \lim\limits_{n\to\infty}\dfrac{(-1)^n}{\sqrt{n}} = 0$, $b_n = \dfrac{(-1)^n}{\sqrt{n}}$, $\sum\limits_{n=1}^{\infty}\dfrac{(-1)^n}{\sqrt{n}}$ 收敛, 但是 $\sum\limits_{n=1}^{\infty}a_nb_n = \sum\limits_{n=1}^{\infty}\dfrac{1}{n}$ 发散.

(B) 错误. 反例: $a_n = \dfrac{(-1)^n}{\sqrt{n}} \to 0 (n \to \infty)$, $b_n = \dfrac{1}{\sqrt{n}}$, 则 $\sum\limits_{n=1}^{\infty}\dfrac{1}{\sqrt{n}}$ 发散, 而 $\sum\limits_{n=1}^{\infty}a_nb_n = \sum\limits_{n=1}^{\infty}\dfrac{(-1)^n}{n}$ 收敛.

(C) 正确. 因为 $\sum\limits_{n=1}^{\infty}|b_n|$ 收敛, 所以 $\sum\limits_{n=1}^{\infty}b_n^2$ 收敛, 又 $a_n \to 0 (n \to \infty)$, 所以 $\exists N \in \mathbf{N}^*$, 当 $n > N$ 时有 $0 \leqslant a_n^2b_n^2 \leqslant b_n^2$, 应用比较判别法, 即得 $\sum\limits_{n=1}^{\infty}a_n^2b_n^2$ 收敛.

(D) 错误. 反例: $a_n = \dfrac{(-1)^n}{\sqrt{n}} \to 0$, $b_n = \dfrac{(-1)^n}{\sqrt{n}}$, $\sum\limits_{n=1}^{\infty}|b_n|$ 发散, 但是 $\sum\limits_{n=1}^{\infty}a_n^2b_n^2 = \sum\limits_{n=1}^{\infty}\dfrac{1}{n^2}$ 收敛.

**例 3.4**(精选题)  求级数 $\sum\limits_{n=1}^{\infty}\dfrac{n}{(2n-1)^2(2n+1)^2}$ 的和.

**解析**   由于 $a_n = \dfrac{n}{(2n-1)^2(2n+1)^2} \sim \dfrac{1}{16n^3}(n \to \infty)$, 故原级数收敛. 因为

$$\dfrac{n}{(2n-1)^2(2n+1)^2} = \dfrac{1}{8}\left(\dfrac{1}{(2n-1)^2} - \dfrac{1}{(2n+1)^2}\right)$$

考虑原级数的部分和, 有

$$S_n = \sum_{k=1}^{n}\dfrac{k}{(2k-1)^2(2k+1)^2} = \dfrac{1}{8}\left(\sum_{k=1}^{n}\dfrac{1}{(2k-1)^2} - \sum_{k=1}^{n}\dfrac{1}{(2k+1)^2}\right)$$
$$= \dfrac{1}{8}\left(1 - \dfrac{1}{3^2} + \dfrac{1}{3^2} - \dfrac{1}{5^2} + \dfrac{1}{5^2} - \cdots - \dfrac{1}{(2n-1)^2} + \dfrac{1}{(2n-1)^2} - \dfrac{1}{(2n+1)^2}\right)$$
$$= \dfrac{1}{8}\left(1 - \dfrac{1}{(2n+1)^2}\right) \to \dfrac{1}{8} \quad (n \to \infty)$$

于是 $\sum\limits_{n=1}^{\infty}\dfrac{n}{(2n-1)^2(2n+1)^2} = \dfrac{1}{8}$.

**例3.5**(南大2010) 判别级数 $\sum_{n=1}^{\infty}\left(\frac{1}{n}-\ln\frac{n+1}{n}\right)$ 的敛散性.

**解析** 因为 $\ln(1+x)=x-\frac{1}{2}x^2+o(x^2)$,令 $x=\frac{1}{n}$,得

$$\ln\left(1+\frac{1}{n}\right)=\frac{1}{n}-\frac{1}{2n^2}+o\left(\frac{1}{n^2}\right) \Rightarrow \frac{1}{n}-\ln\left(1+\frac{1}{n}\right)=\frac{1}{2n^2}+o\left(\frac{1}{n^2}\right)\sim\frac{1}{2n^2}$$

而 $\sum_{n=1}^{\infty}\frac{1}{2n^2}$ 收敛,所以原级数收敛.

**例3.6**(南大2002) 证明:极限

$$\lim_{n\to\infty}\left(1+\frac{1}{1\cdot 2}\right)\left(1+\frac{1}{2\cdot 3}\right)\cdots\left(1+\frac{1}{n\cdot(n+1)}\right)$$

存在.

**解析** 令 $x_n=\left(1+\frac{1}{1\cdot 2}\right)\left(1+\frac{1}{2\cdot 3}\right)\cdots\left(1+\frac{1}{n\cdot(n+1)}\right)$,则

$$\ln x_n=\sum_{i=1}^{n}\ln\left(1+\frac{1}{i(i+1)}\right)$$

$$\lim_{n\to\infty}\ln x_n=\lim_{n\to\infty}\sum_{i=1}^{n}\ln\left(1+\frac{1}{i(i+1)}\right)=\sum_{n=1}^{\infty}\ln\left(1+\frac{1}{n(n+1)}\right)$$

因为 $\ln\left(1+\frac{1}{n(n+1)}\right)\sim\frac{1}{n^2}$,且 $\sum_{n=1}^{\infty}\frac{1}{n^2}$ 收敛,所以 $\sum_{n=1}^{\infty}\ln\left(1+\frac{1}{n(n+1)}\right)$ 收敛. 令 $\sum_{n=1}^{\infty}\ln\left(1+\frac{1}{n(n+1)}\right)=a$,则 $\lim_{n\to\infty}\ln x_n=a$,即原式 $=\lim_{n\to\infty}x_n=e^a$.

**例3.7**(全国2002) 设 $a_n>0,\lim_{n\to\infty}\frac{n}{a_n}=1$,判别级数 $\sum_{n=1}^{\infty}(-1)^{n+1}\left(\frac{1}{a_n}+\frac{1}{a_{n+1}}\right)$ 的敛散性.

**解析** 令 $b_n=(-1)^{n+1}\left(\frac{1}{a_n}+\frac{1}{a_{n+1}}\right)$,因 $\lim_{n\to\infty}\frac{|b_n|}{\frac{1}{n}}=\lim_{n\to\infty}\left(\frac{n}{a_n}+\frac{n+1}{a_{n+1}}\frac{n}{n+1}\right)=2$,

而 $\sum_{n=1}^{\infty}\frac{1}{n}$ 发散,故原级数非绝对收敛. 因为 $\frac{1}{a_n}\sim\frac{1}{n}$,所以 $\frac{1}{a_n}\to 0$. 令 $S_n=\sum_{i=1}^{n}b_i$,因

$$\lim_{n\to\infty}S_n=\lim_{n\to\infty}\sum_{i=1}^{n}(-1)^{i+1}\left(\frac{1}{a_i}+\frac{1}{a_{i+1}}\right)=\lim_{n\to\infty}\left(\frac{1}{a_1}+(-1)^{n+1}\frac{1}{a_{n+1}}\right)=\frac{1}{a_1}$$

故原级数条件收敛.

**例3.8**(南大2004) 判别级数 $\sum_{n=2}^{\infty}\frac{(-1)^n}{n+(-1)^n}$ 的敛散性(绝对收敛、条件收敛或发散).

**解析** 设 $a_n=\frac{(-1)^n}{n+(-1)^n}$,因为 $|a_n|=\frac{1}{n+(-1)^n}\sim\frac{1}{n}$,而 $\sum_{n=2}^{\infty}\frac{1}{n}$ 发散,所

以原级数非绝对收敛. 因为

$$a_n = \frac{(-1)^n}{n+(-1)^n} = (-1)^n \cdot \frac{n-(-1)^n}{n^2-1} = (-1)^n \frac{n}{n^2-1} - \frac{1}{n^2-1}$$

由于 $\frac{n}{n^2-1} = \frac{1}{n+1} + \frac{1}{n^2-1}$ 显然单调递减,且趋向于零,应用莱布尼茨判别法可知级数 $\sum_{n=2}^{\infty} \frac{(-1)^n n}{n^2-1}$ 收敛;又 $\frac{1}{n^2-1} \sim \frac{1}{n^2}$,所以级数 $\sum_{n=2}^{\infty} \frac{1}{n^2-1}$ 收敛. 因此原级数收敛,且为条件收敛.

**例 3.9**(精选题)  判别级数 $\sum_{n=1}^{\infty} (-1)^n \frac{n+1}{(n+1)\sqrt{n+1}-1}$ 的敛散性.

**解析**  由于 $\frac{n+1}{(n+1)\sqrt{n+1}-1} \sim \frac{1}{\sqrt{n}}$,因为 $\sum_{n=1}^{\infty} \frac{1}{\sqrt{n}}$ 发散,所以原级数非绝对收敛. $\sum_{n=1}^{\infty} (-1)^n \frac{n+1}{(n+1)\sqrt{n+1}-1}$ 为交错级数,$\lim_{n\to\infty} \frac{n+1}{(n+1)\sqrt{n+1}-1} = 0$,又当 $n$ 增大时,$\frac{n+1}{(n+1)\sqrt{n+1}-1} = \frac{1}{\sqrt{n+1} - \frac{1}{n+1}}$,显见单调递减,由莱布尼茨判别法可知原级数收敛. 所以原级数条件收敛.

**例 3.10**(全国 2014)  设数列 $\{a_n\}, \{b_n\}$ 满足

$$0 < a_n < \frac{\pi}{2}, \quad 0 < b_n < \frac{\pi}{2}, \quad \cos a_n - a_n = \cos b_n$$

且级数 $\sum_{n=1}^{\infty} b_n$ 收敛. 证明:(1) $\lim_{n\to\infty} a_n = 0$;(2) 级数 $\sum_{n=1}^{\infty} \frac{a_n}{b_n}$ 收敛.

**解析**  (1) 因 $\sum_{n=1}^{\infty} b_n$ 收敛,所以 $\lim_{n\to\infty} b_n = 0$. 由于

$$\cos a_n - a_n = \cos b_n \Rightarrow \cos a_n - \cos b_n = a_n > 0 \Rightarrow 0 < a_n < b_n$$

应用夹逼准则,即得 $\lim_{n\to\infty} a_n = 0$.

(2) 记 $c_n = \frac{a_n}{b_n} > 0$,由于

$$\lim_{n\to\infty} \frac{c_n}{b_n} = \lim_{n\to\infty} \frac{a_n}{b_n^2} = \lim_{n\to\infty} \frac{1-\cos b_n}{b_n^2} \frac{a_n}{1-\cos b_n} = \lim_{n\to\infty} \frac{\frac{1}{2}b_n^2}{b_n^2} \frac{a_n}{1-(\cos a_n - a_n)}$$

$$= \frac{1}{2} \lim_{n\to\infty} \frac{a_n}{1-\cos a_n + a_n} = \frac{1}{2} \lim_{n\to\infty} \frac{1}{\frac{1-\cos a_n}{a_n}+1} = \frac{1}{2}$$

应用比较判别法,得级数 $\sum_{n=1}^{\infty} \frac{a_n}{b_n}$ 收敛.

**例 3.11**(精选题)　设常数 $a>0$,讨论级数 $\sum\limits_{n=1}^{\infty}(-1)^{n+1}\dfrac{a^n}{1+a^{2n}}$ 的敛散性.

**解析**　当 $0<a<1$ 时,因为 $\dfrac{a^n}{1+a^{2n}}<a^n$,且级数 $\sum\limits_{n=1}^{\infty}a^n$ 收敛,由此可知级数 $\sum\limits_{n=1}^{\infty}(-1)^{n+1}\dfrac{a^n}{1+a^{2n}}$ 绝对收敛;当 $a>1$ 时,$\dfrac{a^n}{1+a^{2n}}=\dfrac{\left(\dfrac{1}{a}\right)^n}{\left(\dfrac{1}{a}\right)^{2n}+1}<\left(\dfrac{1}{a}\right)^n$,由级数 $\sum\limits_{n=1}^{\infty}\left(\dfrac{1}{a}\right)^n$ 收敛可知 $\sum\limits_{n=1}^{\infty}(-1)^{n+1}\dfrac{a^n}{1+a^{2n}}$ 绝对收敛;当 $a=1$ 时,因 $\lim\limits_{n\to\infty}\dfrac{(-1)^{n+1}}{2}\neq 0$,故级数 $\sum\limits_{n=1}^{\infty}(-1)^{n+1}\dfrac{a^n}{1+a^{2n}}$ 发散.

**例 3.12**(精选题)　判别级数 $\sum\limits_{n=1}^{\infty}(-1)^{n+1}\dfrac{\sqrt{n+1}-\sqrt{n-1}}{n^p}$ 的敛散性.

**解析**　设

$$a_n=(-1)^{n+1}\dfrac{\sqrt{n+1}-\sqrt{n-1}}{n^p}$$

$$|a_n|=\dfrac{\sqrt{n+1}-\sqrt{n-1}}{n^p}=\dfrac{2}{n^p(\sqrt{n+1}+\sqrt{n-1})}\sim\dfrac{1}{n^{p+\frac{1}{2}}}$$

由 $p$ 级数的敛散性,$\sum\limits_{n=1}^{\infty}\dfrac{1}{n^{p+\frac{1}{2}}}$ 在 $p>\dfrac{1}{2}$ 时收敛,$p\leqslant\dfrac{1}{2}$ 时发散,故原级数在 $p>\dfrac{1}{2}$ 时绝对收敛,在 $p\leqslant\dfrac{1}{2}$ 时非绝对收敛.

当 $-\dfrac{1}{2}<p\leqslant\dfrac{1}{2}$ 时,有

$$\lim_{n\to\infty}\dfrac{2}{n^p(\sqrt{n+1}+\sqrt{n-1})}=\lim_{n\to\infty}\dfrac{2}{n^{p+\frac{1}{2}}\left(\sqrt{1+\dfrac{1}{n}}+\sqrt{1-\dfrac{1}{n}}\right)}=0$$

令 $f(x)=\sqrt{1+x}+\sqrt{1-x}(0<x<1)$,因为

$$f'(x)=\dfrac{\sqrt{1-x}-\sqrt{1+x}}{2\sqrt{1-x^2}}<0$$

所以 $f(x)$ 在 $(0,1)$ 上单调减少. 取 $x=\dfrac{1}{n}$,则当 $n$ 增大时,$x$ 减少,此时 $f\left(\dfrac{1}{n}\right)$ 递增,于是 $\dfrac{1}{f\left(\dfrac{1}{n}\right)}=\dfrac{1}{\sqrt{1+\dfrac{1}{n}}+\sqrt{1-\dfrac{1}{n}}}$ 单调递减,又 $\dfrac{2}{n^{p+\frac{1}{2}}}\left(p+\dfrac{1}{2}>0\right)$ 也单调递减,

所以 $\left\{\dfrac{2}{n^p(\sqrt{n+1}+\sqrt{n-1})}\right\}$ 单调递减,由莱布尼茨判别法可知原级数收敛,于

是 $-\frac{1}{2} < p \leqslant \frac{1}{2}$ 时原级数条件收敛.

当 $p \leqslant -\frac{1}{2}$ 时,因为

$$\lim_{n \to \infty} |a_n| = \lim_{n \to \infty} \frac{2}{n^{p+\frac{1}{2}}\left(\sqrt{1+\frac{1}{n}}+\sqrt{1-\frac{1}{n}}\right)} = \begin{cases} 1 & \left(p = -\frac{1}{2}\right); \\ \infty & \left(p < -\frac{1}{2}\right) \end{cases}$$

所以 $\lim\limits_{n \to \infty} a_n \neq 0$,于是 $p \leqslant -\frac{1}{2}$ 时原级数发散.

**例 3.13**(全国 2016) 已知函数 $f(x)$ 可导,且 $f(0)=1, 0 < f'(x) < \frac{1}{2}$,设数列 $\{x_n\}$ 满足 $x_{n+1}=f(x_n)(n=1,2\ldots)$,试证明:

(1) 级数 $\sum\limits_{n=1}^{\infty}(x_{n+1}-x_n)$ 绝对收敛;

(2) $\lim\limits_{n \to \infty} x_n$ 存在,且 $1 \leqslant \lim\limits_{n \to \infty} x_n \leqslant 2$.(注:此不等式原题为 $0 < \lim\limits_{n \to \infty} x_n < 2$)

**解析** (1) 令 $a_n = x_{n+1} - x_n$,根据题意可知在 $x_n$ 与 $x_{n-1}$ 之间存在 $\xi_n$,使得

$$|a_n| = |x_{n+1} - x_n| = |f'(\xi_n)(x_n - x_{n-1})| = f'(\xi_n) |x_n - x_{n-1}|$$

$$< \frac{1}{2}|a_{n-1}| < \frac{1}{2^2}|a_{n-2}| < \cdots < \frac{1}{2^{n-1}}|a_1|$$

因级数 $\sum\limits_{n=1}^{\infty} \frac{1}{2^{n-1}}|a_1|$ 收敛,应用比较判别法得级数 $\sum\limits_{n=1}^{\infty}|a_n|$ 收敛,即 $\sum\limits_{n=1}^{\infty}(x_{n+1}-x_n)$ 绝对收敛.

(2) 由(1) 知级数 $\sum\limits_{n=1}^{\infty}(x_{n+1}-x_n)$ 收敛,设 $\sum\limits_{n=1}^{\infty}(x_{n+1}-x_n) = A(A \in \mathbf{R})$,则

$$\lim_{n \to \infty} \sum_{i=1}^{n-1}(x_{i+1}-x_i) = \lim_{n \to \infty}(x_n - x_1) = A$$

因此 $\lim\limits_{n \to \infty} x_n = B(B = A + x_1)$.

由于 $f(0)=1, f'(x)>0$,所以 $f(x)$ 单调增加,并且当 $x>0$ 时 $f(x)>1$.

如果 $x_1 = 0$,有

$$x_2 = f(x_1) = 1, \quad x_3 = f(x_2) > 1, \quad \cdots, \quad x_{n+1} = f(x_n) > 1 \quad (n \geqslant 3)$$

如果 $x_1 > 0$,有

$$x_2 = f(x_1) > 1, \quad \cdots, \quad x_{n+1} = f(x_n) > 1 \quad (n \geqslant 2)$$

如果 $x_1 < 0$,应用拉格朗日中值定理,必存在 $\eta_1 \in (x_1, 0)$,使得

$$x_2 = f(x_1) = f(0) + f'(\eta_1)x_1 > 1 + \frac{1}{2}x_1$$

如果 $x_2 < 0$,应用拉格朗日中值定理,必存在 $\eta_2 \in (x_2, 0)$,使得

$$x_3 = f(x_2) = f(0) + f'(\eta_2)x_2$$
$$> 1 + \frac{1}{2}x_2 > 1 + \frac{1}{2}\left(1 + \frac{1}{2}x_1\right) = 1 + \frac{1}{2} + \frac{1}{2^2}x_1$$

如果 $x_3 < 0, \cdots, x_n < 0$，则应用拉格朗日中值定理，必存在 $\eta_n \in (x_n, 0)$ 使得
$$x_{n+1} = f(x_n) = f(0) + f'(\eta_n)x_n$$
$$> 1 + \frac{1}{2}x_n > 1 + \frac{1}{2} + \cdots + \frac{1}{2^{n-1}} + \frac{1}{2^n}x_1$$

由于 $\lim\limits_{n\to\infty}\frac{1}{2^n}x_1 = 0, 1 + \frac{1}{2} + \cdots + \frac{1}{2^{n-1}} \geqslant 1$，所以 $n$ 充分大时，$x_n > 0$. 于是
$$x_{n+1} = f(x_n) > 1, \quad \cdots, \quad x_{n+k} = f(x_{n+k-1}) > 1 \quad (k \in \mathbf{N}^*)$$
所以下面不妨设 $x_1 > 0, x_2 > 1$，则 $\forall n \geqslant 2$，有 $x_n > 1$，且
$$1 < x_{n+1} = f(x_n) = f(0) + f'(\eta_n)x_n < 1 + \frac{1}{2}x_n \quad (0 < \eta_n < x_n)$$
令 $n \to \infty$ 得 $1 \leqslant B \leqslant 1 + \frac{1}{2}B$，由此可得 $1 \leqslant B \leqslant 2$，即 $1 \leqslant \lim\limits_{n\to\infty}x_n \leqslant 2$.

**例 3.14**（精选题） 求幂级数 $\sum\limits_{n=1}^{\infty}\dfrac{x^n}{1+\dfrac{1}{2}+\dfrac{1}{3}+\cdots+\dfrac{1}{n}}$ 的收敛半径，并讨论收敛区间端点的收敛性，求收敛域.

**解析** 因为
$$\frac{1}{n} < \frac{1}{1+\frac{1}{2}+\frac{1}{3}+\cdots+\frac{1}{n}} < n$$
而且 $\sum\limits_{n=1}^{\infty}\dfrac{1}{n}x^n$ 和 $\sum\limits_{n=1}^{\infty}nx^n$ 的收敛半径均为 1，所以原级数的收敛半径 $R = 1$.

当 $x = 1$ 时，有 $\dfrac{1}{1+\dfrac{1}{2}+\dfrac{1}{3}+\cdots+\dfrac{1}{n}} > \dfrac{1}{n}$，又 $\sum\limits_{n=1}^{\infty}\dfrac{1}{n}$ 发散，由比较判别法可知原级数在 $x = 1$ 时发散；

当 $x = -1$ 时，原级数为 $\sum\limits_{n=1}^{\infty}\dfrac{(-1)^n}{1+\dfrac{1}{2}+\dfrac{1}{3}+\cdots+\dfrac{1}{n}}$，因 $\left\{\dfrac{1}{1+\dfrac{1}{2}+\dfrac{1}{3}+\cdots+\dfrac{1}{n}}\right\}$ 单调递减且趋于 0，由莱布尼茨判别法可知原级数在 $x = -1$ 时收敛.

综上可知，原级数的收敛域为 $[-1, 1)$.

**例 3.15**（精选题） 求幂级数 $\sum\limits_{n=1}^{\infty}\left(1+\dfrac{1}{n}\right)^{n^2}x^n$ 的收敛域.

**解析** 设 $a_n = \left(1+\dfrac{1}{n}\right)^{n^2}$，因为 $\lim\limits_{n\to\infty}\dfrac{1}{\sqrt[n]{|a_n|}} = \lim\limits_{n\to\infty}\dfrac{1}{\left(1+\dfrac{1}{n}\right)^n} = \dfrac{1}{\mathrm{e}}$，所以原

级数的收敛半径为 $R=\dfrac{1}{e}$。当 $x=\pm\dfrac{1}{e}$ 时,原级数化为 $\sum\limits_{n=1}^{\infty}(\pm 1)^n\left(1+\dfrac{1}{n}\right)^{n^2}\dfrac{1}{e^n}$。由于数列 $\left\{\left(1+\dfrac{1}{n}\right)^{n+1}\right\}$ 单调递减趋于 e(参见专题 1 例 2.19),故

$$\left(1+\dfrac{1}{n}\right)^{n^2}\dfrac{1}{e^n}=\left[\dfrac{\left(1+\dfrac{1}{n}\right)^n}{e}\right]^n>\left[\dfrac{\left(1+\dfrac{1}{n}\right)^n}{\left(1+\dfrac{1}{n}\right)^{n+1}}\right]^n=\dfrac{1}{\left(1+\dfrac{1}{n}\right)^n}>\dfrac{1}{e}$$

于是

$$\lim_{n\to\infty}\left(1+\dfrac{1}{n}\right)^{n^2}\dfrac{1}{e^n}\neq 0$$

所以 $x=\pm\dfrac{1}{e}$ 时原级数发散。原级数的收敛域为 $\left(-\dfrac{1}{e},\dfrac{1}{e}\right)$。

**例 3.16**(精选题) 设

$$x_{2n-1}=\dfrac{1}{n},\quad x_{2n}=\int_n^{n+1}\dfrac{1}{x}dx\quad(n=1,2,3,\cdots)$$

(1) 证明:级数 $\sum\limits_{n=1}^{\infty}(-1)^{n+1}x_n$ 收敛;

(2) 设 $\sum\limits_{n=1}^{\infty}(-1)^{n+1}x_n=A$,$y_n=1+\dfrac{1}{2}+\dfrac{1}{3}+\cdots+\dfrac{1}{n}-\ln n$,证明:$\lim\limits_{n\to\infty}y_n=A$。

**解析** (1) 由积分中值定理,$\exists\xi_n\in(n,n+1)$,使得

$$x_{2n}=\int_n^{n+1}\dfrac{1}{x}dx=\dfrac{1}{\xi_n}(n+1-n)=\dfrac{1}{\xi_n}\quad(n=1,2,3,\cdots)$$

于是

$$\dfrac{1}{n+1}=x_{2n+1}<x_{2n}<x_{2n-1}=\dfrac{1}{n}\quad(n=1,2,3,\cdots)$$

即 $\{x_n\}$ 单调递减且趋于 0,故由莱布尼茨判别法可知级数 $\sum\limits_{n=1}^{\infty}(-1)^{n+1}x_n$ 收敛。

(2) 设 $\sum\limits_{n=1}^{\infty}(-1)^{n+1}x_n=A$,$S_{2n}=\sum\limits_{k=1}^{2n}(-1)^{k+1}x_k$,则 $\lim\limits_{n\to\infty}S_{2n}=A$。由于

$$S_{2n}=1-\ln\dfrac{2}{1}+\dfrac{1}{2}-\ln\dfrac{3}{2}+\dfrac{1}{3}-\ln\dfrac{4}{3}+\cdots+\dfrac{1}{n}-\ln\dfrac{n+1}{n}$$
$$=1+\dfrac{1}{2}+\dfrac{1}{3}+\cdots+\dfrac{1}{n}-\ln(n+1)=y_n+\ln\dfrac{n}{n+1}$$

因此

$$\lim_{n\to\infty}y_n=\lim_{n\to\infty}S_{2n}-\lim_{n\to\infty}\ln\dfrac{n}{n+1}=A$$

**例 3.17**(精选题) 设有级数(a) $\sum\limits_{n=0}^{\infty}a_n(x-x_0)^n$ 和级数(b) $\sum\limits_{n=0}^{\infty}\dfrac{a_n}{4^{n-4}}x^n$,已知

级数(a)的收敛域为$[1,5)$,求:(1) $x_0$;(2) 级数(b)的收敛半径.

**解析** (1) 设 $t=x-x_0$,由(a)的收敛域为$[1,5)$,可知 $t\in[1-x_0,5-x_0)$,由幂级数收敛区间的对称性可知 $1-x_0+5-x_0=0$,解得 $x_0=3$.

(2) 级数(b)变形为 $4^4\sum_{n=0}^{\infty}a_n\left(\dfrac{x}{4}\right)^n$,因为幂级数 $\sum_{n=0}^{\infty}a_nx^n$ 的收敛半径$R_1=2$,所以幂级数(b)的收敛半径 $R=4R_1=8$.

**例 3.18**(全国 2011) 设数列$\{a_n\}$单调递减,$\lim\limits_{n\to\infty}a_n=0$,$S_n=\sum_{i=1}^{n}a_i(n=1,2,\cdots)$ 无界,则幂级数 $\sum_{n=1}^{\infty}a_n(x-1)^n$ 的收敛域是_____.

**解析** 在幂级数 $\sum_{n=1}^{\infty}a_n(x-1)^n$ 中取 $x=0$ 得 $\sum_{n=1}^{\infty}(-1)^na_n$,由于数列$\{a_n\}$单调递减,$\lim\limits_{n\to\infty}a_n=0$,应用莱布尼茨法则可得 $\sum_{n=1}^{\infty}(-1)^na_n$ 收敛;在幂级数 $\sum_{n=1}^{\infty}a_n(x-1)^n$ 中取 $x=2$ 得 $\sum_{n=1}^{\infty}a_n$,由于 $S_n=\sum_{i=1}^{n}a_i$ 无界,故 $\sum_{i=1}^{\infty}a_i$ 发散. 于是幂级数 $\sum_{n=1}^{\infty}a_n(x-1)^n$ 的收敛域是$[0,2)$.

**例 3.19**(全国 2015) 若级数 $\sum_{n=1}^{\infty}a_n$ 条件收敛,则 $x=\sqrt{3}$ 与 $x=3$ 依次为幂级数 $\sum_{n=1}^{\infty}na_n(x-1)^n$ 的 ( )

(A) 收敛点,收敛点  (B) 收敛点,发散点
(C) 发散点,收敛点  (D) 发散点,发散点

**解析** 幂级数 $\sum_{n=1}^{\infty}a_nx^n$ 在 $x=1$ 处显然收敛,所以其收敛半径 $R\geqslant 1$. 若 $R>1$,应用阿贝尔定理,可得幂级数 $\sum_{n=1}^{\infty}a_nx^n$ 在 $x=1$ 处绝对收敛,此与条件矛盾,所以 $R=1$,幂级数 $\sum_{n=1}^{\infty}a_nx^n$ 的收敛区间为$(-1,1)$,因此幂级数 $\sum_{n=1}^{\infty}a_n(x-1)^n$ 的收敛区间为$(0,2)$. 由于幂级数逐项求导后收敛半径不变,所以幂级数 $\sum_{n=1}^{\infty}na_n(x-1)^{n-1}$ 的收敛区间是$(0,2)$,因此

$$(x-1)\sum_{n=1}^{\infty}na_n(x-1)^{n-1}=\sum_{n=1}^{\infty}na_n(x-1)^n$$

的收敛区间也是$(0,2)$,由此可得 $x=\sqrt{3}$ 是幂级数 $\sum_{n=1}^{\infty}na_n(x-1)^n$ 的收敛点,$x=3$

是幂级数 $\sum_{n=1}^{\infty} na_n(x-1)^n$ 的发散点. 故选(B).

**例 3.20**(精选题)  求级数 $\sum_{n=0}^{\infty} \dfrac{n+4}{(n+1)!(n+6)+6\cdot n!}$ 的和.

**解析**  由于
$$\dfrac{n+4}{(n+1)!(n+6)+6\cdot n!} = \dfrac{n+4}{n![(n+1)(n+6)+6]}$$
$$= \dfrac{n+4}{n!(n+3)(n+4)} = \dfrac{1}{n!(n+3)}$$

令 $f(x) = \sum_{n=0}^{\infty} \dfrac{1}{n!(n+3)} x^{n+3}$,则 $f(0)=0$,且
$$f'(x) = \sum_{n=0}^{\infty} \dfrac{1}{n!} x^{n+2} = x^2 \sum_{n=0}^{\infty} \dfrac{1}{n!} x^n = x^2 e^x \quad (|x|<+\infty)$$

积分得 $f(x) = e^x(x^2-2x+2)-2$,取 $x=1$ 得
$$原式 = \sum_{n=0}^{\infty} \dfrac{1}{n!(n+3)} = f(1) = e-2$$

**例 3.21**(全国 2009)  设 $a_n$ 为曲线 $y=x^n$ 与 $y=x^{n+1}$ $(n=1,2,\cdots)$ 所围成区域的面积,记 $S_1 = \sum_{n=1}^{\infty} a_n$, $S_2 = \sum_{n=1}^{\infty} a_{2n-1}$,求 $S_1$ 与 $S_2$ 的值.

**解析**  曲线 $y=x^n$ 与 $y=x^{n+1}$ 的交点为 $(0,0)$ 和 $(1,1)$,所围区域的面积为
$$a_n = \int_0^1 (x^n - x^{n+1}) dx = \dfrac{1}{n+1} - \dfrac{1}{n+2}$$

所以
$$S_1 = \sum_{n=1}^{\infty} a_n = \sum_{n=1}^{\infty} \left( \dfrac{1}{n+1} - \dfrac{1}{n+2} \right) = \lim_{n\to\infty} \left( \dfrac{1}{2} - \dfrac{1}{n+2} \right) = \dfrac{1}{2}$$

$$S_2 = \sum_{n=1}^{\infty} a_{2n-1} = \sum_{n=1}^{\infty} \left( \dfrac{1}{2n} - \dfrac{1}{2n+1} \right)$$

由于级数 $\sum_{n=2}^{\infty} (-1)^n \dfrac{1}{n}$ 显然是收敛的莱布尼茨型级数,所以加括号(两项一括)的级数 $\sum_{n=1}^{\infty} \left( \dfrac{1}{2n} - \dfrac{1}{2n+1} \right)$ 也收敛,并且两级数的和相同. 应用幂级数公式

$$\sum_{n=1}^{\infty} \dfrac{(-1)^{n+1}}{n} x^n = \ln(1+x) \quad (x\in(-1,1]) \Rightarrow \sum_{n=1}^{\infty} (-1)^{n+1} \dfrac{1}{n} = \ln 2$$

所以
$$S_2 = \sum_{n=2}^{\infty} (-1)^n \dfrac{1}{n} = 1 - \ln 2$$

**例 3.22**(全国 2017)  设 $a_0=1, a_1=0, a_{n+1}=\dfrac{1}{n+1}(na_n + a_{n-1})$ $(n=1,2,$

$3,\cdots)$,$S(x)$ 为幂级数 $\sum_{n=0}^{\infty} a_n x^n$ 的和函数.

(1) 证明:幂级数 $\sum_{n=0}^{\infty} a_n x^n$ 的收敛半径不小于1;

(2) 证明 $(1-x)S'(x) - xS(x) = 0 (x \in (-1,1))$,并求 $S(x)$.

**解析** (1) $a_0 = 1, a_1 = 0, a_2 = \frac{1}{2}$,归纳设 $0 \leqslant a_0, a_1, a_2, \cdots, a_{n-1}, a_n \leqslant 1$,则

$$0 \leqslant a_{n+1} = \frac{1}{n+1}(na_n + a_{n-1}) \leqslant \frac{1}{n+1}(n \cdot 1 + 1) = 1$$

所以 $\forall n \in \mathbf{N}$,有 $0 \leqslant a_n \leqslant 1$. 令 $x_n = na_n$,则有 $x_1 = 0, x_2 = 2a_2 = 1$,且

$$x_{n+1} = (n+1)a_{n+1} = na_n + a_{n-1} = x_n + a_{n-1} \geqslant x_n$$

所以数列 $\{x_n\}$ 单调递增,且当 $n \geqslant 2$ 时 $x_n \geqslant 1$.

若 $\{x_n\}$ 有上界,应用单调有界准则得 $\{x_n\}$ 收敛,记 $\lim_{n \to \infty} x_n = A$,则 $A \geqslant 1$. 由于

$$\lim_{n \to \infty} \frac{a_{n+1}}{a_n} = \lim_{n \to \infty} \frac{x_{n+1}}{n+1} \cdot \frac{n}{x_n} = \lim_{n \to \infty} \frac{x_{n+1}}{x_n} = \frac{A}{A} = 1$$

所以 $\{x_n\}$ 有上界时 $\sum_{n=0}^{\infty} a_n x^n$ 的收敛半径等于1;若 $\{x_n\}$ 无上界,则 $\lim_{n \to \infty} x_n = +\infty$,由于

$$\lim_{n \to \infty} \frac{a_{n+1}}{a_n} = \lim_{n \to \infty} \frac{x_{n+1}}{n+1} \cdot \frac{n}{x_n} = \lim_{n \to \infty} \frac{x_n + a_{n-1}}{x_n} = 1 + \lim_{n \to \infty} \frac{a_{n-1}}{x_n} = 1 + 0 = 1$$

所以 $\{x_n\}$ 无上界时 $\sum_{n=0}^{\infty} a_n x^n$ 的收敛半径仍等于1. 于是 $\sum_{n=0}^{\infty} a_n x^n$ 的收敛半径等于1,即收敛半径不小于1.

(2) 由于 $S(x) = \sum_{n=0}^{\infty} a_n x^n, S(0) = a_0 = 1$,且

$$S'(x) = \sum_{n=1}^{\infty} na_n x^{n-1} = \sum_{n=0}^{\infty} (n+1)a_{n+1} x^n$$

所以

$$(1-x)S'(x) - xS(x) = (1-x) \sum_{n=0}^{\infty} (n+1)a_{n+1} x^n - x \sum_{n=0}^{\infty} a_n x^n$$

$$= \sum_{n=0}^{\infty} (n+1)a_{n+1} x^n - \sum_{n=0}^{\infty} (n+1)a_{n+1} x^{n+1} - \sum_{n=0}^{\infty} a_n x^{n+1}$$

$$= a_1 + \sum_{n=1}^{\infty} (n+1)a_{n+1} x^n - \sum_{n=1}^{\infty} na_n x^n - \sum_{n=1}^{\infty} a_{n-1} x^n$$

$$= 0 + \sum_{n=1}^{\infty} ((n+1)a_{n+1} - na_n - a_{n-1}) x^n = 0$$

由上可知 $S(x)$ 是微分方程 $y' - \frac{x}{1-x} y = 0$ 满足条件 $y(0) = 1$ 的特解. 分离

变量再积分得
$$\ln y = -x - \ln(1-x) + C$$
由 $y(0) = 1$ 得 $C = 0$,于是 $S(x) = \dfrac{1}{1-x}\mathrm{e}^{-x}$.

**例 3.23**(南大 2011)  求幂级数 $\sum\limits_{n=1}^{\infty} n^2 x^{n-1}$ 的和函数与收敛域.

**解析**  令 $f(x) = \sum\limits_{n=1}^{\infty} n^2 x^{n-1}$,逐项求一次积分得
$$\int_0^x f(x)\mathrm{d}x = \sum_{n=1}^{\infty} nx^n = x\sum_{n=1}^{\infty} nx^{n-1} = x\Big(\sum_{n=1}^{\infty} x^n\Big)'$$
$$= x\Big(\frac{x}{1-x}\Big)' = \frac{x}{(1-x)^2} \quad (|x|<1)$$

于是
$$f(x) = \Big(\frac{x}{(1-x)^2}\Big)' = \frac{1+x}{(1-x)^3} \quad (|x|<1)$$

**例 3.24**(全国 2012)  求幂级数 $\sum\limits_{n=0}^{\infty} \dfrac{4n^2+4n+3}{2n+1} x^{2n}$ 的收敛域与和函数.

**解析**  由于 $\dfrac{4n^2+4n+3}{2n+1} = 2n+1 + \dfrac{2}{2n+1}$,代入原式,应用幂级数可逐项求导数与可逐项求积分的性质,则
$$\text{原式} = \sum_{n=0}^{\infty}(2n+1)x^{2n} + \frac{2}{x}\sum_{n=0}^{\infty}\frac{1}{2n+1}x^{2n+1}$$
$$= \Big(\sum_{n=0}^{\infty}(2n+1)\frac{x^{2n+1}}{2n+1}\Big)' + \frac{2}{x}\int_0^x\Big(\sum_{n=0}^{\infty}\frac{1}{2n+1}(2n+1)x^{2n}\Big)\mathrm{d}x$$
$$= \Big(\frac{x}{1-x^2}\Big)' + \frac{2}{x}\int_0^x \frac{1}{1-x^2}\mathrm{d}x$$
$$= \frac{1+x^2}{(1-x^2)^2} + \frac{1}{x}\ln\frac{1+x}{1-x} \quad (x\neq 0, |x|<1)$$

当 $x = \pm 1$ 时,由于 $n \to \infty$ 时,$a_n = \dfrac{4n^2+4n+3}{2n+1} \to \infty (\neq 0)$,所以 $x = \pm 1$ 时,原幂级数发散. 于是原幂级数的收敛域为 $(-1,1)$,和函数为
$$f(x) = \begin{cases} \dfrac{1+x^2}{(1-x^2)^2} + \dfrac{1}{x}\ln\dfrac{1+x}{1-x} & (-1<x<0, 0<x<1); \\ 3 & (x=0) \end{cases}$$

**例 3.25**(全国 2007)  将函数 $f(x) = \dfrac{1}{x^2-3x-4}$ 展开为 $x-1$ 的幂级数,并指出其收敛区间.

**解析** 令 $x-1=t$,则
$$f(x)=g(t)=\frac{1}{t^2-t-6}=-\frac{1}{15}\cdot\frac{1}{1-\frac{t}{3}}-\frac{1}{10}\cdot\frac{1}{1+\frac{t}{2}}$$
$$=-\frac{1}{15}\sum_{n=0}^{\infty}\left(\frac{t}{3}\right)^n-\frac{1}{10}\sum_{n=0}^{\infty}\left(-\frac{t}{2}\right)^n$$
$$=-\frac{1}{15}\sum_{n=0}^{\infty}\left(\frac{x-1}{3}\right)^n-\frac{1}{10}\sum_{n=0}^{\infty}(-1)^n\left(\frac{x-1}{2}\right)^n$$
收敛区间为 $|x-1|<2$,即 $-1<x<3$.

**例 3.26**(南大 2009) 将函数 $f(x)=\dfrac{x^2+2}{(x-1)^2(1+2x)}$ 展开为 $x$ 的幂级数,并指出其收敛域.

**解析** 由于
$$f(x)=\frac{(x^2-2x+1)+(1+2x)}{(x-1)^2(1+2x)}=\frac{1}{1+2x}+\frac{1}{(x-1)^2}$$
$$\frac{1}{1+2x}=\sum_{n=0}^{\infty}(-1)^n 2^n x^n \quad \left(|x|<\frac{1}{2}\right)$$
令 $g(x)=\dfrac{1}{(x-1)^2}$,则
$$\int_0^x g(x)\mathrm{d}x=\int_0^x \frac{1}{(x-1)^2}\mathrm{d}x=\frac{1}{1-x}\bigg|_0^x=-1+\frac{1}{1-x}=\sum_{n=0}^{\infty}x^{n+1}\quad(|x|<1)$$
得 $g(x)=\sum_{n=0}^{\infty}(n+1)x^n$,故
$$f(x)=\sum_{n=0}^{\infty}[(-2)^n+(n+1)]x^n \quad \left(|x|<\frac{1}{2}\right)$$

**例 3.27**(精选题) 设
$$a_1=a_2=1,\quad a_{n+1}=a_n+a_{n-1}\quad (n=2,3,\cdots)$$
(1) 求幂级数 $\sum_{n=1}^{\infty}a_n x^n$ 的收敛半径;

(2) 求幂级数 $\sum_{n=1}^{\infty}a_n x^n$ 的和函数.

**解析** (1) 设 $x_n=\dfrac{a_n}{a_{n+1}}$,则 $x_n>0$,并且 $x_{n+1}=\dfrac{a_{n+1}}{a_{n+2}}=\dfrac{a_{n+1}}{a_{n+1}+a_n}=\dfrac{1}{1+x_n}$.
假设 $\lim_{n\to\infty}x_n=A$,对 $x_{n+1}=\dfrac{1}{1+x_n}$ 两边令 $n\to\infty$ 取极限,有 $A=\dfrac{1}{1+A}$,解得 $A=\dfrac{\sqrt{5}-1}{2}$,下面证明 $\lim_{n\to\infty}x_n=\dfrac{\sqrt{5}-1}{2}$. 由于 $1-A=A^2$,则

$$0 \leqslant |x_{n+1} - A| = \left|\frac{1}{1+x_n} - A\right| = \left|\frac{1-A-Ax_n}{1+x_n}\right|$$
$$< |A^2 - Ax_n| = A|x_n - A| < A^2|x_{n-1} - A|$$
$$< \cdots < A^n|x_1 - A| = \left(\frac{\sqrt{5}-1}{2}\right)^n\left(\frac{3-\sqrt{5}}{2}\right)$$

而
$$0 < \frac{\sqrt{5}-1}{2} < 1, \quad \lim_{n\to\infty}\left(\frac{\sqrt{5}-1}{2}\right)^n\left(\frac{3-\sqrt{5}}{2}\right) = 0$$

应用夹逼准则即得 $\lim\limits_{n\to\infty} x_n = \frac{\sqrt{5}-1}{2}$，于是幂级数的收敛半径为 $R = \frac{\sqrt{5}-1}{2}$.

(2) 设 $S(x) = \sum\limits_{n=1}^{\infty} a_n x^n$，则
$$S(x) = x + x^2 + \sum_{n=3}^{\infty} a_n x^n = x + x^2 + \sum_{n=3}^{\infty}(a_{n-1} + a_{n-2})x^n$$
$$= x + x^2 + x\sum_{n=2}^{\infty} a_n x^n + x^2\sum_{n=1}^{\infty} a_n x^n$$
$$= x + xS(x) + x^2 S(x)$$

于是所求和函数为
$$S(x) = \frac{x}{1-x-x^2}$$

**例 3.28**（精选题） 将 $\int_1^x (t-1)^2 e^{t^2-2t} dt$ 在 $x = 1$ 处展开成幂级数，并指出其收敛域.

**解析** 运用 $\sum\limits_{n=0}^{\infty} \frac{1}{n!} x^n = e^x (|x| < +\infty)$，可知
$$(t-1)^2 e^{t^2-2t} = e^{-1}(t-1)^2 e^{(t-1)^2} = e^{-1}(t-1)^2 \sum_{n=0}^{\infty} \frac{1}{n!}(t-1)^{2n}$$
$$= e^{-1}\sum_{n=0}^{\infty} \frac{1}{n!}(t-1)^{2n+2} \quad (|t| < +\infty)$$

逐项积分得
$$\int_1^x (t-1)^2 e^{t^2-2t} dt = e^{-1}\sum_{n=0}^{\infty}\int_1^x \frac{1}{n!}(t-1)^{2n+2} dt$$
$$= e^{-1}\sum_{n=0}^{\infty} \frac{(x-1)^{2n+3}}{n!(2n+3)} \quad (|x| < +\infty)$$

**例 3.29**（精选题） 设
$$f(x) = \begin{cases} \dfrac{1+x^2}{x}\arctan x & (x \neq 0); \\ 1 & (x = 0) \end{cases}$$

试将 $f(x)$ 展开成 $x$ 的幂级数,并求级数 $\sum\limits_{n=1}^{\infty}\dfrac{(-1)^n}{1-4n^2}$ 的和.

**解析** 因为
$$(\arctan x)' = \frac{1}{1+x^2} = \sum_{n=0}^{\infty}(-x^2)^n = \sum_{n=0}^{\infty}(-1)^n x^{2n} \quad (|x|<1)$$
逐项求积分,可得
$$\arctan x = \int_0^x (\arctan x)' \mathrm{d}x = \int_0^x \sum_{n=0}^{\infty}(-1)^n x^{2n} \mathrm{d}x$$
$$= \sum_{n=0}^{\infty}\frac{(-1)^n}{2n+1}x^{2n+1} \quad (x \in [-1,1])$$
于是 $x \neq 0$ 时,有
$$f(x) = \frac{1+x^2}{x}\sum_{n=0}^{\infty}\frac{(-1)^n}{2n+1}x^{2n+1} = \sum_{n=0}^{\infty}\frac{(-1)^n}{2n+1}x^{2n} + \sum_{n=0}^{\infty}\frac{(-1)^n}{2n+1}x^{2n+2}$$
$$= 1 + \sum_{n=1}^{\infty}\frac{(-1)^n}{2n+1}x^{2n} + \sum_{n=1}^{\infty}\frac{(-1)^{n-1}}{2n-1}x^{2n}$$
$$= 1 + \sum_{n=1}^{\infty}\frac{(-1)^n 2}{1-4n^2}x^{2n} \quad (x \in [-1,1]\backslash\{0\})$$
令 $x=1$,得
$$\sum_{n=1}^{\infty}\frac{(-1)^n}{1-4n^2} = \frac{1}{2}(f(1)-1) = \frac{1}{2}\left(2\cdot\frac{\pi}{4}-1\right) = \frac{\pi}{4}-\frac{1}{2}$$

**例 3.30**(精选题) 将函数 $f(x) = \ln(x+\sqrt{1+x^2})$ 在 $x=0$ 处展开成幂级数,并指出其收敛范围.

**解析** $f'(x) = \dfrac{1}{\sqrt{1+x^2}}$,应用幂级数展开公式
$$(1+u)^m = 1 + \sum_{n=1}^{\infty}\frac{m(m-1)(m-2)\cdots(m-n+1)}{n!}u^n \quad (|u|<1)$$
取 $u=x^2, m=-\dfrac{1}{2}$,则有
$$f'(x) = \frac{1}{\sqrt{1+x^2}} = 1 + \sum_{n=1}^{\infty}\frac{\left(-\frac{1}{2}\right)\left(-\frac{3}{2}\right)\left(-\frac{5}{2}\right)\cdots\left(-\frac{2n-1}{2}\right)}{n!}x^{2n}$$
$$= 1 + \sum_{n=1}^{\infty}(-1)^n\frac{(2n-1)!!}{(2n)!!}x^{2n} \quad (|x|<1)$$
两边积分得 $f(x)$ 的幂级数展式为
$$f(x) = f(0) + x + \sum_{n=1}^{\infty}(-1)^n\frac{(2n-1)!!}{(2n+1)(2n)!!}x^{2n+1}$$

$$= x + \sum_{n=1}^{\infty} (-1)^n \frac{(2n-1)!!}{(2n+1)(2n)!!} x^{2n+1} \tag{1}$$

设 $a_n = \frac{(2n-1)!!}{(2n+1)(2n)!!}$，由于 $\lim_{n\to\infty} \frac{a_n}{a_{n+1}} = \lim_{n\to\infty} \frac{(2n+2)(2n+3)}{(2n+1)^2} = 1$，因此级数(1)的收敛半径为 $R = 1$. 当 $x = \pm 1$ 时，幂级数(1)化为

$$\pm \left(1 + \sum_{n=1}^{\infty} (-1)^n \frac{(2n-1)!!}{(2n+1)(2n)!!}\right) \tag{2}$$

由于 $0 < a_n < \frac{1}{2n+1}$，所以 $\lim_{n\to\infty} a_n = 0$，又 $\frac{a_n}{a_{n+1}} = \frac{(2n+2)(2n+3)}{(2n+1)^2} > 1$，即 $\{a_n\}$ 单调递减，由莱布尼茨判别法得级数(2)收敛，所以幂级数(1)的收敛域为 $[-1, 1]$.

**例 3.31**（全国 2007） 设幂级数 $\sum_{n=0}^{\infty} a_n x^n$ 在 $(-\infty, +\infty)$ 内收敛，其和函数 $y(x)$ 满足 $y'' - 2xy' - 4y = 0, y(0) = 0, y'(0) = 1$.

(1) 证明：$a_{n+2} = \frac{2}{n+1} a_n (n = 0, 1, 2, \cdots)$；

(2) 求 $y(x)$ 的表达式.

**解析** (1) 因 $y(x) = \sum_{n=0}^{\infty} a_n x^n$，则

$$y'(x) = \sum_{n=1}^{\infty} n a_n x^{n-1}, \quad y''(x) = \sum_{n=2}^{\infty} n(n-1) a_n x^{n-2}$$

代入微分方程得

$$\sum_{n=2}^{\infty} n(n-1) a_n x^{n-2} - 2x \sum_{n=1}^{\infty} n a_n x^{n-1} - 4 \sum_{n=0}^{\infty} a_n x^n = 0$$

即

$$\sum_{n=0}^{\infty} [(n+2)(n+1) a_{n+2} - 2n a_n - 4 a_n] x^n = 0$$

$$(n+2)(n+1) a_{n+2} - 2(n+2) a_n = 0 \Rightarrow a_{n+2} = \frac{2}{n+1} a_n$$

(2) 由于 $y(0) = 0, y'(0) = 1$，所以 $a_0 = 0, a_1 = 1$. 根据递推公式 $a_{n+2} = \frac{2}{n+1} a_n$，可得 $a_{2n} = 0, a_{2n+1} = \frac{1}{n!}$，于是

$$y(x) = \sum_{n=0}^{\infty} a_{2n+1} x^{2n+1} = x \cdot \sum_{n=0}^{\infty} \frac{1}{n!} (x^2)^n = x e^{x^2}$$

**例 3.32**（全国 2008） 设银行存款的年利率为 $r = 0.05$，并依年复利计算. 某基金会希望通过存款 $A$ 万元实现第一年提取 19 万元，第二年提取 28 万元，$\cdots$，第 $n$ 年提取 $(10 + 9n)$ 万元，并能按此规律一直提取下去，问 $A$ 至少应为多少万元？

**解析** 设 $A_n$ 为用于第 $n$ 年提取 $(10 + 9n)$ 的贴现值，则

于是
$$A_n(1+r)^n = 10+9n$$

$$A = \sum_{n=1}^{\infty} A_n = \sum_{n=1}^{\infty} \frac{10+9n}{(1+r)^n} = 10\sum_{n=1}^{\infty}\frac{1}{(1+r)^n} + \sum_{n=1}^{\infty}\frac{9n}{(1+r)^n}$$
$$= 200 + 9\sum_{n=1}^{\infty}\frac{n}{(1+r)^n}$$

设 $S(x) = \sum_{n=1}^{\infty} nx^n (x \in (-1,1))$,由于

$$S(x) = x\left(\sum_{n=1}^{\infty} x^n\right)' = x\left(\frac{x}{1-x}\right)' = \frac{x}{(1-x)^2}$$

所以
$$\sum_{n=1}^{\infty}\frac{n}{(1+r)^n} = S\left(\frac{1}{1+r}\right) = S\left(\frac{1}{1.05}\right) = 420$$

于是 $A = 200 + 9 \times 420 = 3980$(万元),即至少应存入 3980 万元.

**例 3.33**(南大 2009) 求函数 $f(x) = x^2$ 在区间 $[-\pi,\pi]$ 上的傅里叶级数,并求 $\sum_{n=1}^{\infty}\frac{1}{n^2}$ 的和.

**解析** 因为 $f(x) = x^2$ 是偶函数,应用傅氏系数公式,有 $b_n = 0 (n=1,2,\cdots)$,而

$$a_0 = \frac{2}{\pi}\int_0^{\pi} x^2 \mathrm{d}x = \frac{2}{3}\pi^2$$
$$a_n = \frac{2}{\pi}\int_0^{\pi} x^2 \cos nx \mathrm{d}x = \frac{2}{n\pi}\int_0^{\pi} x^2 \mathrm{d}\sin nx = \frac{2}{n\pi}\left(x^2 \sin nx \Big|_0^{\pi} - 2\int_0^{\pi} x\sin nx \mathrm{d}x\right)$$
$$= \frac{4}{n^2\pi}\int_0^{\pi} x\mathrm{d}\cos nx = \frac{4}{n^2\pi}\left(x\cos nx\Big|_0^{\pi} - 0\right) = (-1)^n\frac{4}{n^2} \quad (n=1,2,\cdots)$$

故 $f(x)$ 的傅里叶级数为
$$x^2 = \frac{\pi^2}{3} + \sum_{n=1}^{\infty}(-1)^n\frac{4}{n^2}\cos nx$$

令 $x = \pi$,得 $\sum_{n=1}^{\infty}\frac{1}{n^2} = \frac{\pi^2}{6}$.

**例 3.34**(全国 2008) 将函数 $f(x) = 1 - x^2 (0 \leqslant x \leqslant \pi)$ 展开成余弦级数,并求级数 $\sum_{n=1}^{\infty}\frac{(-1)^{n-1}}{n^2}$ 的和.

**解析** 应用傅氏系数公式,有
$$a_0 = \frac{2}{\pi}\int_0^{\pi}(1-x^2)\mathrm{d}x = 2 - \frac{2\pi^2}{3}$$

$$a_n = \frac{2}{\pi}\int_0^{\pi}(1-x^2)\cos nx\,dx = \frac{4}{n^2}(-1)^{n+1} \quad (n=1,2,\cdots)$$

所以 $f(x)$ 的余弦级数为

$$f(x) = \frac{a_0}{2} + \sum_{n=1}^{\infty} a_n \cos nx = 1 - \frac{\pi^2}{3} + 4\sum_{n=1}^{\infty}\frac{(-1)^{n+1}}{n^2}\cos nx \quad (0 \leqslant x \leqslant \pi)$$

令 $x=0$,有 $f(0) = 1 - \frac{\pi^2}{3} + 4\sum_{n=1}^{\infty}\frac{(-1)^{n+1}}{n^2}$,又 $f(0) = 1$,于是

$$\sum_{n=1}^{\infty}\frac{(-1)^{n-1}}{n^2} = \frac{\pi^2}{12}$$

**例 3.35**(南大 2010)  求函数 $f(x) = \frac{\pi-x}{2}$ 在区间 $(0,2\pi)$ 中的傅里叶级数.

**解析**  应用傅氏系数公式,有

$$a_0 = \frac{1}{\pi}\int_{-\pi}^{\pi}f(x)\,dx = \frac{1}{\pi}\int_0^{2\pi}f(x)\,dx$$
$$= \frac{1}{\pi}\int_0^{2\pi}\frac{\pi-x}{2}dx = \frac{1}{2\pi}\left(\pi x - \frac{x^2}{2}\right)\Big|_0^{2\pi} = 0$$

$$a_n = \frac{1}{\pi}\int_{-\pi}^{\pi}f(x)\cos nx\,dx = \frac{1}{\pi}\int_0^{2\pi}f(x)\cos nx\,dx$$
$$= \frac{1}{\pi}\int_0^{2\pi}\frac{\pi-x}{2}\cos nx\,dx$$
$$= \frac{\pi-x}{2n\pi}\sin nx\Big|_0^{2\pi} + \frac{1}{2n\pi}\int_0^{2\pi}\sin nx\,dx = 0 \quad (n=1,2,\cdots)$$

$$b_n = \frac{1}{\pi}\int_{-\pi}^{\pi}f(x)\sin nx\,dx = \frac{1}{\pi}\int_0^{2\pi}f(x)\sin nx\,dx$$
$$= \frac{1}{\pi}\int_0^{2\pi}\frac{\pi-x}{2}\sin nx\,dx$$
$$= -\frac{\pi-x}{2n\pi}\cos nx\Big|_0^{2\pi} - \frac{1}{2n\pi}\int_0^{2\pi}\cos nx\,dx = \frac{1}{n} \quad (n=1,2,\cdots)$$

所以 $f(x)$ 的傅里叶级数为

$$f(x) \sim \sum_{n=1}^{\infty}\frac{1}{n}\sin nx = \begin{cases}\dfrac{\pi-x}{2} & (x \in (0,2\pi)); \\ 0 & (x = 0, 2\pi)\end{cases}$$

# 专题 12  微 分 方 程

## 12.1 重要概念与基本方法

### 1 微分方程的基本概念

(1) 含有导数的方程称为微分方程. 微分方程中含有的导数的最高阶数为 $n$ 时,称为 $n$ 阶微分方程. $n$ 阶微分方程的含有 $n$ 个独立的任意常数的解,称为此微分方程的通解. 通解中的任意常数可以通过初始条件确定,微分方程的不含任意常数的解称为此微分方程的特解.

(2) $n$ 阶微分方程关于未知函数 $y$ 和它的各阶导数 $y', y'', \cdots, y^{(n)}$ 为一次方程时,称为线性微分方程,否则称为非线性微分方程. 例如:一阶线性微分方程的一般形式为
$$a(x)y' + b(x)y = c(x)$$
二阶线性微分方程的一般形式为
$$a(x)y'' + b(x)y' + c(x)y = f(x)$$

### 2 一阶微分方程

(1) 变量可分离的微分方程. 其标准形式为
$$\frac{\mathrm{d}y}{\mathrm{d}x} = f(x)g(y)$$
分离变量后两边积分即得此微分方程的通解为
$$\int \frac{1}{g(y)}\mathrm{d}y = \int f(x)\mathrm{d}x + C$$
这里两个不定积分只需各求一个原函数,不带任意常数.

(2) 齐次方程. 其标准形式为
$$y' = f\left(\frac{y}{x}\right)$$
齐次方程的解析方法是作未知函数的变换,令 $y = xu$,$u$ 是新的未知函数,则 $y' = u + xu'$,原方程化为变量可分离的微分方程.

$$\frac{1}{f(u)-u}\mathrm{d}u = \frac{1}{x}\mathrm{d}x$$

两边积分即可求得通解.

(3) 一阶线性微分方程. 其标准形式为
$$y' + P(x)y = Q(x)$$
一阶线性微分方程的解析方法是采用通解公式:
$$y = e^{-\int P(x)\mathrm{d}x}\left(C + \int Q(x)e^{\int P(x)\mathrm{d}x}\mathrm{d}x\right)$$
这里右端的三个不定积分只需各求一个原函数,不带任意常数.

注意:一阶线性微分方程的通解公式中含有两项,第一项 $y(x) = Ce^{-\int P(x)\mathrm{d}x}$ 是原方程所对应的线性齐次方程的通解,第二项
$$\bar{y} = e^{-\int P(x)\mathrm{d}x}\int Q(x)e^{\int P(x)\mathrm{d}x}\mathrm{d}x$$
是原方程的一个特解. 这一性质是所有线性微分方程共有的.

(4) 伯努利方程. 伯努利方程的标准形式为
$$y' + P(x)y = Q(x)y^\lambda \quad (\lambda \neq 0,1)$$
作未知函数的变换,令 $y^{1-\lambda} = u$, $u$ 是新的未知函数,则原方程化为一阶线性方程
$$u' + P_1(x)u = Q_1(x)$$
这里 $P_1(x) = (1-\lambda)P(x), Q_1(x) = (1-\lambda)Q(x)$.

(5) 全微分方程. 其标准形式为
$$P(x,y)\mathrm{d}x + Q(x,y)\mathrm{d}y = 0$$
这里 $P, Q$ 满足 $\frac{\partial Q}{\partial x} = \frac{\partial P}{\partial y}$. 全微分方程的解析方法有两种.

① 公式法(参见专题 10.1 的第 10 小项),其通解为
$$\int_a^x P(x,y)\mathrm{d}x + \int_b^y Q(a,y)\mathrm{d}y = C$$
或
$$\int_a^x P(x,b)\mathrm{d}x + \int_b^y Q(x,y)\mathrm{d}y = C$$

② 先求函数 $u(x,y)$ 使得 $\frac{\partial u}{\partial x} = P(x,y), \frac{\partial u}{\partial y} = Q(x,y)$,于是
$$u(x,y) = \int P(x,y)\mathrm{d}x + \varphi(y), \quad \frac{\partial}{\partial y}\left(\int P(x,y)\mathrm{d}x\right) + \varphi'(y) = Q(x,y)$$
由第二式解出函数 $\varphi(y)$ 代入第一式,即得原方程的通解为
$$\int P(x,y)\mathrm{d}x + \varphi(y) = C$$
这里左端的不定积分只需求一个原函数,不带任意常数.

### 3 可降阶的二阶微分方程

(1) $y'' = f(x, y')$,解析方法是令 $y' = u, y'' = u'$,作未知函数的变换,自变量不变,通过降阶法求解.

(2) $y'' = f(y, y')$,解析方法是令 $y' = u, y'' = u\dfrac{\mathrm{d}u}{\mathrm{d}y}$,作未知函数与自变量的变换,$u$ 是新的未知函数,$y$ 是新的自变量,通过降阶法求解.

### 4 二阶线性微分方程

(1) 二阶线性微分方程通解的结构.

**定理 1** 若已知二阶线性齐次微分方程
$$y'' + p(x)y' + q(x)y = 0$$
的两个线性无关的特解 $y_1(x), y_2(x)$,则此方程的通解为
$$y = C_1 y_1(x) + C_2 y_2(x)$$

**定理 2** 若已知二阶线性非齐次微分方程
$$y'' + p(x)y' + q(x)y = f(x)$$
的一个特解 $\bar{y}(x)$,且对应的齐次方程有两个线性无关的特解 $y_1(x), y_2(x)$,则此方程的通解为
$$y = C_1 y_1(x) + C_2 y_2(x) + \bar{y}(x)$$

(2) 二阶常系数线性齐次微分方程,其标准形式为
$$y'' + py' + qy = 0$$
此方程的特征方程为 $\lambda^2 + p\lambda + q = 0$,根据特征根的三种情况,其通解有三种形式:

① 有两个不相等的实根 $\lambda_1, \lambda_2$,通解为 $y = C_1 \mathrm{e}^{\lambda_1 x} + C_2 \mathrm{e}^{\lambda_2 x}$;

② 有两个相等的实根 $\lambda_1, \lambda_1$,通解为 $y = \mathrm{e}^{\lambda_1 x}(C_1 + C_2 x)$;

③ 有两个共轭复根 $\alpha \pm \beta \mathrm{i}(\mathrm{i} = \sqrt{-1})$,通解为 $y = \mathrm{e}^{\alpha x}(C_1 \cos\beta x + C_2 \sin\beta x)$.

(3) 二阶常系数线性非齐次微分方程,其标准形式为
$$y'' + py' + qy = f(x)$$
我们将此方程所对应的齐次方程的通解(上述(2)中的三种情况之一)称为此方程的余函数,记为 $y(x)$,若能求得此方程的一个特解 $\bar{y}(x)$,则该方程的通解为
$$y = y(x) + \bar{y}(x)$$

① 待定系数法. 对于一些特殊的函数 $f(x)$,二阶常系数线性非齐次微分方程的特解可用待定系数法求得. 此法是根据 $f(x)$ 的形式,写出特解的相同或相似的形式,代入原方程后比较方程两边同类项的系数,确定待定系数,即可求得特解. 下面列举一些常用的情况.

a) $f(x) = a\mathrm{e}^{kx}$,则 $k$ 不是特征根时,$\bar{y}(x) = A\mathrm{e}^{kx}$($A$ 为待定常数,下同);$k$ 是单

特征根时,$\bar{y}(x) = Axe^{kx}$;$k$ 是重特征根时,$\bar{y}(x) = Ax^2 e^{kx}$.

b) $f(x) = ax^2 + bx + c$,则 0 不是特征根时,$\bar{y}(x) = Ax^2 + Bx + C$($A,B,C$ 为待定常数,下同);0 是单特征根时,$\bar{y}(x) = x(Ax^2 + Bx + C)$.

c) $f(x) = (ax + b)e^{kx}$,则 $k$ 不是特征根时,$\bar{y}(x) = (Ax + B)e^{kx}$;$k$ 是单特征根时,$\bar{y}(x) = x(Ax + B)e^{kx}$.

d) $f(x) = a\cos\beta x + b\sin\beta x$,则 $\beta i$ 不是特征根时,$\bar{y}(x) = A\cos\beta x + B\sin\beta x$;$\beta i$ 是特征根时,$\bar{y}(x) = x(A\cos\beta x + B\sin\beta x)$.

e) $f(x) = e^{\alpha x}(a\cos\beta x + b\sin\beta x)$,则 $\alpha + \beta i$ 不是特征根时,$\bar{y}(x) = e^{\alpha x}(A\cos\beta x + B\sin\beta x)$;$\alpha + \beta i$ 是特征根时,$\bar{y}(x) = e^{\alpha x} x(A\cos\beta x + B\sin\beta x)$.

f) $f(x) = e^{\alpha x}[(ax + b)\cos\beta x + (cx + d)\sin\beta x]$,则 $\alpha + \beta i$ 不是特征根时,$\bar{y}(x) = e^{\alpha x}[(Ax + B)\cos\beta x + (Cx + D)\sin\beta x]$;$\alpha + \beta i$ 是特征根时,$\bar{y}(x) = e^{\alpha x} x[(Ax + B)\cos\beta x + (Cx + D)\sin\beta x]$.

*② 常数变易法. 此法是利用余函数中的两个解去求特解 $\bar{y}(x)$.

设余函数中的两个解为 $y_1(x), y_2(x)$,则令
$$\bar{y}(x) = C_1(x)y_1(x) + C_2(x)y_2(x)$$

这里 $C_1(x), C_2(x)$ 的导数 $C_1'(x), C_2'(x)$ 可通过解方程组
$$\begin{cases} C_1'(x)y_1(x) + C_2'(x)y_2(x) = 0, \\ C_1'(x)y_1'(x) + C_2'(x)y_2'(x) = f(x) \end{cases}$$

得到,再积分求得 $C_1(x), C_2(x)$,便可求得 $\bar{y}(x)$.

(4) 二阶变系数线性微分方程,其标准形式为
$$y'' + p(x)y' + q(x)y = f(x)$$

此方程没有标准的解析方法,一般很难求通解. 对于一些特殊情况,可以寻求未知函数的变换,或者自变量的变换,将此方程降阶化为一阶线性方程,或者化为二阶常系数线性方程,由此去求通解. 常用的变换如下.

① 当 $q(x) = p'(x)$ 时,令 $u = y' + p(x)y$,方程化为一阶线性方程
$$y' + p(x)y = \int f(x)dx + C_1$$

② 作自变量的变换 $x = e^t$(或 $x = -e^t$),可将欧拉方程
$$x^2 y'' + pxy' + qy = f(x)$$

化为二阶常系数线性微分方程.

③ 当 $f(x) = 0$ 时,若已知方程的一个特解 $y_1(x)$,则作未知函数的变换 $y = y_1(x)u$,可将原方程化为关于 $u'$ 的一阶线性方程.

## 5 微分方程的应用

(1) 在几何上,若给出关于曲线的切线的性质,或给出关于曲线所围的图形的

面积的性质,则可建立有关的微分方程,通过解微分方程求未知的曲线方程.

(2) 在物理上,若给出时间、速度、加速度等的关系,则可建立位移函数或速度函数所满足的微分方程,通过解微分方程求未知的函数.

## 12.2 习题选解

**例 2.1**(习题 9.2 A 1.6)  解方程 $(e^{x+y} - e^x)dx + (e^{x+y} + e^y)dy = 0$.

**解析**  原方程可化为
$$e^x(e^y - 1)dx + e^y(e^x + 1)dy = 0$$
这是变量可分离的方程,分离变量得
$$\frac{e^y}{e^y - 1}dy = -\frac{e^x}{e^x + 1}dx$$
两边积分得 $\ln|e^y - 1| = -\ln|e^x + 1| + \ln|C|$,化简即得通解为
$$(e^x + 1)(e^y - 1) = C$$
此外由 $e^y - 1 = 0$ 得 $y = 0$ 也是原方程的解,已包含于通解中($C = 0$ 时).

**例 2.2**(习题 9.2 A 2.5)  解方程 $xy' = y\cos\left(\ln\frac{y}{x}\right)$.

**解析**  这是齐次方程. 令 $\frac{y}{x} = u$,则 $y' = u + xu'$,代入原方程并分离变量得
$$\frac{1}{u(\cos(\ln u) - 1)}du = \frac{dx}{x} \tag{1}$$
令 $\ln u = t$,应用换元积分法,则
$$\int \frac{1}{u(\cos(\ln u) - 1)}du = \int \frac{d(\ln u)}{\cos(\ln u) - 1} = -\int \frac{dt}{2\sin^2 \frac{t}{2}} = \cot\left(\frac{1}{2}\ln u\right)$$

(1) 式两边积分得
$$\cot\left(\frac{1}{2}\ln u\right) = \ln|x| + \ln|C|$$
故通解为
$$\cot\left(\frac{1}{2}\ln\frac{y}{x}\right) = \ln|x| + \ln|C|$$

另外,由 $\cos(\ln u) - 1 = 0$,即 $u = e^{2k\pi}(k \in \mathbf{Z})$,可得 $y = e^{2k\pi}x$ 也是原方程的解(它不包含于通解中).

**例 2.3**(习题 9.2 A 3.5)  解方程 $dx + (x - 2e^y)dy = 0$.

**解析**  原方程可化为
$$\frac{dx}{dy} + x = 2e^y$$

这是关于 $x$ 的一阶线性方程,应用通解公式得

$$x = e^{-\int dy}\left(C + \int 2e^y e^{\int dy} dy\right) = e^{-y}\left(C + \int 2e^{2y} dy\right) = Ce^{-y} + e^y$$

**例 2.4**(习题 9.2 A 6.4)   解方程 $e^y\left(y' - \dfrac{2}{x}\right) = 1$.

**解析**   令 $e^y = u$,则 $e^y y' = u'$,原方程化为 $u' - \dfrac{2}{x}u = 1$,这是个一阶线性方程. 应用一阶线性方程通解公式得

$$u = e^{\int \frac{2}{x}dx}\left(C + \int e^{-\int \frac{2}{x}dx} dx\right) = e^{2\ln x}\left(C + \int e^{-2\ln x} dx\right) = Cx^2 - x$$

故通解为 $e^y = Cx^2 - x$.

**例 2.5**(习题 9.2 B 9)   求 $P(x,y)$,使 $P(x,y)dx + (2x^2y^3 + x^4y)dy = 0$ 为全微分方程,并求其通解.

**解析**   令 $Q(x,y) = 2x^2y^3 + x^4y$,由于原方程是全微分方程,故 $P'_y = Q'_x = 4xy^3 + 4x^3y$,两边对 $y$ 积分得

$$P(x,y) = \int (4xy^3 + 4x^3y)dy = xy^4 + 2x^3y^2 + \varphi(x)$$

其中 $\varphi(x)$ 是任意的可导函数. 应用求原函数公式,取 $(x_0, y_0) = (0, 0)$,则

$$u(x,y) = \int_0^x P(x,0)dx + \int_0^y Q(x,y)dy = \int_0^x \varphi(x)dx + \int_0^y (2x^2y^3 + x^4y)dy$$

$$= \int_0^x \varphi(x)dx + \frac{1}{2}x^2y^4 + \frac{1}{2}x^4y^2$$

于是所求的通解为 $\int_0^x \varphi(x)dx + \dfrac{1}{2}x^2y^4 + \dfrac{1}{2}x^4y^2 = C$.

**例 2.6**(习题 9.3 A 1.4)   求方程 $y'' + (y')^2 = \dfrac{1}{2}e^{-y}$ 的通解.

**解析**   此方程中不显含 $x$,令 $y' = u$,以 $u$ 为新的未知函数,以 $y$ 为新的自变量,则 $y'' = u\dfrac{du}{dy}$,原方程化为

$$\frac{du}{dy} + u = \frac{1}{2}e^{-y}u^{-1}$$

此为伯努利方程,令 $v = u^2$,则 $\dfrac{dv}{dy} = 2u\dfrac{du}{dy}$,上述方程化为 $\dfrac{dv}{dy} + 2v = e^{-y}$,应用一阶线性方程通解公式得

$$v = C_1 e^{-2y} + e^{-y}$$

于是 $y' = u = \pm\sqrt{C_1 e^{-2y} + e^{-y}}$,分离变量得

$$\frac{dy}{\pm\sqrt{C_1 e^{-2y} + e^{-y}}} = dx \tag{1}$$

由于
$$\int \frac{\mathrm{d}y}{\sqrt{C_1\mathrm{e}^{-2y}+\mathrm{e}^{-y}}} = \int \frac{\mathrm{d}(C_1+\mathrm{e}^y)}{\sqrt{C_1+\mathrm{e}^y}} = 2\sqrt{C_1+\mathrm{e}^y}$$
故(1)式两边积分得$\pm 2\sqrt{C_1+\mathrm{e}^y} = x+C_2$,由此原方程的通解为
$$(x+C_2)^2 = 4(\mathrm{e}^y+C_1)$$

**例 2.7**(习题 9.3 A 3)  设某二阶常系数线性非齐次方程有三个特解 $y_1=x$, $y_2=x-2\mathrm{e}^x$, $y_3=x-3\mathrm{e}^{2x}$,试直接写出其通解,并写出原方程.

**解析**  由于原方程的任意两个解之差是其对应的齐次方程的解,并且对应的齐次方程的解的常数倍仍是该齐次方程的解,于是 $\frac{1}{2}(y_1-y_2)=\mathrm{e}^x$, $\frac{1}{3}(y_1-y_3)=\mathrm{e}^{2x}$ 是对应的齐次方程的两个线性无关的解,故得原方程通解为
$$y = C_1\mathrm{e}^x + C_2\mathrm{e}^{2x} + y_1 = C_1\mathrm{e}^x + C_2\mathrm{e}^{2x} + x$$

由齐次方程的两个解 $\mathrm{e}^x$, $\mathrm{e}^{2x}$ 知,对应的特征根为 $\lambda=1,2$,即特征方程为 $\lambda^2 - 3\lambda + 2 = 0$.设右端函数为 $f(x)$,则原方程为 $y''-3y'+2y=f(x)$,代入特解 $y_1=x$ 得 $f(x)=2x-3$,从而原方程为
$$y'' - 3y' + 2y = 2x - 3$$

**例 2.8**(习题 9.3 A 8.2)  解方程 $x^2y''-xy'+2y=x\ln x$.

**解析**  令 $x=\mathrm{e}^t$,则 $x\frac{\mathrm{d}y}{\mathrm{d}x}=\frac{\mathrm{d}y}{\mathrm{d}t}$, $x^2\frac{\mathrm{d}^2y}{\mathrm{d}x^2}=\frac{\mathrm{d}^2y}{\mathrm{d}t^2}-\frac{\mathrm{d}y}{\mathrm{d}t}$,代入原方程并化简得
$$\frac{\mathrm{d}^2y}{\mathrm{d}t^2} - 2\frac{\mathrm{d}y}{\mathrm{d}t} + 2y = t\mathrm{e}^t$$
容易解得其通解为
$$y = \mathrm{e}^t(C_1\cos t + C_2\sin t) + t\mathrm{e}^t$$
于是原方程的通解为
$$y = x(C_1\cos(\ln x) + C_2\sin(\ln x)) + x\ln x$$

**例 2.9**(习题 9.3 B 11)  就参数 $\lambda$ 的不同值,求方程 $y''-2y'+\lambda y = \mathrm{e}^x\sin 2x$ 的一个特解.

**解析**  特征方程为 $r^2-2r+\lambda=0$,解得特征根为 $r=1\pm\sqrt{1-\lambda}$.

(1) 当 $\lambda=5$ 时, $r=1\pm 2\mathrm{i}$ 为特征根,此时特解为
$$\tilde{y} = x\mathrm{e}^x(A\cos 2x + B\sin 2x)$$
则
$$\tilde{y}' = \mathrm{e}^x[(Ax+2Bx+A)\cos 2x + (Bx-2Ax+B)\sin 2x]$$
$$\tilde{y}'' = \mathrm{e}^x[(-3Ax+4Bx+2A+4B)\cos 2x + (-4Ax-3Bx-4A+2B)\sin 2x]$$
一起代入原方程得
$$\mathrm{e}^x(4B\cos 2x - 4A\sin 2x) = \mathrm{e}^x\sin 2x$$

比较系数得 $B=0, A=-\dfrac{1}{4}$,故特解为 $\tilde{y}=-\dfrac{1}{4}xe^x\cos 2x$.

(2) 当 $\lambda \neq 5$ 时,$r=1\pm 2i$ 不是特征根,此时令特解为
$$\tilde{y}=e^x(A\cos 2x+B\sin 2x)$$
则
$$\tilde{y}'=e^x[(A+2B)\cos 2x+(B-2A)\sin 2x]$$
$$\tilde{y}''=e^x[(4B-3A)\cos 2x-(4A+3B)\sin 2x]$$
一起代入原方程得
$$e^x[(\lambda-5)A\cos 2x+(\lambda-5)B\sin 2x]=e^x\sin 2x$$
由于 $\lambda \neq 5$,比较系数得 $A=0, B=\dfrac{1}{\lambda-5}$,故特解为 $\tilde{y}=\dfrac{1}{\lambda-5}e^x\sin 2x$.

**例 2.10**(习题 9.3 B 12)  求二阶可导函数 $f(x)$,使其满足
$$f(0)=1, \quad f'(x)=\dfrac{1}{2}+\int_0^x (t\sin t+f(t))dt$$

**解析**  上面右边等式两边对 $x$ 求导,得 $f''(x)=x\sin x+f(x)$,即 $f''(x)-f(x)=x\sin x$,且 $f'(0)=\dfrac{1}{2}$. 此为二阶常系数线性非齐次方程,其特征方程为 $\lambda^2-1=0$,解得特征根为 $\lambda=\pm 1$,所以余函数为
$$g(x)=C_1 e^x+C_2 e^{-x}$$
令原方程的特解为 $\tilde{f}(x)=(Ax+B)\cos x+(Cx+D)\sin x$,代入原方程解得 $A=D=0, B=C=-\dfrac{1}{2}$,故 $\tilde{f}(x)=-\dfrac{1}{2}(\cos x+x\sin x)$,于是原方程的通解为
$$f(x)=C_1 e^x+C_2 e^{-x}-\dfrac{1}{2}(\cos x+x\sin x)$$
求导得 $f'(x)=C_1 e^x-C_2 e^{-x}-\dfrac{1}{2}x\cos x$. 由初始条件得 $f(0)=C_1+C_2-\dfrac{1}{2}=1$,$f'(0)=C_1-C_2=\dfrac{1}{2}$,解得 $C_1=1, C_2=\dfrac{1}{2}$. 故原方程解为
$$f(x)=e^x+\dfrac{1}{2}e^{-x}-\dfrac{1}{2}(\cos x+x\sin x)$$

**例 2.11**(习题 9.3 B 13)  已知常系数线性非齐次方程的通解为
$$y=e^{-x}(C_1+C_2 x+C_3 x^2)+e^x$$
求原方程.

**解析**  取 $C_1=C_2=C_3=0$,推得 $\tilde{y}=e^x$ 是原方程的一个特解,因此 $y=e^{-x}(C_1+C_2 x+C_3 x^2)$ 是对应的齐次方程的通解,故所求方程为三阶方程,有 3 重特征根 $\lambda=-1$,因此特征方程为 $(\lambda+1)^3=\lambda^3+3\lambda^2+3\lambda+1$,即对应齐次方程为
$$y'''+3y''+3y'+y=0$$

设所求非齐次方程为 $y''' + 3y'' + 3y' + y = f(x)$,将特解 $\tilde{y} = e^x$ 代入方程得 $f(x) = 8e^x$,故所求方程为
$$y''' + 3y'' + 3y' + y = 8e^x$$

**例 2.12**(习题 9.4 A 6) 将一质量为 0.4 kg 的足球以 20 m/s 的速度上抛,已知空气阻力与速度的平方成比例,且测得速度为 1 m/s 时的空气阻力为 0.48 g,试求足球上升到最高点所需的时间和最高点的高度.

**解析** 因为 $v = 1$ m/s 时, $f_{空气阻力} = 0.00048 \times 9.8(\text{N}) = kv^2 = k$,故得 $k = 0.0047$. 运动方程为
$$0.4 \frac{\mathrm{d}v}{\mathrm{d}t} = -0.4 \times 9.8 - 0.0047v^2$$

即 $4000v' = -39200 - 47v^2$,分离变量得 $\dfrac{4000\mathrm{d}v}{39200 + 47v^2} = -\mathrm{d}t$,解得
$$\frac{4\,000}{\sqrt{47 \times 39200}} \arctan \frac{\sqrt{47}\,v}{\sqrt{39200}} = -t + C_1$$
即
$$2.9469\arctan(0.0346v) = -t + C_1$$

因 $t = 0$ 时,$v = 20$,所以 $C_1 = 2.9469\arctan(0.692) = 1.78$,于是足球上升到最高点的时间为 $t = C_1 = 1.78(\text{s})$. 又
$$0.0346\mathrm{d}x = \tan\left(\frac{1.78 - t}{2.9469}\right)\mathrm{d}t \Rightarrow 0.0346x = 2.9469\ln\left(\cos\frac{1.78 - t}{2.9469}\right) + C_2$$

因 $t = 0$ 时 $x = 0$,所以 $C_2 = -2.9469\ln\left(\cos\dfrac{1.78}{2.9469}\right) = 0.5737$. 令 $t = 1.78$,得足球上升到最高点的高度为
$$x = \frac{0.5737}{0.0346} = 16.5809(\text{m})$$

**例 2.13**(习题 9.4 A 8) 求一可导函数 $f(x)$,使得
$$\int_0^x f(t)\mathrm{d}t = x + \int_0^x tf(x-t)\mathrm{d}t$$

**解析** 对于方程右端的积分,令 $x - t = u$,则原方程可化为
$$\int_0^x f(t)\mathrm{d}t = x + \int_0^x (x-u)f(u)\mathrm{d}u = x + x\int_0^x f(u)\mathrm{d}u - \int_0^x uf(u)\mathrm{d}u$$
两端对 $x$ 求导,再求导得
$$f(x) = 1 + \int_0^x f(u)\mathrm{d}u, \quad f'(x) = f(x)$$

解得其通解为 $f(x) = Ce^x$. 由 $f(0) = 1$ 知 $C = 1$,故所求函数为 $f(x) = e^x$.

**例 2.14**(习题 9.4 B 12) 函数 $f(x) \in \mathscr{D}[0, +\infty)$,$f(0) = 1$,且满足等式
$$f'(x) + f(x) - \frac{1}{1+x}\int_0^x f(t)\mathrm{d}t = 0$$

(1) 求 $f'(x)$；

(2) 求证：当 $x \geqslant 0$ 时，$e^{-x} \leqslant f(x) \leqslant 1$.

**解析** (1) 原方程可化为
$$(1+x)f'(x) + (1+x)f(x) - \int_0^x f(t)dt = 0$$

等式两边对 $x$ 求导得
$$(1+x)f''(x) + (2+x)f'(x) = 0$$

令 $u = f'(x)$，则得变量可分离的方程
$$\frac{du}{dx} = -\frac{2+x}{1+x}u$$

求解得 $f'(x) = u = \dfrac{Ce^{-x}}{1+x}$. 在题设等式中令 $x=0$，得 $f'(0) + f(0) = 0$，故 $f'(0) = -f(0) = -1$，从而 $C = -1$，由此得 $f'(x) = -\dfrac{e^{-x}}{1+x}$.

(2) 当 $x \geqslant 0$ 时，$f'(x) < 0$，故 $f(x)$ 单调减少，由此得
$$f(x) \leqslant f(0) = 1$$

设 $\varphi(x) = f(x) - e^{-x}$，则 $\varphi(0) = f(0) - 1 = 0$；又
$$\varphi'(x) = f'(x) + e^{-x} = \frac{x}{1+x}e^{-x}$$

当 $x > 0$ 时，$\varphi'(x) > 0$，即 $\varphi(x)$ 单调增加，从而
$$\varphi(x) \geqslant \varphi(0) = 0$$

即 $f(x) \geqslant e^{-x}$. 综上可知，当 $x \geqslant 0$ 时，$e^{-x} \leqslant f(x) \leqslant 1$.

**例 2.15**（复习题 9 题 1） 设 $f(x) \in \mathscr{C}^{(1)}$，求方程 $y' - f'(x)y = f(x)f'(x)$ 的通解.

**解析** 应用一阶线性微分方程的通解公式得
$$y = \exp\left(\int f'(x)dx\right)\left(C + \int f(x)f'(x)\exp\left(\int -f'(x)dx\right)dx\right)$$
$$= e^{f(x)} \cdot \left(C + \int f(x)f'(x)e^{-f(x)}dx\right)$$

因为
$$\int f(x)f'(x)e^{-f(x)}dx = -\int f(x)de^{-f(x)} = -f(x)e^{-f(x)} + \int e^{-f(x)}df(x)$$
$$= -(f(x)+1)e^{-f(x)}$$

故所求通解为
$$y = Ce^{f(x)} - f(x) - 1$$

**例 2.16**（复习题 9 题 2） 求 $f(x)$，使其满足 $x^2 f(x) + \int x^2(1+f(x))dx = x$.

**解析** 令 $g(x) = x^2 f(x)$，则原方程可化为 $g(x) + \int (g(x) + x^2) \mathrm{d}x = x$，求导得

$$g'(x) + g(x) = 1 - x^2$$

应用一阶线性微分方程的通解公式得

$$g(x) = \mathrm{e}^{-x}\left(C + \int (1-x^2)\mathrm{e}^x \mathrm{d}x\right) = \mathrm{e}^{-x}(C - \mathrm{e}^x(1 - 2x + x^2))$$
$$= C\mathrm{e}^{-x} - (1 - 2x + x^2)$$

于是

$$f(x) = \frac{g(x)}{x^2} = \frac{1}{x^2}(C\mathrm{e}^{-x} - (1 - 2x + x^2))$$

**例 2.17**（复习题 9 题 3） 求方程 $yy'' - 2(y')^2 = 0$ 的一条积分曲线，使其与曲线 $y = \mathrm{e}^{-2x}$ 在 $(0,1)$ 处相切.

**解析** 此方程中不显含 $x$，令 $y' = u$，则 $y'' = u\dfrac{\mathrm{d}u}{\mathrm{d}y}$，原方程化为 $y\dfrac{\mathrm{d}u}{\mathrm{d}y} = 2u$. 这是变量可分离的方程，解得 $u = C_1 y^2$. 又因为所求曲线与 $y = \mathrm{e}^{-2x}$ 在 $(0,1)$ 处相切，故 $y(0) = 1, y'(0) = -2$，代入 $y = 1, u = -2$ 得 $C_1 = -2$，即 $\dfrac{\mathrm{d}y}{\mathrm{d}x} = -2y^2$. 这仍是变量可分离的方程，解得 $y = \dfrac{1}{2x - C}$，又因为 $y(0) = 1$，所以 $C = -1$，故所求积分曲线为 $y = \dfrac{1}{2x + 1}$.

**例 2.18**（复习题 9 题 4） 写出方程 $y'' - 2y' + 10y = \mathrm{e}^x \sin x \sin 2x$ 的一个特解形式.

**解析** 特征方程为 $\lambda^2 - 2\lambda + 10 = 0$，解得特征根 $\lambda = 1 \pm 3\mathrm{i}$，且

$$f(x) = \mathrm{e}^x \sin x \sin 2x = \frac{1}{2}\mathrm{e}^x \cos x - \frac{1}{2}\mathrm{e}^x \cos 3x$$

对 $f_1(x) = \dfrac{1}{2}\mathrm{e}^x \cos x$，因 $1 + \mathrm{i}$ 不是特征根，故 $y'' - 2y' + 10y = f_1(x)$ 的一个特解形式为

$$\tilde{y}_1 = \mathrm{e}^x(A\cos x + B\sin x)$$

对 $f_2(x) = -\dfrac{1}{2}\mathrm{e}^x \cos 3x$，因 $1 + 3\mathrm{i}$ 是特征根，故 $y'' - 2y' + 10y = f_2(x)$ 的一个特解形式为

$$\tilde{y}_2 = x\mathrm{e}^x(C\cos 3x + D\sin 3x)$$

应用叠加原理，可得原方程的一个特解形式为

$$\tilde{y} = \mathrm{e}^x(A\cos x + B\sin x) + x\mathrm{e}^x(C\cos 3x + D\sin 3x)$$

**例 2.19**(复习题 9 题 5)  设 $F(x)$ 是 $f(x)$ 的一个原函数,$G(x)$ 是 $\dfrac{1}{f(x)}$ 的一个原函数,且 $F(x)G(x)=-1, f(0)=2$,求 $f(x)$.

**解析**  由于 $F'(x)=f(x), G'(x)=\dfrac{1}{f(x)}=\dfrac{1}{F'(x)}$,对 $F(x)G(x)=-1$ 两边求导得

$$F'(x)G(x)+F(x)G'(x)=0 \Rightarrow F'(x)\dfrac{-1}{F(x)}+F(x)\dfrac{1}{F'(x)}=0$$

上式化为 $F'(x)=\pm F(x)$,解得 $F(x)=Ce^x$ 或 $Ce^{-x}$,再两边求导,可得 $f(x)=Ce^x$ 或 $-Ce^{-x}$. 又 $f(0)=2$,所以 $f(x)=2e^x$ 或 $2e^{-x}$.

**例 2.20**(复习题 9 题 6)  设 $y=f(x)$ 是区间 $(-\pi,\pi)$ 内过点 $\left(-\dfrac{\pi}{\sqrt{2}},\dfrac{\pi}{\sqrt{2}}\right)$ 的光滑曲线,当 $-\pi\leqslant x\leqslant 0$ 时曲线上任一点处的法线都过原点,当 $0\leqslant x\leqslant \pi$ 时函数 $f(x)$ 满足方程 $y''+y+x=0$,求函数 $f(x)$ 的表达式.

**解析**  当 $x\in[-\pi,0]$ 时,曲线上点 $(x,f(x))$ 处的法线方程为

$$Y-y=-\dfrac{1}{y'}(X-x)$$

令 $(X,Y)=(0,0)$ 得 $yy'=-x$,此为变量可分离的方程,积分得 $y^2=C-x^2$. 因曲线过点 $\left(-\dfrac{\pi}{\sqrt{2}},\dfrac{\pi}{\sqrt{2}}\right)$,故 $C=\pi^2$,所以

$$f(x)=y=\sqrt{\pi^2-x^2}\quad(-\pi\leqslant x\leqslant 0)$$

当 $x\in[0,\pi]$ 时,方程 $y''+y=-x$ 的特征方程为 $\lambda^2+1=0$,解得特征根 $\lambda=\pm i$,于是余函数为 $y=C_1\cos x+C_2\sin x$. 令方程的特解为 $\tilde{y}=Ax+B$,则 $\tilde{y}'=A$,$\tilde{y}''=0$,代入原方程得 $A=-1,B=0$,所以通解为 $y=C_1\cos x+C_2\sin x-x$. 因曲线光滑,所以 $y(0)=\pi, y'_+(0)=y'_-(0)=0$,代入得 $C_1=\pi,C_2=1$,所以

$$f(x)=\pi\cos x+\sin x-x\quad(0\leqslant x\leqslant \pi)$$

综上,可得

$$f(x)=\begin{cases}\sqrt{\pi^2-x^2} & (-\pi\leqslant x\leqslant 0);\\ \pi\cos x+\sin x-x & (0<x\leqslant \pi)\end{cases}$$

## 12.3  典型题选解

**例 3.1**(全国 2016)  若 $y=(1+x^2)^2-\sqrt{1+x^2}$ 与 $y=(1+x^2)^2+\sqrt{1+x^2}$ 是微分方程 $y'+p(x)y=q(x)$ 的两个解,求 $q(x)$.

**解析**  记 $y_1=(1+x^2)^2-\sqrt{1+x^2}, y_2=(1+x^2)^2+\sqrt{1+x^2}$,则 $y_0=$

$\frac{1}{2}(y_2 - y_1) = \sqrt{1+x^2}$ 是方程 $y' + p(x)y = 0$ 的解,所以

$$p(x) = -\frac{y_0'}{y_0} = -\frac{x}{1+x^2}$$

因为 $\tilde{y} = \frac{1}{2}(y_2 + y_1) = (1+x^2)^2$ 是方程 $y' + p(x)y = q(x)$ 的解,所以

$$q(x) = \tilde{y}' + p(x)\tilde{y} = 4x(1+x^2) + \frac{-x}{1+x^2}(1+x^2)^2 = 3x(1+x^2)$$

**例 3.2**(南大 2001)  求微分方程 $y' = \dfrac{1}{x\cos y + \sin 2y}$ 的通解.

**解析**  原式化为 $\dfrac{dx}{dy} - x\cos y = \sin 2y$. 应用一阶线性方程通解公式,有

$$x = e^{\int \cos y dy}\left(C + \int e^{-\int \cos y dy} \sin 2y dy\right) = e^{\sin y}\left(C + 2\int e^{-\sin y}\sin y \cos y dy\right)$$

$$= e^{\sin y}\left(C - 2\int \sin y de^{-\sin y}\right) = e^{\sin y}\left(C - 2e^{-\sin y}\sin y + 2\int e^{-\sin y} d\sin y\right)$$

$$= e^{\sin y}(C - 2e^{-\sin y}\sin y - 2e^{-\sin y}) = Ce^{\sin y} - 2\sin y - 2$$

**例 3.3**(精选题)  求微分方程 $(1 + e^{\frac{x}{y}})dx + e^{\frac{x}{y}}\left(1 - \dfrac{x}{y}\right)dy = 0$ 的通解.

**解析**  原方程化为 $\dfrac{dx}{dy} = \dfrac{e^{\frac{x}{y}}\left(\dfrac{x}{y} - 1\right)}{1 + e^{\frac{x}{y}}}$,令 $\dfrac{x}{y} = u, x = yu$,则 $\dfrac{dx}{dy} = u + y\dfrac{du}{dy}$,代入原方程,并分离变量得

$$\frac{1 + e^u}{u + e^u}du = -\frac{dy}{y}$$

两边积分得

$$\ln|u + e^u| = -\ln|y| + \ln|C|$$

化简并代入 $u = \dfrac{x}{y}$,得所求通解为 $x + ye^{\frac{x}{y}} = C$.

**例 3.4**(精选题)  求 $(3y^2 + y\sin 2xy)dx + (6xy + x\sin 2xy)dy$ 的原函数.

**解析**  记 $P = 3y^2 + y\sin 2xy, Q = 6xy + x\sin 2xy$,则

$$P_y' = 6y + \sin 2xy + 2xy\cos 2xy = Q_x'$$

所以原式为恰当微分. 由于

$$u = \int_0^x P(x,0)dx + \int_0^y Q(x,y)dy = \int_0^y (6xy + x\sin 2xy)dy$$

$$= 3xy^2 - \frac{1}{2}\cos 2xy + \frac{1}{2}$$

故所求原函数为 $u = 3xy^2 - \dfrac{1}{2}\cos 2xy + C$.

**例 3.5**（南大 2001） 求 $k$ 值，使 $\left(3x^2\tan y - \dfrac{ky^3}{x^3}\right)dx + \left(x^3\sec^2 y + \dfrac{3y^2}{x^2}\right)dy = 0$ 为全微分方程，并求此方程的通解.

**解析** 记 $P = 3x^2\tan y - \dfrac{ky^3}{x^3}, Q = x^3\sec^2 y + \dfrac{3y^2}{x^2}$，由 $Q'_x = P'_y$ 得

$$3x^2\sec^2 y - \dfrac{6y^2}{x^3} = 3x^2\sec^2 y - \dfrac{3ky^2}{x^3} \Rightarrow k = 2$$

取 $(a,b) = (1,0)$，应用求原函数的公式，得

$$u(x,y) = \int_1^x P(x,0)dx + \int_0^y Q(x,y)dy$$

$$= \int_1^x 0\,dx + \int_0^y \left(x^3\sec^2 y + \dfrac{3y^2}{x^2}\right)dy = x^3\tan y + \dfrac{y^3}{x^2}$$

故所求通解为 $x^3\tan y + \dfrac{y^3}{x^2} = C$.

**例 3.6**（全国 2015） 已知函数 $f(x)$ 在定义域 $I$ 上的导数大于零，若对任意的 $x_0 \in I$，曲线在点 $(x_0, f(x_0))$ 的切线与直线 $x = x_0$ 及 $x$ 轴所围区域的面积皆为 4，且 $f(0) = 2$，求 $f(x)$ 的表达式.

**解析** 曲线 $y = f(x)$ 在点 $(x, f(x))$ 处的切线方程为

$$Y - f(x) = f'(x)(X - x)$$

令 $Y = 0$，得 $X = x - \dfrac{f(x)}{f'(x)}$，由题意得

$$\dfrac{1}{2} | (x - X)f(x) | = 4 \Rightarrow 8f'(x) = (f(x))^2$$

于是 $y = f(x)$ 满足的微分方程为 $8y' = y^2$，容易求得其通解为 $-\dfrac{8}{y} = x + C$，利用初始条件 $y(0) = 2$，有 $C = -4$，于是所求函数为 $f(x) = \dfrac{8}{4 - x}$.

**例 3.7**（全国 2008） 设 $f(x)$ 是区间 $[0, +\infty)$ 上具有连续导数的单调增加函数，且 $f(0) = 1$. 对任意的 $t \in [0, +\infty)$，直线 $x = 0, x = t$，曲线 $y = f(x)$ 以及 $x$ 轴所围成的曲边梯形绕 $x$ 轴旋转一周生成一旋转体，若该旋转体的侧面面积在数值上等于其体积的 2 倍，求函数 $f(x)$ 的表达式.

**解析** 旋转体的体积 $V = \pi\int_0^t f^2(x)dx$，侧面积 $S = 2\pi\int_0^t f(x)\sqrt{1 + [f'(x)]^2}\,dx$. 由题设条件知

$$\int_0^t f^2(x)dx = \int_0^t f(x)\sqrt{1 + [f'(x)]^2}\,dx$$

上式两端对 $t$ 求导得

$$f^2(t) = f(t)\sqrt{1 + [f'(t)]^2}, \quad 即 \quad y' = \sqrt{y^2 - 1}$$

用分离变量法解得 $y+\sqrt{y^2-1}=Ce^t$，将 $y(0)=1$ 代入得 $C=1$，故 $y+\sqrt{y^2-1}=e^t$，即 $y=\frac{1}{2}(e^t+e^{-t})$. 于是所求函数为 $f(x)=\frac{1}{2}(e^x+e^{-x})$.

**例 3.8**（全国 2009） 设曲线 $y=f(x)$，其中 $f(x)$ 是可导函数，且 $f(x)>0$. 已知曲线 $y=f(x)$ 与直线 $y=0, x=1$ 及 $x=t(t>1)$ 所围成的曲边梯形绕 $x$ 轴旋转一周所得的立体体积值是该曲边梯形面积值的 $\pi t$ 倍，求该曲线的方程式.

**解析** 由题意知 $\pi\int_1^t f^2(x)dx=\pi t\int_1^t f(x)dx$，两边对 $t$ 求导得
$$f^2(t)=\int_1^t f(x)dx+tf(t)$$

再求导得 $2f(t)f'(t)=2f(t)+tf'(t)$. 记 $f(t)=y$，则 $\frac{dt}{dy}+\frac{1}{2y}t=1$，因此
$$t=e^{-\int\frac{1}{2y}dy}\left(C+\int e^{\int\frac{1}{2y}dy}dy\right)=y^{-\frac{1}{2}}\left(\int\sqrt{y}dy+C\right)=y^{-\frac{1}{2}}\left(\frac{2}{3}y^{\frac{3}{2}}+C\right)=\frac{C}{\sqrt{y}}+\frac{2}{3}y$$

由于 $f(1)=1$，所以 $C=\frac{1}{3}$，从而 $t=\frac{2}{3}y+\frac{1}{3\sqrt{y}}$. 由于 $t=f^{-1}(y)=x$，故所求曲线方程为
$$x=\frac{2}{3}y+\frac{1}{3\sqrt{y}}$$

**例 3.9**（精选题） 设函数 $f(x)$ 二阶连续可微，且满足
$$\int_0^x (x+1-t)f'(t)dt=x^2+e^x-f(x)$$
求函数 $f(x)$.

**解析** 原式即为
$$(x+1)\int_0^x f'(t)dt-\int_0^x tf'(t)dt=x^2+e^x-f(x) \tag{1}$$

(1) 式两边对 $x$ 求导，得
$$\int_0^x f'(t)dt+(x+1)f'(x)-xf'(x)=2x+e^x-f'(x)$$

即 $2f'(x)+f(x)=e^x+2x+f(0)$. 在 (1) 式中令 $x=0$，得 $f(0)=1$. 故 $f(x)$ 满足方程
$$f'(x)+\frac{1}{2}f(x)=\frac{1}{2}e^x+x+\frac{1}{2}$$

此为一阶线性微分方程，通解为
$$f(x)=e^{-\int\frac{1}{2}dx}\left(C+\int\left(\frac{1}{2}e^x+x+\frac{1}{2}\right)e^{\int\frac{1}{2}dx}dx\right)=Ce^{-\frac{1}{2}x}+\frac{1}{3}e^x+2x-3$$

由 $f(0)=1$ 可得 $C=\frac{11}{3}$，故

$$f(x) = \frac{11}{3}e^{-\frac{1}{2}x} + \frac{1}{3}e^x + 2x - 3$$

**例 3.10**（精选题） 设函数 $f(x)$ 连续可微，$f'(0)=1$，并且对任何实数 $x,y$ 都满足关系式 $f(x+y) = \dfrac{f(x)+f(y)}{1-f(x)f(y)}$，证明 $f(x)$ 是微分方程 $y'=1+y^2$，$y(0)=0$ 的解，并求出 $f(x)$。

**解析** 令 $y=0$，则 $f(x)-f^2(x)f(0) = f(x)+f(0)$，解得 $f(0)=0$。原式可化为

$$f(x+y) - f(x+y)f(x)f(y) = f(x)+f(y)$$

$\Rightarrow \qquad f(x+y)-f(x) = f(y)[f(x+y)f(x)+1]$

$\Rightarrow \qquad \lim_{y\to 0}\dfrac{f(x+y)-f(x)}{y} = \lim_{y\to 0}\dfrac{f(y)-f(0)}{y}[f(x+y)f(x)+1]$

$\Rightarrow \qquad f'(x) = f'(0)[f^2(x)+1] = 1+f^2(x)$

故 $f(x)$ 是微分方程 $y'=1+y^2$，$y(0)=0$ 的解。此为变量可分离的方程，得其通解为 $f(x)=\tan(x+C)$，由 $f(0)=0$ 知 $C=0$。故 $f(x)=\tan x$。

**例 3.11**（全国 2007） 求 $y''(x+(y')^2)=y'$ 满足 $y(1)=y'(1)=1$ 的特解。

**解析** 令 $y'=u$，原方程化为 $u'(x+u^2)=u$，即 $\dfrac{\mathrm{d}x}{\mathrm{d}u} - \dfrac{1}{u}x = u$。应用一阶线性方程的通解公式，有

$$x = e^{\int \frac{1}{u}\mathrm{d}u}\left(C + \int u e^{-\int \frac{1}{u}\mathrm{d}u}\mathrm{d}u\right) = u(C+u)$$

由于 $x=1$ 时 $u=1$，所以 $C=0$。$y'=u=\sqrt{x}$，解得 $y=\dfrac{2}{3}x^{\frac{3}{2}}+C_1$。由于 $x=1$ 时 $y=1$，所以 $C_1=\dfrac{1}{3}$，于是所求特解为 $y=\dfrac{2}{3}x^{\frac{3}{2}}+\dfrac{1}{3}$。

**例 3.12**（全国 2016） 已知 $y_1(x)=e^x$，$y_2(x)=u(x)e^x$ 是二阶微分方程

$$(2x-1)y'' - (2x+1)y' + 2y = 0$$

的解，若 $u(-1)=e$，$u(0)=-1$，求 $u(x)$，并写出该微分方程的通解。

**解析** 将 $y_2(x)=u(x)e^x$ 代入微分方程得

$$(2x-1)u'' + (2x-3)u' = 0$$

$\Rightarrow \qquad u' = C_1'\exp\left(-\int \dfrac{2x-3}{2x-1}\mathrm{d}x\right) = C_1'(2x-1)e^{-x}$

$\Rightarrow \qquad u = C_1'\int(2x-1)e^{-x}\mathrm{d}x = -C_1'(2x+1)e^{-x} + C_2'$

由 $u(-1)=e$，$u(0)=-1$，可确定 $C_1'=1$，$C_2'=0$，于是 $u(x)=-(2x+1)e^{-x}$。

因为 $y_1(x)=e^x$，$y_2(x)=-(2x+1)$ 是线性无关的两个解，所以原方程的通解为

$$y = C_1 e^x + C_2(2x+1)$$

**例 3.13**(精选题)　求微分方程 $y'' + 4y' + 4y = e^{ax}$ 的通解.

**解析**　特征方程为 $\lambda^2 + 4\lambda + 4 = 0$,解得特征根 $\lambda_1 = \lambda_2 = -2$,所以余函数为
$$y = e^{-2x}(C_1 + C_2 x)$$

(1) 当 $a = -2$,令原方程的特解 $\tilde{y} = Ax^2 e^{-2x}$,则
$$\tilde{y}' = 2Ax e^{-2x}(1-x), \quad \tilde{y}'' = 2A e^{-2x}(1 - 4x + 2x^2)$$

代入原方程可解得 $A = \dfrac{1}{2}$,故 $\tilde{y} = \dfrac{x^2}{2} e^{-2x}$,于是原方程的通解为
$$y = e^{-2x}(C_1 + C_2 x) + \dfrac{x^2}{2} e^{-2x}$$

(2) 当 $a \neq -2$,令原方程的特解 $\tilde{y} = B e^{ax}$,则 $\tilde{y}' = aB e^{ax}, \tilde{y}'' = a^2 B e^{ax}$,代入原方程可解得 $B = \dfrac{1}{(a+2)^2}$,故 $\tilde{y} = \dfrac{e^{ax}}{(a+2)^2}$,于是原方程的通解为
$$y = e^{-2x}(C_1 + C_2 x) + \dfrac{e^{ax}}{(a+2)^2}$$

**例 3.14**(精选题)　求微分方程 $x^3 y'' - x^2 y' + xy = x^2 + 1$ 的通解.

**解析**　原方程即 $x^2 y'' - xy' + y = x + \dfrac{1}{x}$,此为欧拉方程,当 $x > 0$ 时,令 $x = e^t$,则
$$x \dfrac{dy}{dx} = \dfrac{dy}{dt}, \quad x^2 \dfrac{d^2 y}{dx^2} = \dfrac{d^2 y}{dt^2} - \dfrac{dy}{dt}$$

代入原方程并化简得
$$\dfrac{d^2 y}{dt^2} - 2 \dfrac{dy}{dt} + y = e^t + e^{-t} \tag{1}$$

容易解得余函数为 $y = e^t(C_1 + C_2 t)$. 令特解 $\tilde{y} = At^2 e^t + B e^{-t}$,则
$$\tilde{y}' = A e^t(t^2 + 2t) - B e^{-t}, \quad \tilde{y}'' = A e^t(t^2 + 4t + 2) + B e^{-t}$$

代入方程(1),可解得 $A = \dfrac{1}{2}, B = \dfrac{1}{4}$,故 $\tilde{y} = \dfrac{t^2 e^t}{2} + \dfrac{e^{-t}}{4}$. 于是原方程的通解为
$$y = x(C_1 + C_2 \ln|x|) + \dfrac{1}{2} x \ln^2 |x| + \dfrac{1}{4x} \tag{2}$$

当 $x < 0$ 时,令 $x = -e^t$,仿照上述解析过程,可解得通解仍为(2)式所示,过程从略.

**例 3.15**(南大 2005)　设微分方程 $xy'' + 2y' + xy = 0$ 有特解 $y = \dfrac{\sin x}{x}$,求此方程的通解.

**解析**　**方法 I**　令 $y = \dfrac{\sin x}{x} u$,则原方程化为 $u'' + 2\cot x \cdot u' = 0$,容易求得此方程的通解为

$$u' = C_1 \exp\left(-2\int \cot x \, dx\right) = C_1 \csc^2 x$$

故 $u = C_1 \int \csc^2 x \, dx = -C_1 \cot x + C_2$，所以原方程的通解为

$$y = -C_1 \frac{\cos x}{x} + C_2 \frac{\sin x}{x}$$

**方法 II** 令 $u = xy$，则原方程化为 $u'' + u = 0$，容易求得此方程的通解为
$$u = C_1 \cos x + C_2 \sin x$$

所以原方程的通解为

$$y = C_1 \frac{\cos x}{x} + C_2 \frac{\sin x}{x}$$

注：方法 II 没有用到已知特解的条件．

**例 3.16**（精选题） 求微分方程 $y'' + y = \dfrac{1}{\sin 2x}$ 的通解．

**解析** 特征方程为 $\lambda^2 + 1 = 0$，解得特征根 $\lambda = \pm i$，于是余函数为 $y = C_1 \cos x + C_2 \sin x$．令原方程的特解

$$\tilde{y} = C_1(x)\cos x + C_2(x)\sin x$$

则 $C_1'(x), C_2'(x)$ 满足方程组

$$\begin{cases} C_1'(x)\cos x + C_2'(x)\sin x = 0, \\ -C_1'(x)\sin x + C_2'(x)\cos x = \dfrac{1}{\sin 2x} \end{cases}$$

容易解得

$$C_1'(x) = -\frac{1}{2\cos x}, \quad C_2'(x) = \frac{1}{2\sin x}$$

积分得（取一个原函数）

$$C_1(x) = -\frac{1}{2}\int \frac{1}{\cos x} dx = -\frac{1}{2}\ln|\sec x + \tan x|$$

$$C_2(x) = \frac{1}{2}\int \frac{1}{\sin x} dx = \frac{1}{2}\ln|\csc x - \cot x|$$

于是原方程有特解

$$\tilde{y} = -\frac{1}{2}\cos x \cdot \ln|\sec x + \tan x| + \frac{1}{2}\sin x \cdot \ln|\csc x - \cot x|$$

所以原方程的通解为

$$y = C_1 \cos x + C_2 \sin x - \frac{1}{2}\cos x \cdot \ln|\sec x + \tan x| + \frac{1}{2}\sin x \cdot \ln|\csc x - \cot x|$$

**例 3.17**（精选题） 求微分方程 $y'' + y = e^{2x} + 2\sec^3 x$ 的通解．

**解析** 特征方程为 $\lambda^2 + 1 = 0$，解得特征根 $\lambda = \pm i$，于是余函数为

$$y = C_1 \cos x + C_2 \sin x$$

对 $f_1(x) = e^{2x}$，设 $y'' + y = f_1(x)$ 的特解为 $\tilde{y}_1 = Ae^{2x}$，则 $\tilde{y}_1'' = 4Ae^{2x}$，代入方程可解得 $A = \dfrac{1}{5}$，故 $y'' + y = f_1(x)$ 的特解为

$$\tilde{y}_1 = \frac{1}{5}e^{2x}$$

对 $f_2(x) = 2\sec^3 x$，设 $y'' + y = f_2(x)$ 的特解为 $\tilde{y}_2 = C_1(x)\cos x + C_2(x)\sin x$，则 $C_1'(x), C_2'(x)$ 满足方程组

$$\begin{cases} C_1'(x)\cos x + C_2'(x)\sin x = 0, \\ -C_1'(x)\sin x + C_2'(x)\cos x = 2\sec^3 x \end{cases}$$

容易解得

$$C_1'(x) = -2\tan x \sec^2 x, \quad C_2'(x) = 2\sec^2 x$$

积分得（取一个原函数）

$$C_1(x) = -2\int \tan x \sec^2 x\, dx = -2\int \tan x\, d\tan x = -\tan^2 x$$

$$C_2(x) = 2\int \sec^2 x\, dx = 2\tan x$$

故 $y'' + y = f_2(x)$ 的特解为

$$\tilde{y}_2 = -\tan^2 x \cos x + 2\tan x \sin x = \sin x \tan x$$

综上，原方程的通解为

$$y = C_1 \cos x + C_2 \sin x + \frac{1}{5}e^{2x} + \sin x \tan x$$

**例 3.18**（精选题） 给定方程 $x'' + 8x' + 7x = f(t)$，$f(t)$ 在 $[0, +\infty)$ 上有界. 证明：上述方程每个解都在 $[0, +\infty)$ 上有界.

**解析** 特征方程为 $\lambda^2 + 8\lambda + 7 = 0$，解得特征根 $\lambda_1 = -1, \lambda_2 = -7$，则余函数为 $x = C_1 e^{-t} + C_2 e^{-7t}$. 应用常数变易法，令原方程的特解为

$$\tilde{x}(t) = C_1(t)e^{-t} + C_2(t)e^{-7t}$$

则 $C_1'(t), C_2'(t)$ 满足方程组

$$\begin{cases} C_1'(t)e^{-t} + C_2'(t)e^{-7t} = 0, \\ -C_1'(t)e^{-t} - 7C_2'(t)e^{-7t} = f(t) \end{cases}$$

容易解得 $C_1'(t) = \dfrac{1}{6}f(t)e^t, C_2'(t) = -\dfrac{1}{6}f(t)e^{7t}$，积分得（取一个原函数）

$$C_1(t) = \frac{1}{6}\int_0^t f(t)e^t\, dt, \quad C_2(t) = -\frac{1}{6}\int_0^t f(t)e^{7t}\, dt$$

于是原方程有特解

$$\tilde{x}(t) = \frac{1}{6}e^{-t}\int_0^t f(t)e^t\, dt - \frac{1}{6}e^{-7t}\int_0^t f(t)e^{7t}\, dt$$

原方程的通解为

$$x = C_1 e^{-t} + C_2 e^{-7t} + \tilde{x}(t)$$

记原方程满足初始条件 $x(0)=x_0, x'(0)=x_1$ ($x_0, x_1$ 为常数)的特解为 $x(t)$,由于

$$x(t) = C_1 e^{-t} + C_2 e^{-7t} + \frac{1}{6} e^{-t} \int_0^t f(t) e^t dt - \frac{1}{6} e^{-7t} \int_0^t f(t) e^{7t} dt$$

$$x'(t) = -C_1 e^{-t} - 7C_2 e^{-7t} - \frac{1}{6} e^{-t} \int_0^t f(t) e^t dt$$

$$+ \frac{1}{6} f(t) + \frac{7}{6} e^{-7t} \int_0^t f(t) e^{7t} dt - \frac{1}{6} f(t)$$

令 $t=0$,得 $C_1 + C_2 = x_0, -C_1 - 7C_2 = x_1$,解得 $C_1 = \dfrac{7x_0 + x_1}{6}, C_2 = \dfrac{-x_0 - x_1}{6}$,于是有

$$x(t) = \frac{7x_0 + x_1}{6} e^{-t} - \frac{x_0 + x_1}{6} e^{-7t} + \frac{1}{6} e^{-t} \int_0^t f(t) e^t dt - \frac{1}{6} e^{-7t} \int_0^t f(t) e^{7t} dt$$

$$|x(t)| \leqslant \left| \frac{7x_0 + x_1}{6} \right| + \left| \frac{x_0 + x_1}{6} \right| + \frac{1}{6} e^{-t} M(e^t - 1) + \frac{1}{42} e^{-7t} M(e^{7t} - 1)$$

$$\leqslant \frac{4}{3} |x_0| + \frac{1}{3} |x_1| + \frac{4}{21} M$$

其中 $M = \max\limits_{0 \leqslant t < +\infty} |f(t)|$. 由常数 $x_0, x_1$ 的任意性,即得原方程的每个解都在区间 $[0, +\infty)$ 上有界.

**例 3.19**(全国 2011) 设函数 $f(x) \in \mathscr{C}^{(1)}[0,1], f(0)=1$,且满足

$$\iint_{D_t} f'(x+y) dx dy = \iint_{D_t} f(t) dx dy$$

其中 $D_t = \{(x,y) \mid 0 \leqslant y \leqslant t-x, 0 \leqslant x \leqslant t\}$ ($0 < t \leqslant 1$),求 $f(x)$ 的表达式.

**解析** 根据题意,有

$$\iint_{D_t} f'(x+y) dx dy = \int_0^t dx \int_0^{t-x} f'(x+y) dy = \int_0^t (f(t) - f(x)) dx$$

$$= tf(t) - \int_0^t f(x) dx$$

又 $\iint_{D_t} f(t) dx dy = \dfrac{t^2}{2} f(t)$,所以 $tf(t) - \int_0^t f(x) dx = \dfrac{t^2}{2} f(t)$. 对该式两边求导后整理得 $(2-t) f'(t) = 2f(t)$,解得 $f(t) = \dfrac{C}{(2-t)^2}$,代入 $f(0)=1$,得 $C=4$. 于是

$$f(x) = \frac{4}{(2-x)^2} \quad (0 \leqslant x \leqslant 1)$$

**例 3.20**(全国 2012) 已知函数 $f(x)$ 满足方程

$$f''(x) + f'(x) - 2f(x) = 0 \quad \text{及} \quad f''(x) + f(x) = 2e^x$$

(1) 求 $f(x)$ 的表达式;

(2) 求曲线 $y = f(x^2)\int_0^x f(-t^2)\mathrm{d}t$ 的拐点.

**解析** (1) 方程 $f''(x) + f'(x) - 2f(x) = 0$ 的特征方程为 $\lambda^2 + \lambda - 2 = 0$, 特征根为 $\lambda = -2, 1$, 故此方程的通解为
$$f(x) = C_1 \mathrm{e}^{-2x} + C_2 \mathrm{e}^x$$
将此解代入方程 $f''(x) + f(x) = 2\mathrm{e}^x$, 得
$$5C_1 \mathrm{e}^{-2x} + 2C_2 \mathrm{e}^x = 2\mathrm{e}^x$$
解得 $C_1 = 0, C_2 = 1$, 于是 $f(x) = \mathrm{e}^x$.

(2) 因为
$$y = \mathrm{e}^{x^2}\int_0^x \mathrm{e}^{-t^2}\mathrm{d}t, \quad y' = 2x\mathrm{e}^{x^2}\int_0^x \mathrm{e}^{-t^2}\mathrm{d}t + \mathrm{e}^{x^2}\mathrm{e}^{-x^2} = 2x\mathrm{e}^{x^2}\int_0^x \mathrm{e}^{-t^2}\mathrm{d}t + 1$$
$$y'' = 2\left((1+2x^2)\mathrm{e}^{x^2}\int_0^x \mathrm{e}^{-t^2}\mathrm{d}t + x\right) \tag{1}$$

令 $y'' = 0$, 解得 $x = 0$. 当 $x > 0$ 时,(1)式右端的二项皆大于零,所以 $y'' > 0$, 曲线是凹的;当 $x < 0$ 时,(1)式右端的二项皆小于零,所以 $y'' < 0$, 曲线是凸的. 于是所求曲线的拐点为 $(0, y(0)) = (0, 0)$.

**例 3.21**(南大 2011) 设 $y(x)$ 具有二阶连续导数,且 $y'(0) = 0$, 试由方程
$$y(x) = 1 + \frac{1}{3}\int_0^x [-y''(t) - 2y(t) + 6t\mathrm{e}^{-t}]\mathrm{d}t$$
确定函数 $y(x)$.

**解析** 在方程中令 $x = 0$ 得 $y(0) = 1$. 方程两边求导得
$$y''(x) + 3y'(x) + 2y(x) = 6x\mathrm{e}^{-x}$$
余函数为 $y(x) = C_1 \mathrm{e}^{-x} + C_2 \mathrm{e}^{-2x}$. 因为 $-1$ 是特征根,所以令特解为 $\tilde{y} = (Ax + B)x\mathrm{e}^{-x}$, 代入上式解得 $A = 3, B = -6$, 于是 $\tilde{y} = 3(x-2)x\mathrm{e}^{-x}$, 方程的通解为
$$y(x) = C_1 \mathrm{e}^{-x} + C_2 \mathrm{e}^{-2x} + 3(x-2)x\mathrm{e}^{-x}$$
应用初始条件 $y(0) = 1, y'(0) = 0$, 可得 $C_1 = 8, C_2 = -7$, 故所求函数为
$$y(x) = 8\mathrm{e}^{-x} - 7\mathrm{e}^{-2x} + 3(x-2)x\mathrm{e}^{-x}$$

**例 3.22**(全国 2011) 设函数 $y(x)$ 具有二阶导数,且曲线 $l: y = y(x)$ 与直线 $y = x$ 相切于原点,记 $\alpha$ 为曲线 $l$ 在点 $(x, y)$ 处切线的倾角,若 $\dfrac{\mathrm{d}\alpha}{\mathrm{d}x} = \dfrac{\mathrm{d}y}{\mathrm{d}x}$, 求 $y(x)$ 的表达式.

**解析** 由于 $y' = \tan\alpha$, 即 $\alpha = \arctan y'$, 所以 $\dfrac{\mathrm{d}\alpha}{\mathrm{d}x} = \dfrac{y''}{1+(y')^2}$, 于是 $\dfrac{y''}{1+(y')^2} = y'$. 令 $y' = u$, 则 $y'' = u'$, 代入得 $u' = u(1+u^2)$, 分离变量再积分得 $\ln\dfrac{u^2}{1+u^2} =$

$2x + \ln C_1$. 由题意 $y'(0) = 1$, 即当 $x = 0$ 时 $u = 1$, 由此可得 $C_1 = \dfrac{1}{2}$, 于是有

$$y' = u = \dfrac{e^x}{\sqrt{2 - e^{2x}}}, \quad y = \int \dfrac{e^x}{\sqrt{2 - e^{2x}}} dx = \arcsin \dfrac{e^x}{\sqrt{2}} + C_2$$

由 $y(0) = 0$ 得 $C_2 = -\dfrac{\pi}{4}$. 因此所求函数为

$$y = \arcsin \dfrac{e^x}{\sqrt{2}} - \dfrac{\pi}{4}$$

**例 3.23**(全国 2014)  设函数 $f(u)$ 具有二阶连续导数, $z = f(e^x \cos y)$ 满足

$$\dfrac{\partial^2 z}{\partial x^2} + \dfrac{\partial^2 z}{\partial y^2} = (4z + e^x \cos y) e^{2x}$$

若 $f(0) = 0, f'(0) = 0$, 求 $f(u)$ 的表达式.

**解析**  应用多元复合函数求偏导数法则, 有

$$\dfrac{\partial z}{\partial x} = f'(e^x \cos y) e^x \cos y, \quad \dfrac{\partial z}{\partial y} = -f'(e^x \cos y) e^x \sin y$$

$$\dfrac{\partial^2 z}{\partial x^2} = f''(e^x \cos y) e^{2x} \cos^2 y + f'(e^x \cos y) e^x \cos y$$

$$\dfrac{\partial^2 z}{\partial y^2} = f''(e^x \cos y) e^{2x} \sin^2 y - f'(e^x \cos y) e^x \cos y$$

令 $u = e^x \cos y$, 则 $z = f(u)$, 代入原方程得

$$\dfrac{\partial^2 z}{\partial x^2} + \dfrac{\partial^2 z}{\partial y^2} = f''(e^x \cos y) e^{2x} \cos^2 y + f'(e^x \cos y) e^x \cos y$$

$$+ f''(e^x \cos y) e^{2x} \sin^2 y - f'(e^x \cos y) e^x \cos y$$

$$= f''(e^x \cos y) e^{2x} = z''(u) e^{2x} = (4z(u) + u) e^{2x}$$

化简得 $z = f(u)$ 满足的微分方程为 $z'' - 4z = u$. 容易求得通解为

$$z = C_1 e^{2u} + C_2 e^{-2u} - \dfrac{1}{4} u$$

再利用初始条件有 $C_1 + C_2 = 0, 2C_1 - 2C_2 = \dfrac{1}{4}$, 解得 $C_1 = \dfrac{1}{16}, C_2 = -\dfrac{1}{16}$, 于是所求函数为

$$f(u) = \dfrac{1}{16}(e^{2u} - e^{-2u} - 4u)$$